질병 유전체 분석법 2

Genetic Variation and Diseases

이종극

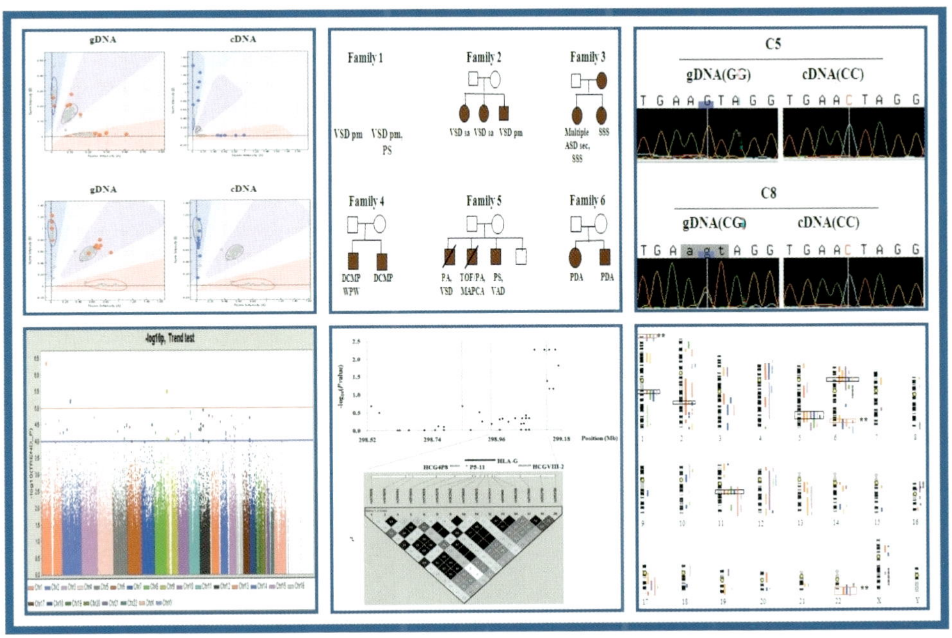

월드사이언스
worldscience.co.kr

질병 유전체 분석법 2

2010년 6월 15일 인쇄
2010년 6월 25일 발행

저 자 이종극
발행인 박선진
발행처 도서출판 월드사이언스

서울특별시 서초구 방배4동 864-31
등록일자 1988년 2월 12일
등록번호 제 16-1601
TEL (02) 581-5811~3
FAX (02) 521-6418
E-mail: worldscience@hanmail.net
URL : http://www.worldscience.co.kr

정가 25,000원

ISBN 978-89-5881-157-2

이 도서의 국립중앙도서관 출판시도서목록(CIP)은 e-CIP 홈페이지(http://www.nl.go.kr/cip.php)에서 이용하실 수 있습니다.(CIP제어번호: CIP2010002109)」

목차 Contents

제 2부. 유전변이 분석

제 3부. 질병 연관성 분석

저자 Author

이 종극

서울대학교 학사 (1987)
서울대학교 석사 (1989)
미국 미네소타 대학교 박사 (1996)
미국 국립보건원 (NIH) 국립암연구소 (NCI) 박사후연구원 (1996-2001)
질병관리본부 국립보건연구원 유전체센터 책임연구원 (2001-2006)
울산의대 아산생명과학연구소 부교수 (2006-현재)
E_mail) cookielee@empal.com

* 이 책을 강의용 교재로 사용할 경우에는 강의용 슬라이드 파일을 강의 담당 선생님께 제공해 드릴 수 있습니다. 필요시 월드사이언스 (worldscience@hanmail.net) 또는 저자(cookielee@empal.com)에게 연락하시기 바랍니다.

머리글

개인의 유전적 차이에 기초한 맞춤의학의 도래를 바라보며.

사람과 사람 간의 유전적 차이는 99.9%가 동일하며 단지 0.1% 차이가 개인 간 모든 차이의 유전적 원인이 되고 있다. 특히 인간유전체사업 이후에 인간에 존재하는 유전변이형에 대한 많은 관심과 기술의 발달로 대량의 유전변이형 정보가 발굴되었다. 또한 한 사람의 DNA로부터 100만 개의 유전변이형을 모두 밝혀낼 수 있는 SNP chip이 보편화되었다. 그리고 최근에는 한 개인의 모든 유전체 염기서열 정보를 아주 저렴한 비용으로 모두 밝힐 수 있는 대용량 염기서열 분석 기술이 상용화되어 누구나 개인의 모든 유전 정보를 알 수 있는 시기가 되었다. 특히 개인의 모든 유전체 염기서열 정보는 개인의 유전적 차이에 근거한 개인 맞춤의학(personalized medicine)의 실현을 가능하게 할 것이다. 최근의 유전체 분야의 기술 발전 속도는 가히 혁명적이라고 할 만큼 빠르게 진행되고 있다. 많은 유전적 요인이 작용하는 복합형질(complex traits)에 영향을 미치는 유전자를 찾기 위한 유전체 연관성 연구는 다수의 유전자가 관련하는 다양한 형질의 원인 유전자를 밝히게 되었고 대용량 유전체 염기서열 분석 기술의 발전으로 단일 유전자 질환의 원인 유전자 발굴을 용이하게 하고 다수의 유전자가 관련하는 복합 질병의 원인 유전자에 대한 모든 유전 변이형 검색도 가능하게 되었다. 그리고 대량의 정보를 생산하고 분석하는 유전체 연구는 많은 분야의 다양한 지식과 경험을 가진 연구자가 함께 연구하는 시스템을 요구하고 다수의 연구자가 공동으로 연구하는 방향으로 발전하여 왔다. 그리고 전통적인 실험실 단위의 연구에서 대량의 정보 생산을 위해 유전체 기술을 개발하는 회사와 대량의 정보를 효과적으로 생산해 줄 수 있는 유전체 정보 생산 및 분석 서비스를 제공하는 회사가 유전체 연구의 새로운 구성원으로 중요한 위치를 차지하게 되었다. 앞으로는 효율성과 산업화를 동시에 병행할 수 있는 유전체 분석 서비스 제공 회사 중심의 연구가 더욱 활성화될 것으로 기대되고 있다. 그리고 앞으로의 미래의학은 질병에 관련된 유전자 검사가 보편화될 것이며 각 개인이 지니고 있는 유전적 질병 감수성 또는 저항성에 따라 다양한 환경요인 조절을 위한 예방의학 기술의 발전이 예상되고 있다. 따라서 각 개인의 유전정보를 이용한 개인 맞춤의학 분야의 혁명적인 발전을 위해 우리 모두 많은 노력과 관심이 필요한 시기에 살고 있다 하겠다.

한편 유전체 분석 기술의 발전으로 대량의 데이터가 이용 가능해짐과 더불어 유전체 분석기법의 이해 및 보급이 매우 필요한 시기가 되었다. 유전체 분석 방법은 우선 다양한 종류의 유전체 지식을 종합적으로 이해해야 한다. 그리고 2006년 [질병 유전체 분석법] 제 1판이 출간된 이후에 빠르게 발전하고 있는 유전체 분야의 지식을 다양한 분야의 사람들도 이해할 수 있도록 일반적인 내용을 더 보강하고 유전체 분야의 최신 지식과 정보를 추가하여 [**질병 유전체 분석법 2**]라는 이름으로 새롭게 발간하게 되었다. 이 책이 유전체에 대한 이해를 증진하고 질병 유전체 연구 방법에 대한 정보를 제공할 수 있는 교재로 활용될 수 있기를 기대해 본다. 맞춤의학의 시대를 꿈꾸는 분들에게 유용한 참고자료로 사용될 수 있기를 바라면서 부족한 부분에 대한 많은 조언을 부탁드리고 차후에 많은 분들의 좋은 의견이 추가로 반영될 수 있기를 바란다. 그리고 본 교재가 출판되기까지 많은 도움을 주신 모든 분들께 큰 감사를 함께 전하고자 한다. 특히 제 1판 발간시 저술에 직접 참여하여 많은 도움을 주신 유하정 박사님, 김연정 박사님, 김재정씨, 한혜리씨에게 큰 감사를 드린다. 그리고 질병관리본부에 근무하는 동안 많은 도움과 격려로 배려해 주신 김 규찬 박사님, 정명호 박사님, 박찬 박사님, 오범석 박사님, 한복기 박사님, 고인송 박사님, 남명진 박사님, 곽규범 박사님, 이종영 박사님께 감사를 표한다. 그리고 임상적용을 위한 유전체 연구의 다양한 지식과 경험을 접할 수 있도록 많은 도움과 조언을 아끼지 않으신 서울아산병원의 박인숙 선생님, 유한욱 선생님, 서을주 선생님, 그리고 송규영 선생님께 특별한 감사를 드리며 그 외에도 서울아산병원 및 아산생명과학연구소에 게시는 여러 선생님들의 많은 관심과 후원에 큰 감사를 드린다. 또한 본 교재가 만들어지기 까지 따듯한 격려와 지원을 해주신 외부의 여러 선생님들과 유전체 분야 회사(서린바이오사이언스, BMS, LSK, Agilent & SNP-Genetics) 관계자분들께 감사를 전하고 특별히 처음 이 책이 발간되는데 많은 응원을 보내주신 서린 바이오사이언스의 장재룡 선생님과 송희경 박사님 그리고 BMS의 김수진 과장님께도 감사를 드린다. 끝으로 이 책의 출판을 도와주신 월드사이언스사의 박선진 사장님, 한용희 부장님, 편집과 교정 작업에 많은 수고를 해주신 이은경 선생님과 실험실 식구들(김재정씨, 박영미씨, 김혜은씨)에게도 특별한 감사를 드린다.

2010년 6월

이종극

제 1부 유전체 분석

제 1장 DNA-RNA-Protein

1. 유전정보의 전달

사람의 몸은 약 10^{13} 개의 세포로 구성되어 있으며 각 세포는 동일한 유전정보를 가지고 있다. 한편 몸을 구성하는 세포는 역할과 유전 정보의 양에 따라 체세포(somatic cells)와 성세포(germ cells)로 구분할 수 있다. 몸을 구성하고 있는 체세포는 엄마와 아빠로부터 각각 1 개씩을 받아서 총 2 개의 유전체(diploid)를 가지고 있다. 그러나 다음 세대에 유전정보를 전달하는 성세포(germ cells: sperm 또는 egg)는 엄마와 아빠로부터 물려받은 2 개의 유전체가 임의로 합쳐진(recombination) 이후에 감수분열을 거쳐 한 개의 유전체(haploid)만을 가지게 된다. 사람의 체세포가 가지는 2 개의 유전체(diploid)는 23 쌍의 염색체로 구성되어 있으며 각각의 유전체는 총 30 억 개의 염기서열로 구성된 유전정보를 가지게 된다. 한편 체세포에서 생긴 돌연변이를 체세포 돌연변이(somatic mutation)라고 하고 성세포에서 생긴 돌연변이를 성세포 돌연변이(germline mutation)라고 한다. 체세포 돌연변이는 다음 세대에 전달되지 않지만 성세포 돌연변이는 다음 세대에 전달되어 후대에 까지 영향을 미친다. 따라서 인체를 구성하고 있는 모든 세포는 염색체 속의 DNA로부터 모든 생물학적 유전정보를 전달받는다(그림1-1).

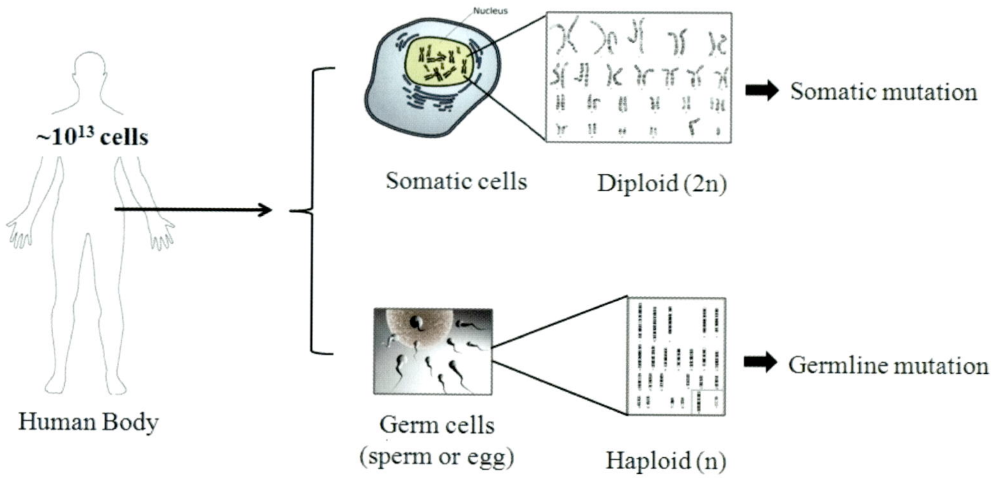

그림 1-1. 사람의 몸을 구성하는 세포의 유전정보

생물학적 정보는 일반적으로 세포의 핵(nucleus) 속에 존재하는 DNA에서 RNA가 만들어지고(transcription) 새롭게 만들어진 RNA는 세포질(cytoplasm)로 이동하여 단백질을 합성하여(translation) 생물학적 기능을 수행하게 된다. 그리고 DNA에서 RNA를 거쳐 단백질로 유전정보가 전달되는 과정을 통상적으로 생물학의 central dogma라고 한다(그림 1-2).

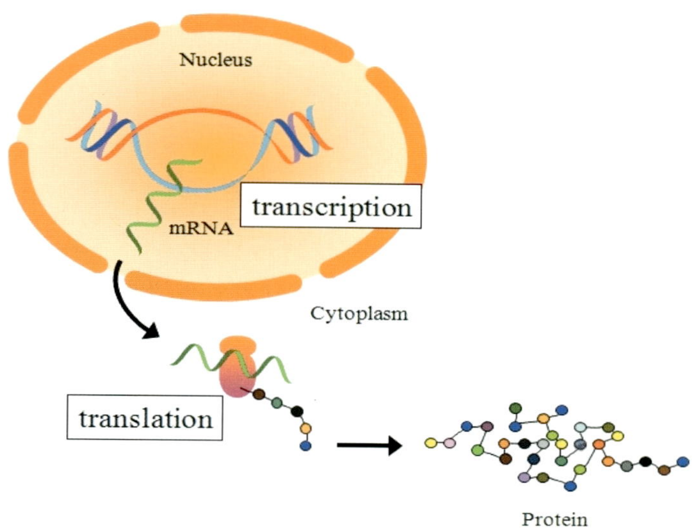

그림 1-2. 생물학적 정보의 흐름 **(DNA → RNA → Protein)**

생물계에서 최초의 유전정보는 DNA에서 시작하며 DNA는 A(adenosine), T(thymidine), G(guanosine), C(cytosine)의 4 개의 염기로 구성되어 있다. 4 개의 염기서열로 구성된 DNA로부터 상보적인 염기서열을 가진 RNA가 합성되고 3 개의 RNA 염기서열은 하나의 아미노산을 합성할 수 있는 codon을 구성한다. 따라서 A-T-G-C로 구성된 4 개의 DNA 염기서열로부터 합성된 3 개의 RNA 염기서열 조합으로 총 64개의 codon 조합을 구성할 수 있다. 총 64 개의 다른 codon 조합들은 20 개의 다른 아미노산을 사용하여 단백질을 만들어 생물학적 기능을 수행한다(그림 1-3).

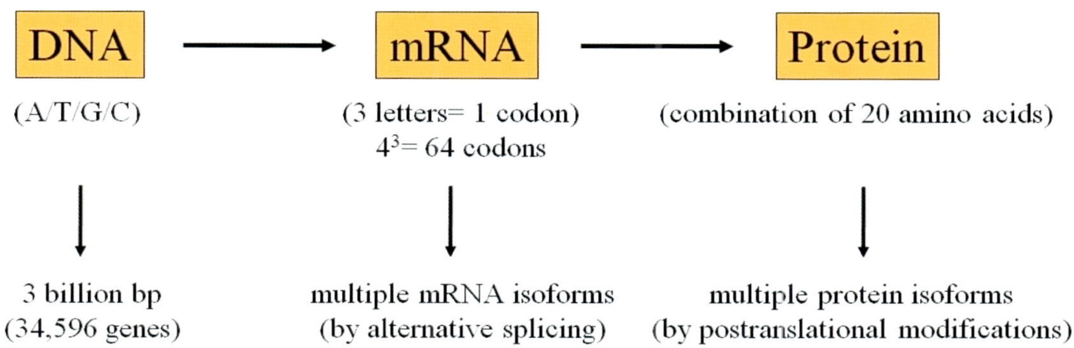

그림 1-3. 단계별 유전정보의 종류와 수

사람의 유전체는 총 30 억 개의 DNA 염기서열로 배열되어 약 34,500여 개의 유전자를 코딩하는 것으로 알려져 있다. 또한 RNA 단계에서는 다양한 alternative splicing 변이형이 존재하고 단백질 단계에서는 glycosylation, phosphorylation 및 cleavage 작용 등에 의한 posttranslational modification 과정을 통하여 다양한 단백질 변이형이 생긴다. 따라서 단순한 4 개의 DNA 염기서열의 조합으로 시작된 유전정보는 transcription과 translation 과정을 거치면서 매우 다양한 종류의 유전자 발현과 단백질을 생성하여 모든 복잡한 생물학적 조절 기능을 담당할 수 있다.

2. DNA

19 세기에 다윈의 진화론과 멘델의 유전법칙 발견으로 유전자가 유전의 기본 단위임을 알게 되었다. 또한 1944년 Avery 박사가 DNA가 유전물질임을 증명하고 1953년 왓슨과 크릭 박사가 DNA의 이중나선(double helix) 구조를 밝힘으로써 DNA에 대한 연구의 서막을 열었다(그림 1-4).

Darwin	Mendel	Miescher	Avery	Watson & Crick
1859	1865	1871	1944	1953
Theories of evolution	Genes are units of heredity	Discovery of nucleic acid	DNA as the transforming principle	Double-helix DNA structure

그림 1-4. 유전학 및 유전체학 발전의 주요 업적

DNA와 RNA의 기본 구조인 핵산(nucleotide)은 인(phosphate), 당(sugar), 그리고 염기(base)로 구성되어 있다(그림 1-5). 특히 핵산의 기본 구조에서 당(sugar)인 ribose 부분의 2 번 탄소 위치에 수소(hydrogen: H)가 오면 deoxyribonucleic acid(DNA)라고 하고 수산화기(hydrocyl: OH)가 오면 ribonucleic acid(RNA)라고 한다. 그리고 DNA 구조에서 ribose의 2 번 탄소에 결합하는 수소는 매우 안정적이지만 RNA 구조의 2 번 탄소에 결합하는 수산화기(OH)는 매우 불안정하고 반응성이 높아 RNA는 쉽게 분해되는 성질을 가진다. 한편 핵산의 구조에서 염기(base)의 위치에 adenine(A), cytosine(C), guanine(G), thymine(T)으로 이루어진 4 개의 다른 염기가 놓이게 된다.

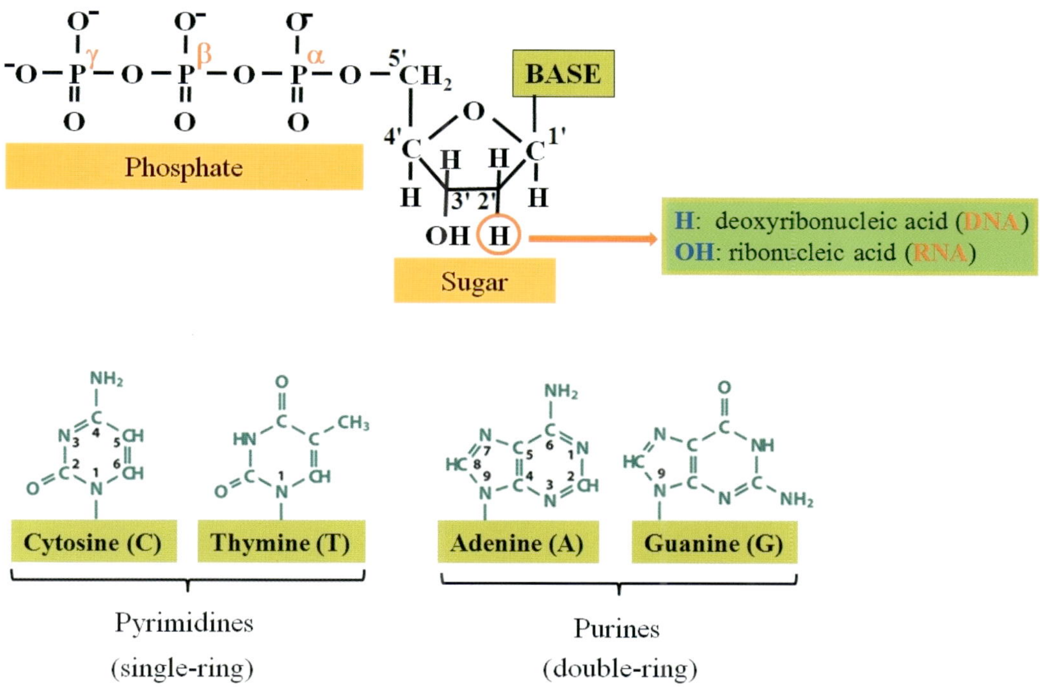

그림 1-5. **DNA**와 **RNA**의 기본 단위인 핵산**(nucleotide)**의 구조

한편 4 개의 염기(base)에서 1 개의 링 구조를 가진 염기(cytosine & thymine)는 pyrimidines이라고 하고 2 개의 링 구조를 가진 염기(adenine & guanine)를 purines이라고 한다(그림 1-5). 그리고 핵산의 구조에서 3 개의 인산기(phosphate)는 음의 전하(negative charge)를 가지고 있으며 놓여있는 위치에 따라 α-, β-, γ-phosphate로 구분하고 있다. DNA에 존재하는 인산기가 음의 전하를 띠기 때문에 DNA를 분리하기 위한 전기영동(gel electrophoresis) 과정에서 DNA가 음의 전하(음극)에서 양의 전하(양극) 방향으로 이동하게 된다. 한편 DNA를 구성하는 기본 단위인 핵산은 염기가 놓이는 위치에 adenine, cytosine, guanine, thymine이 있는 경우에 각각 dATP, dCTP, dGTP, dTTP 라고 하며 4 개의 핵산을 모두 통칭하여 dNTP라고 한다.

한편 DNA 합성 과정은 DNA polymerase가 임의로 4 개의 핵산(dNTP)을 일렬로 연결하는 작업이다. 그리고 합성 반응은 항상 5′ → 3′ 방향으로만 진행된다. DNA 합성 과정을 살펴보면 우선 하나의 핵산에서 2 개의 인산(β- & γ-phosphate)이 제거된 후

남아있는 하나의 인산(α-phosphate) 그룹이 다른 핵산의 3번 탄소에 위치한 수산화기(OH)를 제거하고 phosphodiester bond로 결합함으로써 연결된다(그림 1-6). 그리고 DNA 합성 과정에 분리된 2 분자의 인산을 pyrophosphate라고 한다.

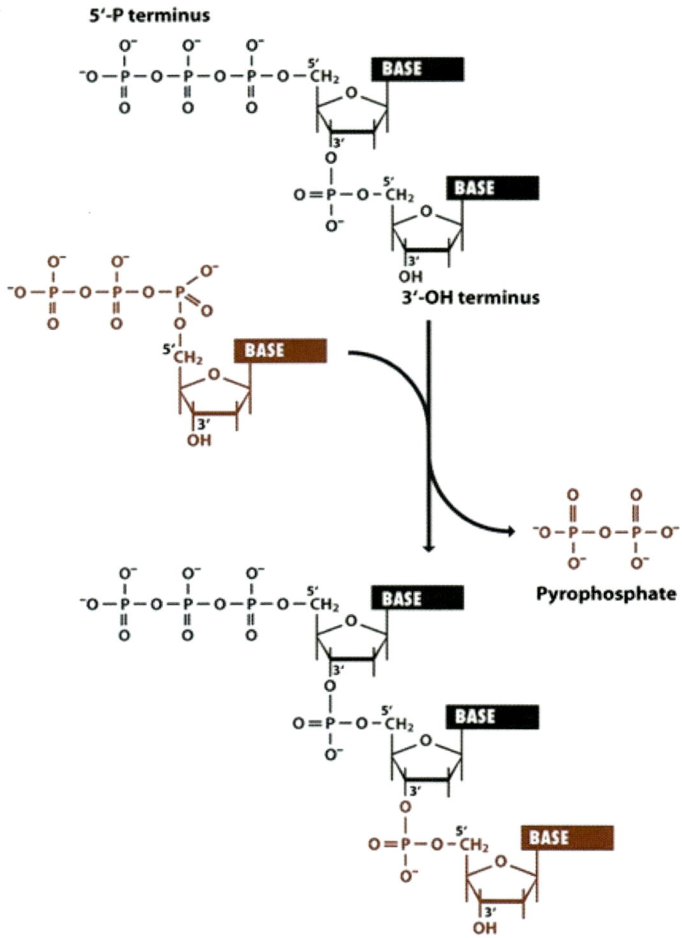

그림 1-6. **DNA** 합성 반응

합성된 DNA는 하나의 직선상으로 독립적으로 있는 것이 아니라 2 가닥의 상보적인 DNA 가닥으로 이중 나선 구조(double helix structure)로 존재하고 있다(그림 1-7).

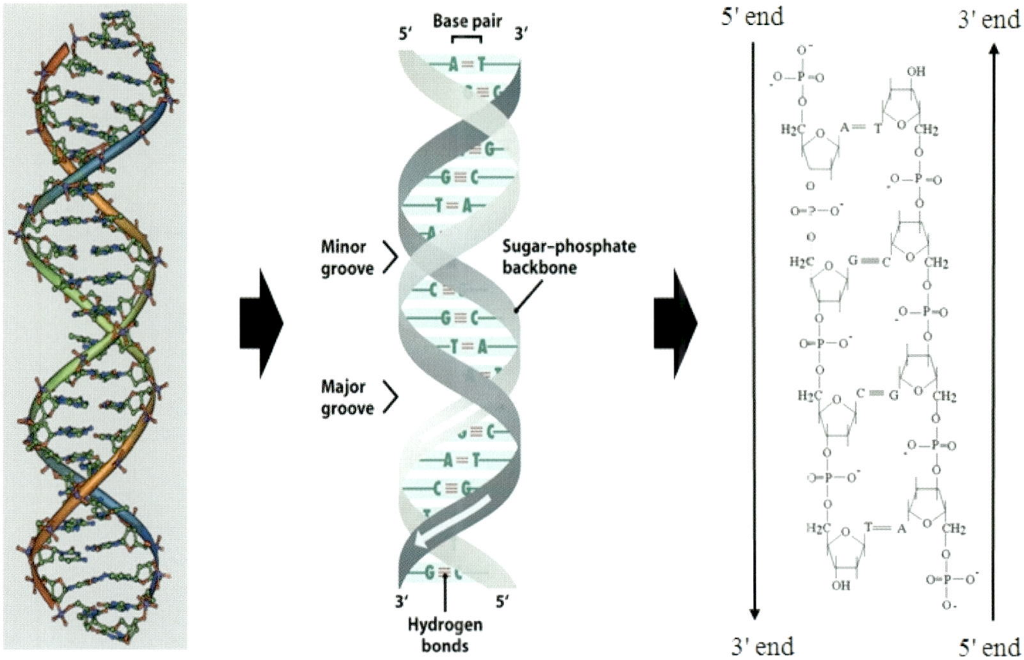

그림 1-7. **DNA**의 이중 나선 구조

DNA의 이중 나선 구조는 염기 간의 수소결합(hydrogen bond)에 의하여 안정화되어 있다. 이중 나선 구조에서 염기 간의 결합은 adenine(A)은 thymine(T)과 2 개의 수소 결합에 의하여 연결되고 cytosine(C)은 guanine(G)과 3 개의 수소결합에 의하여 안정화된다(그림 1-8). G-C 간에는 3 개의 수소 결합으로 연결되어 2 개의 수소결합으로 연결된 A-T 간의 결합보다 더 단단하게 연결되어 있다. 따라서 DNA 서열에서 GC-rich 영역의 PCR 증폭이 어려운 이유도 A-T 보다 더 강한 결합으로 이루어져 있기 때문이다. 한편 DNA의 이중 나선 구조에서 A-T와 G-C 간의 결합은 구조적으로 2 개의 링 구조를 가진 purines인 adenine(A)과 guanine(G)이 1 개의 링 구조를 가진 pyrimidines인 thymine(T)과 cytosine(C)과 각각 결합함으로써 공간적으로 두 염기 간에 적당한 위치로 결합된다. 따라서 DNA 이중 나선 구조에서 purine-purine 또는 pyrimidine-pyrimidine 간의 결합은 이루어 질 수 없고 항상 purine-pyrimidine 염기 간의 결합으로 이루어진다.

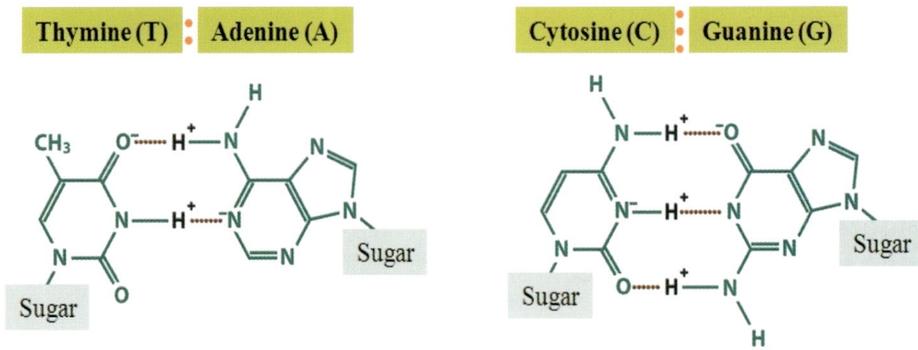

그림 1-8. **A-T**와 **G-C** 간의 수소 결합

3. RNA

RNA는 DNA와 매우 유사한 구조를 가지고 있지만 2 가지 다른 차이점을 가지고 있다(그림 1-9). 첫 번째는 ribose의 2 번 탄소에 DNA는 수소기(H)가 위치하지만 RNA는 수산화기(OH)가 위치하여 구조적인 차이를 가지게 된다. 특히 RNA의 ribose 2 번 탄소에 존재하는 OH기의 간접적인 영향으로 RNA의 phosphodiester bond가 보다 불안정한 상태로 존재한다. 두 번째 차이점은 DNA는 A, T, G, C의 4 가지 다른 염기로 구성되지만 RNA는 4 가지의 염기 중에서 T(thymine)가 U(urasil)로 치환이 된다. 따라서 RNA의 염기서열은 A, U, G, C의 4 가지 다른 염기로 배열된다.

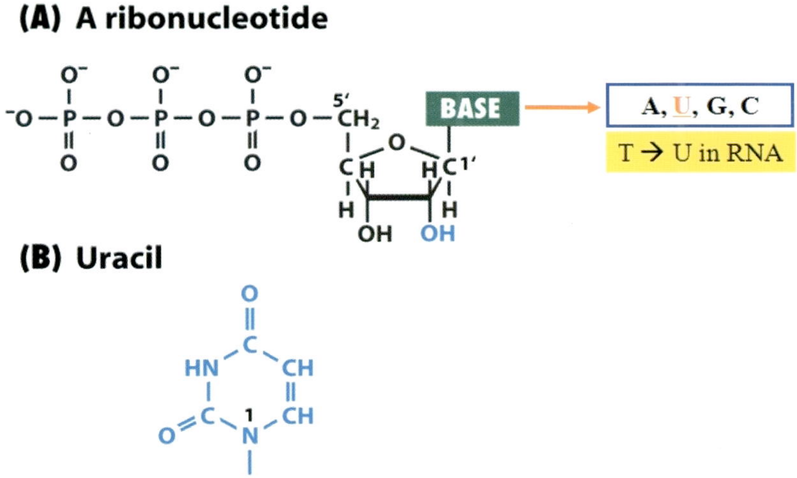

그림 1-9. **RNA**의 구조

한편 RNA 합성은 DNA의 염기서열 정보로부터 상보적인 염기서열을 합성함으로써 시작된다(그림 1-10). 따라서 세포의 핵 속에서 RNA polymerase가 DNA 염기서열 정보를 이용하여 새로운 RNA 가닥을 합성하며 이 과정에서 DNA의 A(adenine)는 RNA에서는 상보적인 T(thymine) 대신에 U(urasil)로 치환된 염기서열이 생성된다. 그리고 RNA의 합성도 DNA 합성과 마찬가지로 항상 5′ → 3′의 방향으로 진행된다.

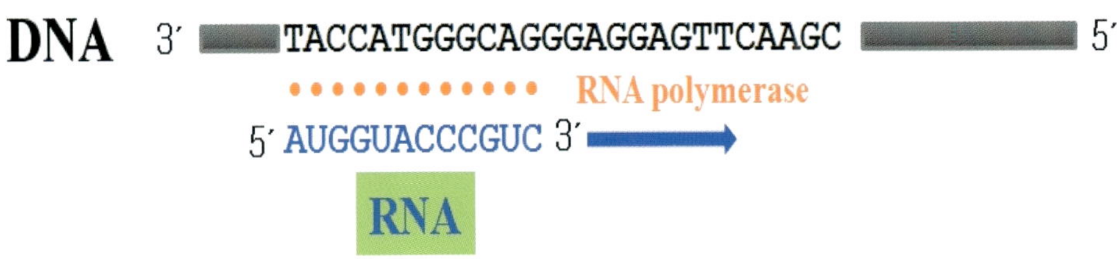

그림 1-10. **RNA polymerase**에 의한 **DNA**로부터 **RNA**의 합성 과정

한편 RNA는 크게 coding RNA와 non-coding RNA로 나눌 수 있다. coding RNA는 유전자를 전달하는 messenger RNA(mRNA)를 의미하고 noncoding RNA는 mRNA를 제외한 모든 종류의 RNA를 말한다. mRNA는 전체 RNA의 약 4% 정도를 차지하고 있고 non-coding RNA는 약 96%정도로 이루어져 있다(그림 1-11).

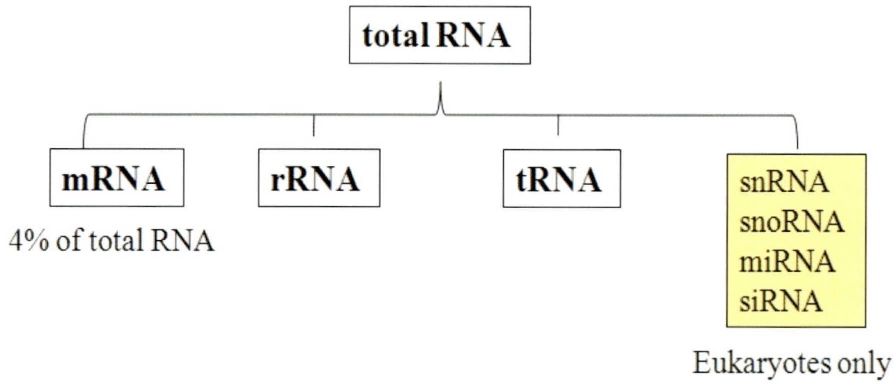

그림 1-11. 세포 속에 존재하는 **RNA**의 종류

Non-coding RNA에서 ribosomal RNA(rRNA)는 세포 속에서 가장 많은 부분을 차지하는 RNA로써 (전체 RNA의 약 80%)로 단백질 합성장소인 ribosomes의 구성 성분이다. 그리고 transfer RNA(tRNA)는 단백질 합성 과정에서 mRNA의 codon에 해당하는 특정 아미노산을 ribosome에 전달하는 역할을 수행한다. 한편 진핵생물(eukaryotes)에서만 발현되는 RNA로 snRNA, snoRNA, miRNA 및 siRNA 등이 있다. small nuclear RNA(snRNA)는 진핵세포의 핵 속에 존재하며 mRNA의 splicing 과정에 관여한다. 그리고 small nucleolar RNA(snoRNA)는 진핵세포 핵의 nucleolar 영역에 존재하며 rRNA의 화학적 변화(chemical modification: 예를 들면, 메틸기 추가)에 매우 중요한 역할을 수행한다. microRNA(miRNA)와 short interfering RNA(siRNA)는 아주 작은 RNA 물질로 개별 유전자의 발현 조절에 중요한 기능을 한다.

한편 하나의 유전자를 구성하는 특정 DNA 염기서열로부터 mRNA가 생성될 때 초기 mRNA 전구체(mRNA precursor)는 capping, polyadenylation 및 splicing 등의 과정을 거쳐 만들어진 후에 ribosome에서 새로운 단백질을 합성하는 template (mature mRNA)로 쓰인다(그림 1-12). 유전자 정보를 전달하는 중간 단계인 mRNA 염기서열로부터 단백질 합성에 필요한 개별 아미노산 서열 정보가 결정된다. mRNA에서 3 개의 염기서열(= codon)이 하나의 아미노산을 전달할 수 있는 정보를 가지고 있으며 모든 단백질의 시작(initiation codon)은 AUG로 methionine을 코딩한다. 그리고 단백질 합성을 중단하는 것은 3 개의 stop codon(UAA, UAG 또는 UGA)중에서 하나만 오더라도 단백질 합성이 종결된다.

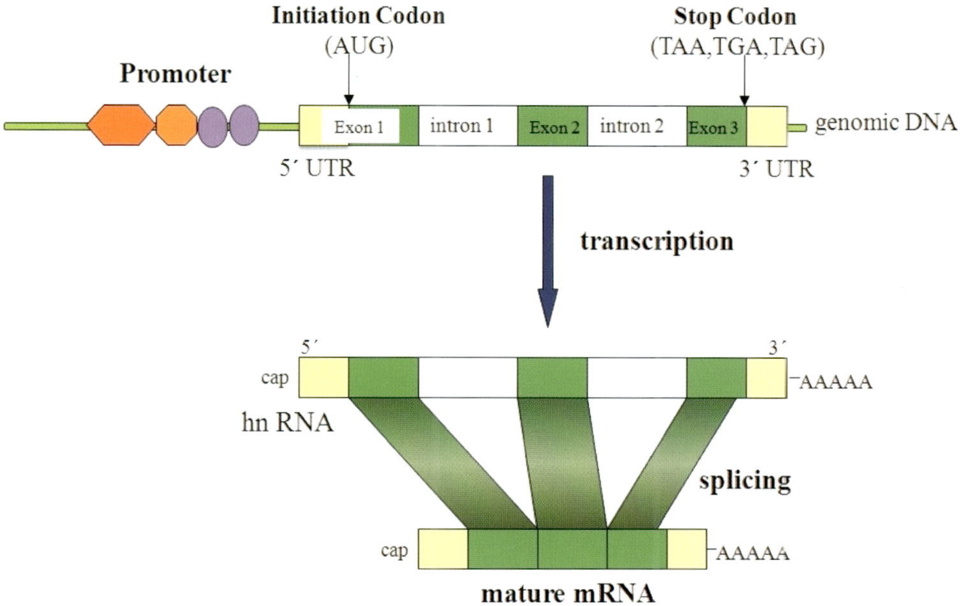

그림 1-12. **mRNA**의 생성 과정

일반적으로 유전코드(genetic code)는 생물종(species)에 따라 다른 아미노산을 합성하게 된다. 또한 같은 생물종 내에서도 nuclear genome과 mitochondrial genome의 유전코드가 각각 다른 유전코드로 작용한다. 예를 들면, 포유동물(mammalian genome)에서 nuclear genome의 UGA는 stop codon으로 작용하지만 mitochondrial genome에서는 tryptophan을 코딩하는 유전코드로 작동한다. 또 AGA 또는 AGG는 nuclear genome에서 arginine을 코딩하지만 mitochondrial genome에서는 stop codon으로 작용하고 있다. 표 1-1은 포유류에서 아미노산을 전달하는 mRNA 염기서열의 유전정보를 표시한 것이다.

표 1-1. 아미노산을 전달하는 **mRNA** 염기서열 정보

UUU	Phe	UCU	Ser	UAU	Tyr	UGU	Cys
UUC		UCC		UAC		UGC	
UUA	Leu	UCA		UAA	Stop	UGA	Stop
UUG		UCG		UAG		UGG	Trp
CUU	Leu	CCU	Pro	CAU	His	CGU	Arg
CUC		CCC		CAC		CGC	
CUA		CCA		CAA	Gln	CGA	
CUG		CCG		CAG		CGG	
AUU	Ile	ACU	Thr	AAU	Asn	AGU	Ser
AUC		ACC		AAC		AGC	
AUA		ACA		AAA	Lys	AGA	Arg
AUG	Met	ACG		AAG		AGG	
GUU	Val	GCU	Ala	GAU	Asp	GGU	Gly
GUC		GCC		GAC		GGC	
GUA		GCA		GAA	Glu	GGA	
GUG		GCG		GAG		GGG	

4. 단백질(Protein)

단백질은 mRNA의 염기서열 정보로부터 20 개의 다른 아미노산이 하나의 사슬로 연결된 구조를 가진다. 그리고 아미노산의 기본 구조는 중심에 위치한 탄소에 아미노기(NH_2), 카르복실기(COOH), 수소기(H), 그리고 20 개의 아미노산 특이적으로 존재하는 R 그룹으로 구성되어 있다(그림 1-13).

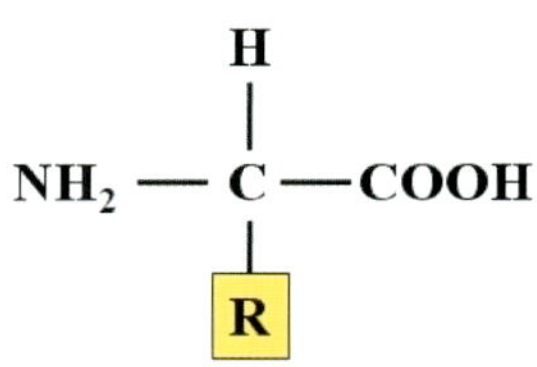

그림 1-13. 아미노산의 기본 구조

한편 R 그룹에 위치하는 화학적 성분에 따라 20 개의 다른 아미노산의 특성이 결정된다. 20 종류의 아미노산은 non-polar R group 아미노산, polar R group 아미노산, 그리고 음

의 전하를 띠는 (=acidic) R group 아미노산과 양의 전하를 띠는 (=basic) R group 아미노산으로 분류된다(그림 1-14). 한편 nonpolar R group을 가진 아미노산은 물을 멀리하는(hydrophobic)한 특성을 가지고 있어 주로 transmembrane 영역 또는 단백질의 내부에 위치하게 된다. 그러나 polar R group 아미노산은 물과 친화력이 높아서(hydrophilic) 단백질 구조에서 주로 외부에 위치하고 있다.

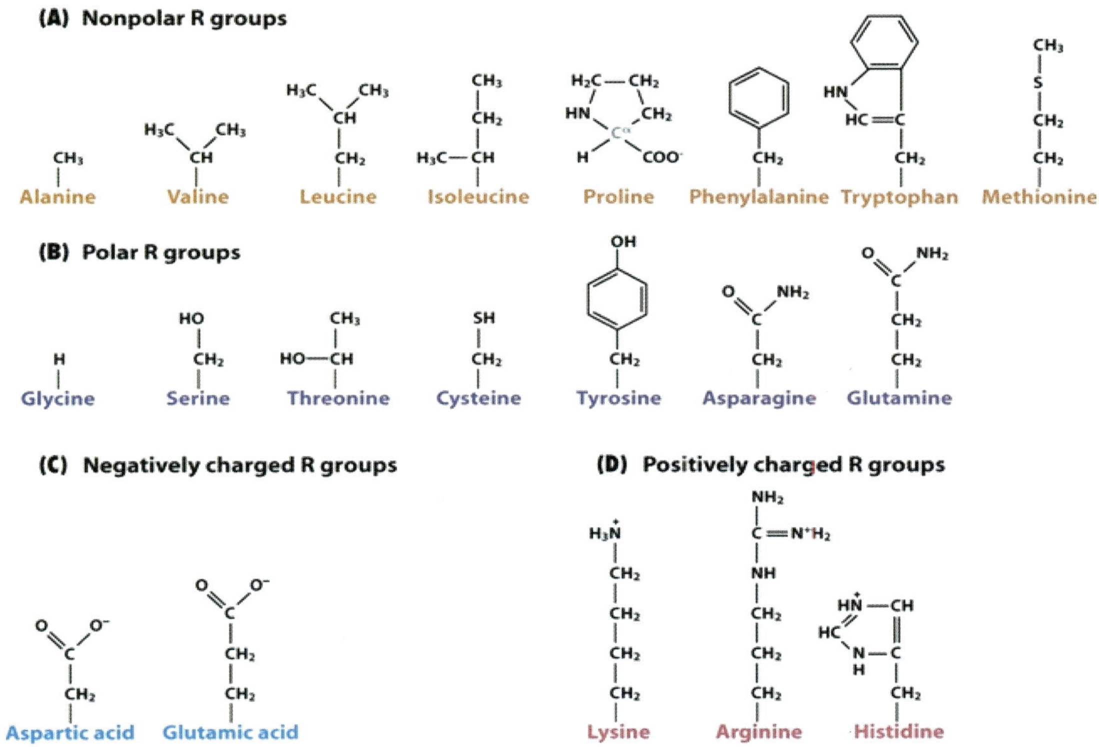

그림 1-14. 20개 아미노산의 구조

한편 단백질을 구성하는 20 개의 아미노산 서열 정보를 표기할 때는 주로 3-글자 또는 1-글자로 축약된 형태로 표시하고 있다. 20 개 아미노산의 축약된 아미노산 표기법은 표 1-2와 같다.

표 1-2. 20 개 아미노산 표기법

Amino Acid	3-letter	1-letter
Alanine	Ala	A
Arginine	Arg	R
Asparagine	Asn	N
Aspartic acid	Asp	D
Cysteine	Cys	C
Glutamic acid	Glu	E
Glutamine	Gln	Q
Glycine	Gly	G
Histidine	His	H
Isoleucine	Ile	I
Leucine	Leu	L
Lysine	Lys	K
Methionine	Met	M
Phenylalanine	Phe	F
Proline	Pro	P
Serine	Ser	S
Threonine	Thr	T
Tryptophan	Trp	W
Tyrosine	Tyr	Y
Valine	Val	V

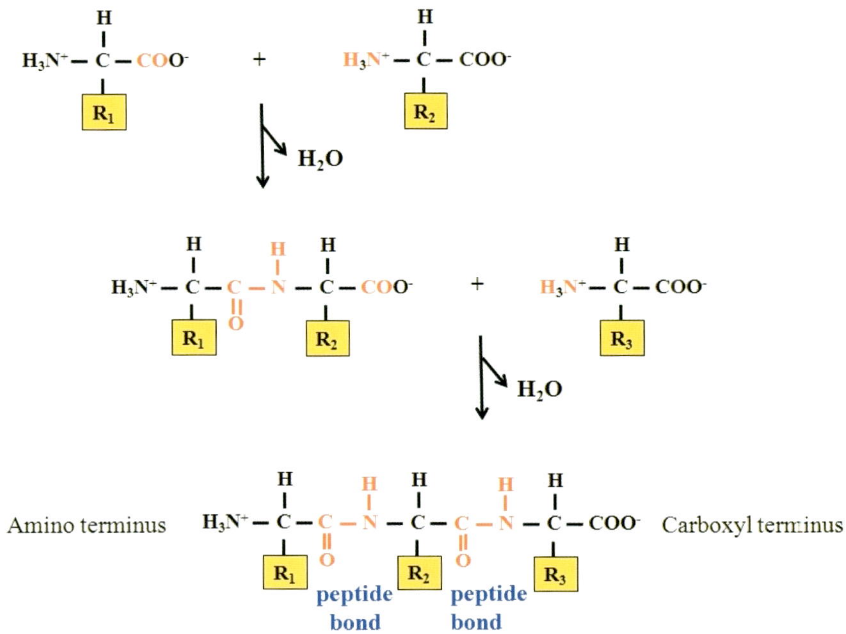

그림 1-15. 아미노산의 펩타이드 결합**(peptide bond)**에 의한 단백질 합성 과정

단백질을 구성하는 기본단위(monomer)인 20 개의 개별 아미노산은 peptide bond로 서로 연결되어 단백질(peptide; polymer)을 만든다(그림 1-15). 그리고 단백질을 구성하는 아미노산 서열의 다양성은 20 개 아미노산의 조합에 의하여 결정된다. 예를 들면, 4 개의 아미노산으로 구성된 아주 짧은 peptide의 경우에는 총 20^4= 160,000 개의 다른 아미노산 서열 조합이 만들어 질 수 있다(그림 1-16).

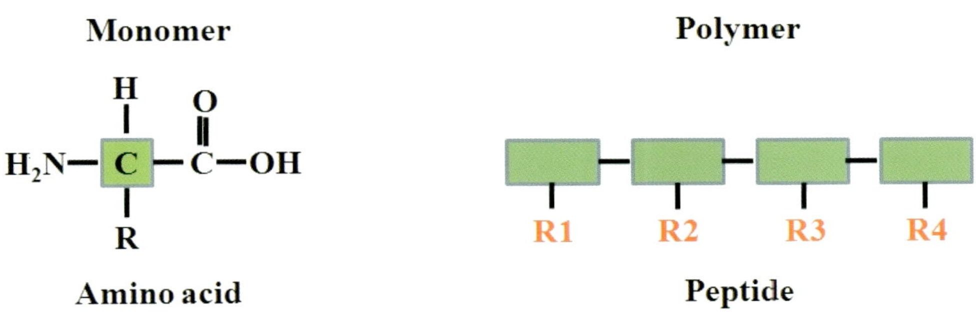

그림 1-16. 아미노산의 기본구조와 단백질을 구성하는 **peptide**의 구조

한편 단백질은 4 가지 형태의 구조로 분류하며 그 기준은 다음과 같다.

- 1 차 구조 (primary structure): 단순한 아미노산의 서열정보로 표기함.
- 2 차 구조 (secondary structure): 아미노산 서열의 기본 입체 구조(예, α-helix 또는 β-sheet)로 구분함.
- 3 차 구조 (tertiary structure): 단백질을 구성하는 아미노산 서열의 2 차 구조를 3 차원적으로 배열한 입체구조로 다양한 결합력(예, hydrogen bonding, electrostatic interactions, hydrophobic forces & covalent bonds)에 의하여 안정화됨.
- 4 차 구조 (quaternary structure): 2 개 이상의 단백질이 서로 결합하는 구조를 나타내며 각각의 단백질은 3 차 구조를 이루면서 여러 개의 단위(subunit)로 구성된 단백질(multisubunit protein)을 구성함.

지금까지의 내용을 종합해보면 몸을 구성하고 있는 모든 세포 속에 존재하는 DNA 형태의 유전정보는 RNA를 거쳐 20 개의 아미노산 조합으로 구성된 단백질을 만들어 세포의 다양한 생물학적 기능을 수행하도록 프로그램화되어 있다. 물론 이 과정을 통해서 많은 종류의 RNA 및 단백질 isoform들이 생성되어 세포의 다양한 역할과 복잡성을 수행할 수 있는 생물학적 자원을 제공한다(그림 1-17). 이러한 과정을 거치면서 복잡하고 다양한 생물학적 기능과 조화로운 생물학적 반응이 세포 속에서 이루지고 있는 것이다.

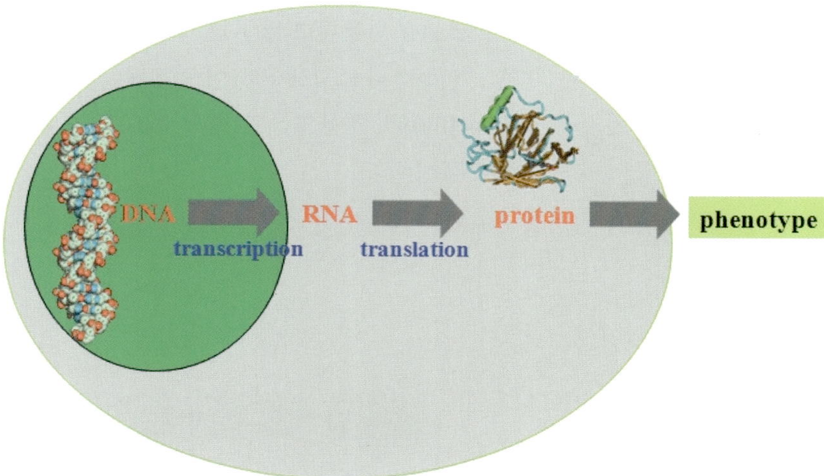

그림 1-17. 다양한 생물학적 기능을 수행하기 위한 **DNA-RNA-**단백질 합성의 경로

제 2장 DNA 분석 기술

모든 세포 속에 존재하는 유전정보를 분석하기 위해서는 선별된 세포로부터 DNA를 수집하는 작업이 가장 우선적으로 이루어져야 한다. 그리고 분리된 DNA 시료를 이용하여 유전체 염기서열 정보를 분석하기 위해서는 다음과 같은 절차를 거치게 된다. 우선 분석하고자 하는 생물체의 세포로부터 유전체(genomic DNA)를 분리하고 분리된 유전체의 모든 DNA 조각을 vector에 삽입(DNA cloning)하여 대량으르 증폭하고 vector에 삽입된 DNA 조각(clones)들을 일정한 순서로 배열(physical mapping)하여 clone-contig를 만드는 작업을 한다. 그리고 일렬로 정렬된 clone-contig를 이용하여 개별 clone에 삽입된 genomic DNA 조각의 염기서열을 확인함으로써 유전체 염기서열 정보를 모두 해독하게 된다. 우선 본 장에서는 유전체 분석을 위해 첫 단계인 DNA cloning에 대하여 알아보고 다음 장에서 물리적 지도 작성 및 염기서열 분석에 대한 것을 다루고자 한다. 따라서 여기에서는 DNA 분리 기술, DNA cloning 기술 및 DNA in vitro 증폭 기술인 PCR (polymerase chain reaction) 방법에 대한 내용을 다룰 것이다.

1. DNA 분리 기술

유전 연구에서 가장 우선적으로 수행하는 것이 순도가 높은 충분한 양의 DNA를 확보하는 일이나. 다양한 종류의 시료로부터 세포 속의 DNA를 분리할 수 있으며 일반적으로 조직이나 혈액 등을 사용하여 DNA를 분리해서 사용하고 있다. 여기에서는 인간 유전체 연구를 위한 DNA 분리 기술에 대한 내용을 우선 정리해 보고자 한다.

(1) DNA 분리용 시료의 선택

유전 연구를 위해 가장 우선적으로 수행하는 genomic DNA 분리는 다양한 종류의 세포를 사용하여 수행할 수 있다. 예를 들면, 조직, 모근, 구강상피세포, 배양된 세포 및 혈액 등으로부터 genomic DNA 분리가 가능하다(그림 2-1). 그러나 다양한 종류의 유전 분석을 하기 위해서는 많은 양의 DNA가 필요한 경우가 있다. 그래서 많은 양의 유전체 시료가 필요할 때는 사람의 혈액에 존재하는 B 세포를 Epstein-Barr virus(EBV)를 감염시켜 불멸화를 유도하여 lymphoblastoid cell line(LCLs)을 만들어 사용하고 있다. 이 방법의 단점은 세포주를 만드는 과정 또는 세포배양 과정에서 일부의 세포주에서 유전체의 변이가 발생하는 문제점을 가지고 있으나 여러 종류의 대규모 유전체 연구에 사용된 시료는 대부분 EBV-transformed B cells을 만들어 사용하고 있다. 그러나 최근에는 whole-genome amplification 기술의 발전과 array-based DNA genotyping 분석 기술의 발전으로 적은 양의 유전체 시료에서도 많은 종류의 유전체 분석이 가능하게 되었다. 그래서 최근에는 사람의 혈액으로 부터 바로 DNA를 분리하는 방법을 많이 사용하고 있다. 이렇게 분리된 genomic DNA는 DNA cloning, DNA sequencing 및 genotyping 등에 이용된다.

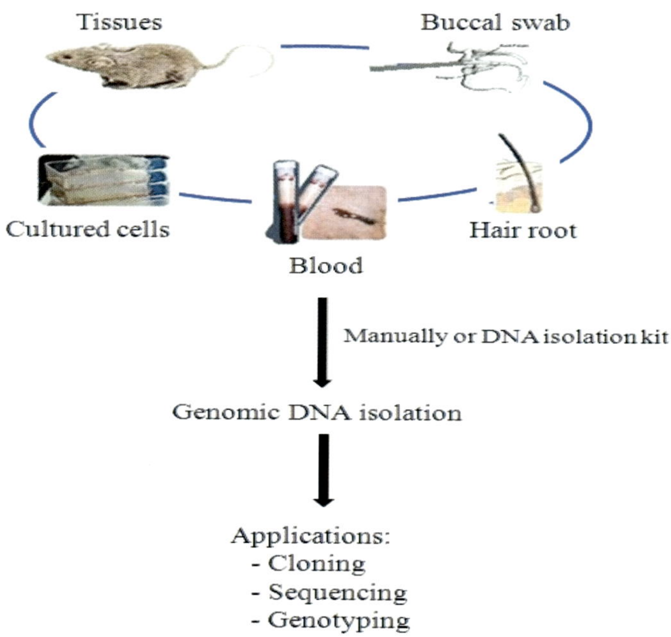

그림 2-1. **DNA 분리와 활용 방안**

(2) 항응고제의 선택

DNA 분리용 혈액을 채취할 때 항응고제(anti-coagulant)를 사용하는데 DNase를 저해하는 기능을 가지고 있는 EDTA가 주로 사용되고 있다. 그러나 또 다른 항응고제인 Heparin은 DNA 분리 과정에서 DNA와 결합하는 성질을 가지고 있고 PCR 증폭에 사용되는 Taq polymerase를 저해하는 성질이 있어 사용하지 않도록 해야 한다. 그리고 채취된 혈액은 상온에서 수송하고 채취한지 3일 이상이 되면 DNA가 분해된다.

(3) DNA 분리의 기본 원리

모든 DNA 분리는 세포 파괴(cell lysis), 단백질 제거, DNA 수집의 과정을 거치게 된다. 예를 들면, 혈액으로부터 DNA를 분리하는 경우에는 우선 핵을 가지고 있지 않은 적혈구 세포(red blood cells)를 파괴하여 없애고 백혈구 세포만을 분리한다. 분리된 백혈구 세포는 세포막을 파괴하여 단백질을 제거하고 용액 속에 존재하는 DNA는 에탄올로 침전시켜 분리하는 과정을 거치게 된다. 한편 최근에는 DNA 분리를 위한 다양한 종류의 kit이 개발되어 아주 간편히 사용할 수 있도록 개발되어 있어 많은 연구자들이 사용하고 있다. 간단히 설명하면, 세포를 lysis buffer로 파괴한 이후에 칼럼을 이용하여 DNA를 결합시키고 다른 물질들은 씻어내게 된다. 그리고 칼럼에 붙어있던 DNA를 TE buffer로 씻어 내어 순수한 DNA 만을 분리한다(그림 2-2). 그리고 분리된 DNA는 -70 ℃에서 보관하면 된다.

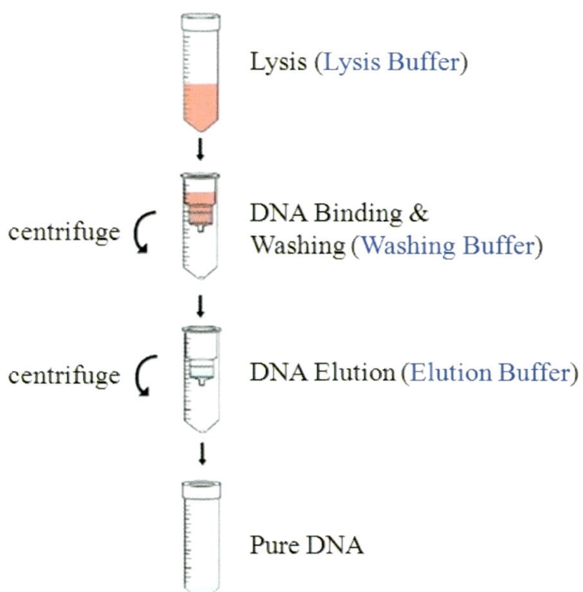

그림 2-2. 상업적으로 이용 가능한 **kit**을 이용한 간편한 **DNA** 분리 기술

(4) DNA 정량 및 정도 관리

DNA 정량(quantitation)은 주로 UV spectrophotometer로 측정하고 있다. 그러나 만약 DNA 양이 매우 적을 때는 NanoDrop ND-1000 spectrophotometer (NanoDrop technologies, USA)를 사용하기도 한다. NanoDrop은 1 µl만을 사용하기 때문에 희석하지 않고 바로 측정이 가능한 장점을 가지고 있다. DNA의 양을 측정하는 것은 UV spectrophotometer나 NanoDrop을 사용하여 측정된 A_{260}의 값으로 DNA의 양을 계산한다. 일반적으로 1 A_{260}= 50 µg/ml DNA의 농도를 가지고 있으므로 측정된 A_{260}의 값에 50 µg/ml의 농도 값을 곱하면 측정한 시료의 DNA 농도가 된다. 한편 정확한 DNA 정량을 위해서는 A_{260}의 값이 0.1~1.0 사이의 값을 가지도록 측정되어야 한다. 그리고 A_{260}과 A_{280}의 비율(ratio) 값을 가지고 분리된 DNA의 순도를 예측하게 된다. 예를 들면, A_{260}/A_{280}의 값이 1.8 ~ 2.0 사이의 값을 가지고 있으면 매우 좋은 DNA 순도를 가지고 있지만 그 값이 1.6 보다 작으면 단백질이 포함되어 있고 그 값이 2.0 보다 클 경우에는 RNA가 포함되어 있음을 의미한다.

1 A_{260} = 50 µg/ml DNA

*(range of A_{260} for accurate DNA quantitation= 0.1 ~ 1.0)

260/280 ratio = 1.8 ~ 2.0 → 양질의 DNA

260/280 ratio < 1.6 → 단백질 오염 (재침전 필요)

260/280 ratio > 2.0 → RNA 오염

(5) DNA 시료의 전기영동 분리

순수하게 분리된 genomic DNA는 1% agarose gel에서 전기영동(gel electrophoresis)으로 분리하면 약 23 Kb 이상의 크기를 보이는 위치에서 DNA 밴드로 관측된다. 한편 전기영동은 음의 전하를 띄고 있는 DNA가 양의 전하를 가진 방향으로 DNA 조각의 크기에 비례하여 이동함으로써 DNA 조각을 분리한다. 그래서 작은 DNA 조각은 빠르게 이동하고 큰 DNA 조각은 천천히 이동한다. 그리고 DNA 조각의 이동 속도는 사용하는 agarose 농도에 반비례하여 이동하는데 DNA의 이동속도는 낮은 농도의 agarose gel에서 더 빨리 이동한다(그림 2-3). 그리고 전기영동으로 분리된 DNA는 ethidium bromide(EtBr)라는 DNA 염색약으로 염색하여 식별한다.

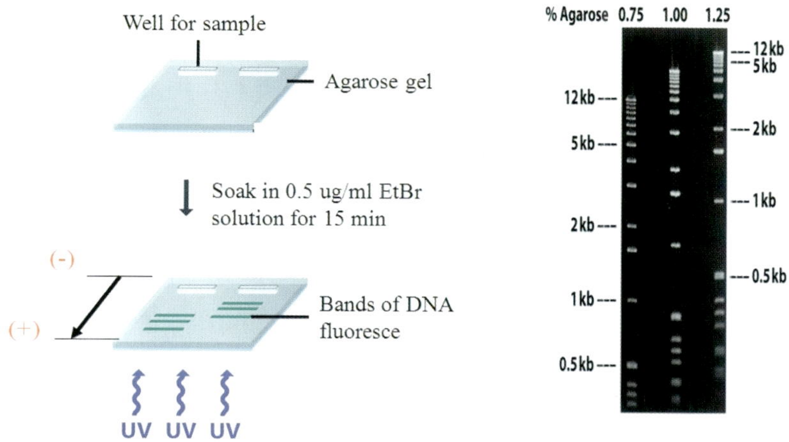

그림 2-3. **DNA의 전기영동(gel electrophoresis) 분리**

(6) Southern blot 분석

DNA 염기서열 속에는 다양한 변이형이 존재하고 이 변이형을 측정하기 위해서 사용 가능한 방법 중의 하나가 Southern blot을 이용하는 것이다. 이 방법은 유전변이를 가지고 있는 DNA 시료를 제한효소로 처리하고 전기영동으로 잘려진 DNA 조각을 분리한 이후에 제한 효소에 의하여 잘리는 부위의 변이 유무를 검색하는데 활용되고 있다. 간단히 설명하면, Southern blot은 genomic DNA를 특정 제한효소로 자른 다음에 agarose gel 상에서 DNA 조각을 크기별로 분리하고 nylon membrane으로 옮긴 이후에 방사능 또는 형광이 붙여진 상보적 DNA 조각 probe를 결합(hybridization)시켜서 특정 제한효소에 잘려지는 염기서열의 차이가 존재하는지를 확인하는 분자생물학 분석기법이다(그림 2-4).

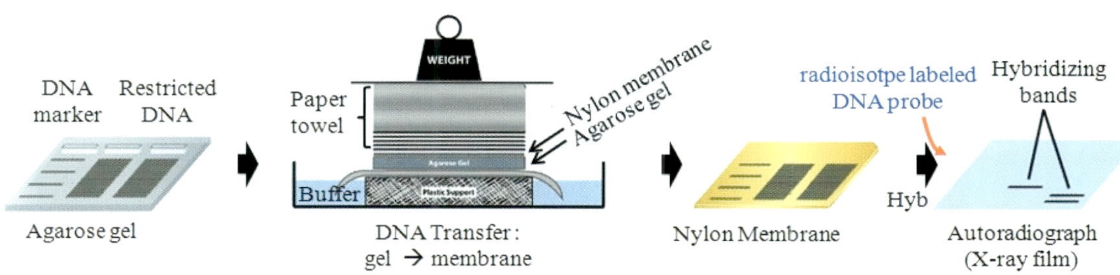

그림 2-4. **Southern blot 분석 방법**

한편 Southern blot 방법의 원리를 DNA 분리에서만 사용하는 것이 아니라 mRNA 또는 단백질을 분리하여 식별하는데도 사용한다. 예를 들면, total RNA 속에 포함된 mRNA를 agarose gel 상에서 mRNA의 크기에 따라 분리한 이후에 labeled probe를 사용하여 특정 mRNA의 크기와 발현 양의 차이 등을 측정하는데 이용하고 있으며 이 방법을 Northern blot이라고 한다. 그리고 단백질의 분리는 agarose gel 대신에 polyacrylamide gel을 사용하여 단백질을 크기에 따라 분리하고 target protein에 특이적으로 결합하는 항체(labeled antibody)를 이용하여 target protein의 크기, 발현양 및 isoform의 존재를 확인할 수 있다. Polyacrylamide gel electrophoresis(PAGE)를 이용하여 단백질을 분리하고 단백질 특이적으로 결합하는 항체를 이용하여 단백질의 발현양과 크기를 측정하는 방법을 Western blot이라고 한다(표 2-1). 위에서 언급한 Southern blot, Northern blot 및 Western blot은 DNA, RNA 및 단백질을 연구하는데 아주 빈번히 사용되는 기본적인 분자생물학 기법들이다.

표 2-1. **Blotting** 기술의 비교

Type	**Matrix (gel)**	**Target Molecule**	**Probe**
Southern blot	agarose gel	DNA	labeled DNA
Northern blot	agarose gel	mRNA	labeled DNA
Western blot	PAGE* gel	protein	antibody

*PAGE: polyacrylamide gel electrophoresis

2. 재조합 DNA 클로닝 기술

분자생물학의 발전으로 DNA를 증폭하거나 자르거나 다시 붙여서 새로운 형태의 재조합된 DNA 조각을 아주 쉽게 만들 수 있게 되었다. 예를 들면, DNA 조각을 제한효소로 자르거나 DNA ligase를 이용하여 붙일 수도 있다. 또한 PCR 기술을 이용하여 특정한 DNA 부위만을 선택적으로 대량 증폭할 수도 있다. 그리고 재조합된 DNA 조각은 대장균의 *in vivo* 시스템을 이용하여 대량으로 증폭할 수 있다. 이처럼 다양한 종류의 효소와 분자생물학적 기법을 이용하여 DNA를 자유롭게 조작할 수 있게 되었는데 이러한 DNA 조작 기술을 DNA recombinant 기술이라고 한다(그림 2-5).

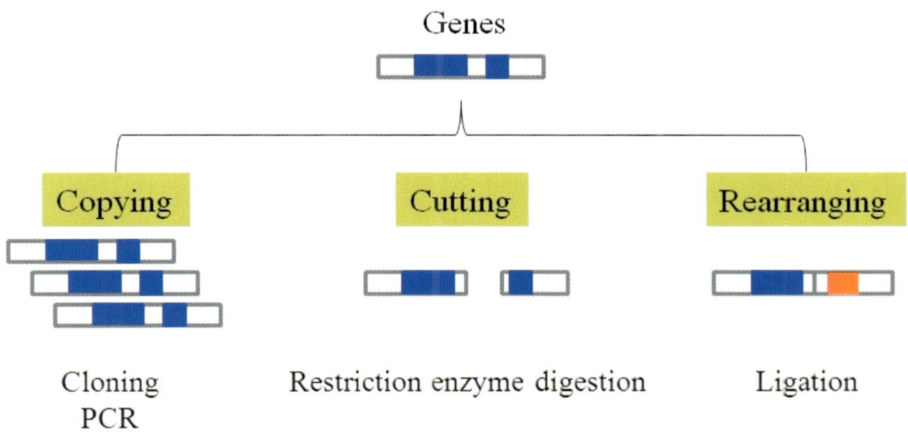

그림 2-5. DNA recombinant 기술

(1) DNA 조작 효소

① DNA 복제효소

DNA 복제효소(DNA polymerase)는 DNA 염기서열을 주형(template)으로 사용하여 새로운 DNA 염기서열 가닥을 합성하는 기능을 가지고 있다(그림 2-6). 이때 DNA 합성에는 DNA template, primer, dNTP, DNA polymerase가 필요하다. 이 중에서 primer는 복제하고자 하는 DNA에 붙어서 DNA 복제의 시작 부위를 결정하는 역할을 하고 DNA 복제효소는 dNTP를 연속적으로 연결하여 새로운 DNA 염기서열 가닥을 만들어 나가게 된다.

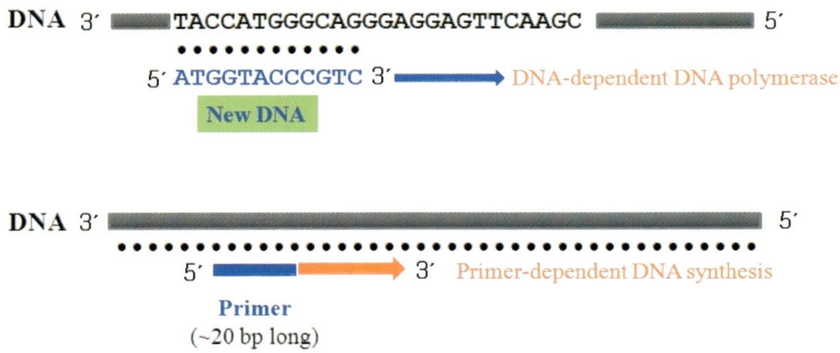

그림 2-6. **DNA template와 primer에 의한 DNA polymerase의 DNA 합성과정**

한편 DNA 합성에 사용되는 DNA 복제효소는 5′→3′ DNA 합성 기능뿐만 아니라 동시에 다른 기능들도 가지고 있다. 예를 들면, DNA 복제효소는 5′→3′ exonuclease와 3′→5′ exonuclease 기능도 가지고 있는데 5′→3′ exonuclease의 기능은 통상적으로 자주 관측되지는 않지만 일부의 DNA polymerase가 이 기능을 가지고 있다. 그리고 3′→5′ exonuclease 기능은 proof-reading 기능을 가지고 있는 DNA polymerase (예, *pfu* enzyme)에서 관측되는 것으로 새롭게 합성된 DNA 가닥에서 잘못 들어간 핵산을 제거하는 기능을 가진다(그림 2-7).

한편 다양한 종류의 DNA 복제효소가 분자생물학 분야에서 사용되고 있다(표 2-2). 간략히 그 기능을 살펴보면, DNA labeling 목적으로는 *E. coli*에서 추출된 DNA polymerase I과 변형된 Klenow polymerase가 사용되고 있다. Klenow DNA polymerase는 *E. coli* DNA polymerase I의 DNA 합성 능력과 3′→5′ exonuclease 기능은 그대로 유지하면서 5′→3′ exonuclease의 기능을 제거한 변형된 DNA polymerase이다. 따라서 변형된 Klenow polymerase는 DNA labeling 또는 sequencing에 사용하기에 매우 적합하다. 그리고 Sequenase는 Phage T7 DNA polymerase I을 변형하여 sequencing에 적합하도록 변형시킨 DNA polymerase이다. 그리고 *Taq* DNA polymerase I은 고온의 온천에 살고 있는 미생물인 *Thermus aquaticus*에서 분리된 DNA polymerase I으로 95 ℃이상의 고

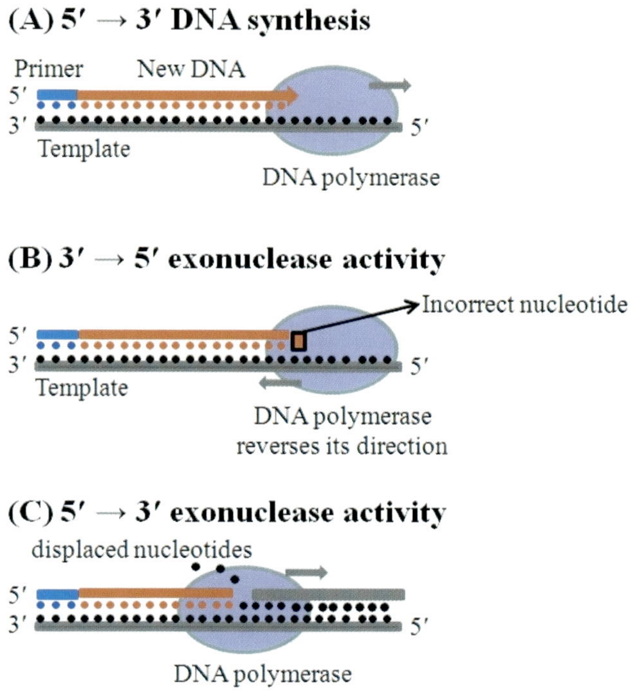

그림 2-7. DNA polymerase의 다양한 기능들

온에서도 효소의 기능이 유지되고 72 ℃에서 DNA 합성을 가장 효율적으로 수행할 수 있다. *Taq* DNA polymerase와 달리 다른 모든 DNA polymerase는 37 ℃에서 가장 효율적으로 DNA 합성이 이루어지고 고온에서 파괴되므로 PCR 반응에는 사용할 수 없다. 그리고 지금까지 설명한 DNA polymerase는 DNA를 template로 사용하여 새로운 DNA 가닥을 합성하는 기능을 가지고 있다. 그런데 특이하게 retrovirus에서 추출된 역전사 효소(reverse transcriptase DNA polymerase)는 mRNA를 template로 사용하여 DNA(complementary DNA; cDNA)를 합성하는 기능을 가지고 있다. 따라서 역전사 효소는 mRNA에서 cDNA를 만들어 mRNA의 발현을 연구할 때 주로 사용된다.

표 2-2. 주요 **DNA polymerase**의 종류와 사용목적

DNA Polymerase	**Description**	**Main Use**
DNA polymerase I	Unmodified E. coli DNA polymerase	DNA labeling
Kenow polymerase	Modified E. coli DNA polymerase I	DNA labeling
Sequenase	Modified phage T7 DNA polymerase I	DNA sequencing
Taq polymerase	Thermus aquaticus DNA polymerase I	PCR
Reverse transcriptase	RNA-dependent DNA polymerase (from retroviruses)	cDNA synthesis

② **nuclease**

DNA 또는 RNA를 자르거나 분해하는 효소를 nuclease라고 한다. 가장 잘 알려져 있는 효소로는 분자생물학 연구에서 빈번히 사용되는 제한효소(restriction enzyme)들이 여기에 포함된다. 제한효소는 특정 염기서열을 가지고 있는 DNA 부위를 인식하여 잘라줌으로써 DNA를 조작할 때 자주 사용된다. 그리고 nuclease S1은 single-stranded DNA 또는 RNA를 잘라주고 deoxyribonuclease 1은 double-stranded DNA 또는 RNA를 잘라주는 역할을 하고 있다. 그래서 nuclease S1은 주로 transcript mapping에 이용되고 deoxyribonuclease 1은 nuclease footprinting에 많이 사용되고 있다(표 2-3).

표 2-3. **Nuclease**의 종류와 주사용 목적

Nuclease	**Description**	**Main Use**
Restriction endonucleases	sequence-specific DNA endonucleases	many applications
Nuclease S1	endonuclease specific for single-stranded DNA & RNA	transcript mapping
Deoxyribonuclease 1	endonuclease specific for double-stranded DNA & RNA	nuclease footprinting

한편 분자생물학 연구에서 빈번히 사용되는 제한효소는 현재까지 약 2,500 종류 이상이 분리되었으며 그 중에서 약 300 개 이상이 실험실에서 사용이 가능한 형태로 개발되어 있다. 일반적으로 제한효소가 인식할 수 있는 염기서열은 5′→3′ 방향으로 두 가닥의 염기서열을 읽었을 때 동일한 염기서열(이러한 구조를 palindromes이라고 함)이 있어야 한다. 그리고 제한효소에 의해 잘려진 DNA 조각은 blunt ends 또는 sticky ends 형태를 가지고 있다(표 2-4). 그러나 DNA cloning 과정에서는 sticky ends가 blunt ends 보다 cloning의 효율이 좋기 때문에 sticky ends로 DNA를 자르는 제한효소가 더 많이 이용된다.

표 2-4. 제한효소의 대표적인 보기

Enzyme	Recognition sequence	Type of ends	End Sequence
*Alu*I	5′-AGCT-3′ 3′-TCGA-5′	Blunt end	5′-**AG** **CT**-3′ 3′-**TC** **GA**-5′
*Eco*RI	5′-GAATTC-3′ 3′-CTTAAG-5′	Sticky end (5′-overhang)	5′-**G** **AATTC**-3′ 3′-**CTTAA** **G**-5′
*Pst*I	5′-CTGCAG-3 3′-GACGTC-5′	Sticky end (3′ overhang)	5′-**CTGCA** **G**-3′ 3′-**G** **ACGTC**-5′

③ **DNA 결합효소**

제한효소에 의해 잘려진 DNA 조각은 DNA 결합효소(DNA ligase)로 연결할 수 있다(그림 2-8). 따라서 새로운 형태의 재조합 DNA(recombinant DNA)는 vector DNA와 target (insert) DNA를 제한효소로 처리한 후에 DNA 결합효소로 연결하여 만들어진다.

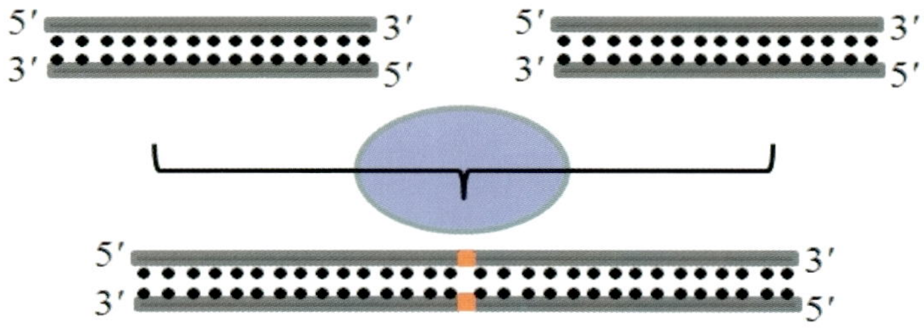

그림 2-8. DNA 조각을 연결하는 DNA ligase

④ **DNA** 말단 조작 효소

재조합 DNA 조각을 만들 때 제한효소로 잘려진 DNA 조각의 끝부분을 추가로 변형시킬 필요가 있는 경우도 있다. 이때 DNA 조각의 끝 부분을 조작하는 효소를 DNA 말단 조작효소(end-modification enzymes)라고 부르며 terminal deoxynucleotidyl transferase(TdT), alkaline phosphatase(AP), T4 polynucleotide kinase 등이 이러한 기능을 가지고 있다. TdT 효소는 DNA 조각의 끝에 핵산을 붙이는 기능을 하며 AP 효소는 DNA 조각의 5′ 부위에 존재하는 인산(phosphate group)을 제거하는 역할을 하는데 주로 DNA cloning 단계에서 vector의 끝에 존재하는 phosphate를 제거함으로써 vector의 self-ligation이 일어나지 못하도록 하는데 사용되고 있다. AP 효소는 DNA 조각의 끝에 붙어 있는 phosphate를 떼어 낼 때 사용되지만 반대로 T4 polynucleotide kinase는 phosphate를 붙일 때 이용된다. 그리고 T4 polynucleotide kinase는 주로 ^{32}P-dATP를 이용하여 DNA probe의 end-labeling을 할 때 자주 사용된다. 한편 DNA 말단 조작효소들은 DNA cloning에 사용하는 DNA 조각을 vector와 결합할 수 있는 형태로 만들기 위하여 Linker DNA 조각을 붙이거나 또는 TdT 효소를 사용하여 blunt end로 된 DNA 조각의 끝을 homopolymer tail을 붙여 sticky end로 만들 때 사용하기도 한다.

⑤ 역전사 효소

일반적으로 DNA cloning에는 genomic DNA 또는 plasmid DNA 등이 이용되지만 때로는 mRNA로 부터 cDNA를 만들어 vector에 삽입하여 cloning 작업을 하기도 한다. 이때 mRNA에서 cDNA를 합성하는 효소는 일반 포유류의 체내에는 존재하지 않고, retrovirus에 존재하는 역전사 효소(reverse transcriptase)를 사용한다. 따라서 발현되는 유전자를 cloning하는 cDNA library를 만들 때는 reverse transcriptase가 필수적으로 사용된다.

(2) DNA 클로닝 벡터

DNA 조각을 *in vivo*에서 증폭하기 위해서는 미생물 (주로 *E. coli*) 내에서 독자적으로 증폭 가능한 유전물질 전달체가 필요하다. 이 목적으로 plasmid vector, phage vector 그리고 아주 큰 DNA 조각을 삽입하여 복제하는 BAC(bacterial artificial chromosome)이나 YAC(yeast artificial chromosome) vector 등이 사용된다. Cloning에 사용되는 대표적인 vector를 표 2-5에 정리하였다. 일반적으로 작은 크기의 DNA(주로 0.1 - 12 kb)는 plasmid vector를 사용하고 유전체 분석을 위한 아주 큰 DNA (30-300 kb)는 BAC vector를 많이 사용하고 있다.

표 2-5. 대표적인 **cloning vector**

Vector type	Cloning capacity (kb)	Examples	Year of appearance	Mode of introduction to E. coli host cell	Mode of growth on agar plate	No. of copies per cell
Plasmids	0.1-12	pBR322, pUC	1977	transformation/ electroporation	colonies	50-100
M13	0.1-3.5	M13mp18	1981	transfection	plaques	N/A
Bacteriophage λ	10-20	EMBL, FIX	1983	packaging and infection	plaques	N/A
Cosmid	35-45	pWE15, Lawrist	1981	packaging and infection	colonies	5-50
Fosmid	35-45	pFOS1	1992	packaging and infection	colonies	1-2
P1	30-90	pAd10SacBII	1990	packaging and infection	colonies	1-2
PAC	30-300	pCYPAC2	1994	electroporation	colonies	1-2
BAC	30-300	pBeloBAC11	1992	electroporation	colonies	1-2

한편 DNA cloning에서 일반적으로 가장 널리 사용되고 있는 plasmid vector의 기본 구조와 기능들을 이해하기 위하여 전형적인 plasmid vector인 pUC18(2,686 bp)을 가지고 설명하겠다. pUC18 plasmid vector는 4 가지 기본 요소를 가지고 있다. 우선 plasmid가 독립적으로 복제할 수 있는 부위(origin of replication)가 있고 plasmid가 *E. coli*에 삽입된 것을 판별할 수 있는 β-lactamase 유전자(amplicilin resistance gene)와 recombinant DNA를 식별할 수 있는 β-galactosidase(lacZ) 유전자 부위로 구성되어 있다. 또 lacZ 유전자 부위에는 다양한 종류의 제한효소로 잘려지는 부위인 multiple cloning site를 가지고 있어 새로운 DNA 조각을 쉽게 재조합할 수 있도록 디자인되어 있다(그림 2-9).

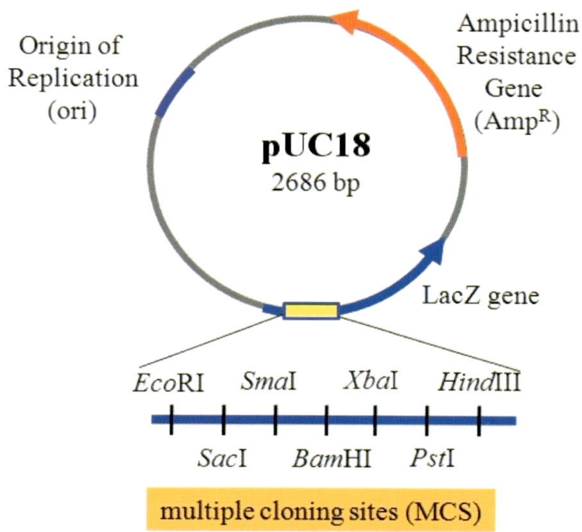

그림 2-9. **pUC18 plasmid vector**의 기본 구조

특히 LacZ 유전자 부위에 있는 multiple cloning site에 새로운 DNA 조각이 삽입되면 LacZ 유전자가 파괴되어 β-galactosidase를 만들 수 없게 된다. 그러면 실제 agar plate에서 자라고 있는 *E. coli*는 β-galactosidase를 만들 수 없고 agar plate에 있는 X-gal을 분해할 수 없어서 white colony를 생성하고, vector의 self-ligation에 의해 삽입된 wild type vector를 가진 클론은 정상적으로 β-galactosidase 효소를 생산해서 X-gal을 분해해 blue colony를 만들게 된다. 따라서 X-gal이 첨가된 agar plate에서 자라는 *E. coli*의

recombinant 클론을 찾아내는 것은 agar plate에서 자라고 있는 *E. coli* 클론의 색깔로 쉽게 식별할 수 있다(그림 2-10).

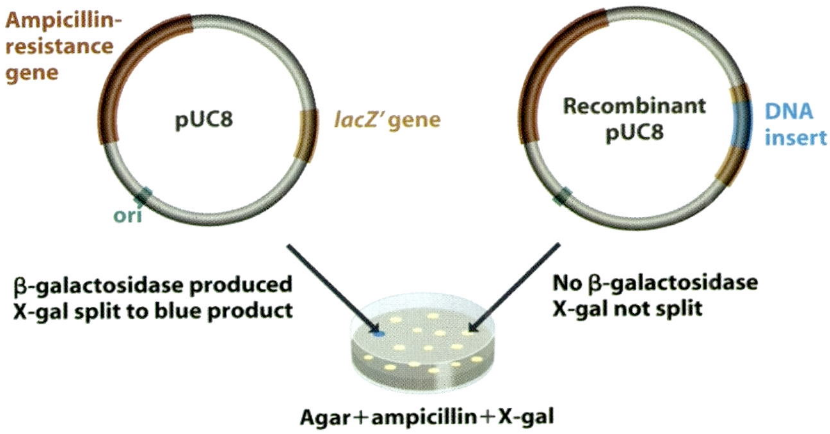

White colony:	recombinant
Blue colony:	non-recombinant

그림 2-10. 항생제(**ampicillin**)와 **X-gal**을 이용한 재조합 클론 선별

작은 DNA 조각을 클로닝할 때는 plasmid vector를 이용해도 충분하다. 그러나 인간 유전체 전체를 sequencing하기 위한 대규모 유전체 분석을 위한 genomic DNA library를 만드는 경우에는 plasmid vector로는 너무나 많은 클론을 다루어야 하기 때문에 거의 불가능하다. 이러한 경우에는 큰 DNA 조각을 삽입할 수 있는 cosmid, BAC 또는 YAC vector를 사용해야 한다. 예를 들면, cosmid vector로 인간 유전체 전체를 약 99% 커버하기 위해서는 37만 개의 클론을 확보해야 하고 BAC vector는 약 5만 개를, YAC vector는 약 2만 5천 개 정도를 확보해야 한다(표 2-6). 이렇게 아주 큰 DNA 조각을 삽입할 수 있는 vector도 인간 유전체 전체를 커버하기 위해서는 수만 개의 클론을 확보해야 하기 때문에 엄청난 수의 클론과 염기서열 분석 작업이 요구된다. 일반적으로 YAC vector가 BAC vector보다 큰 DNA 조각을 삽입할 수 있지만 유전적으로 불안정해서 인간유전체사업에서는 BAC clone을 이용하여 인간 유전체 염기서열 분석을 수행하였다.

표 2-6. Cloning vector별 인간 유전체를 커버하기 위해 필요한 클론의 수

Type of vector	Insert size (kb)	No. of clones	
		P = 95%	P = 99%
Cosmid	40	240,000	370,000
BAC	300	32,000	50,000
YAC	600	16,000	24,500

(3) DNA 클로닝 기술

지금까지 다루었던 DNA cloning에 대한 내용을 실험 방법론적으로 다시 정리해 보자. 그림 2-11에 제시한 바와 같이 우선 클로닝하려는 DNA(insert)를 제한효소로 잘라서 삽입할 수 있는 크기로 만들고 vector도 동일한 제한효소로 잘라서 DNA가 상보적으로 잘 결합할 수 있도록 한다. 이렇게 준비된 vector : insert= 1:3의 비율로 혼합하여 ligase를 이용하여 재조합된 DNA(recombinant DNA)를 만든다. Vector와 결합하여 재조합된 DNA는 *E. coli*와 함께 42 ℃에서 30초간 heat shock 처리하여 박테리아 세포 속으로 삽입하고 *E. coli*가 자랄 수 있는 agar plate에 뿌려서 colony가 자라는 것을 확인한다. 이때 agar plate에는 ampicillin 항생제와 X-gal이 들어가 있는데 ampicillin은 vector DNA가 들어간 *E coli*를 선별하고 X-gal은 들어간 plasmid vector 중에서 recombinant DNA를 가지고 있는 *E. coli* 클론을 선별할 수 있게 한다(blue colony= non-recombinant; white colony= recombinant)(그림 2-10). Recombinant DNA를 대량으로 확보하기 위해서는 recombinant DNA를 가지고 있는 white colony를 선별하여 박테리아 배양액에서 대량으로 키워서 plasmid를 분리하면 된다.

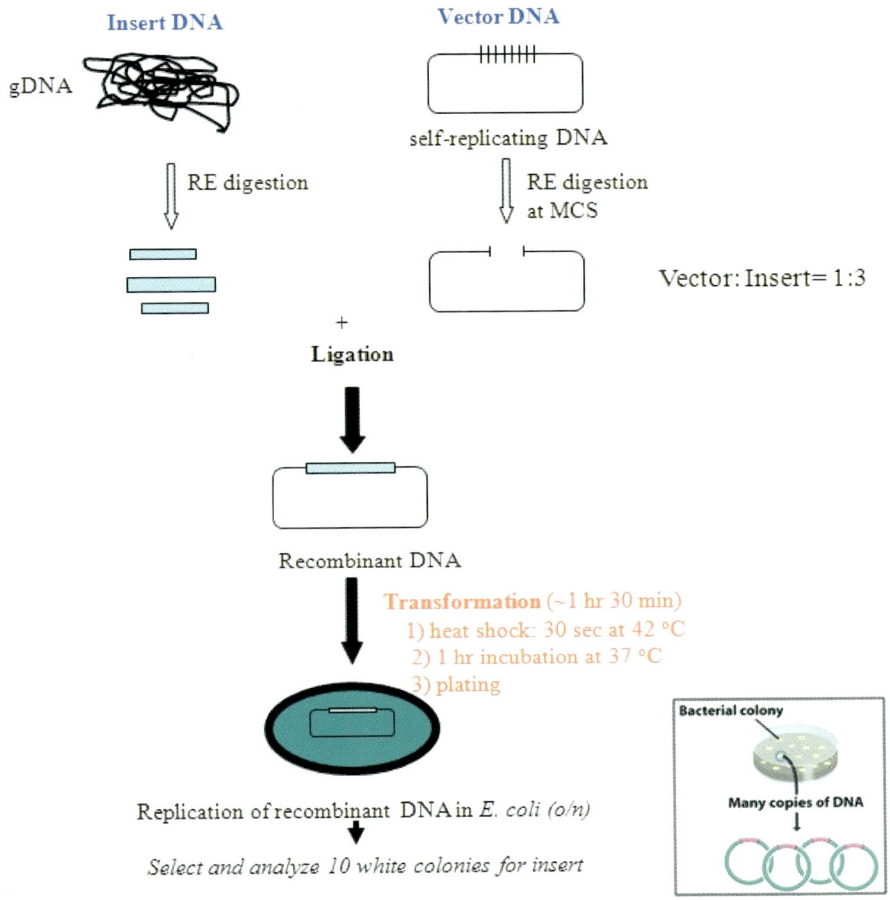

그림 2-11. **DNA cloning**의 실험방법에 대한 개요

3. PCR 증폭 기술

*E. coli*를 이용한 *in vivo* DNA 증폭 방법과 더불어 원하는 DNA를 대량으로 확보할 수 있는 또 다른 방법은 PCR(polymerase chain reaction) 기술을 이용하는 방법이 있다. PCR을 이용한 DNA 증폭 기술은 아주 다양한 분야에서 활용되고 있다. 여기에서는 PCR의 원리에 대하여 간략히 알아보고자 한다. PCR 기술은 특정한 영역의 DNA 부위를 증폭하는데 주로 사용된다. 대부분의 PCR 방법은 약 10 kb 크기 이내의 DNA 조각을 증폭하는데 사용되고 있다. PCR 반응을 하기 위해서는 DNA template, 2 개의

primers, *Taq* polymerase, dNTP (deoxynucleoside triphosphates), PCR reaction buffers 가 필요하다. PCR 반응은 기본적으로 3 개의 반응이 30-35회 반복적으로 일어남으로써 원하는 DNA 조각을 증폭한다. 3 개의 기본 반응은 1) 94 - 96 °C에서 double-stranded DNA 가닥의 분리(denaturing), 2) 약 50 - 60 °C에서 primer를 target DNA 부위에 붙임(annealing), 3) 72 °C에서 target DNA 영역에 붙은 primer가 새로운 DNA 가닥을 합성(elongation)하는 과정으로 구성된다(그림 2-12).

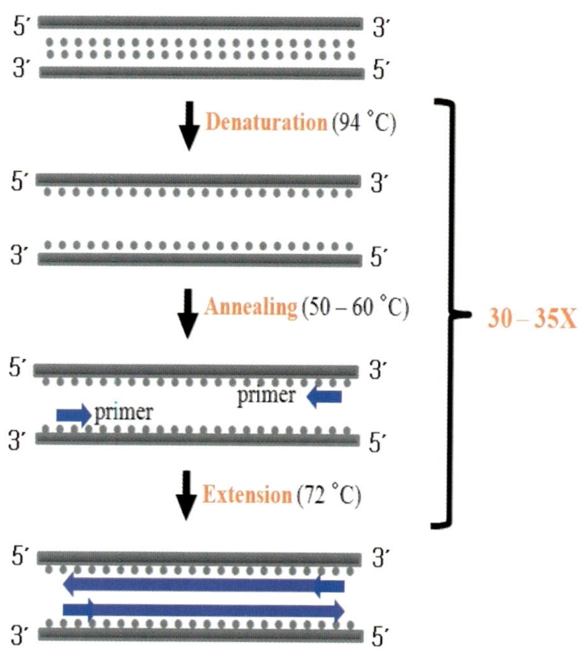

그림 2-12. **PCR 반응의 원리**

그리고 2 개의 primer에 의하여 동시에 일어나는 3 가지 반응이 반복적으로 수행됨으로써 기하급수적으로 DNA를 증폭한다(그림 2-13). 한편 PCR 반응에서 annealing temperature를 정하는 것이 매우 중요한데, 일반적으로 PCR에 쓰이는 primer의 melting temperature 보다 약 3-5 °C 정도 아래의 온도를 사용한다.

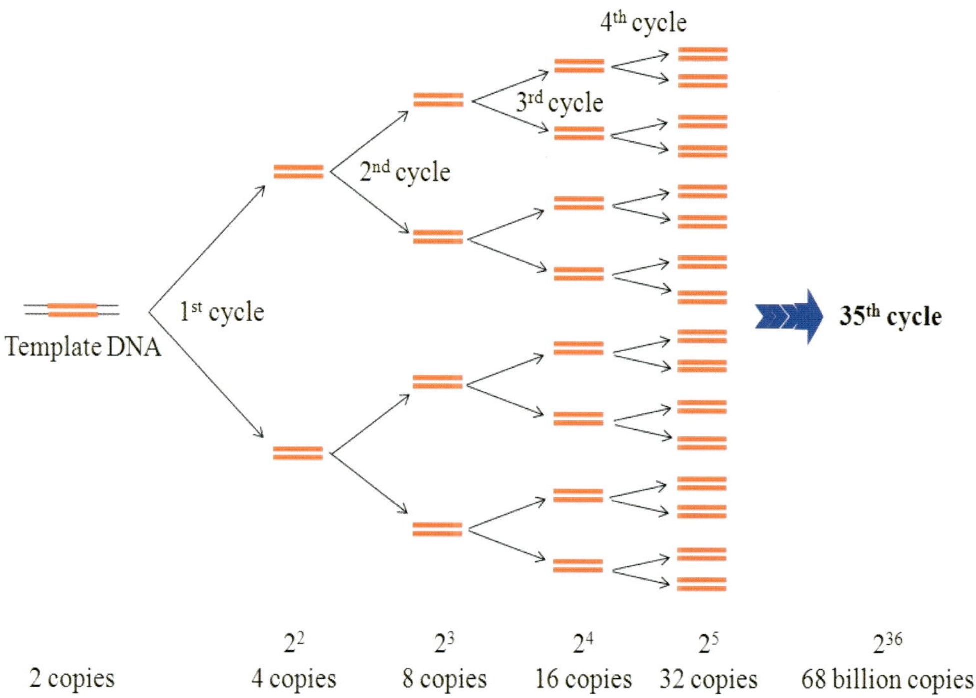

그림 2-13. **PCR**에 의한 기하급수적 **DNA**의 증폭

한편 PCR 반응이 한 tube에서 연속적으로 일어날 수 있는 것은 *Taq* polymerase의 발견에 의하여 가능하게 되었다. *Taq* polymerase는 고온(95 °C)에서도 효소의 활성을 유지하며 72 °C에서 효과적인 DNA 합성이 이루어진다. 일반적으로 *Taq* polymerase는 1분당 약 1 kb 정도의 DNA를 합성할 수 있으므로 증폭하고자 하는 크기에 따라 PCR 반응에서 extension 시간을 적절히 조정하면 된다. 최종 PCR 산물은 agarose gel을 사용하여 증폭된 크기와 증폭된 DNA의 양을 확인할 수 있다. 시험관에서 원하는 DNA 부위를 대량으로 증폭할 수 있는 이 기술은 아주 다양한 연구 분야에 활용되고 있다. PCR 기술을 이용한 몇 가지 대표적인 실험 방법들로는 allele-specific PCR, hot-start PCR, inverse PCR, nested PCR, reverse-transcriptase (RT)-PCR, qantitative PCR 기술 등이 있다.

제 3장 유전체 지도 작성법

한 개체의 유전 정보는 세포 속에 존재하는 염색체에 DNA 형태로 있으며 염색체 속에 있는 전체 DNA를 유전체라고 한다. 유전체의 크기는 DNA 총 염기서열의 수 (bas pair; bp)로 나타낸다. 그리고 사람의 유전체는 한 세포 속에 23 쌍의 염색체로 구성되어 있다. 23 쌍의 염색체는 22 쌍의 상염색체(autosomes)와 1 쌍의 성염색체(sex chromosome; X 또는 Y)(그림 3-1)로 되어 있으며 모두 약 30억 개의 염기서열로 이루어져 있다.

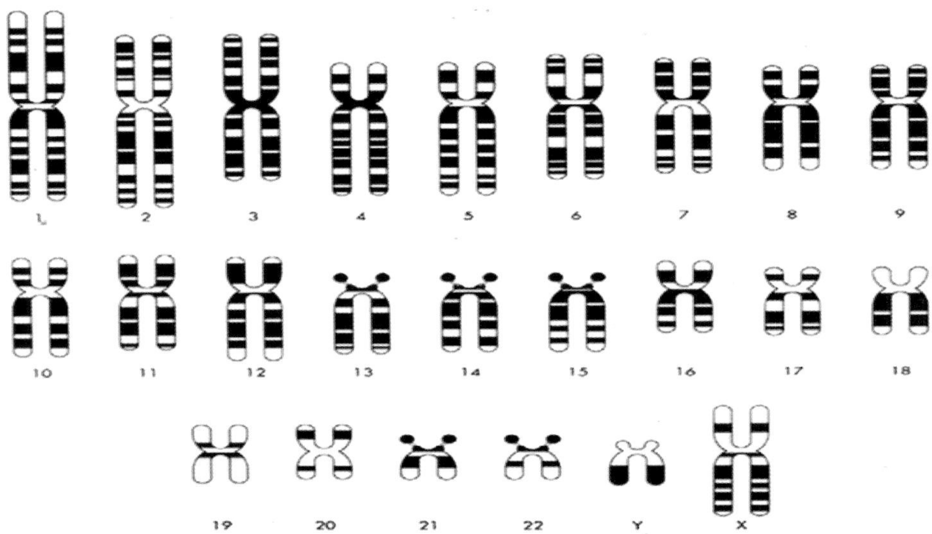

그림 3-1. **24** 개의 염색체로 구성된 인간 유전체

한편 *E. coli* 유전체는 약 5 Mb 이고 yeast 유전체는 약 15 Mb 정도이며 인간 유전체는 약 30억 bp로 구성되어 있다. 따라서 인간 유전체의 크기는 *E. coli* 유전체의 약 600배 그리고 yeast 유전체의 약 200배 이상의 유전정보를 가지고 있다(그림 3-2).

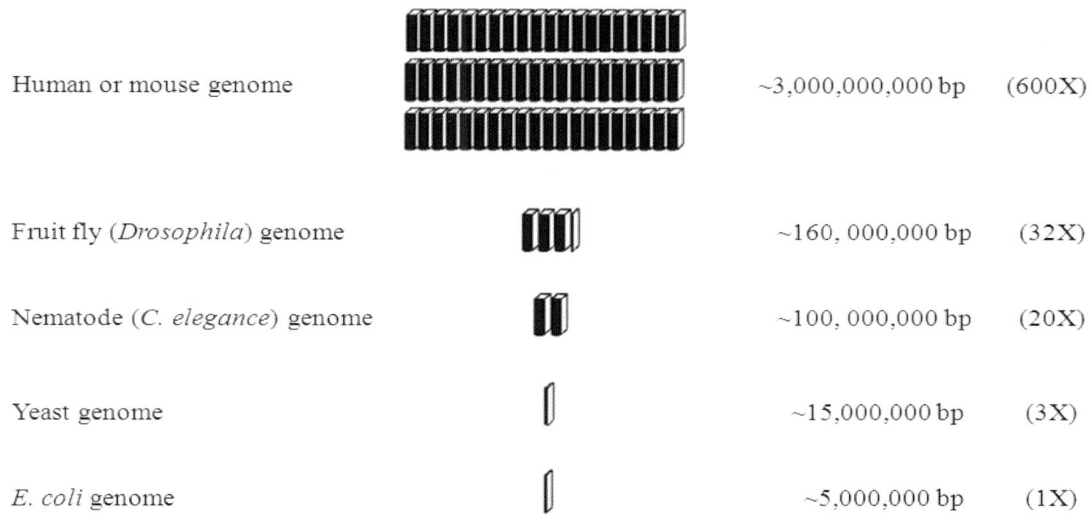

그림 3-2. 다양한 생물종의 유전체 크기 비교

만약 특정한 생물종이 가지고 있는 유전체 완전 해독(genome sequencing)을 위해서는 우선 분석하고자 하는 생물종의 유전체 지도(genome mapping)를 만들어야 한다. 유전체 지도는 유전지도(genetic map)와 물리지도(physical map)로 나눌 수 있다. 그리고 유전지도 작성을 위해서는 유전마커가 필요하다. 유전마커로는 microsatellite (=short tandem repeat; STR 마커라고도 함)와 SNP(single nucleotide polymorphism) 마커가 주로 사용되고 있다.

1. 유전마커

사람의 유전체는 30억 염기서열이 일렬로 나열되어 있다. 따라서 개별 유전자의 염기서열 정보를 찾기 위해서는 전체 유전체에서 기준이 되는 지점이 필요하다. 이런 기준점이 되는 것이 유전체에 존재하는 고유한 유전마커들이다(표 3-1). 일반적으로 눈동자의 색 또는 ABO 혈액형 등과 같은 특정 유전자의 단백질 변이형 마커가 사용될 수 있지만 매우 제한된 수의 마커만 이용 가능하기 때문에 전체 유전체를 커버하기에는 적합하지 않다. 그래서 유전체 지도를 작성하기 위해서는 유전체 전체에서 매우 많은 숫자를 가지고 있는 DNA 염기서열 변이형 마커들이 사용되고 있다.

표 3-1. 인간 유전마커의 개발 과정

Marker	No. of Loci	Features
Blood groups (1910~1960)	~20	
HLA tissue types (1960~1975)	1	- 정보력이 높음 - 6p21.3영역 linkage만 조사 가능
DNA: RFLPs (1975~)	$>10^5$	- 두 대립유전자형 마커
DNA: VNTRs (1985~)	$>10^4$	- 다수의 대립유전자형 마커
DNA: STRs (di-, tri-, & tetra-nt. repeats) (1989~)	$>10^5$	- 정보력 높음 - DNA array 기술로 분석 불가능
DNA: SNPs (1998~)	$>30\times10^6$	- STR 보다는 정보력이 낮음 - 대량으로 분석 가능함

*다른 종류의 DNA 마커들: RFLP(restriction fragment length polymorphisms), AFLP(amplified fragment length polymorphisms), RAPD (random amplified polymorphic DNA), SSCP(single strand conformational polymorphisms) 마커 등이 있음.

가장 대표적인 DNA 마커로는 microsatellite와 SNP 마커가 있다. Microsatellite 마커는 short tandem repeat(STR) 마커라고도 불리며 주로 2 개, 3 개 또는 4 개 등의 염기서열 반복수 변이형을 보이는 마커다. Microsatellite genotyping은 주로 여러 개의 마커를 multiplexing PCR로 증폭하고 DNA sequencing 기기를 이용하여 증폭된 마커를 크기별로 분리하여 두 대립 유전자형을 조사한다(그림 3-3). 그리고 microsatellite 마커는 전통적으로 linkage 연구와 인간의 초기 유전체 지도(framework map) 작성에 사용되었으나 최근에는 보다 많은 유전변이형 정보를 지닌 SNP 마커가 더 많이 사용되고 있다.

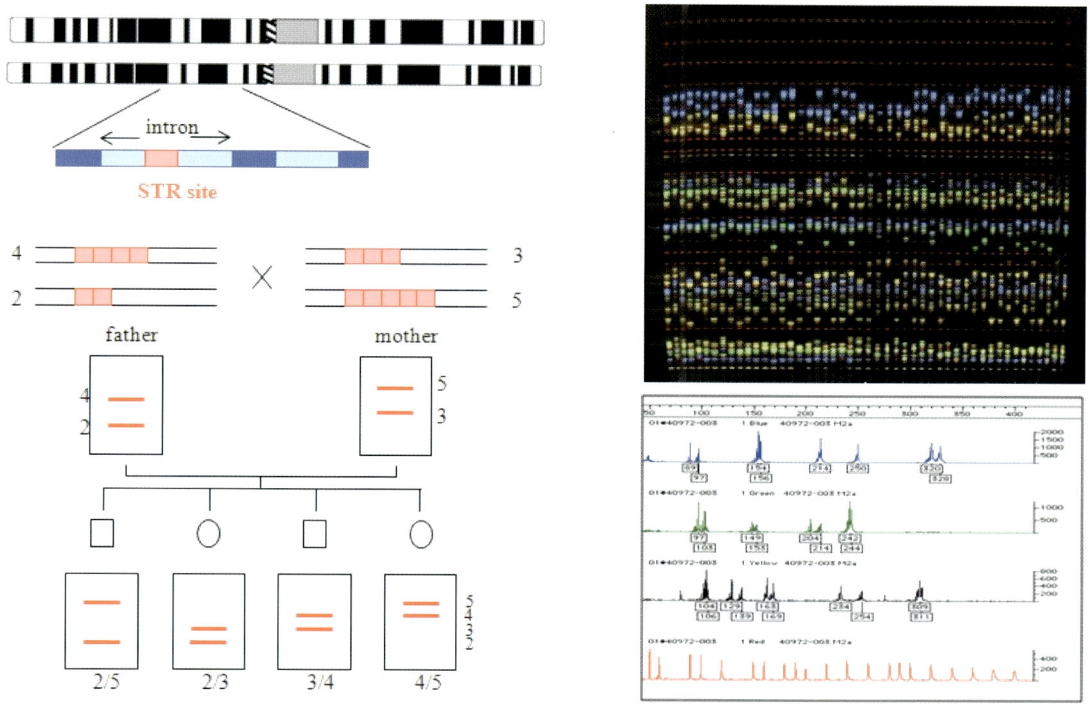

그림 3-3. **Microsatellite (STR) genotyping** 기술

SNP 마커는 유전체에서 단일염기서열의 차이를 보이는 변이형(그림 3-4)을 말하며 인간 유전변이 중에서 약 90% 이상을 차지할 정도로 인간 유전체에 존재하는 유전변이형 중에서 가장 많은 숫자를 가지고 있는 유전마커다. SNP genotyping은 전통적으로 RFLP 방법으로 수행되었으나 최근에는 다양한 genotyping 기술이 개발되어 대량으로 분석이 가능하게 되었다(그림 3-4). 그리고 사람의 경우에는 현재(2010년 5월)까지 약 2,365만 개 정도의 SNP 마커가 보고되어 있다.

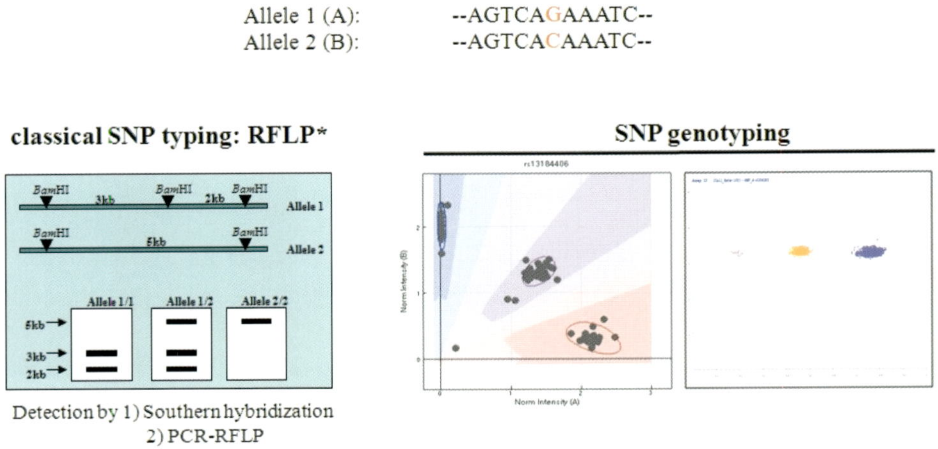

그림 3-4. **SNP genotyping** 기술

2. 유전지도의 분류

유전체 지도를 작성하는 일은 매우 많은 노력과 시간이 필요하다. 일반적으로 유전체는 여러 개의 염색체로 구성되어 있으며 염색체는 매우 많은 수의 염기서열로 이루어져 있다. 예를 들면, 사람의 1 번 염색체는 약 247 Mb (2억 4천 7백만 염기서열)로 구성되어 있다. 이처럼 큰 유전체를 개별 염기서열 수준까지 밝히는 것은 많은 작업 과정이 요구된다. 우선 염색체의 세부 영역을 구분하기 위한 가장 기본적인 방법으로는 염색체 지도(cytogenetic map)를 가지고 시작할 수 있다. 그러나 이 염색체 지도는 여전히 매우 큰 몇 개의 염색체 부위(cytogenetic bands)로만 구분해 줄뿐 상세한 염기서열 정보를 제공해 주지는 못한다. 염색체 지도는 단순한 염색체 구조 또는 수적인 이상에 대한 정보를 확인할 때만 유용하게 쓰이고 있다. 한편 유전체 지도를 작성하는 방법으로는 유전지도와 물리지도라는 두 가지 다른 방법이 있다(그림 3-5). 여기에서는 유전지도와 물리지도의 기본 개념과 특성을 파악해보고자 한다.

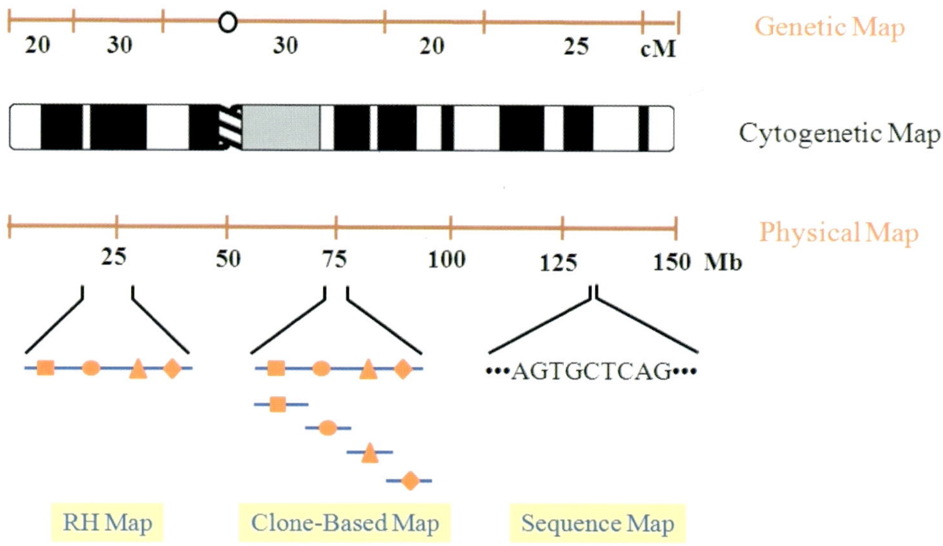

그림 3-5. 유전지도**(genetic map)**와 물리지도**(physical map)**

(1) **유전지도**

유전지도(genetic map)는 가계(pedigree)내에서 부모로부터 자식으로 전달되는 두 유전 마커 또는 두 유전자 간에 발생하는 재조합(recombination)의 비율(%)로 그 거리를 구한다. 그리고 두 유전 마커의 거리는 세포의 감수분열시 발생하는 재조합의 발생율로 결정한다. 유전지도의 거리 단위는 centiMorgan(cM)으로 표시하며 1 cM은 두 마커 간에 약 1%의 재조합이 발생하는 거리를 의미한다. 예를 들면, 유전마커-1과 유전마커-2 사이에 재조합이 일어나는 비율이 1%라고 하면 두 유전마커 사이의 거리는 1 cM 떨어져 있다고 정의한다. 최초의 사람 유전지도는 microsatellite 마커를 사용하여 만들어졌으며 약 1 cM 간격으로 하나의 microsatellite 마커가 사용되었다. 사람의 microsatellite-based linkage map은 그 이후에 모든 염색체의 상세한 물리지도를 작성할 때 매우 귀중한 초안(scaffold/framework)으로 사용되었다. 한편 유전지도의 거리는 두 마커 사이에 발생하는 재조합의 비율로 정하기 때문에 만약 재조합 빈발 영역(recombination hotspot)이 포함되면 실제 마커 간의 거리보다 더 큰 유전적 거리를 가진 것으로 표시된다. 그러나 일반적으로 재조합의 발생은 거리에 비례하여 발생하기 때문에 유전지도와 물리지도 간에는 높은 상관성을 지니고 있다. 그리고 유전지도는 주로 유전자가 밝혀지지 않은 질병의 원인 유전자의 위치를 확인하는 연관연구(linkage study)에 많이 사용되어 왔다.

특정한 두 유전자가 다음 세대로 유전될 때에 서로 밀접하게 붙어있어서 함께 전달되는 경우에 두 유전자는 유전적 연관(genetic linkage) 상태에 있다고 한다. 일반적으로 동일한 염색체상에서 아주 가까이 놓여있는 2 개의 유전좌위(loci)는 물리적으로 함께 붙어 있어서 감수분열 과정에도 교차가 일어나지 않고 서로 강하게 연결되어(linked) 있어 다음세대에 함께 전달된다. 그러나 다른 염색체에 있는 2 개의 유전좌위 사이에는 서로 독립적인 조합에 의하여 다음 세대에 전달되기 때문에 연관되어 있지 않다. 이러한 유전적 연관을 이용하여 가계(pedigree)내에 전달되는 유전마커와 질병 간의 연관성 정보를 이용하여 질병 유전자 위치(genetic linkage mapping)를 찾는 방법이 유전연구에서 많이 사용되고 있다. 이 방법은 부모에게서 발견된 질병이 다음 세대의 자식들에게 전달되는 유전정보를 이용하여 질병의 전달과 함께 전달되는 유전마커의 위치를 확보함으로써 질병 유전자를 찾아내는 연구 방법이다. 주로 질병과 함께 다음 세대에 전달되는 유전마커의 위치에 질병 원인 유전자가 놓여 있게 된다. 질병과 유전마커 간의 거리는 재조합빈도(recombination frequency)를 계산하여 산정하게 된다. 그림 3-6에 제시한 보기에서는 질환자에게서 발견된 마커 M1 또는 M2가 우성의 형태로 다음 세대에 전달되는 경우에 M1이 질병과 연관된 경우(가설 1의 경우)와 M2 마커가 질병과 연관된 경우(가설 2의 경우)에 다음 세대에 전달된 질병과 마커 간의 재조합의 빈도를 계산하여 재조합율을 계산한다. 가설 1의 경우에는 재조합율이 16.7%이고 가설 2는 83.3%를 보이는데 독립된 두 염색체 간의 최대 가능한 재조합의 비율이 50%이므로 가설 2의 재조합율 83.3%는 적합하지 않다. 따라서 가설 1의 경우가 타당한 가설로 받아들일 수 있다. 이 경우에는 질병과 M1 마커 간의 재조합율이 16.7%이므로 질병의 원인 유전자가 M1 마커의 위치에서 약 16.7 cM 정도 떨어진 위치에 있음을 추정할 수 있다. 따라서 유전연관(genetic linkage) 정보를 이용하면 매우 효율적으로 아직 밝혀지지 않은 질병 원인 유전자를 찾아낼 수 있다.

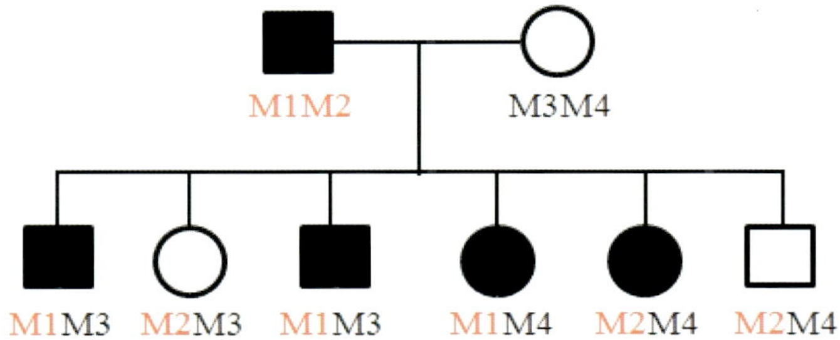

		Hypothesis 1 Disease-M1/ Healthy-M2	Hypothesis 2 Healthy-M1/ Disease-M2
Child 1	Disease-M1	parental	recombinant
Child 2	Healthy-M2	parental	recombinant
Child 3	Disease-M1	parental	recombinant
Child 4	Disease-M1	parental	recombinant
Child 5	Disease-M2	recombinant	parental
Child 6	Healthy-M2	parental	recombinant
Recombination frequency:		1/6= 16.7%	5/6= 83.3%

그림 3-6. 가계도를 이용한 질병 유전자의 유전지도 작업

일반적으로 유전지도의 거리와 물리지도의 거리는 서로 비례적인 관계에 있으며 유전지도의 1cM 거리는 물리지도에서는 약 1 Mb 정도 떨어져 있다고 추정하고 있다. 예를 들면, 2 개의 유전자 또는 유전좌위(loci) 간에 약 20%의 재조합이 발생한 경우, 두 개의 유전좌위는 유전지도 상에서 약 20 cM 떨어져 있다고 할 수 있다. 그리고 물리지도 상으로는 약 20 Mb 정도 떨어져 있다고 추정한다. 물론 두 유전좌위 사이에 재조합이 많이 일어나거나(recombination hot spot) 또는 재조합이 거의 일어나지 않는 부위(recombination cold spot)가 포함되었다면 유전지도와 물리지도 사이에는 오차가 발생하게 된다. 예를 들면, 재조합이 많이 일어나는 부위에서는 실제 물리적 거리보다 유전적 거리가 훨씬 크게 표시된다. 그러나 반대로 두 마커 간에 재조합이 거의 일어나지 않으면 유전지도에서는 거리가 매우 가깝게 표시되지만 실제 물리지도 상에서는 매우 먼 거리에 떨어져 있게 된다. 그리고 남자와 여자의 재조합 빈도도 달라 실제 유전지도를 작성할 때 두 유전마커 간의 거리가 다르게 계산된다. 그래서 일반적으로 유전지도에서는 남자와 여자의 유전지도를 평균하여 사용하고 있다. 그리고 유전지도와 물리지도 간에는 편

차가 있지만 대체로 비례의 관계가 있어 유전지도에 의하여 측정된 거리 정보를 이용하여 물리지도에 존재하는 특정 유전자를 찾아가는 유전자 지도 작성(gene mapping)이 가능하다(그림 3-7).

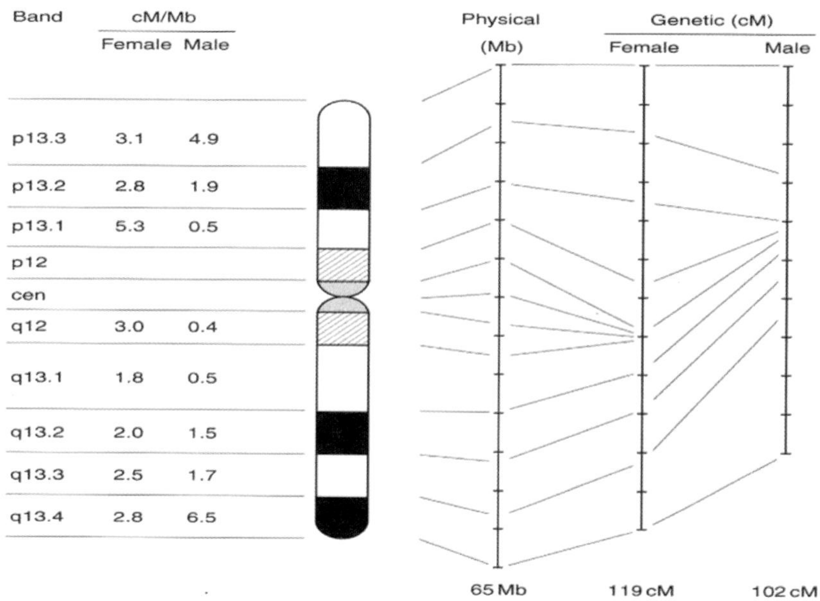

그림 3-7. 유전지도와 물리지도의 비교

(2) 물리지도

물리지도는 실제 염색체에 존재하는 DNA 조각 또는 아주 상세한 염기서열 순서 정보를 의미한다. 이 지도는 절대적인 값을 가지고 있으며 두 지점 간의 거리는 염기서열의 수(bp)로 나타낸다. 가장 상세하고 모든 정보를 가지고 있는 물리지도는 개별 염색체가 가지고 있는 모든 염기서열 순서 정보를 의미하지만 실제 염기서열 정보를 얻기 전에 보다 큰 DNA 조각의 물리지도를 우선적으로 작성한다. 가장 단순한 형태가 radiation을 이용한 somatic cell hybrid mapping panel을 만들어 큰 DNA 조각들의 지도(radiation hybridization map; RH map)를 작성하거나 fluorescence in situ hybridization(FISH) 방법을 사용하여 염색체 상에 실제로 존재하는 유전자의 위치를 확인하는 방법 등을 사용한다. 그러나 실제로 유전체에 존재하는 모든 염기서열 정보를 확보하기 위한 유전체 분석사업을 위해서는 모든 유전체를 약 100 kb 내외의 큰 DNA 조각으로 만들어서 BAC 클로닝 벡터에 삽입하여 BAC 클론을 확보한다. 그리고 BAC 클론을 일렬로 나열한 BAC clone contig 지도를 만든다. 그 다음에는 각 BAC에 삽입된 모든 염기서열 정보를 밝힘으로써 아주 상세한 염기서열 순서 정보를 가진 최종 물리지도(sequence map) 작업이 완성되는 것이다(그림 3-5). 따라서 유전체 염기서열 분석을 위해서는 우선적으로 전체 유전체를 커버하는 whole genome physical contig map 작업이 선행되어야 한다. 한편 물리지도에는 만드는 방법과 해상도에 따라 다양한 종류의 물리지도가 있다(표 3-2).

표 3-2. 유전체 물리지도의 종류

물리지도의 종류	해상도
염색체 지도 (cytogenetic map: chromosome banding)	수 Mb
염색체 절단 지도 (chromosome break map: radiation hybrid)	수 Mb
제한효소 지도 (restriction map)	수백 kb
클론 연결 지도 (clone contig map)	수백 kb
STS (sequence-tagged site) 지도	수십 kb
EST (expressed sequence tag) 지도	~ 90 kb
DNA 염기서열 지도	1 bp

인간 유전체에 대한 최초의 고해상도 물리지도는 STS(sequence tagged site)를 이용한 clone contigs로 만들어졌다. STS는 유전체 상에 고유하게 존재하며 일반적으로 약 500 bp 이내의 크기를 가진 짧은 염기서열을 말하며 PCR primer로 증폭하여 조사한다. STS로는 expressed sequence tag(EST), microsatellites 및 random genomic sequences 등이 사용될 수 있으나 주로 genomic library의 유전체 클론(genomic clones)의 말단을 무작위로 sequencing하여 만들어진다. 즉 유전체 클론(genomic clone) library가 STS 마커로 지

도제작의 도구로 사용되어 clone contig map이 만들어지고 최종적으로 유전체 염기서열 분석 작업이 가능하게 된다(그림 3-8). 따라서 STS mapping 기술은 가장 강력한 물리지도 작성을 위한 기술로 널리 사용되고 있다.

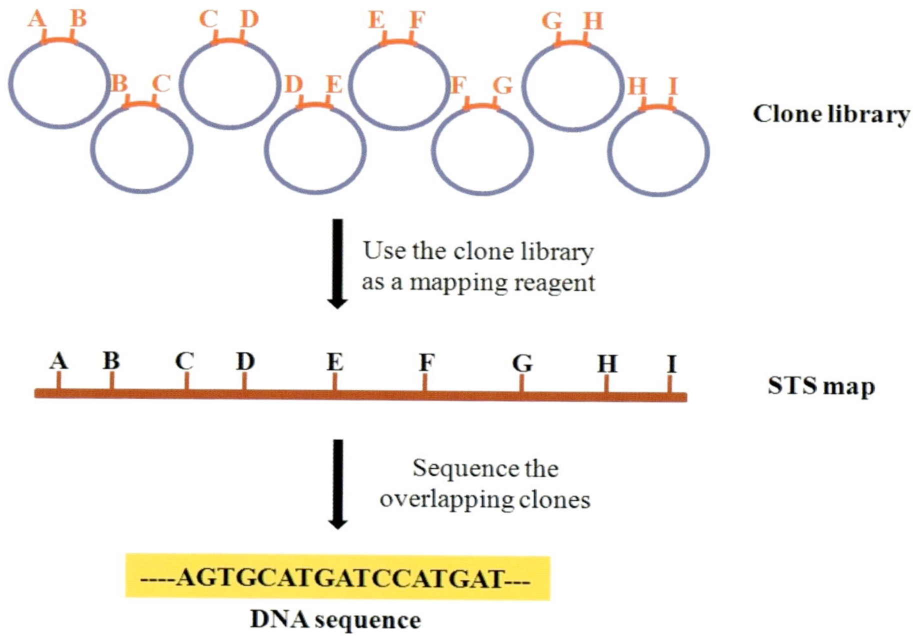

그림 3-8. **Clone library**를 이용한 **STS mapping (clone contig map)** 작성

3. 유전체 지도 작성

인간 유전체는 모두 약 30억(=3,000 Mb) 개의 염기서열로 구성되어 있으며 각 염색체별로는 평균적으로 약 130 Mb의 염기서열을 가지고 있다. 유전체 사업을 위해서는 주로 BAC 클론을 이용하여 작은 유전체 조각들로 나누어 분석하는데 이 경우에 각 BAC 클론들이 약 100~200 kb 크기의 DNA 조각을 가지고 있기 때문에 전체 유전체를 모두 포함하는 BAC 클론 전체의 숫자는 매우 많아 진다(그림 3-9).

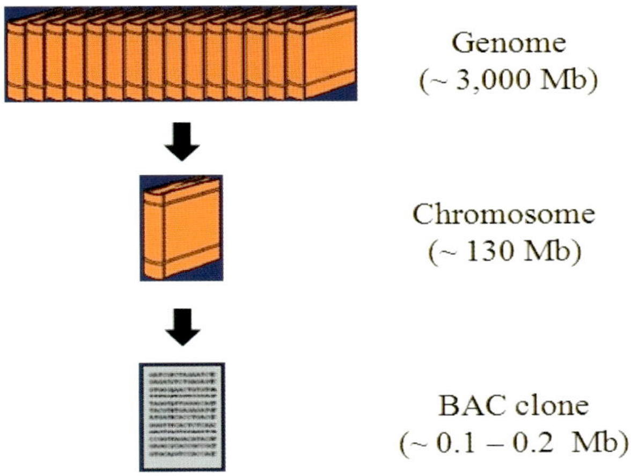

그림 3-9. 유전체 크기의 비교

유전체 분석을 위해서는 우선 큰 DNA 조각을 클로닝할 수 있는 안정적인 BAC을 이용하여 genomic DNA library를 만든다. 구축된 BAC clone library를 사용하여 STS mapping 작업을 거쳐 BAC clone contig map을 만들어서 최종적으로 BAC에 포함된 모든 유전체의 염기서열 정보를 밝히게 된다(그림 3-10).

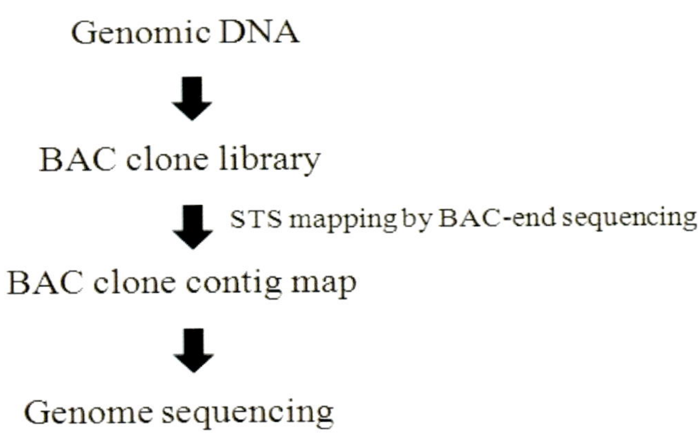

그림 3-10. 유전체 분석 작업의 과정

유전체 사업을 위해 가장 먼저 수행하는 BAC clone library 제작에 사용되는 BAC은 박테리아를 기반으로 한 클로닝 시스템으로 약 100~200 kb 크기의 DNA 조각을 클로닝하는데 사용되는 vector이다. 유전적으로 매우 안정적으로 유지되기 때문에 유전체 분석을 위한 genomic DNA library 구축에서 보편적으로 널리 사용되고 있다. BAC clone library 구축 과정은 우선 분리된 genomic DNA 시료를 제한효소로 잘라 약 100-200 kb 크기의 genomic DNA 조각들만을 선별하여 BAC vector와 결합시키고 박테리아에서 BAC 클론을 대량으로 확보하게 된다(그림 3-11).

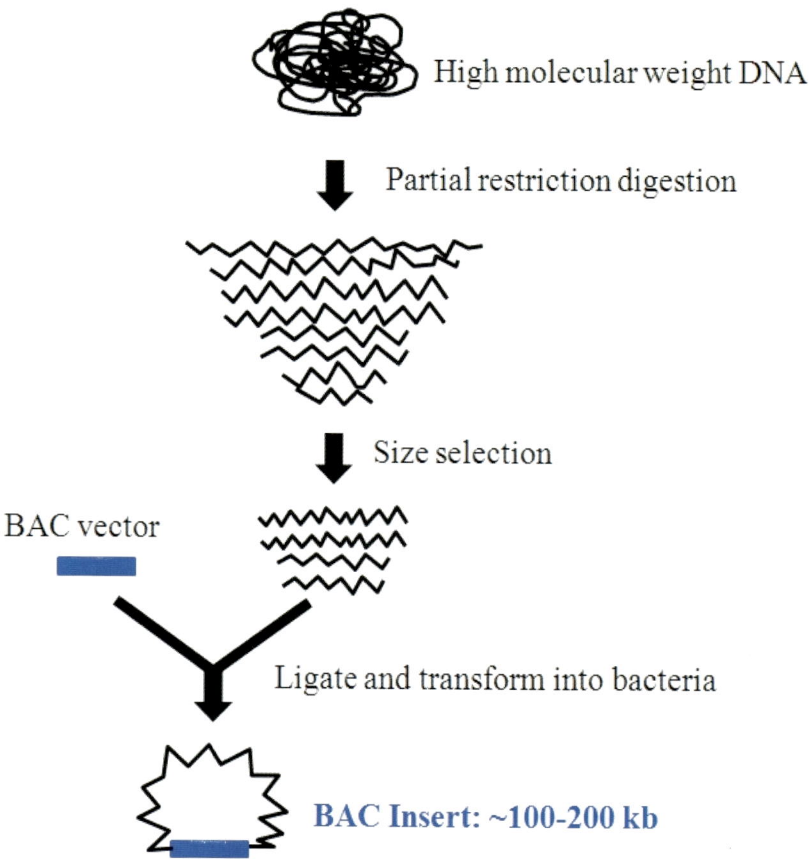

그림 3-11. **BAC clone library** 제작 과정

한편 BAC clone library 제작이 끝나면 여러 개의 각각의 클론이 가지고 있는 삽입된 DNA 조각을 일렬로 나열한 clone contig map을 만들어야 한다(그림 3-12). 이렇게 만들어진 clone contig map을 사용하여 중복되지 않는 연속적인 염기서열을 밝히게 된다.

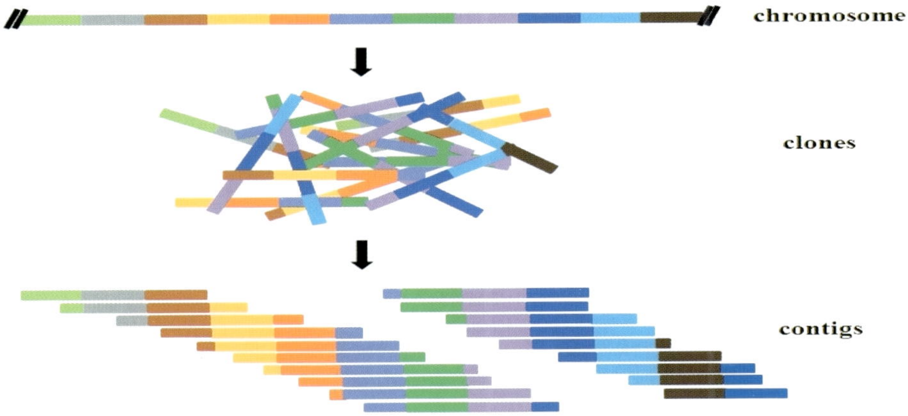

그림 3-12. **Clone-based physical mapping** 과정

한편 clone contig는 chromosome walking 방법으로 만들어 진다. 이 방법은 하나의 클론과 중복하고 있는 이웃한 클론을 찾아내고 다시 이웃하는 또 다른 클론을 연속적으로 찾아서 여러 클론들의 순서를 정하는 것이다. Chromosome walking은 clone probe을 사용한 hybridization, PCR 검색 기법, 또는 microtiter tray에 배열된 클론의 pooling에 의한 combinatorial screening 방법 등을 사용하여 진행된다(그림 3-13).

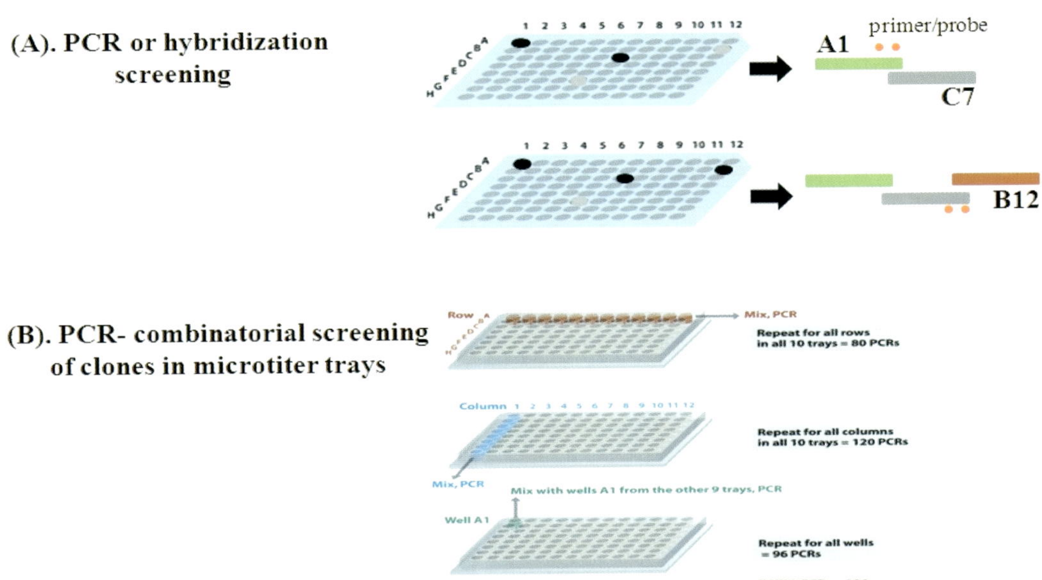

그림 3-13. **Chromosome walking**에 의한 **clone contig map** 작성 과정

Chromosome walking으로 만들어진 clone contig map이 완성되면 중복된 clone을 제외하고 최소한의 중복 영역을 가진 clone contig만을 선별하여 sequencing 작업을 한다(그림 3-14). 모든 염기서열이 완료된 BAC 클론의 염기서열을 나열하면 전체 염색체별 완전한 염기서열 정보를 모두 해독하게 된다.

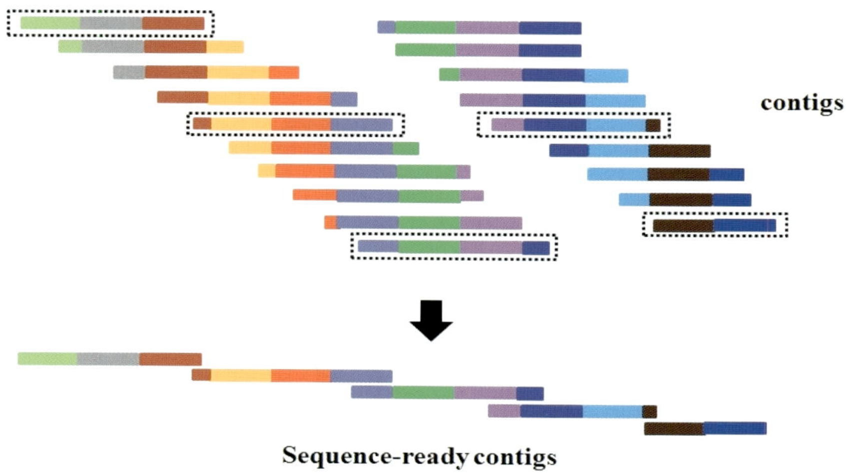

그림 3-14. 염기서열 분석용 **BAC clone contig** 지도 **(sequence-ready contig map)**

제 4장 유전체 염기서열 분석법

1. DNA 염기서열 분석법의 원리

1953년 왓슨과 크릭이 DNA 이중 나선 구조를 밝힌 이후에 DNA 염기서열 분석 기술이 빠른 속도로 발전하였다. 특히 1977년 Sanger 박사가 개발한 dideoxy chain termination sequencing 방법이 보편적으로 사용되었다. 그 이후에 염기서열 분석 작업이 자동화되고 관련 기술의 발전과 더불어 최근에는 전체 유전체를 아주 짧은 기간 내에 완료할 수 있는 personal genome sequencing 기술로 발전하였다(그림 4-1).

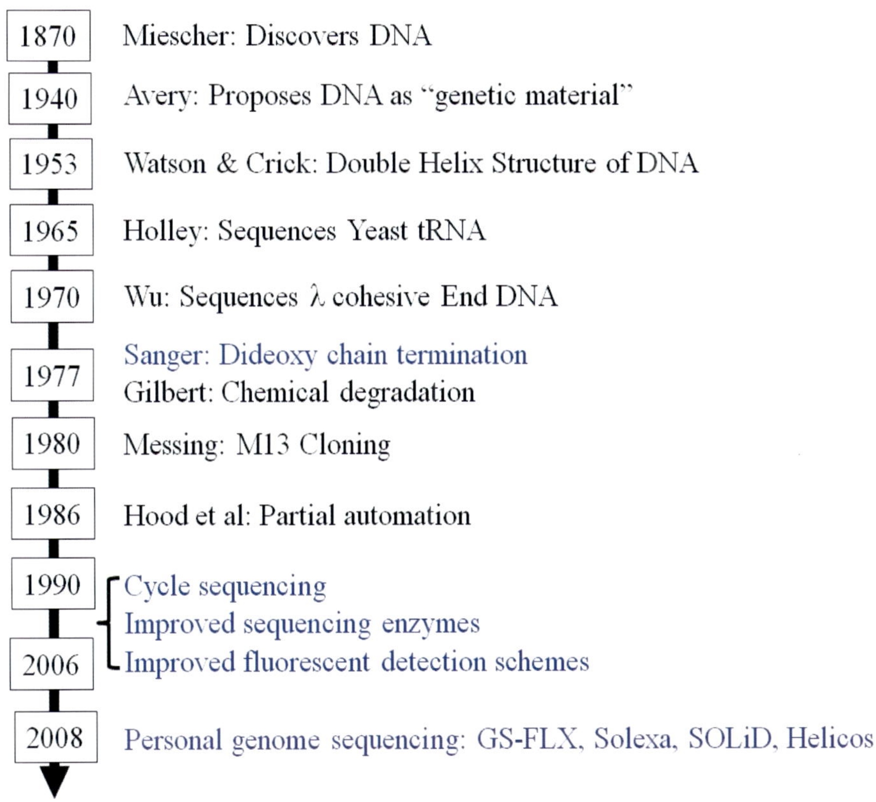

그림 4-1. **DNA sequencing**의 역사

DNA 염기서열 분석 기술의 원리를 간략히 살펴보면, 이중 나선 구조인 DNA가 고열에 의해 두 가닥으로 분리되고 primer가 target sequence에 가서 붙은 이후에 DNA polymerase가 dNTP를 사용하여 합성하게 된다(그림 4-2). DNA 합성과정에 dNTP뿐만 아니라 소량의 ddNTP도 함께 사용되는데 dNTP가 삽입되면 DNA 합성이 진행되지만 ddNTP가 삽입되면 ddNTP의 ribose 구조의 3번 탄소(3′)에 OH 대신에 H가 위치하고 있기 때문에 다음 순서의 새로운 염기가 와서 phosphodiester bond를 형성할 수 없게 되어 DNA합성은 중단된다. 그리고 ddNTP에 사용된 ddATP, ddTTP, ddGTP와 ddCTP는 각각 다른 형광물질로 표지되어 있다.

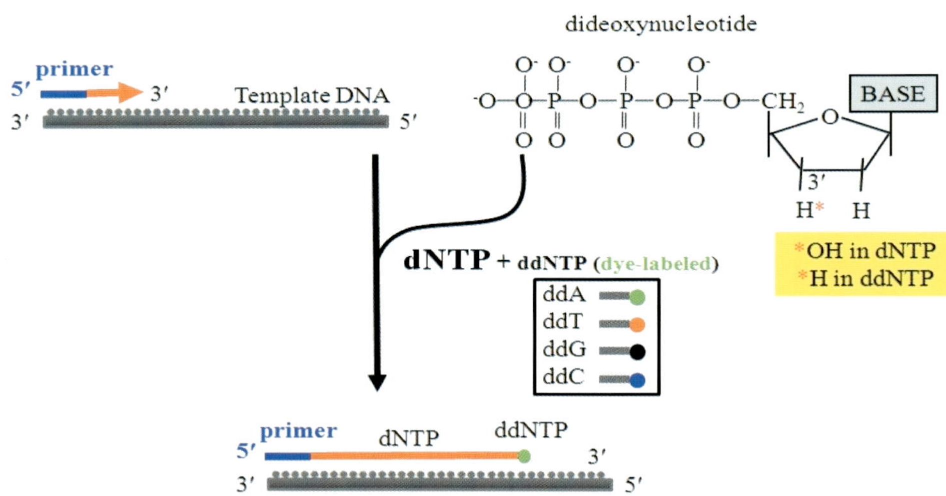

그림 4-2. **Chain termination DNA sequencing** 반응의 원리

한편 chain termination DNA sequencing 반응에 의하여 만들어진 다양한 크기의 새로 합성된 DNA 조각들은 capillary gel electrophoresis에 의하여 DNA 조각의 크기에 따라 작은 염기서열을 가진 DNA는 빨리 이동하고 긴 염기서열을 가진 DNA는 느리게 이동한다. 이때 이동하는 DNA 조각의 형광색을 순차적으로 레이저를 이용하여 검색하여 DNA 염기서열의 순서를 결정한다(그림 4-3).

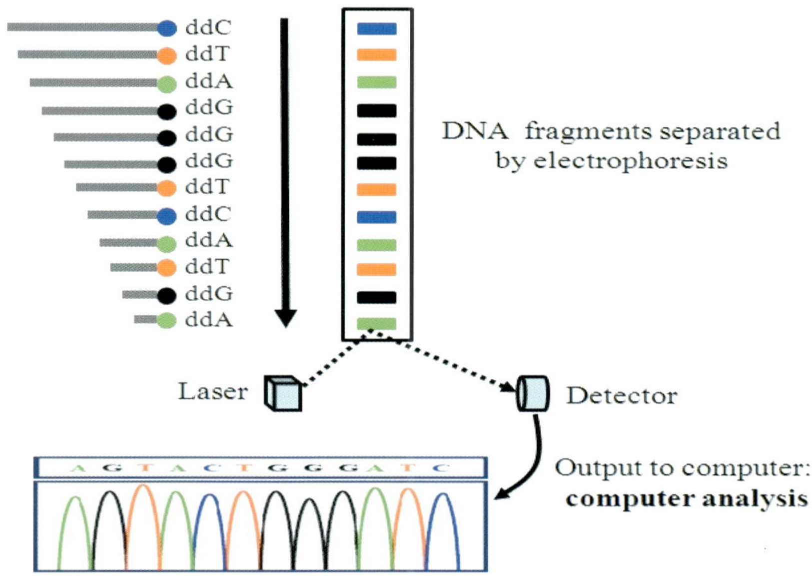

그림 4-3. **Chain termination sequencing** 산물의 분리 및 검색 방법

DNA sequencing 방법의 원리를 이용한 실제 염기서열 분석 작업은 다음과 같은 순서로 진행된다. 가장 먼저 DNA template를 준비한다. DNA sequencing에 사용되는 template의 양은 DNA의 종류에 따라 다른 양을 사용한다(그러나 primer당 template의 비율은 거의 동일함) (표 4-1).

표 4-1. **DNA sequencing용 template의 종류와 적정량**

Template	Quantity
PCR product:	
100-200 bp	1-3 ng
200-500 bp	3-10 ng
500-1000 bp	5-20 ng
1000-2000 bp	10-40 ng
>2000 bp	40-100 ng
Single-stranded DNA	50-100 ng
Double-stranded DNA	200-500 ng
Cosmid, BAC	0.5-1 ug
Bacterial genomic DNA	2-3 ug

Sequencing 반응은 아래에 제시한 바와 같이 DNA template, BigDye sequencing 시약, primer, 물을 10 ul에 넣고 PCR 반응으로 증폭한다.

- BigDye sequencing 시약: 4 ul
- DNA template: ~ 10 ng (various depending on types of DNA)
- primer (one primer): 3.2 pmole
- H_2O: up to 10 ul (final vol)

한편 sequencing용 PCR 반응과 일반 PCR 반응의 차이점은 일반 PCR 반응은 2 개의 primer (forwarding primer & reverse primer)를 사용하여 기하급수적으로 증폭을 하게 되지만 sequencing용 PCR 반응에서는 하나의 primer만을 사용하여 매 사이클 마다 동일한 수의 DNA 증폭이 이루어진다. PCR 기기를 이용한 cyclic sequencing 반응은 다음과 같이 25 사이클 반복하여 진행된다.

25X PCR cycling: 96 ℃ for 10 sec
50 ℃ for 5 sec
60 ℃ for 4 min

25번의 PCR sequencing 반응이 완료된 이후에 에탄올을 이용하여 unincorporated dNTP/ddNTP를 제거하고 capillary gel electrophoresis sequencing 기기(예, ABI 3100 또는 ABI 3700 등)를 이용하여 DNA의 염기서열 순서를 읽는다.

2. 대용량 염기서열 분석법

모든 생물학적 반응 및 조절 기전이 유전자에 의하여 결정된다는 사실로부터 다양한 생물종의 유전체 염기서열 분석 연구에 많은 노력을 기울이고 있다. 그러나 초기에는 하나의 염기서열 반응으로부터 읽을 수 있는 염기서열의 길이가 약 400-500 bp 정도밖에 되질 않아 유전체 염기서열 분석에 엄청나게 많은 작업이 요구되었다. 이미 언급한 바와 같이 유전체 염기서열 분석을 위해서는 우선 BAC clone library를 만들어 clone contig map을 작성하고 전체 유전체를 BAC 클론으로 일렬로 나열한 다음에 개별 BAC 클론의 염기서열을 확인하여야 한다. 그러나 BAC 클론에 들어 있는 DNA 크기도 100-200 kb로 매우 큰 DNA 조각이다. 초기에는 BAC 클론을 말단부터 순차적으로 염기서열을 결정하였으나 이 경우에는 너무나 많은 시간이 소요되기 때문에 선별된 BAC 클론을 무작위적으로 sequencing한 다음에 작은 염기서열 조각들을 컴퓨터 프로그램을 이용하여 연결하는 작업(shotgun sequencing 방법이라고 부름)을 수행하였다(그림 4-4.).

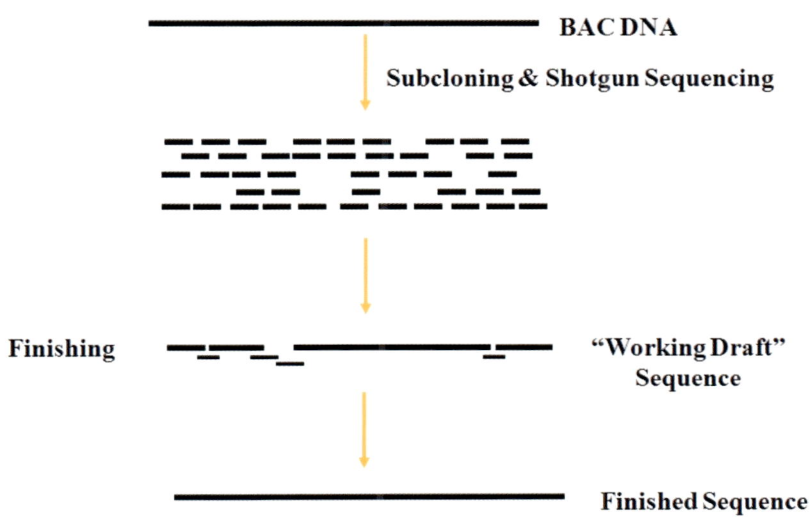

그림 4-4. Shotgun sequencing 방법

Shotgun sequencing 방법은 짧은 시간 내에 대규모의 염기서열을 파악할 수 있는 장점이 있다. 그러나 몇 가지 단점도 있어 분석시 주의가 필요하다. 가장 빈번하게 문제가 되는 것은 sequencing한 부위가 반복 염기서열(tandemly repeated DNA)을 가지고 있는 경우이며 실제 존재하는 것보다 짧은 염기서열로 서로 연결된다. 그리고 또 다른 분석 방법으로 BAC 클론 내에서 shotgun sequencing을 하는 것이 아니라 whole genome shotgun sequencing을 하는 경우도 있는데 이 경우에도 반복된 염기서열이 다른 염색체 부위에 존재하는 경우에 실제 2 개의 다른 염색체에 존재하는 유전체 염기서열이 하나의 염색체 부위로 연결되는 문제점을 가지게 된다. 특히 whole genome shotgun sequencing의 경우에는 염기서열 조각 간의 염기서열 정보가 없으면(gap) 이 부분의 염기서열 정보를 채워 넣는 일(finishing 작업)에 많은 노력과 시간이 필요하다.

한편 shotgun sequencing 방법의 경우에는 분석하고자 하는 전체 염기서열 크기보다 훨씬 더 많이 중복하여 염기서열 작업을 수행하여야만 빠지는 부분 없이 전체 유전체에 대한 염기서열 정보를 얻을 수 있다. Shotgun sequencing 방법을 사용하는 경우에 얼마나 많은 중복을 가지고 염기서열 작업을 해야 하는지는 포아송 분포(Poisson distribution)를 이용하여 계산이 가능하다(표 4-2). 특정 염기서열이 sequencing되지 않을 확률은 다음과 같이 구할 수 있다.

$$P_o = e^{-c}$$

여기서, c = sequencing할 것과 sequencing한 것의 비율(fold coverage). 예를 들면, 30억 bp의 인간 유전체에 대하여 총 30억 bp의 sequencing을 읽으며 fold coverage는 1X이다.

e = 2.718281828459 (상수값)

표 4-2. **Shotgun sequencing** 방법에서 **fold coverage**의 값

Fold Coverage	$P_o = e^{-c}$	% not sequenced	% sequenced
1	0.37	37%	63%
2	0.135	13.5%	87.5%
3	0.05	5%	95%
4	0.018	1.8%	98.2%
5	0.0067	0.6%	99.4%
6	0.0025	0.25%	99.75%
7	0.0009	0.09%	99.91%
8	0.0003	0.03%	99.97%
9	0.0001	0.01%	99.99%
10	0.000045	0.005%	99.995%

포아송 분포를 이용하여 계산된 fold coverage별 sequencing될 비율을 보면 1X의 경우에는 약 63% 정도가 sequencing되고 37% 정도는 염기서열 정보를 구하지 못할 것이다. 일반적으로 99.9% 이상의 sequence coverage를 가진 유전체 염기서열 정보를 얻고자 한다면 최소한 7X 이상으로 대상 유전체 염기서열을 분석하여야 한다.

3. 인간 유전체 사업

인간의 유전체에 포함된 모든 염기서열을 분석하기 위한 인간 유전체 사업(human genome project; HGP)은 1990년 미국에서 처음으로 시작되었다. 그리고 1995년에 인간 유전체에 대한 물리지도가 완성되고 2000년에 인간 유전체 염기서열 초안이 만들어졌으며 2003년에 최종적으로 인간 유전체 사업이 완료되었다(그림 4-5). 그리고 인간 유전체 사업의 상세한 과정을 간략히 소개하면 다음과 같다.

1990	미국에서 인간 유전체 사업(HGP) 개시
1991	최초의 미국 Genome Centers 설립
1992	염기서열 정보 공개 원칙 확정 (미국 NIH & DOE)
1993	영국 Sanger Center 설립
1994	HGP의 인간 유전지도(genetic mapping) 완성
1995	HGP의 인간 물리지도(physical mapping) 완성
	최초의 박테리아(*H. influenzae*) 유전체 염기서열 분석 완료
1996	최초의 인간 유전자 지도(gene map) 확립
	미국에서 인간 유전체 염기서열 분석을 위한 pilot project 개시
	최초의 archaea 유전체 및 Yeast (*S. cerevisiae*) 유전체 염기서열 분석 완료
	HGP의 마우스 유전지도(genetic mapping) 완료
	인간유전체 분석 결과에 대한 빠른 데이터 정보 공개 원칙 천명
1997	*E. coli* 유전체 염기서열 분석 완료
1998	인간 유전체 지도에 약 3만 개의 인간 유전자 위치 확정
	Roundworm (*C. elegance*) 유전체 염기서열 분석 완료
	SNP initiative 개시
1999	Full-scale 인간 유전체 염기서열 분석 개시
	최초의 인간 염색체 22번 염기서열 분석 완료
2000	Draft version의 인간 유전체 염기서열 분석 완료
	Fruitfly (*D. melanogaster*) & Mustard cress 유전체 염기서열 분석 완료
2001	Draft version의 인간 유전체 염기서열 분석결과 논문발표
	10,000 full-length 인간 cDNAs 염기서열 분석 완료
2002	Draft version의 mouse, rat, rice 유전체 염기서열 분석 완료
2003	Finished version의 인간 유전체 염기서열 분석 완료: (인간유전체사업 완료)

draft human genome seq (2001)

completion of human genome seq (2003)

그림 4-5. 역사적인 유전체 분석사업의 결과

2003년 인간유전체 분석사업이 종결됨에 따라 1953년 왓슨과 크릭이 처음으로 DNA의 이중 나선 구조를 밝힌 이후로 50년 만에 인간 유전체를 구성하는 모든 염기서열 정보가 밝혀지게 되었다. 또한 인간 유전체 사업의 최종 결과는 2004년에 논문(Nature 431:931-945, 2004)의 형태로 정리되어 발표됨으로써 모든 인간 유전체 염기서열 분석 사업은 완성되었다.

한편 인간 유전체 염기서열 분석은 두 곳에서 진행되었다. 우선 인간유전체사업을 추진한 국제컨소시엄 그룹은 BAC clone contig map을 만들고 개별 BAC 클론을 선정하여 shotgun 방식의 sequencing을 수행하여 BAC 클론 내에 존재하는 염기서열의 순서를 일렬로 정렬하는 방법으로 염기서열 작업을 수행하였다(clone by clone shotgun sequencing 방식). 그러나 Celera 회사의 Craig Venter 박사가 주도하는 그룹은 모든 유전체에 대하여 shotgun sequencing 방식으로 엄청난 수의 sequencing 작업을 수행하고 아주 작은 DNA 조각의 염기서열 정보를 슈퍼 컴퓨터로 모두 연결하는 방식을 사용하였다(whole-genome shotgun sequencing 방식) (그림 4-6). 두 그룹의 경쟁적인 노력의 결과로 조기에 전체 인간 유전체 염기서열 분석 작업이 완료될 수 있었다. 한편 whole genome shotgun sequencing 방식은 5 Mb 이하의 미생물 유전체 분석에서 매우 유용한 방식이지만 인간 유전체처럼 대량의 염기서열을 가지고 있는 분석에서는 매우 어려운 부분이 많았다. 그러나 국제 컨소시엄에서 분석된 결과가 아주 빠른 시간 내에 즉시로 공개되었기 때문에 Celera 그룹의 whole genome shotgun sequencing 방식을 이용한 인간 유전체 염기서열 분석에 많이 활용되었다고 한다.

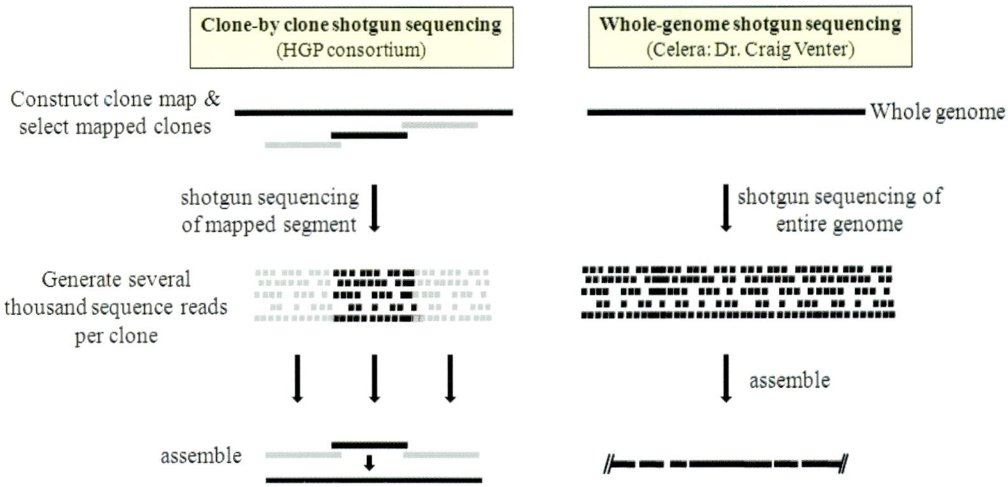

그림 4-6. 인간 유전체 염기서열 분석의 **2** 가지 방법. 출처: Green ED. (2001). Nat. Rev. Genet 2:573-583.

인간 유전체 사업의 완성으로 인간 유전체에 존재하는 모든 염기서열에 대한 상세한 정보가 밝혀지게 되었다. 인간 유전체 사업의 완성으로 인간 유전체는 약 30억 개의 염기서열로 이루어져 있으며 약 28,900여 개의 단백질을 만드는 유전자로 구성되어 있음을 알게 되었다. 그리고 유전자당 약 10.4 개 정도의 exon을 가지고 있음을 확인하였다. 그리고 모든 exons에서 코딩하는 부위는 약 34 Mb 정도로 전체 유전체의 약 1.2%를 차지하고 있고 UTR(untranslated regions) 부위는 약 21 Mb 정도로 전체 유전체의 약 0.7%를 차지하고 있었다. 따라서 전체 인간 유전체에서 유전자(exons)가 차지하는 부위는 2%도 되지 못하고 있다.

한편 인간 유전체 사업의 완성으로 의-생명과학 분야의 연구에 엄청난 변화가 일어나게 되었다(표 4-3). 우선 과거에는 인간 유전체 구조에 대한 연구를 주로 하였으나 이제는 기능 유전체학 분야의 연구로 발전하였고 유전체학에서 단백질체학 등의 새로운 OMICS 학문이 파생하게 되었다. 또한 기존에는 질병 가계를 이용하여 질병 원인 유전자를 유전체에서 위치를 확인하고 유전자를 찾아가는 방법을 주로 사용하였으나 지금은 유전자의 염기서열을 바로 분석함으로써 원인 유전자를 찾아내는 방법으로 발전하는 계기를 마련해 주었다. 또한 질병의 감수성이나 저항성에 관련된 모니터링도 가능하게 되고 기존의 단일 유전자 분석에서 복수의 유전자를 동시에 분석할 수 있는 시스템이 가능하게 되었다. 아울러 유전자 조절 기전 및 질병 원인 기전 연구도 수행될 수 있었다. 그리고 과거에는 한 생물종에 대한 연구에서 다수의 생물종을 비교 분석할 수 있는 비교 유전체학 연구도 이루어지게 되었다.

표 4-3. 의-생명과학 연구에서 인간유전체분석사업 결과가 미친 영향

전통적 연구 분야		새로운 연구 분야
Structural genomics	→	Functional genomics
Genomics	→	Proteomics
Map-based gene discovery	→	Sequence-based gene discovery
Monogenic disorders	→	Multifactorial disorders
Specific DNA diagnosis	→	Monitoring of susceptibility
Analysis of one gene	→	Analysis of multiple genes
Gene action	→	Gene regulation
Etiology (specific mutation)	→	Pathogenesis (mechanism)
One species	→	Several species

출처: Peltonen & McKusick. (2001). Science 291:1224-1229.

인간 유전체 사업과 더불어 다양한 생물종에 대한 유전체 사업도 동시에 진행되었다. 그 결과로 2009년까지 총 3,800 종 이상의 생물에 대한 유전체 염기서열 분석이 완료되었다. 그리고 2000년과 2010년을 비교해 보면 유전체 염기서열 분석 능력도 50,000배나 빨라졌다고 한다. 특히 다양한 종류의 척추 동물에 대한 유전체 사업은 종간의 유전자 염기서열을 비교하고 분석하여 생물학적 중요성을 밝히는 비교 유전체학

(comparative genomics)이라는 학문의 연구를 활성화하는 계기를 마련해 주었다(그림 4-7). 비교 유전체학은 다른 생물종 간의 유전체 구조와 기능 간의 관계를 연구하는 학문으로 유전체에 영향을 미친 선발이나 진화론적 과정을 이해할 수 있다. 또한 유전체에 존재하는 새로운 non-coding functional elements와 같은 새로운 유전자를 발굴하는데 많은 도움을 줄 것이다. 이러한 다양한 생물종 간의 유전체적 구조, 생물학적 기능 및 진화론적 이해는 의학적 활용 가치를 높이는 귀중한 정보로 활용될 것이다.

그림 4-7. 척추 동물 유전체 사업(**vertebrate genome projects**)에 의한 비교 유전체학 (**comparative genomics**)의 발전

그리고 비교 유전체 분석은 다양한 종(species) 간의 연관성을 확인(그림 4-8)할 수 있을 뿐만 아니라 다른 종에서 이미 밝혀진 유전자의 기능과 세포작용 기전을 통해 특정 종에서 발현된 유전자의 기능과 역할을 이해할 수 있다. 그리고 유사한 질병의 병리적 기전을 이해하고 유전체에 숨겨진 진화론적 정보를 이해할 수 있다. 또한 비교 유전체 분석은 기능적으로 중요한 염기서열 부위를 찾는데도 매우 유용하게 이용되고 있다. 예를 들면 종간의 염기서열 분석에서 유사성이 매우 높은(conserved) 영역의 염기서열은 공통적으로 중요한 기능을 수행하는 부위일 가능성이 높다. 다른 유전체의 염기서열을 비교하여 이

미지화하여 분석할 수 있는 다양한 분석 프로그램들이 개발되어 이용되고 있으며 대표적인 것으로는 VISTA (visualization tool for alignment; http://www-gsd.lbl.gov/vista)와 PipMaker (percent identity plot maker; http://bio.cse.psu.edu/pipmaker/)가 사용되고 있다. 그리고 종간의 진화론적 분류표(phylogenetic tree)를 작성하여 종간 분류를 수행하기도 하는데 이때 사용하는 알고리즘으로는 parsimony 알고리즘, Neighbor-joining 알고리즘 또는 maximum likelihood 방법 등이 사용되고 있다.

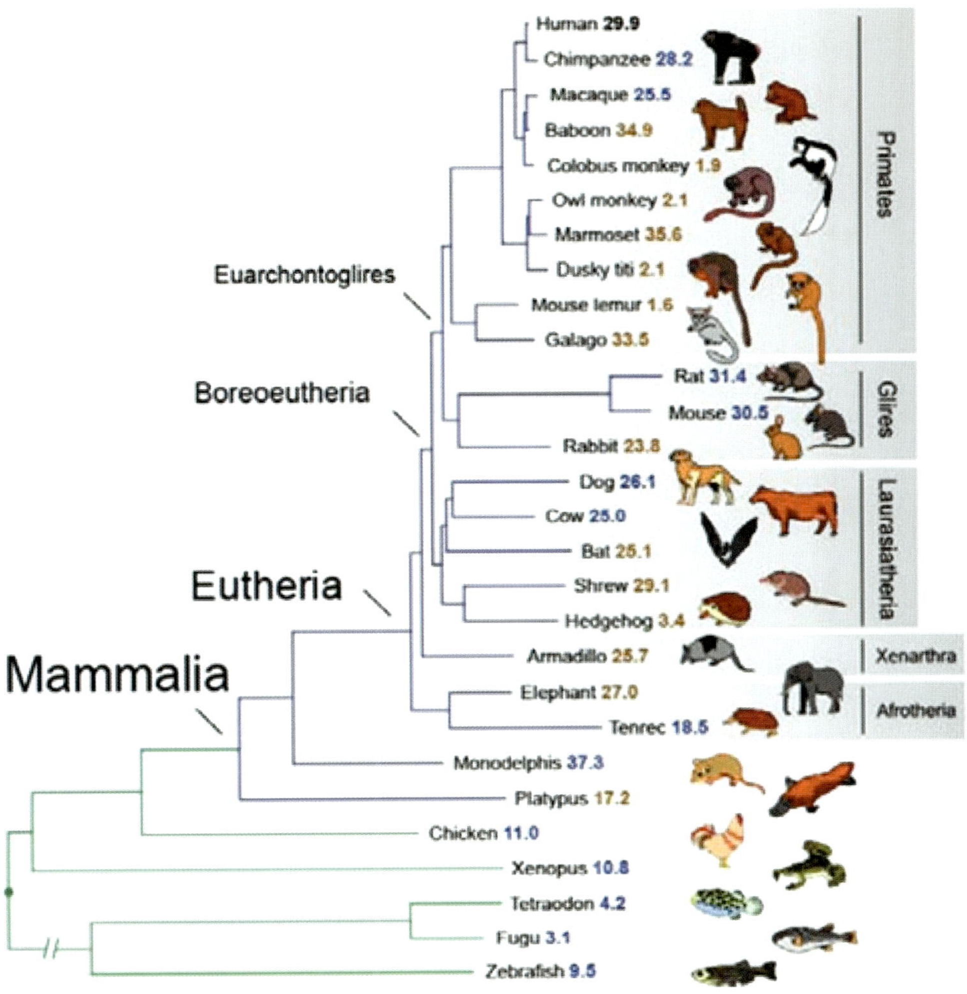

그림 4-8. 종간 비교 유전체 분석에 의한 종의 분류

4. 개인 유전체 염기서열 분석

막대한 예산이 수십 년간 투자된 인간 유전체 사업의 과정을 거치면서 염기서열 분석기술도 혁신적으로 발전하여 최근에는 약 1-2 개월 이내에 개인의 모든 유전체 염기서열(personal genome sequencing) 정보를 수집할 수 있게 되었다. 대표적인 것으로는 Roche 454 시스템, Illumina 회사의 Genome Analyzer, ABI 회사의 SOLiD 시스템 그리고 Helicos 회사의 HeliScope 시스템 등이 있다(그림 4-9). 이 중에서 현재 가장 많이 사용되고 있는 454, genome analyzer 및 SOLiD 시스템은 많은 수의 유전체 조각을 대량으로 증폭하여 염기서열을 분석하는 방법을 사용한다. 그리고 최근에 개발되었거나 개발되고 있는 방법으로 Helicos회사의 HeliScope 방법이나 Pacific Biosciences회사의 SMRT 기술은 하나의 DNA 조각으로부터 염기서열을 분석하는 방법을 사용한다. 그 외에도 현재 개발되고 있는 방법으로는 Complete Genomics 회사의 DNA nanoarray 기술, Oxford Nanopore 기술, Ion Torrent 기술 등이 있다. 앞으로는 보다 더 새로운 염기서열 분석 방법이 개발되어 염기서열 분석 속도를 급격히 개선할 것으로 기대되고 있다.

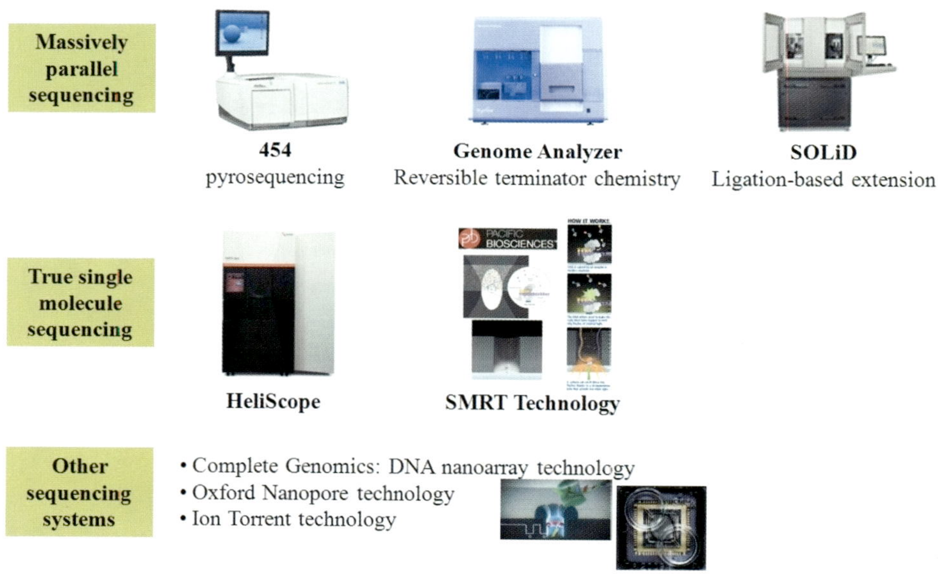

그림 4-9. 대용량 유전체 염기서열 분석 시스템

전통적인 DNA 염기서열 분석은 염기서열을 분석하는 DNA 부위를 PCR로 연속적으로 증폭하고 증폭과정에서 ddNTP가 삽입되어 중단된 조각의 크기를 전기영동 방법으로 염기서열의 크기에 따라 분리하여 형광으로 검색하는 Sanger's chain termination sequencing 방식을 사용한다(그림 4-10 A). 그러나 차세대 염기서열 분석 방법 중의 하나인 Roche 454 시스템에서는 Emulsion PCR로 기름방울 속에서 분석하는 DNA 조각을 증폭하고 증폭된 DNA 조각은 아주 작은 홈(well)에 하나씩 넣어서 그 속에서 pyrosequencing을 연속적으로 수행하여 DNA 염기서열을 식별한다(그림 4-10 B). 그리고 Illumina의 Genome Analyzer 시스템은 분석하고자 하는 DNA 조각을 flow cell이라는 표면에 붙이고 clonal bridge amplification 과정을 거친 이후에 형광으로 표지된 dNTP의 각각을 차례로 넣어서 삽입된 염기서열의 순서를 결정하여 염기서열을 읽는다(그림 4-10 C). 마지막으로 Applied Biosystems에서 개발된 SOLiD 시스템은 emulsion PCR 과정을 통해 분석하려는 DNA 조각을 증폭하고 8-base로 만들어진 DNA probe를 사용하여 연속적으로 ligation 반응을 통해 특정 염기서열의 조합을 읽어 염기서열의 순서를 확인하는 방법을 사용하고 있다(그림 4-10 D). 이때 8-base의 처음 2-base를 식별할 수 있는 고유한 색깔로 perfect match에 의하여 ligation된 염기의 순서를 결정하는 방식을 사용하고 있다. 위에서 언급된 차세대 염기서열 분석 기술은 대용량으로 염기서열을 분석할 수 있는 방식이다. 그 외에도 최근에는 염기서열 분석 과정에서 요구되는 DNA 증폭 과정 없이 바로 single molelcule로부터 염기서열을 읽는 방식도 개발되어 이용되고 있다. 가장 대표적인 것으로는 Helicos 회사에서 개발된 HeliScope 방식과 Pacific Biosciences 회사에서 개발된 single molecule real time (SMRT) sequencing 방식이 있다.

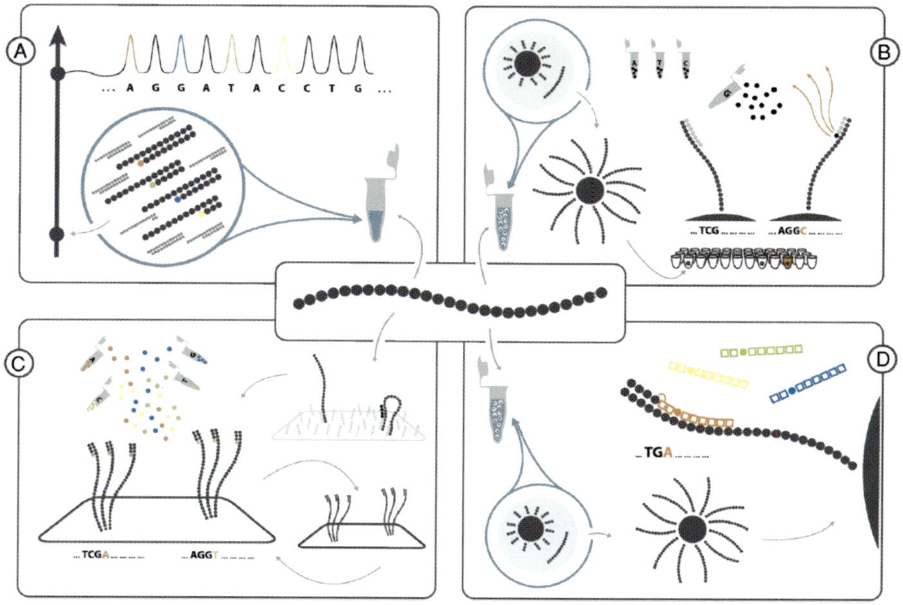

그림 4-10. 염기서열 분석 방법의 개요. (A) Sanger's chain termination sequencing 방법. (B) Roche 454 system. (C) Illumina Genome Analyzer. (D) Applied Biosystems SOLiD system. 출처: Pettersson E et al. (2009). Genomics 93:105-111.

대용량 염기서열 분석 시스템에 대한 비교 자료는 표 4-4에 간략히 제시하였다. 각각의 방법들은 모두 다른 원리로 대용량 염기서열 분석이 수행되며 Roche 회사의 454 GS-FLX 시스템을 제외하고는 모두 약 35-100 bp 내외의 작은 크기의 염기서열을 읽는다. 그러나 최근 기술의 개선으로 읽는 길이가 점차 늘어나고 있다. 한편 대용량으로 분석된 작은 조각의 염기서열 정보는 한 곳에 기탁되어 보관됨으로써 일반 연구자가 이용할 수 있도록 활용되고 있다(Provisional Short Read Archive or SRA: http://www.ncbi.nlm.gov/Traces/sra).

표 4-4. 대용량 염기서열 분석 방법의 비교

Platform	Method	Template prep	Starting DNA (ug)	Throughput	Data per run (Gb)	Reagent cost per run ($)	Run time
454 GS-FLX	Pyrosequencing	Emulsion PCR	3-5	350~550 bp read	0.1	8500	7.5 h
Illumina GA*IIX*	4-color SBS* with reversible terminators	Bridge PCR	0.1-1	100-bp read	1.3	3000	3 d
ABI SOLiD	Oligo-nt ligation with 2-base, 4-color encoding	Emulsion PCR	0.1-20	50-bp reads	4	3400	7 d
Helicos HeliScope	Single-color SBS with virtual terminators	N/A (single molecule)	N/A (single molecule)	30-bp read	7.5	18,000	14 d

N/A: not applicable; SBS: sequencing by synthesis. 출처: Modified from Holt RA & Jones SJM. (2008). Genome Res 18:839-846.

현재 이용 가능한 대용량 염기서열 분석 방법들을 비교해 보면 전통적인 ABI capillary sequencer는 긴 길이의 염기서열을 읽을 수 있는 장점이 있지만 대규모로 분석할 수 있는 능력은 매우 제한적이다. 그러나 최근에 개발된 대용량 염기서열 분석 시스템들(Applied Biosystems 회사의 SOLiD, Roche 회사의 454 system, Illumina 회사의 GS-FLX 등)은 한 번에 수십 giga base(Gb)의 염기서열을 읽을 수 있는 능력을 가지고 있다. 또 다른 회사들(Complete Genomics & Pacific Biosciences)도 새로운 대용량 염기서열 분석 시스템을 곧 출시할 계획이라 염기서열 분석 방법은 향후에도 더욱 발전할 것이다(그림 4-11). 이러한 염기서열 분석 기술의 발전으로 인간 유전체 분석사업에서 최종적으로 $1,000의 비용으로 개인 유전체를 완전히 해독하려던 목표는 곧 가시화될 것으로 기대된다.

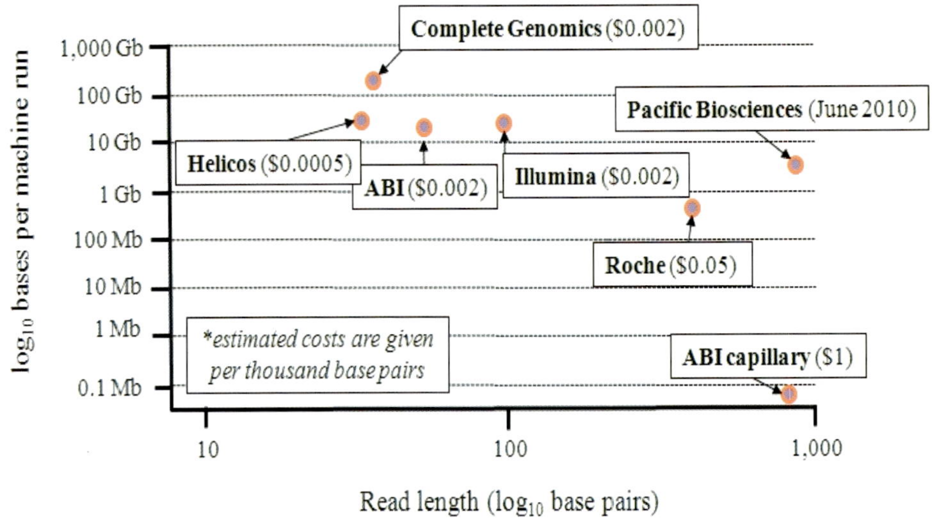

그림 4-11. 대용량 염기서열 분석 방법의 분석 능력 비교. 출처: Hayden EC. (2009). Nature 457: 768-769.

대용량 염기서열 분석 시스템 중에서 대표적인 Illumina 회사의 Genome Analyzer 시스템의 작업 순서를 예로 간략히 살펴보면, 우선 genomic DNA 시료를 준비하고 분석기기에 장착한 후 합성에 의한 염기서열 분석이 이루어져서 염기서열 데이터 분석이 진행된다(그림 4-12). 실제로 시료 준비에서 데이터 분석까지 1 주일도 소요되지 않는다. 대용량 염기서열 분석 작업은 실험과정보다는 생산된 작은 조각의 염기서열을 이용하여 데이터를 분석하는데 더 많은 시간이 소요되고 있다. 따라서 대용량의 분석 시스템과 분석 알고리즘의 개발이 새롭게 요구되고 있는 실정이다.

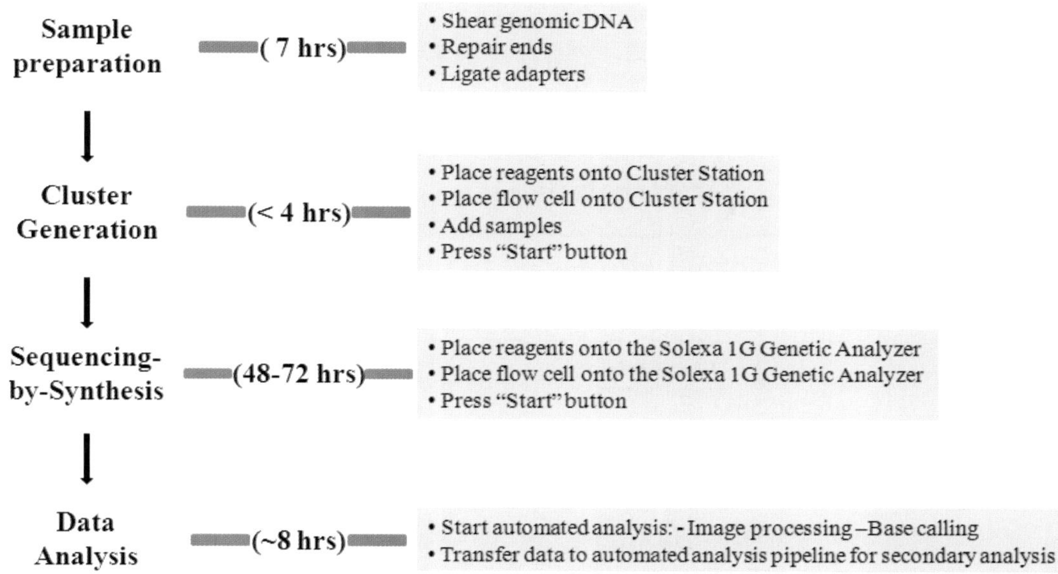

그림 4-12. **Illumina**회사의 **Genome Analyzer** 시스템의 작업 순서

지금까지 개인 유전체 염기서열 분석에 대한 연구가 활발히 진행되어 다수의 개인 유전체 정보가 보고되었다. 가장 먼저 공개된 개인 유전체 정보는 Celera 회사의 인간 유전체 사업을 주도한 Craig Venter 박사의 개인 유전체 정보였다(PLoS Biology 5: e254, 2007). 그러나 Craig Venter 박사의 개인 유전체 정보는 기존의 전통적인 capillary sequencing 방식을 사용하여 인간 유전체 사업 과정에서 만들어진 연구 결과이다. 그 이후에 대용량 유전체 분석기술을 이용한 최초의 개인 유전체 정보는 DNA의 이중 나선 구조를 발견한 Watson 박사의 개인 유전체 정보였다. 왓슨 박사의 유전체 정보는 Roche 454 시스템을 이용하여 약 4.5 개월 만에 완료되었다. 그 이후에 Illumina 회사의 Genome Analyzer 시스템을 이용한 아프리카인, 아시아인, 암 조직의 유전체 정보 분석 결과 발표 (표 4-5)로 이어졌으며 현재는 1,000 genomes project라는 새로운 국제 협력 프로젝트가 진행되고 있다. 이 프로젝트는 중국 베이징 유전체 연구소, 영국의 Wellcome Trust Sanger 연구소와 미국의 NIH 산하 National Human Genome Research Institute에서 주관하고 Roche 454, Illumina GA, ABI SOLiD 시스템을 사용하여 총 1,000 명의 개인 유전체에 대한 완전한 염기서열 분석이 진행될 예정이다(http://www.1000genomes.org/). 그 외에도 The Cancer Genome Atlas project (http://www.cancergenome.nih.gov), The human microbiome project (http://nihroadmap.nih. gov/hmp) 등의 대형 유전체 과제가 진행

되고 있다. 또한 많은 회사에서 지정된 비용만 지불하면 개인의 유전체 염기서열 정보를 분석해서 제공하는 상품까지 등장하게 되었다. 따라서 이제는 과히 개인 유전체 정보의 시대(era of personal genome)가 도래했다고 할 수 있다.

표 4-5. 개인 유전체 염기서열 분석들에 대한 비교

Personal genome	Platform	Genomic template libraries	No. of reads (millions)	Read length (bases)	Base coverage (fold)	Genome coverage (%)	SNVs in millions (alignment tool)	No. of runs	Estimated cost (US$)
Craig Venter	Sanger	MP from BACs, fosmids &plasmids	31.9	800	7.5	N/A	3.21	>340,000	70,000,000
James Watson	454	Frag: 500bp	93.2	250	7.4	95	3.32 (BLAT)	234	1,000,000
Yoruban ♂ (NA18507)	Illumina	93% MP: 200bp 7% MP: 1.8kb	3,520/ 271	35/ 35	40.6	99.9	3.83 (MAQ)/ 4.14(ELAND)	40	250,000
Han Chinese ♂	Illumina	66%Frag: 150-250bp 34% MP: 135bp& 440bp	1,921/ 1,029	35/ 35	36	99.9	3.07 (SOAP)	35	500,000
Korean♂ (AK1)	Illumina	21% Frag:130bp &440bp 79% MP: 130bp, 390bp &2.7kb	393/ 1,156	36/ 36,88,106	27.8	99.8	3.45 (GSNAP)	30	200,000
Korean♂ (SJK)	Illumina	MP:100bp, 200bp, 300bp	1,647	35,74	29.0	99.9	3.44 (MAQ)	15	250,000
Yoruban ♂ (NA18507)	SOLiD	9% Frag:100-500 bp 91% MP: 600-3,500 bp	211/ 2,075	500/ 25,50	17.9	98.6	3.87	9.5	60,000
Stephen Quake	HeliScope	Frag:100-500bp	2,725	32	28	90	2.81 (IndexDP)	4	48,000
AML ♀	Illumina	MP:150-200bp MP:150-200bp	2,730/ 1,081	32/ 35	32.7/ 13.9	91/ 83	3.81(MAQ)/ 2.92(MAQ)	98/ 34	1,600,000
AML♂	Illumina	MP:200-250bp MP:200-250bp	1,620/ 1,351	35/ 50	23.3/ 21.3	98.5/ 97.4	3.46(MAQ)/ 3.45(MAQ)	16.5/ 13.1	500,000
James Lupski CMT ♂	SOLiD	16% Frag: 100-500bp 84% MP: 600-3,500 bp	238/ 1,211	35/ 25,50	29.6	99.8	3.42 (Corona-lite)	3	75,000

한편 개인 유전체 염기서열 분석 기술의 발전으로 각 개인이 가지고 있는 모든 유전정보를 알 수 있게 되었으며 동일한 염기서열 분석 기술을 이용하여 다양한 새로운 유전체 분석 방법들도 개발되고 있다. 예를 들면 whole genome sequencing 기술을 이용

하여 개인의 유전체 구조 이상 규명, 발현유전체를 이용한 유전변이형 및 대립유전자형 발현조절 기전연구, 그리고 splicing isoform에 대한 대량 분석 등이 가능하게 되었다. 또한 전체 genome-wide methylation profiling도 진행되어 후생학적 유전자 조절 기전에 대한 연구도 대규모로 진행되었다. 이러한 개인 유전체 분석 기술의 발전으로 개인별 질병 감수성 진단 분야의 연구와 사업도 활성화되고 있고 이와 아울러 개인의 유전정보에 기초한 차별 금지를 위한 법적 조치들도 선진국에서는 동시에 추진되고 있다. 이러한 개인 유전체 정보를 이용한 다양한 학문 및 임상 적용 기술의 발전은 개인의 유전체 정보를 이용한 맞춤의학의 구현이 가능할 것이며 유전체 지식과 정보가 의학 분야에서 아주 중요한 위치를 차지할 것으로 기대되고 있다.

■ 참고문헌

- International Human Genome Sequencing Consortium. (2004). Finishing the euchromatic sequence of the human genome. Nature 431:931-945.
- Green ED. (2001). Strategies for the systematic sequencing of complex genomes. Nat. Rev. Genet. 2:573-583.
- Peltonen L and McKusick VA. (2001). Genomics and medicine: Dissecting human disease in the postgenomic era. Science 291:1224-1229.
- Margulies M et al. (2005). Genome sequencing in microfabricated high-density picolitre reactors. Nature 437:376-380.
- Bennett ST et al. (2005). Toward the 1,000 dollars human genome. Pharmacogenomics 6:373-382.
- Harris TD et al. (2008). Single-molecule DNA sequencing of a viral genome. Science 320:106-109.
- Holt RA and Jones SJ. (2008). The new paradigm of flow cell sequencing. Genome Research 18:839-846.
- Pettersson E, Lundeberg J, Ahmadian A. (2009). Generations of sequencing technologies. Genomics 93:105-111.
- Hayden EC. (2009). Genome sequencing: the third generation. Nature 457:768-769.
- 1000 genomes project: http://www.1000genomes.org/
- The Cancer Genome Atlas project: http://www.cancergenome.nih.gov
- The human microbiome project: http://nihroadmap.nih.gov/hmp

제 5장 유전체 정보의 해석

1. 유전체 염기서열 해석 방법

대량으로 생산된 유전체 염기서열은 A-T-G-C의 4개 염기로 구성된 순서 정보만을 제공할 뿐이다. 유전체에 존재하는 염기서열 정보로부터 유전자의 위치와 유전자의 구조를 파악하게 된다. 유전자의 위치를 파악하는 방법으로는 생물정보학 기법을 사용하는 방법과 실험적으로 유전자의 위치를 확인하는 방법이 있다.

(1) 유전체내 유전자의 위치 확인 방법

① 생물정보학 기술을 이용한 유전자의 위치 확인

가장 간단하게는 염기서열 정보에서 정확한 open reading frame(ORF)을 파악함으로써 유전자의 위치를 확인할 수 있다. ORF는 단백질을 코딩하는 DNA 염기서열 부분으로 initiation codon인 ATG로 시작하고 stop codon (TAA, TAG 또는 TGA)으로 끝난다(그림 5-1). DNA 염기 3 개가 1 개의 아미노산을 코딩하기 때문에 DNA 한 가닥에는 3 개의 다른 reading frame이 가능하다. 그리고 DNA는 두 가닥으로 구성되어 있어 양쪽 방향에서 읽을 수 있어서 총 6 개의 다른 ORF를 가질 수 있다. 이 중에서 한 가지만 진정한 ORF(일반적으로 가장 긴 ORF)로 사용되어 단백질을 코딩하는 유전자의 역할을 한다 (그림 5-1).

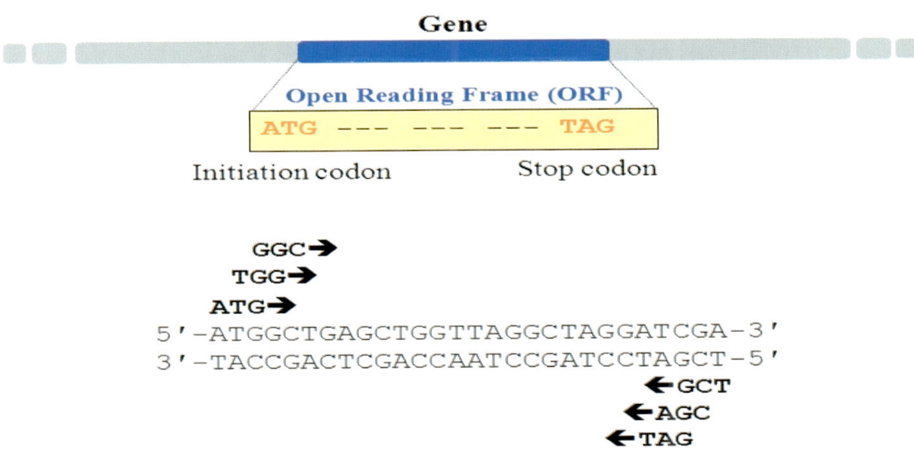

그림 5-1. 염기서열 정보에서 **open reading frame(ORF)** 찾기

ORF를 조사하는 것은 유전자의 위치를 확인하는 매우 효율적인 방법이다. 특히 박테리아 유전체의 경우는 대부분의 유전자가 하나의 ORF로 구성되어 단백질을 코딩하고 있어 효과적으로 유전자를 찾을 수 있다. 예를 들면, *E. coli* 유전체는 전체 유전체의 약 11%만이 intergenic DNA로 구성되어 있어 ORF 조사로 유전자를 찾아내는 작업이 매우 용이하다. 그러나 원핵생물과는 달리 진핵생물에서는 유전자들이 다수의 intron에 의하여 분리되어 있다. 특히 사람의 경우에는 단지 약 1.5% 정도만이 단백질을 코딩하는 DNA 영역(exons)으로 구성되어 있고 대부분은 intergenic 영역(유전자와 유전자 사이 영역) 또는 intervening 영역(introns)으로 이루어져 있다. 따라서 한 유전자가 여러 개의 exon으로 분리된 경우에는 exon과 intron이 분리되는 splicing이 일어나는 고유한 염기서열 정보를 이용하여 exon과 intron의 경계를 구분할 수 있다. 예를 들면, exon의 시작은 G 또는 A로 시작하고 끝은 AG 염기로 끝나게 된다. 그리고 intron은 GT (splicing donor site)로 시작하여 AG (splicing acceptor site)로 끝나는 구조를 가지고 있으며 RNA splicing 과정을 거치면서 intron 부위는 제거된다(그림 5-2).

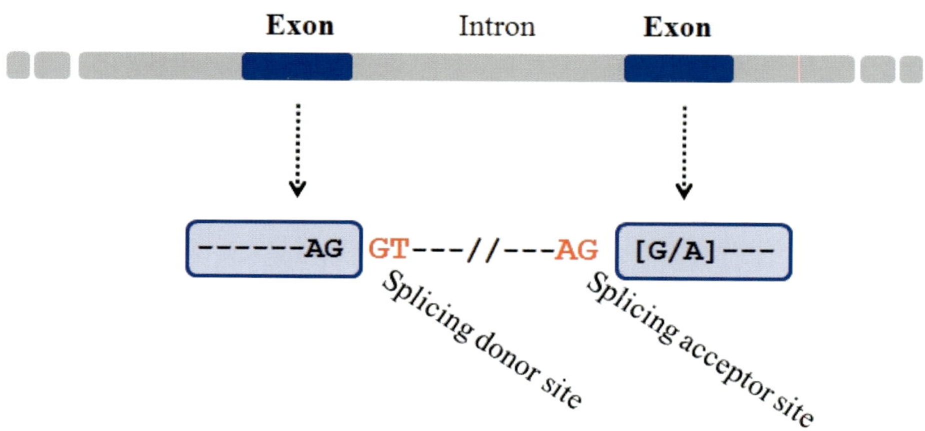

그림 5-2. 다중 exon으로 구성된 진핵생물의 ORF 기본 구조

한편 대량의 염기서열 정보가 확보되면 ORF를 찾을 수 있는 알고리즘을 이용하여 단백질을 코딩하는 exon 부위를 식별한다. 이 작업은 다양한 종류의 컴퓨터 프로그램(예, Genescan, Gene finder, GRAIL, Genie, ORF finder 등)을 이용하여 자동적으로 분석한

다. 또한 추정된 단백질 코딩 부위는 단백질을 코딩하는 cDNA의 염기서열과 비교함으로써 정확한 exon-intron 경계 부위를 확인할 수 있다.

② 실험적 방법을 이용한 유전자의 위치 확인

Northern blotting, Zoo blotting, cDNA library에서 cDNA sequencing, RACE(rapid amplification of cDNA ends) 및 Nuclease S1 mapping, exon trapping 등과 같은 방법을 이용하여 직접 실험적으로 유전자의 위치를 확인할 수 있는 다양한 방법들이 있다. 여기에서는 이들 방법에 대해 간략하게 설명을 추가한다.

- **Northern blotting**: 세포로부터 RNA를 분리한 이후에 agarose gel electrophoresis 방법으로 RNA를 크기로 분리하고 특정 DNA probe를 사용하여 결합하는 정도를 측정함으로써 probe로 사용된 DNA 조각 부위가 유전자의 형태로 발현되는지를 조사함.

- **Zoo blotting**: 다양한 생물종의 DNA를 사용한 Southern blotting방법으로 사람의 특정 DNA probe가 다른 생물종의 시료에서도 결합하는지를 조사하여 종간의 염기서열의 상동성이 높음을 확인함으로써 유전자일 가능성이 높음을 제시함.

- **cDNA sequencing**: 세포나 조직으로부터 mRNA를 분리하여 cDNA pool을 만들고 vector에 cloning하여 cDNA library를 만들 수 있다. 이렇게 만들어진 cDNA library 클론을 sequencing하여 발현된 유전자를 확인한다. 또한 cDNA 염기서열과 genomic DNA 염기서열을 서로 비교함으로써 유전자의 exon-intron 구조 등을 파악함.

- **RACE & Nuclease S1 mapping**: 유전자의 발현이 시작되는 부위를 정확히 확인하기 위한 방법으로 PCR을 이용한 RACE 방법과 Nuclease S1 mapping 방법이 있음.

- **Exon trapping**: 2 개의 exon을 가지고 있는 exon-trap vector에 exon이 존재하는지 알고자 하는 DNA 조각을 vector에 존재하는 2 개의 exon 사이에 삽입한 이후에 세포 속에서 삽입된 DNA 조각이 exon으로 발현되는지(mRNA → cDNA)를 RT-PCR 방법으로 확인함.

인간 유전체에서 인간의 유전자는 평균적으로 약 7 개의 exon으로 구성되어 있으며 exon은 평균 약 311 bp 정도이고 intron은 평균 약 5.7 kb 정도의 크기로 존재한다. 그리고 인간 유전체로 부터는 약 33,800여 개의 유전자 발현체(transcripts)가 있으며 transcript의 평균 크기는 약 2.8 kb 정도이다(표 5-1). 인간 유전자 중에서 가장 큰 Dystrophin (DMD) 유전자는 약 2.5 Mb에 걸쳐서 총 79 개의 exon으로 구성되어 있다.

표 5-1. 인간 유전체에 존재하는 유전자의 구성 현황

Statistic	Count	Min (bp)	Max (bp)	Average (bp)
Exons	225,542	1	59,457	311
Introns	193,406	2	2,774,151	5,757
Transcripts	33,897	33	101,519	2,875.82
Transcripts per gene	-	1	23	1
One-exon genes	2,093	-	-	-
One-exon transcript	2,198	-	-	-
Exons per gene	-	0	317	7
Exons per transcript	-	1	313	10

* Homo Sapiens Build 37.1 (2010.5): Assembly= HuRef.

(2) 개별 유전자의 기능분석 연구 방법

전체 유전체 부위에서 특정 유전자가 파악되면 개별 유전자에 대한 기능을 알아야 한다. 유전자의 기능을 분석하는 방법으로는 유사 유전자를 검색하거나, 유전자를 없애거나(knockout), 또는 유전자를 과발현(overexpression)시키는 등의 방법을 사용할

수 있다(표 5-2). 그 외에도 다양한 종류의 기능 연구 방법들을 사용하여 인간 유전체가 지니고 있는 유전자 들에 대한 생물학적 기능을 이해할 필요가 있다.

표 5-2. 개별 유전자의 기능분석 방법

구분	내용
컴퓨터를 이용한 분석	종간(orthologous) 및 종내(paralogous) 유사 유전자 검색 및 비교분석
유전자 억제/결손 실험	gene knockout RNAi 실험
유전자 과발현 실험	transgenic mouse transfection into cell line
기타 유전자 기능 분석	directed mutagenesis reporter assay immunocytochemistry 실험

2. 유전체의 구성

여기에서는 유전체를 구성하고 있는 염색체의 DNA 염기서열의 구조적 특성들을 파악해 보고자 한다.

(1) **염색체의 구조**

유전 정보를 가진 유전체는 염색체의 형태로 존재한다. 세포분열 과정의 중기에 관찰되는 염색체의 모양을 기준으로 살펴보면 염색체의 중앙 부위를 centromere라고 부르고 염색체의 말단 부위를 telomere라고 한다(그림 5-3). Centromere는 세포분열 과정에서 염색체 복제후 각각 2 개의 세포로 정확히 나누어지는데 매우 중요한 기능을 수행한다. 그리고 염색체의 끝부분에 있는 telomere는 염색체 복제가 진행될수록 염색체의 길이가 짧아지는 것을 방지하여 염색체의 길이를 유지하는 기능을 하는 것으로 알려져 있다.

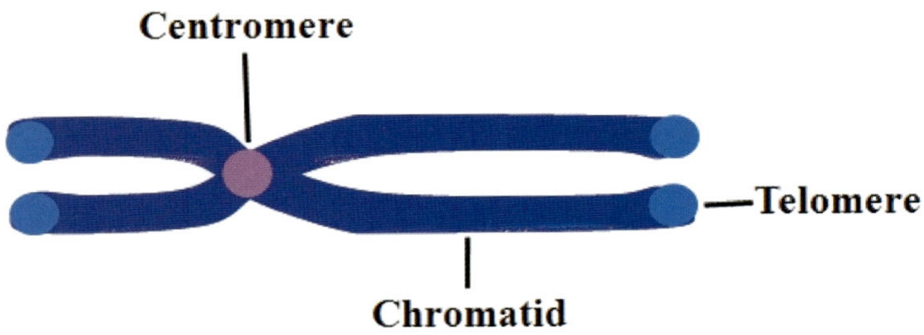

그림 5-3. 염색체의 구조

한편 염색체는 유전정보를 전달하는 아주 긴 DNA 가닥과 그를 싸고 있는 단백질(histones)로 구성되어 있다. 그리고 세포의 핵 속에 존재하는 DNA-histone complex를 chromatin이라고 한다. Chromatin의 반복 단위(repeating units of chromatin)를 nucleosome이라고 부른다. Nucleosome의 핵심 기본 단위는 히스톤 단백질인 H2A, H2B, H3, H4가 각각 2 개씩 사용되어 histone octamer를 형성하고 이것을 147 bp의 DNA 가닥이 1.67회 감싸고 있는 구조로 되어 있다(그림 5-4). 그리고 linker histone으로 작용하는 H1 단백질은 core histone octamer를 감고 있는 DNA를 안정화시켜주는 역할을 한다.

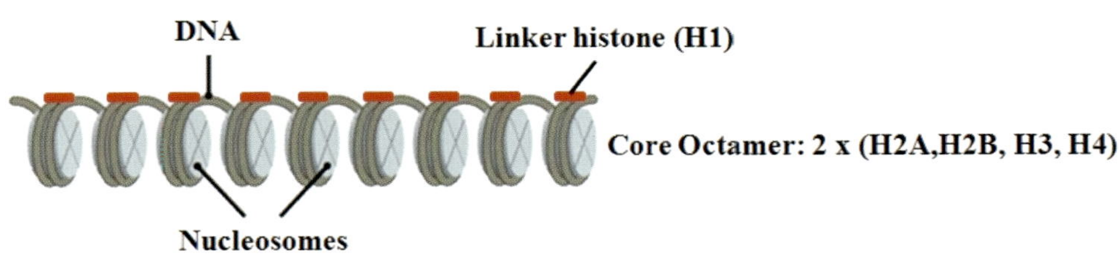

그림 5-4. **Nucleosome**의 구조

(2) 유전체의 구성

인간 유전체를 구성하고 있는 염기서열에서 가장 많은 부분은 LINEs, SINEs, LTR elements, DNA transposons 등과 같은 repeat sequences들이며 인간 유전체에서 약 44% 이상을 차지하고 있다(그림 5-5). 그리고 다른 intergenic DNA가 추가적으로 19% 정도를 차지하고 있다. 따라서 대부분의 인간 유전체 염기서열은 intergenic DNA(63%)로 유전자와는 직접적인 관련성이 없는 일종의 쓰레기 DNA 조각 (일명 Junk DNA)이다. 유전자나 유전자와 관련된 염기서열은 약 37.5% 정도 있지만 실제로 단백질을 코딩하는 exon 부위는 전체 유전체의 약 1.5%만을 차지하고 있다.

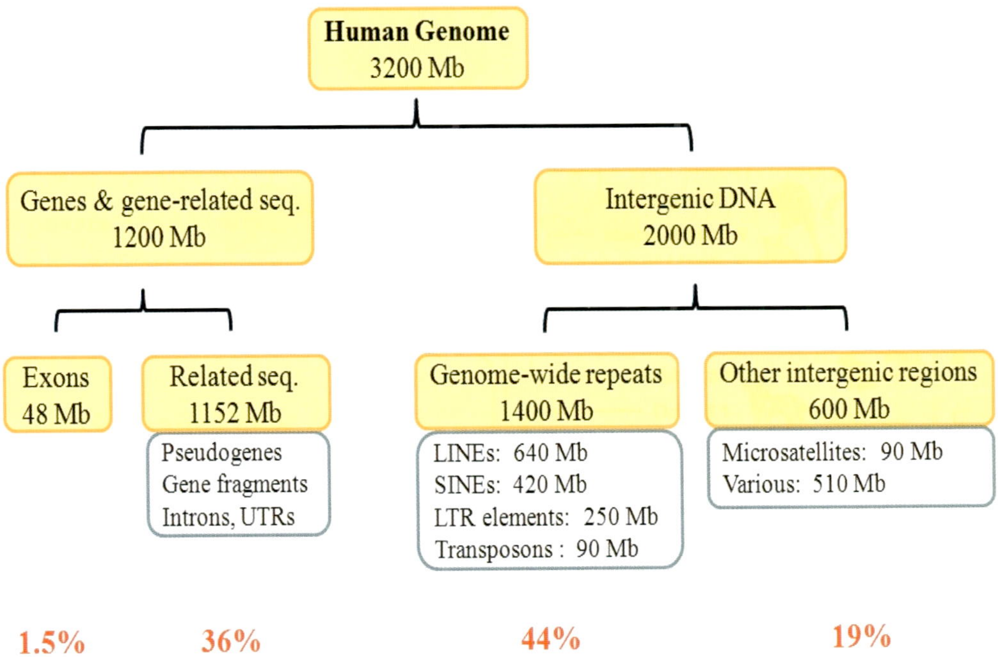

그림 5-5. 인간 유전체를 구성하고 있는 염기서열의 분포도

한편 염색체에 존재하는 유전자는 일정한 간격으로 위치하고 있는 것이 아니라 지역에 따라 다른 밀도로 유전자가 분포하고 있음을 알 수 있다. 예를 들면, 약 114 Mb의 크기를 가진 인간 염색체 13번에서 유전자의 분포는 지역에 따라 매우 밀집하여 있거나 또는 유전자가 거의 분포하지 않은 지역 등으로 나누어져 있음을 확인할 수 있다(그림 5-6 A). 그리고 인간 유전체의 또 다른 특성은 아주 많은 repeating elements들이 인간의

유전체에 분포하고 있다는 것이다. 심지어 특정 유전자를 코딩하는 유전자 영역에서도 매우 많은 repeating elements들이 분포하고 있다(그림 5-6 B).

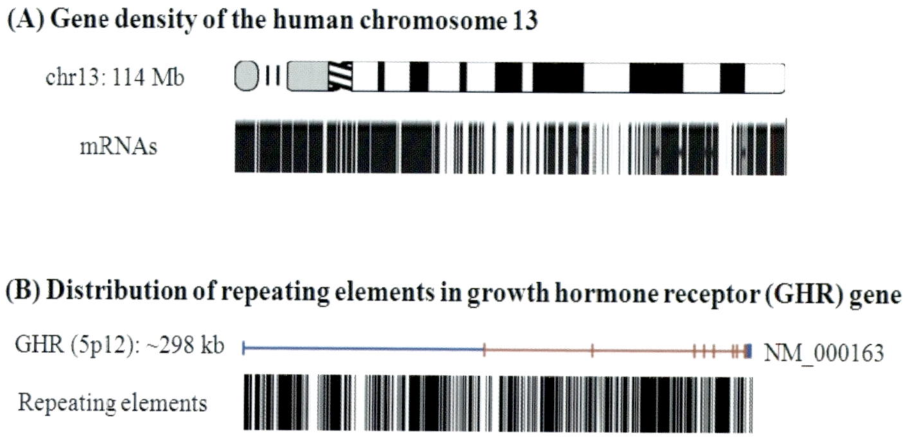

그림 5-6. 인간 유전체 구성의 특성. (A) 인간 염색체 13번에서 유전자의 분포 상황. (B) 성장 호르몬 수용체(growth hormone receptor) 유전자에 존재하는 반복서열(repeating elements)의 분포 상황.

또한 유전체에는 다양한 종류의 pseudogene, truncated gene, gene fragment, interspersed repeats 그리고 tandemly repeated DNA 조각들이 널리 분포하고 있다. 이러한 조각들은 수많은 세대를 거치면서 인간의 유전체에 남겨진 진화론적인 잔류물로 여겨지고 있다. 한편 인간의 유전체에는 repeat sequences가 약 44% 이상 있지만 초파리(fruit fly)는 12% 그리고 yeast 는 단지 3.4%만을 차지하고 있을 뿐이다. 또한 yeast와 초파리는 사람에 비하여 유전자의 밀도가 매우 높아 동일한 유전체 크기에서도 매우 많은 유전자가 intron 부위도 거의 없이 매우 촘촘히 분포되어 있다(표 5-3).

표 5-3. 종간 유전체 구성의 특성 비교

Feature	Yeast	Fruit fly	Human
Gene density (average gene #/Mb)	496	76	11
Introns per gene (#)	0.04	3	9
Genome-wide repeats (%)	3.4%	12%	44%

(3) 유전체에 존재하는 유전자의 기능적 분류

인간은 약 28,000여 개의 유전자를 가지고 있는 것으로 알려져 있다. 그리고 이 모든 유전자를 생물학적 기능을 기준으로 크게 분류해 보면 우선 유전체의 발현, 복제 및 유지에 관련된 유전자가 약 23.2%, 신호전달에 관련된 유전자가 약 21.1%, 세포의 일반 생화학적 기능에 관련된 유전자가 약 17.5%, 기타 다양한 기능을 수행하는 유전자가 약 38.2%를 차지하고 있는 것으로 알려져 있다(그림 5-7).

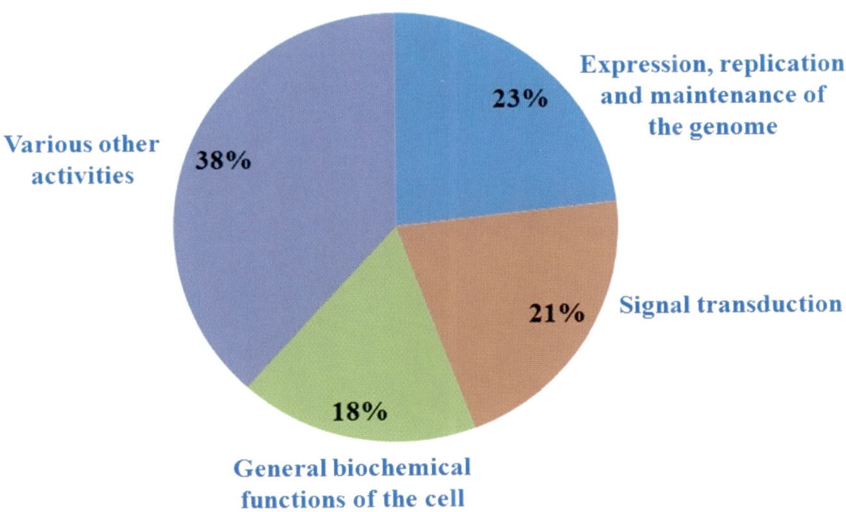

그림 5-7. 인간 유전자의 기능적 분류

그리고 인간 유전자들에 대한 분자생물학적 기능(molecular function)이나 생물적 과정(biological process) 등을 기준으로 아주 상세한 분류도 가능하다. 예를 들면, 인간 유전자 총 25,400여개를 가지고 생물학적 과정(biological process)을 기준으로 분류하면 31 개의 세부 생물학적 기능으로 분류가 된다(그림 5-8).

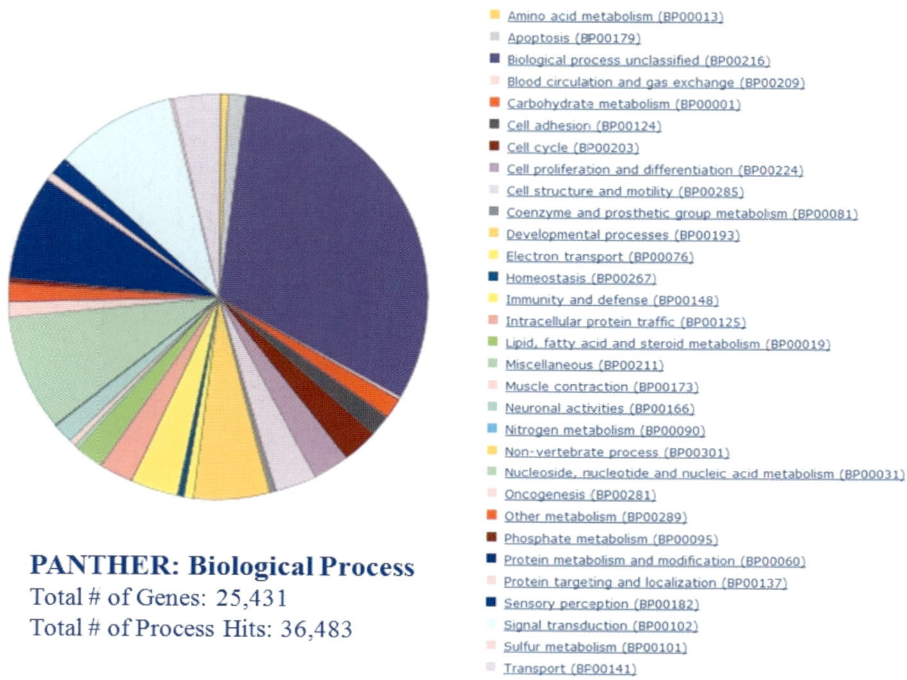

그림 5-8. 생물학적 과정(**biological process**)에 의한 인간 유전자의 분류. 출처: PANTER database (www.pantherdb.org).

한편 인간의 유전자는 모든 생물종에서 공통적으로 발현되는 유전자뿐만 아니라 척추동물 특이적으로 발현되는 유전자, 그리고 영장류에서만 발현되는 유전자 등과 같이 생물종 공통적으로 발현되는 유전자와 차별성을 지니는 유전자들도 동시에 가지고 있다(그림 5-9). 따라서 유전체에 대한 종간의 상호 비교 분석은 종간을 구별하는 유전자 및 생물학적 기능의 차이를 규명할 수 있는 귀중한 정보를 제공하게 된다.

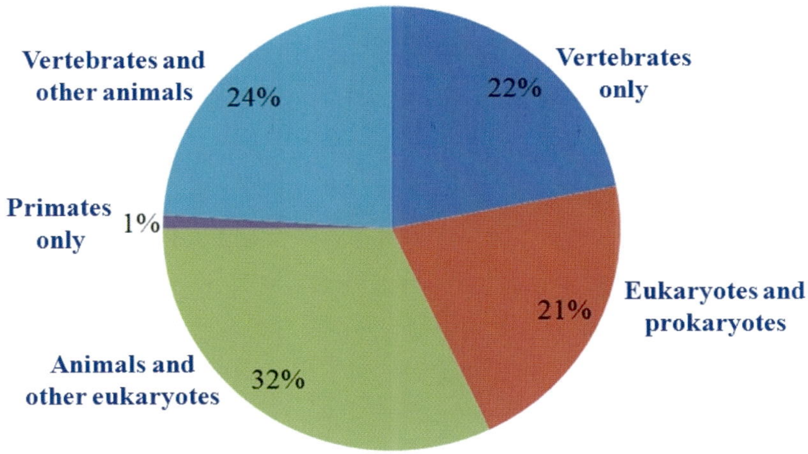

그림 5-9. 인간 유전자에 대한 종간 특이적 유전자 발현의 분포

(4) **유전체 검색 프로그램**

인간 유전체 사업의 결과로 인간의 유전체에 대한 모든 염기서열 정보가 밝혀지고 관련 정보는 database화하여 일반 연구자가 검색 프로그램으로 정보를 확인할 수 있게 되었다. 가장 대표적인 3 개의 유전체 정보 검색 사이트는 NCBI (GenBank) Map Viewer, UCSC Genome Browser와 Ensembl이다. 이들 각각의 개별 유전체 검색 사이트에서는 개별 연구자가 관심있는 유전자 정보 검색이 가능할 뿐만 아니라 기존의 유전체 정보와 비교 분석할 수 있는 다양한 응용 프로그램(BLAST, BLAT 및 SSAHA)도 개발되어 있어 활용 가치가 매우 높다(표 5-4).

표 5-4. 유전체 검색 프로그램

Group	Site Name	Site address
Whole genome annotation browsers	NCBI Map Viewer UCSC Genome Browser Ensembl	www.ncbi.nlm.nih.gov genome.ucsc.edu www.ensembl.org
Custom comparisons to whole genomes	NCBI UCSC Genome Browser Ensembl	BLAST BLAT SSAHA

유전체 검색 사이트에서 원하는 유전자에 대한 정보를 검색할 때에는 항상 기준이 되는 유전자 정보 식별 ID를 사용하게 된다. 다음은 가장 대표적인 유전체 서열 정보 식별 ID에 대한 간략한 설명이다(표 5-5). 전체 염색체의 염기서열 정보는 NC_#로 표시되고 유전체 분석에 사용된 BAC contig의 염기서열 정보는 NT_#로 표기한다. 그리고 유전자는 NG_#로 표기하고 mRNA 염기서열 정보는 NM_#로 표기하는데 여러 개의 transcript을 가지고 있는 유전자는 여러 개의 NM_#를 가지게 된다. 그리고 mRNA의 염기서열로부터 발현된 단백질의 서열은 NP_#로 표기하고 있다. 따라서 특정한 염기서열이나 단백질 서열의 식별 ID만으로도 어떤 종류의 서열 정보가 있는지를 쉽게 알 수 있도록 서열 식별 ID에는 정해진 기준과 의미를 지니고 있다.

표 5-5. 유전체 서열 정보 식별 **ID**의 종류와 의미

ID의 종류	의미
NC_#	Chromosome sequence ID
NT_#	Contig sequence ID
NG_#	Genomic sequence ID
NM_#	curated mRNA sequence ID
XM_#	curated model mRNA sequence ID
NP_#	curated protein sequence ID
XP_#	curated model protein sequence ID
NR_#	Non-coding transcripts ID

* complete key at http://www.ncbi.nlm.nih.gov/RefSeq/key.html/

제 6장 기능 유전체학

인간 유전체 분석 사업의 완성으로 인간의 유전체에 존재하는 모든 염기서열 정보는 밝혀졌지만 그 속에 존재하는 많은 유전자에 대한 상세한 기능과 유전자들 간의 상호작용에 대한 정보는 아직 잘 밝혀져 있지 않다. 그래서 유전체 염기서열 분석사업 이후에는 밝혀진 유전자들에 대한 대규모 기능연구 및 유전자 또는 단백질 상호작용에 대한 연구가 활발히 진행되었다. 이렇게 유전체에 존재하는 많은 유전자와 단백질에 대한 대규모 기능연구 및 상호작용에 대한 연구를 기능 유전체학(functional genomics)이라 부르고 있다(그림 6-1). 기능 유전체학은 초기에는 DNA microarray를 이용한 대량의 유전자 발현에 대한 분석을 의미하였으나 나중에는 단백질체 연구까지 포함하는 다양한 종류의 대규모 유전자 기능 연구를 모두 기능 유전체학의 범주에 포함하고 있다.

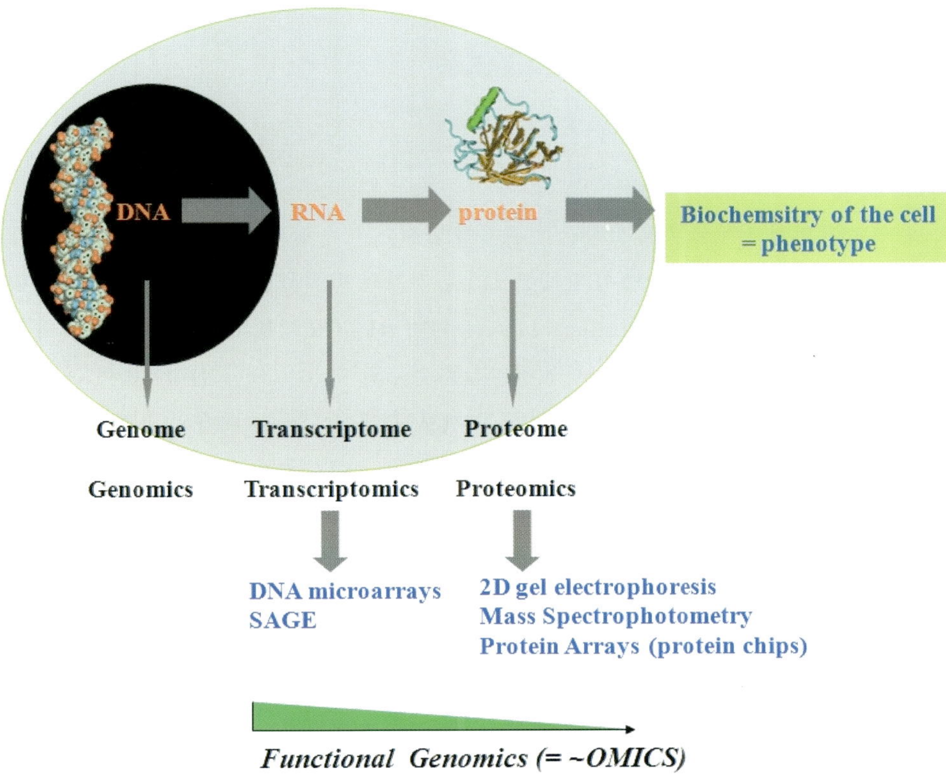

그림 6-1. 기능 유전체학의 분야와 분석기술

염색체 속에 존재하는 유전체는 DNA로 구성되어 있으며 전사(transcription) 과정을 거치면서 유전자의 유전 정보를 전달할 수 있는 mRNA가 만들어진다. 세포 속에서 만들어지는 모든 mRNA를 transcriptome(전사체)이라고 하며 이를 연구하는 학문을 transcriptomics(전사체학)이다. 전사체 연구는 DNA microarray나 SAGE(serial analysis of gene expression) 기법을 이용하여 대량의 유전자 발현 정보를 수집하고 분석한다. 전사과정을 통해 만들어진 mRNA는 다시 단백질을 만들어 세포나 조직에서 생물학적 기능을 수행한다. 그리고 세포 속에 존재하는 모든 단백질을 단백질체(proteome)라고 부르며 이를 연구하는 것을 단백질체학(proteomics)이다. 단백질체를 연구하는 방법으로는 2D gel electrophoresis, mass spectrophotometry 및 protein 칩 등이 활용되고 있다. 세포 속에 존재하는 모든 유전체 정보와 유전자 및 단백질 발현 정보는 생물학적 지식과 상호작용에 대한 이해를 크게 증진시키고 있으며 이러한 연구를 위해 사용되는 다양한 분석 기술은 대량의 데이터로부터 생물학적 의미를 지닌 패턴을 찾기 위해 생물정보학 분석 기술이 동반되어야 한다.

1. 전사체학

유전체 정보로부터 시작된 유전자의 발현 정보는 유전자의 기능을 이해하는데 매우 중요한 도구가 된다. 그래서 오래전부터 유전자의 발현을 조사하기 위한 다양한 방법이 개발되어 사용되었다. Northern blotting이나 RT-PCR 방법과 같은 전통적인 유전자 발현 연구는 매우 제한된 숫자의 유전자만을 연구할 수 있었으나 현재에는 모든 유전자 정보의 확보와 DNA 칩 기술의 발전으로 세포 속에 발현되는 대량의 유전자 발현을 동시에 측정할 수 있게 되었다. 전사체 연구에서 가장 많이 사용되고 있는 DNA microarray 기술은 유리 슬라이드와 같은 곳에 유전자의 알려진 염기서열을 가진 DNA 조각(프로브)을 일정한 간격으로 촘촘히 올려 제작된다. DNA chip은 형광으로 표지된 cDNA를 결합시킨 후에 결합한 형광의 강도로 유전자 발현의 정도를 측정하게 된다. 그리고 2 개 그룹간의 유전자 발현의 차이를 알고자 할 때는 두 그룹의 cDNA를 각각 두 가지 다른 형광(Cy5 & Cy3)으로 표지하여 DNA chip에 동시에 결합시켜서 두 형광의 상대적 강도를 비교함으로써 유전자 발현의 차이를 비교한다(그림 6-2). 일반적으로 대조군에서 분리된 cDNA은 Cy5 (붉은 형광)로 표지하고 처리군의 cDNA는 Cy3 (초녹색 형광)로 표지하여 DNA chip에 결합하게 된다. 따라서 대조군과 처리군 간에 유전자의 발현이 동일하면 붉은색 형광과 초록색 형광이 동일하게 결합함으로써 두 색이 합성되어 노란색을 띠게 된다. 그러나 만약에 붉은 형광을 많이 검색되면 대조군에서 유전자 발현은 강하지만 처리군에서는 유전자 발현이 상대적으로 매우 낮아진 결과로 유전자 발현이 처리군에서 낮아졌음을 알 수 있다. 반대로 초록색이 강하게 검색되는 경우에는 대조군에 비하여 처리군에서 유전자가 고도로 더 많이 발현된 결과임을 확인할 수 있다.

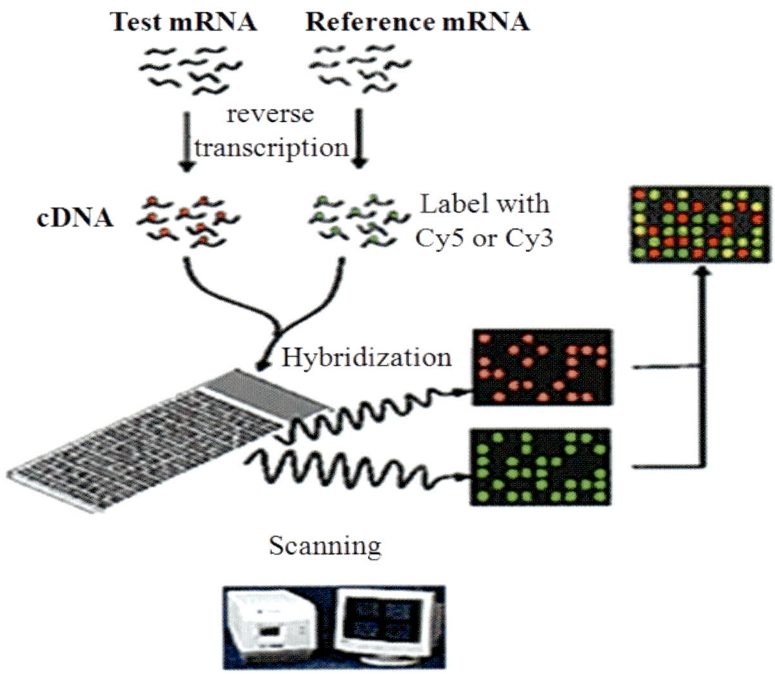

그림 6-2. **DNA microarray** 분석 방법의 개요

따라서 DNA microarray 실험을 통해 측정된 Cy5와 Cy3 형광의 절대적인 값으로 유전자의 발현 양을 측정하고 2 개 그룹간의 상대적인 발현의 정도를 비교하여 유전자 발현이 증가(up-regulation)하였는지 또는 감소(down-regulation)하였는지를 조사하게 된다 (그림 6-3). 이러한 DNA microarray는 다양한 조건하에서 대량의 유전자 발현을 동시에 모니터링할 수 있어 세포 속에서 일어나는 다양한 유전자 발현의 경로를 이해하는데 매우 효과적인 연구 방법이다.

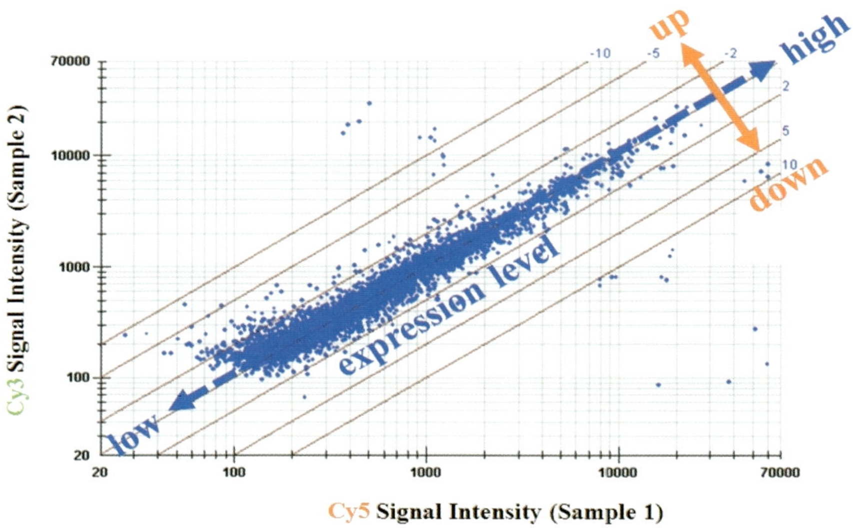

그림 6-3. **DNA microarray data**의 **scatter plot** 이미지

그리고 DNA microarray의 일반적인 분석은 2 개 그룹 간의 상대적인 유전자 발현의 정도를 비교하지만 때로는 여러 종류의 시료에 대하여 유전자 발현의 정도를 비교하여 다수의 시료 간에 유전자 발현의 정도를 그룹핑(clustering)함으로써 상대적인 유사성을 비교하여 분석한다. 예를 들면, 다양한 종류의 암 세포주를 DNA microarray 방법으로 대량의 유전자에 대한 유전자의 발현을 조사하여 개별 세포들 간의 유전자 발현 패턴의 유사성을 비교할 수도 있다(그림 6-4). 이러한 분석 방법은 유사한 그룹에서만 발현되는 고유한 유전체 바이오마커 발굴에 활용되고 있다.

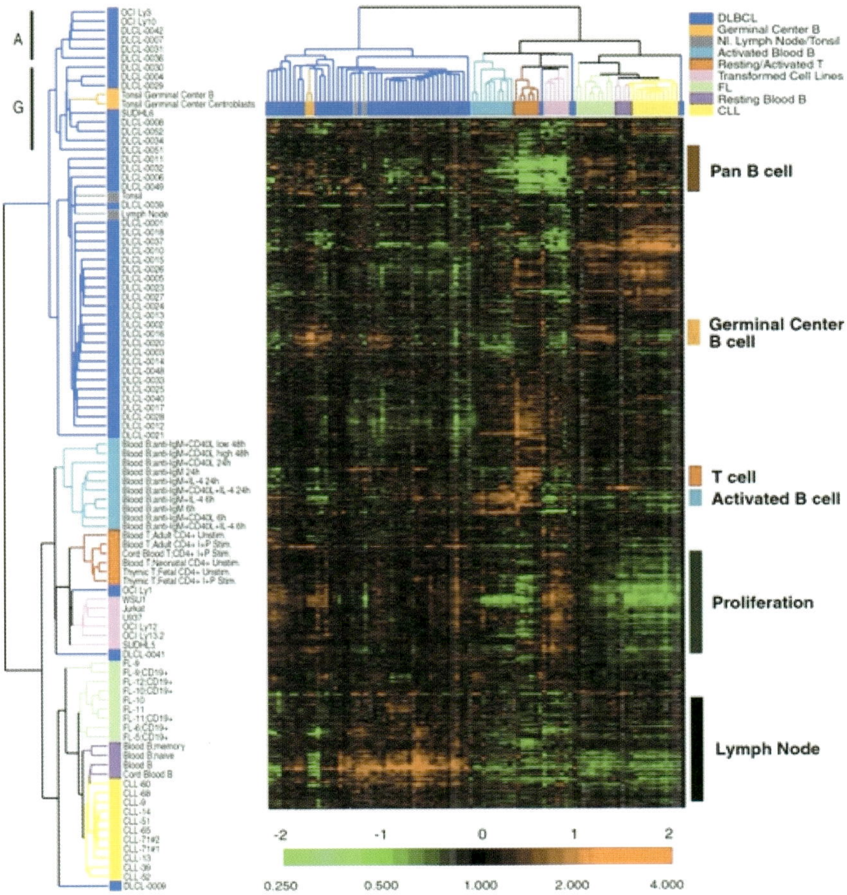

그림 6-4. 유전자(Y 축)와 세포종류(X 축)에 대한 **two-way clustering** 분석. 위의 이미지에서 전체 평균과 비교하여 유전자 발현이 높으면 붉은색으로 발현 양이 낮으면 녹색으로 표시됨. 출처:Alizadeh et al., 2000.

DNA microarray 분석 방법의 주목적은 두 그룹 사이에 유전자 발현의 차이를 비교하는데 있다. 예를 들면, 세포주에서 약물을 처리하기 전과 처리 후에 유전자 발현에 차이를 보이는 유전자를 찾거나 정상 조직과 질병 조직 간에 유전자 발현의 차이를 보이는 유전자를 조사하기 위해 사용될 수 있다. 따라서 DNA microarray 분석 방법은 두 그룹 사이에서 유전자 발현의 차이를 보이는 유전자 및 발현 양의 차이를 대량의 유전자를 대상으로 조사할 수 있는 매우 강력한 분석 방법이다.

한편 microarray를 이용한 유전자 발현 데이터를 이용하여 논문을 발표하는 경우에는 public gene expression database에 연구에 사용된 expression data를 기탁하도록 되어 있어 대부분의 유전자 발현 data는 public database에 보관되어 있어 일반 연구자도 이용 가능하게 되었다. 가장 대표적인 유전자 발현 데이터베이스로는 미국의 GEO (Gene Expression Omnibus; http://www.ncbi.nlm.nih.gov/geo/)와 영국의 ArrayExpress (http://www.ebi.ac.uk/micrarray-as/ae/)가 있다(그림 6-5).

http://www.ncbi.nlm.nih.gov/geo/ **http://www.ebi.ac.uk/microarray-as/ae/**

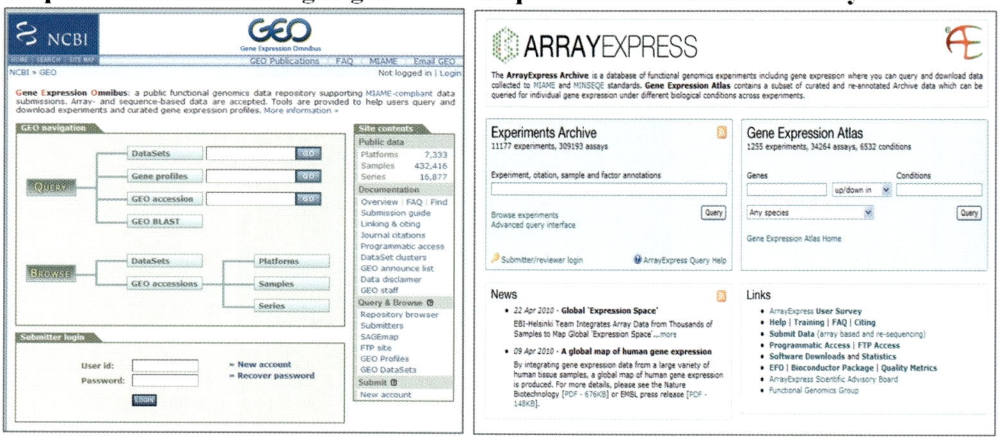

Currently contains expression data on 432,416 samples (May 2010)

309,193 assays in Archive and 34,264 assays in Gene Expression Atlas (May 2010)

그림 6-5. 유전자 발현 데이터베이스. Microarray를 이용한 유전자 발현 data가 수집-관리되고 있는 대표적인 데이터베이스로 미국의 GEO 와 영국의 ArrayExpress 가 있음.

2. 단백질체학

특정한 생물종에서 생물학적 정보를 전달할 수 있는 유전정보를 모두 가지고 있는 유전체로부터 만들어진 모든 단백질을 단백질체(proteome)라고 한다. 한편 1 개의 유전자로부터 발현되는 단백질의 종류는 단백질 생성 과정과 변형(modification) 과정을 거쳐서 수십 개의 다른 단백질 형태로 발현될 수 있다. 그래서 단백질의 종류는 유전자의 종류보다 더 많은 수로 존재할 것으로 예상된다. 따라서 존재하는 다양한 종류의 단백질들을 상세히 규명하기 위해서는 다수의 분석 기법들이 통합적으로 활용될 수 있어야 한다. 단백질체(proteome)를 연구하는 분야를 단백질체학(proteomics)이라 하며 단백질 탐색, 단백질 특성 규명, 단백질 발현 및 상호작용 등을 연구한다. 한편 단백질체학에는 단백질의 발현을 조사하는 발현 단백질체학(expression proteomics)과 단백질의 기능을 연구하는 기능 단백질체학(functional proteomics)으로 구분하기도 한다.

(1) 표준 분석 방법

단백질체학 분야에서 가장 표준으로 사용하고 있는 분석기법을 소개하면 다음과 같다. 우선 특정한 세포나 조직에서 분리된 단백질을 two-dimensional gel electrophoresis (2-DE) 방법을 사용하여 분리하고 효소 처리하여 단백질 조각을 질량분석기(mass spectrometry; MS)를 이용하여 단백질의 종류를 규명하는 것이다. 질량분석기는 MALDI-TOF MS가 주로 사용되어 peptide mass fingerprints 데이터를 얻게 된다. 이렇게 얻어진 peptide의 질량 데이터는 생물정보학 방법으로 database에 올려진 것과 비교하여 일치하는 단백질을 찾아내는 과정을 거치게 된다. 그리고 일반적으로 2 개의 그룹 간에 발현되는 단백질의 차이를 비교하는 목적으로 주로 이 기법이 이용되기 때문에 항상 비교하고자 하는 2 개의 그룹 데이터를 동시에 분석한다. 그리고 이러한 모든 과정은 자동화 공정을 통해 대량으로 분석 가능한 시스템으로 운영되고 있다. 위의 과정을 좀 더 상세히 살펴보면 1 단계는 2D gel electrophoresis 방법을 이용하여 단백질을 분리하고(그림 6-6), 2 단계는 분리된 단백질의 질량 정보를 이용한 단백질 식별 과정으로 나눌 수 있다.

단계 1: 2-dimensional gel electrophoresis

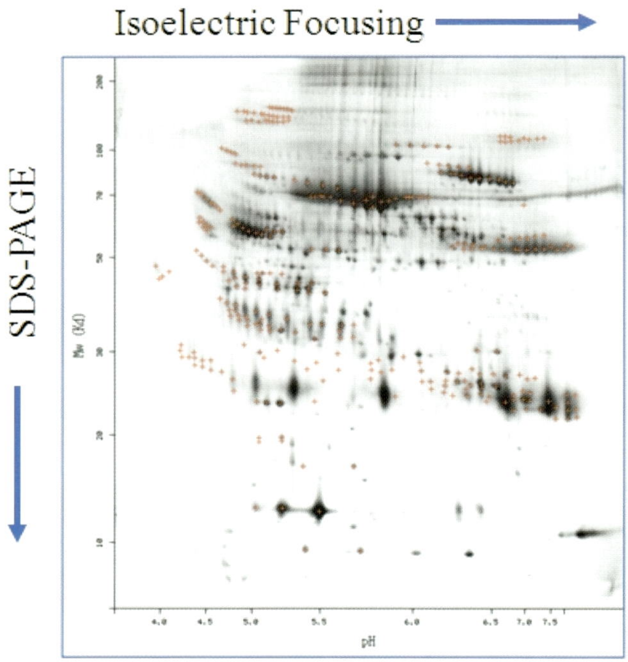

그림 6-6. **2D gel electrophoresis** 방법을 이용한 단백질 분리

일반적으로 특정 세포 또는 조직에서 분리된 모든 단백질은 여러 종류로 구성되어 있기 때문에 우선 개별 단백질로 분리할 수 있는 기술이 필요하다. 이를 위하여 two-dimensional protein gel electrophoresis (2-DE) 방법을 사용하여 단백질을 분리하게 된다. 일반적으로 단백질은 고유한 isoelectric point(pI) 값을 가지고 있는데 전체적으로는 pI 값이 4~9 정도의 범위에 있지만 대부분은 5-8 사이의 값을 가지고 있다. 따라서 2-DE 방법은 우선 일차적으로 다양한 isoelectric point(pI) 값을 가진 gel 영역으로 단백질을 이동시키며 개별 단백질이 가지고 있는 고유한 pI 값(net charge가 0인 값)에서 단백질의 이동이 멈추게 된다. 이렇게 한 방향으로는 개별 단백질이 가지고 있는 고유한 pI 값을 기준으로 분리시키고 또 다른 방향으로는 단백질이 가지고 있는 질량을 기준으로 SDS-PAGE 방법을 통해 단백질을 이동시킴으로써 2 가지 다른 기준점(pI 값과 질량)을 사용하여 단백질을 분리-식별하는 방법을 사용하고 있다. 이 방법을 사용하여 단백질을 분리하면 약 수백 개에서 많게는 수천 개의 단백질을 분리할 수 있다고 한다(물론 이 숫자는 전체 발현되는 총 단백질의 수에 비하면 매우 제한된 단백질만 검색될 뿐이지만).

단계 **2:** 질량분석기를 이용한 단백질 식별

2D gel electrophoresis 방법을 이용하여 분리된 단백질에서 발현 양의 차이를 보이는 단백질 밴드를 분리하여 단백질 분해효소(protease)로 처리한 이후에 바로 peptide를 sequencing하거나 또는 질량분석기(예, matrix assisted laser desorption/ ionization time-of-flight spectroscopy: MALDI-TOF)를 이용하여 잘려진 peptide 조각들의 질량을 조사하고 단백질 database에 기록된 것과 비교하여 단백질의 종류를 식별한다(그림 6-7).

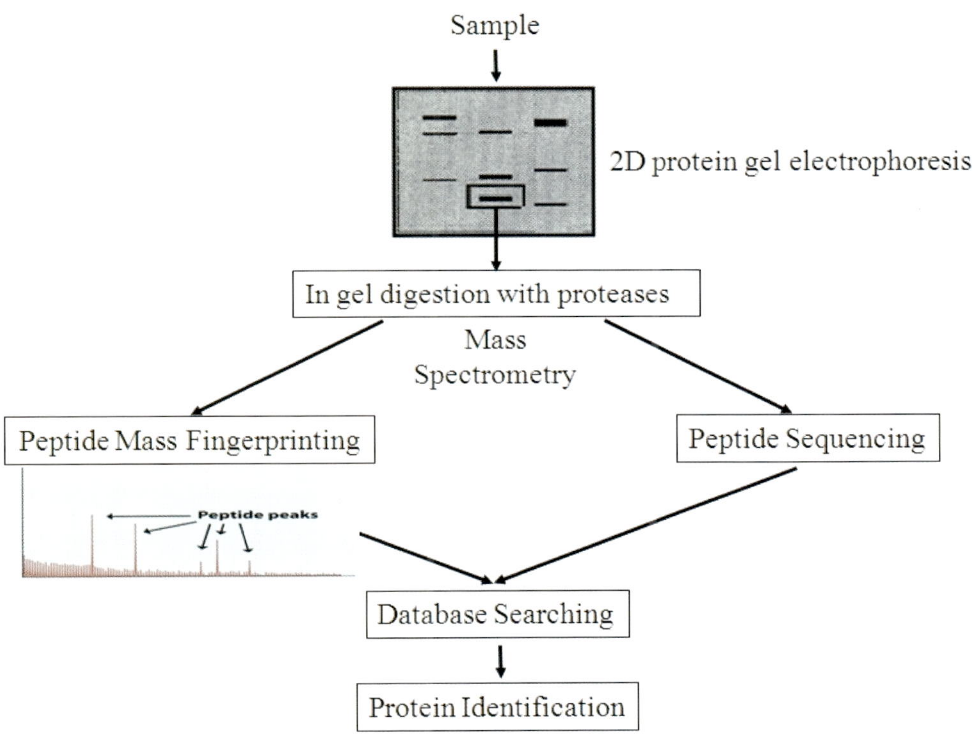

그림 6-7. **2D gel** 단백질 분리한 이후의 단백질 식별과정

위에서 언급된 바와 같이 2D gel electrophoresis를 이용한 단백질 분리와 질량 분석기를 이용한 peptide 조각의 질량 정보를 이용한 단백질 식별 방법은 수백 개의 단백질을 동시에 분석할 수 있는 방법이지만 제한된 수의 시료만을 처리할 수 있고 대부분은 가장 많이 존재하는 단백질 중심으로 검색되어 기술적으로 분석하기 어려운 단점을 가지고 있다.

한편 최근에는 2D gel electrophoresis와 질량분석을 이용한 단백질 분석방법을 한층 개선한 새로운 방법들이 많이 개발되었다. 예를 들면, isotope coded affinity tag (ICAT) 방법은 2 개의 다른 그룹에서 분리된 단백질을 각각 정상의 수소 원자 또는 수소의 동위원소인 deuterium으로 label하여 편차가 큰 단백질을 찾아내는 방법들도 개발되어 사용되고 있다(그림 6-8).

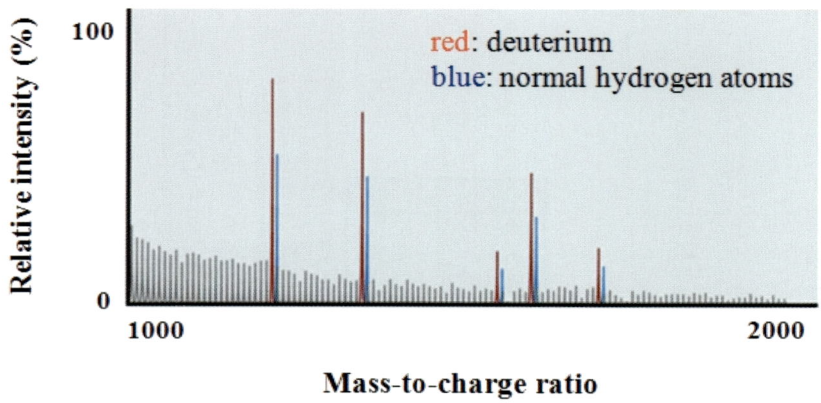

그림 6-8. **ICAT 방법**

(2) **단백질 상호작용 분석**

모든 생물학적 반응은 다양한 단백질 간의 상호작용에 의하여 이루어지고 있다. 따라서 특정 단백질이 다른 단백질과 상호작용하는 것을 찾아낸다면 단백질이 어떠한 경로를 통해 반응이 전달되는지를 파악할 수 있다. 그래서 단백질 간의 상호작용 경로를 파악하는 것은 생물학적 반응의 기전을 이해하는데 매우 중요한 정보가 된다. 한편 단백질-단백질 상호작용을 밝히는 연구는 phage display 방법과 yeast two-hybrid system이 보편적으로 사용되고 있다.

Phage display 방법은 phage coat protein을 코딩하는 유전자에 임의의 peptide가 발현될 수 있는 DNA 염기서열을 삽입하여 발현시킴으로써 아주 다양한 종류의 phage coat fusion protein을 만든다. 그런 다음에 조사하고자 하는 특정 단백질과 결합하는 phage coat fusion protein을 찾아냄으로써 분석하는 특정 단백질과 반응하는 새로운 단백질을 식별해 낼 수 있는 아주 유용한 기술이다(그림 6-9).

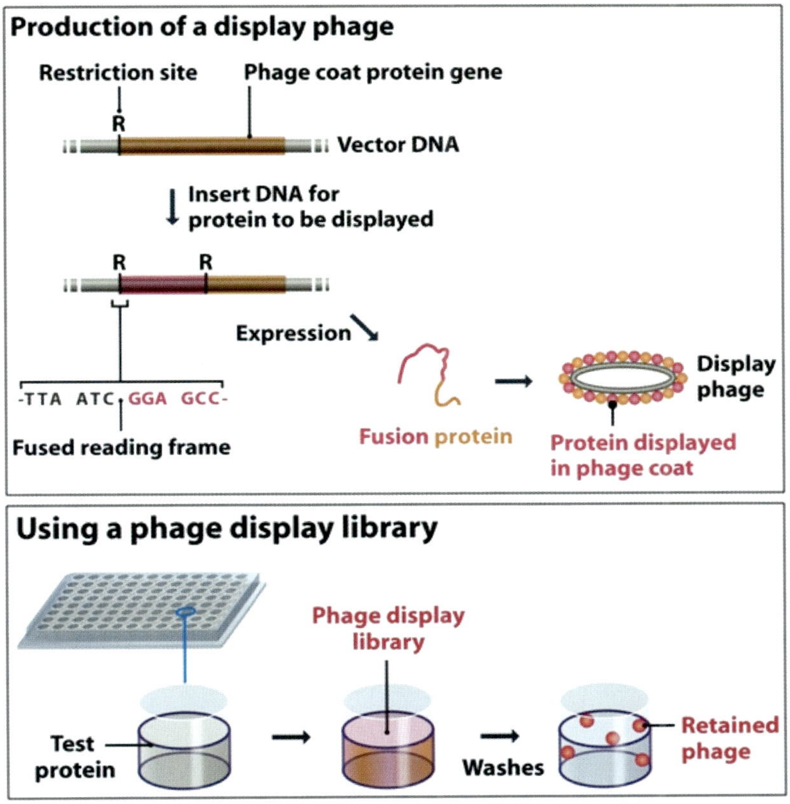

그림 6-9. **Phage display 분석 방법의 개요.** 출처: Brown TA. (2007). Genome 3

Yeast two-hybrid system 방법은 특정 단백질과 결합하는 단백질을 찾아내는 방법으로 많이 사용되고 있다. 이 방법은 yeast의 유전자 발현 시스템을 이용하여 yeast의 reporter 유전자의 promoter 부위에 결합하는 전사인자인 GAL4 유전자에서 DNA binding 기능을 가진 부위(GAL4 DNA binding domain; GAL4-BD)에 조사하고자 하는 단백질과 fusion된 단백질(bait 단백질)을 만든다. 그리고 전사인자인 GAL4 유전자의 유전자 발현 활성화 부위(GAL4 activation domain)에 무수히 많은 수의 단백질(prey 단백질)을 발현할 수 있도록 cDNA library의 형태로 만들어 삽입하게 된다. 이때 두 단백질이 서로 결합하게 되면 DNA binding 기능과 DNA activation 기능이 동시에 작동하여 reporter 유전자의 발현을 촉발하게 된다(그림 6-10). 따라서 이 방법을 이용하면 특정 유전자(bait 단백질)에 결합하는 미지의 단백질(prey 단백질)을 쉽게 찾아낼 수 있다.

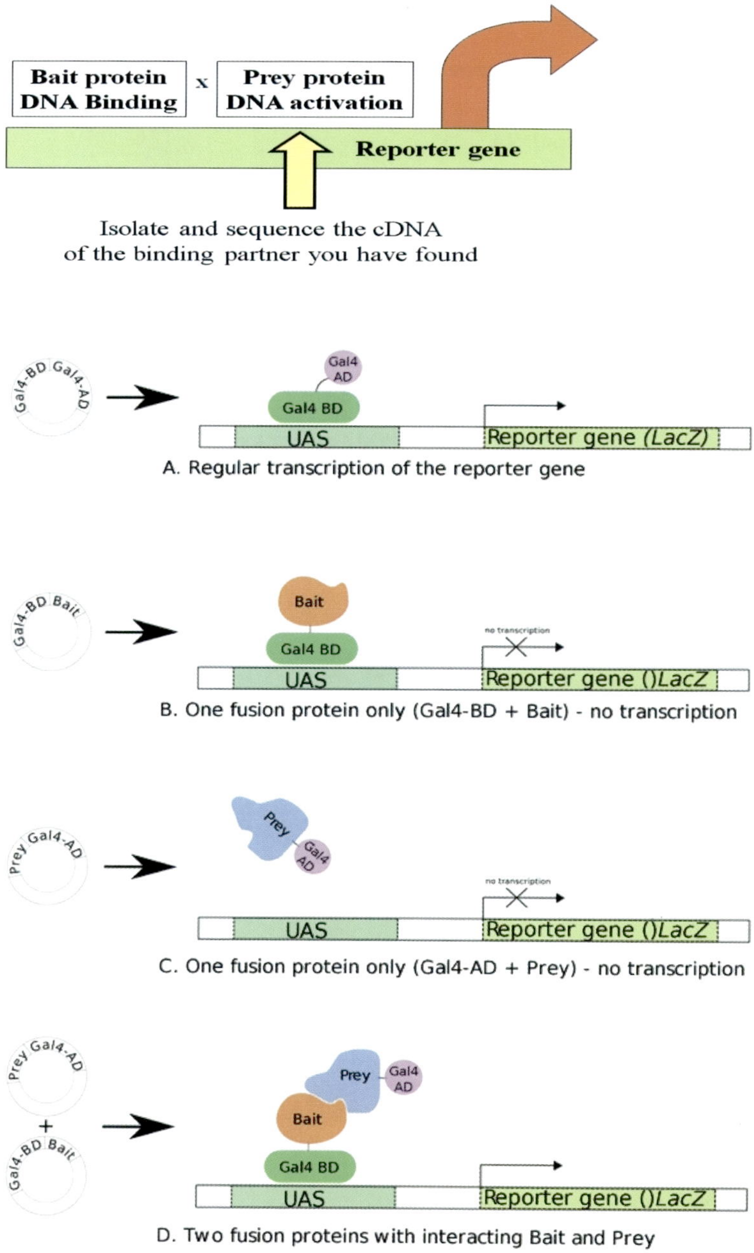

그림 6-10. **Yeast Two-Hybrid** 분석 방법의 개요. 출처: http://en.wikipedia.org/wiki/Yeast_two_hybrid.

한편 yeast two-hybrid system은 단백질 간에 서로 결합하는 단백질을 찾아 낼 수 있는 좋은 기법이나 단지 특정 단백질과 직접적으로 결합하는 단백질만을 찾아 낼 수 있으며 많은 false-negative 또는 false-positive 결과를 보일 수 있는 단점이 동시에 존재하기 때문에 분석시 각별한 주의가 요구된다. Yeast two-hybrid system을 이용하여 특정 미생물체의 모든 단백질의 상호작용 지도를 작성하고 서로 상호작용하는 단백질의 기능과 연계한 지도가 제작되기도 하였다(그림 6-11). 이러한 단백질-단백질 상호작용 지도는 복잡한 생물학적 반응의 전달 경로를 이해하고 이를 차단하기 위한 방법의 개발은 새로운 약물의 개발로 이어질 수 있는 방법을 제시해 줄 것이다. 한편 이러한 많은 양의 단백질 상호 작용 정보를 이해하기 위하여 다양한 연구 분야를 통합적으로 활용하는 시스템 생물학(systems biology) 연구 방법이 도입되어 사용되고 있다. 이러한 분야의 연구는 새로운 생물학적 정보를 제공하고 있어 더욱 많은 발전이 기대되고 있다.

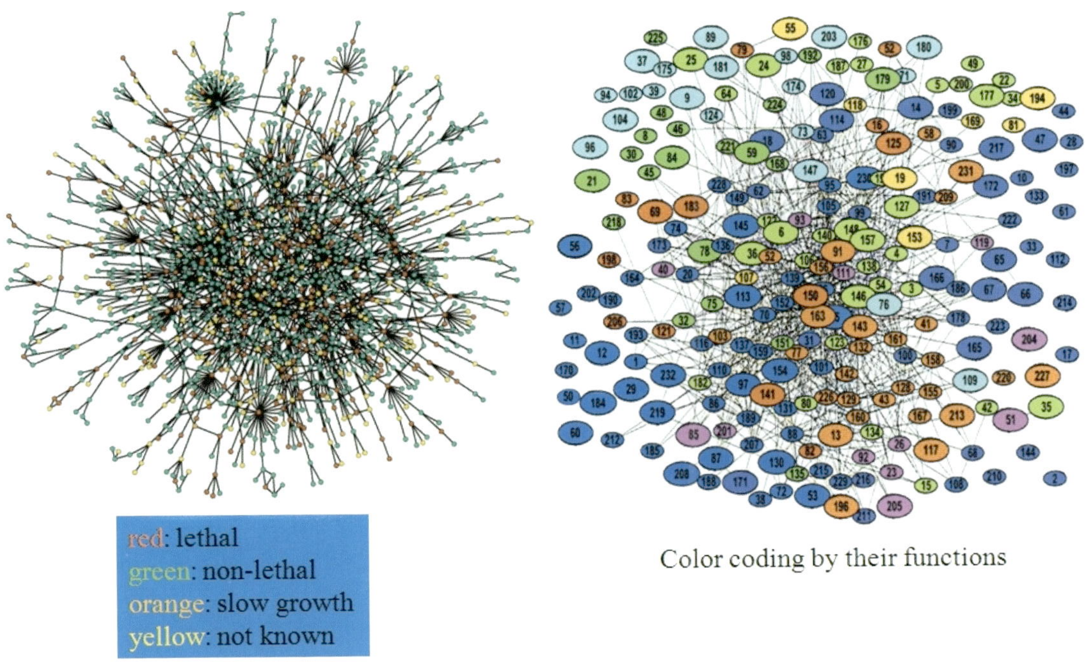

그림 6-11. **Yeast two-hybrid system**을 이용한 ***S. cerevisiae***의 단백질 상호작용 지도

3. 오믹스학

새로운 분석 기술의 발전과 대용량 data 분석 방법의 개발로 다양한 종류의 OMICS 연구가 가능하게 되었다. OMICS라는 용어는 genomics 또는 proteomics와 같이 -omics라는 글자로 끝나는 생물학의 연구 분야를 총칭하여 일컫는다. 그리고 genome이나 proteome과 같이 연구의 대상을 -OMES이라고 부르고 있다. 예를 들면, 특정 생물의 조직, 세포 등에서 발현되는 모든 mRNA를 transcriptome이라 하고 이를 연구하는 분야를 transcriptomics라고 한다. 또한 protein을 조사하는 proteomics, metabolite를 연구하는 metabolomics, 그리고 분자들 간의 상호 연관성을 조사하는 interactomics 등이 있다. 한편 분자적 상호작용을 연구하는 interactomics는 systems biology라는 이름으로 더 자주 불리고 있다(표 6-1). 이러한 분석 기술의 발전과 분석 방법의 개발로 다양한 연구가 가능하고 새로운 연구 내용들이 더욱 많이 생산되어 생물학적 기능과 역할을 이해하는데 크게 기여할 것으로 기대되고 있다.

표 6-1. 다양한 OMICS 분야들

Target	Objects of Study	Field of Study
mRNAs	Transcriptome	Transcriptomics
Proteins	Proteome	Proteomics
Metabolites	Metabolome	Metabolomics
Lipids	Lipidome	Lipidomics
Glycans	Glycome	Glycomics
Molecular interactions	Interactome	Interactomics (= systems biology)
Physiological features	Physiome	Physiomics

제 2부 유전변이 분석

제 7장 인간 유전체와 유전변이

1. 세포와 염색체

사람의 몸은 세포라는 기본 단위의 조합으로 여러 조직(tissues)과 기관(organs)을 구성하게 된다. 세포 속에는 각 기관 또는 조직 특이적인 기능을 수행할 수 있도록 하는 유전물질인 DNA가 있고, DNA에 의해 모든 생물학적 기능이 조절되고 있다. 일반적으로 모든 세포는 핵(nucleus)을 가지고 있으며 핵 안에는 유전물질인 DNA를 가지고 있고 DNA가 모여 하나의 큰 덩어리를 구성하게 되는데 이들의 묶음을 염색체(chromosome)라고 한다. 사람의 염색체는 모두 46 개로 구성되어 있으며 이 중 23 개는 아버지로부터(paternal) 그리고 23 개는 어머니로부터(maternal) 받아 모두 23 쌍(총 46 개)의 염색체를 갖게 된다(그림 7-1). 23쌍의 염색체는 22쌍의 상염색체(autosomes)와 1 쌍의 성염색체(sex chromosome; X, Y)로 구성되어 있다. 특히 성염색체의 조합이 XX이면 여성이고 XY이면 남성이 된다. 그러므로 남성인 아버지의 성염색체 XY 중에서 X가 자손에 전달되면 여성이 태어나고 Y 염색체가 전달되면 남성이 태어나게 되는 것이다. 이러한 인간의 유전적 특성 때문에 특정한 유전자가 상염색체에 위치한 경우에는 두 개의 동일한 유전자(하나는 아버지로부터 그리고 다른 하나는 어머니의 유전자로부터 전달 받음)를 가지게 되고 두 개의 동일 유전자에서 유전변이형이 존재하는 경우엔 두 유전자의 조합에 따라 동일한(homozygote) 변이형 AA, 또는 BB, 그리고 둘의 다른(heterozygote) 조합인 AB의 변이형을 가질 수 있다.

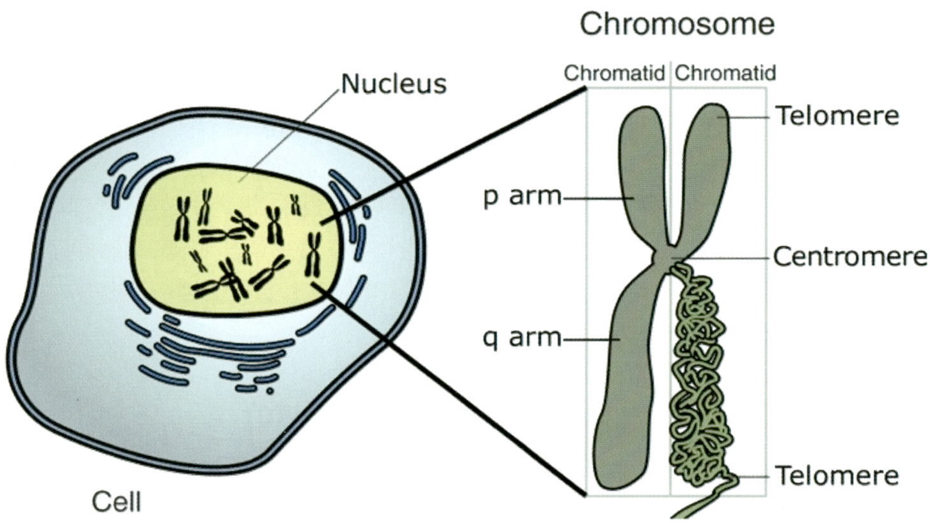

세포의 핵(nucleus)은 유전물질인 DNA로 구성된 46 개의 염색체를 가짐.
46 개의 염색체 = 23 개 (아버지로부터) + 23 개 (어머니로부터)
= 23 쌍의 염색체
➡ 22 쌍의 상염색체(autosomes)
➡ 1 쌍의 성염색체(X, Y): XX= 여성 & XY= 남성

그림 7-1. 세포와 염색체의 구조

2. 염색체와 유전자

유전체(genome)는 유전자(gene)와 염색체(chromosome)의 합성어로 특정 개체의 염색체에 포함된 모든 유전물질(DNA)을 통틀어 유전체(genome)라고 부른다. 그리고 유전체의 크기는 base pairs(bp)의 수로 표시하고 있다.

Gene + Chromosome = Genome

따라서 23쌍의 염색체로 구성된 사람의 유전체는 인간 유전체 사업의 성공적 완료로 인간 유전체에 존재하는 모든 염기서열 정보를 알게 되었다(그림 7-2). 예를 들면, 인간의 염

색체 중에서 가장 큰 1번 염색체는 250 Mb 속에 총 3,380 개의 유전자를 가지고 있으며 가장 작은 21번 염색체는 48 Mb 속에 425 개의 유전자를 가지고 있다. 사람의 유전체는 약 30억 염기서열로 구성되어 있으며 그 중 약 1.5% 만이 생물학적 기능을 지닌 단백질을 만드는 것으로 알려져 있다. 그리고 인간 유전체에 포함되어 있는 유전자의 개수

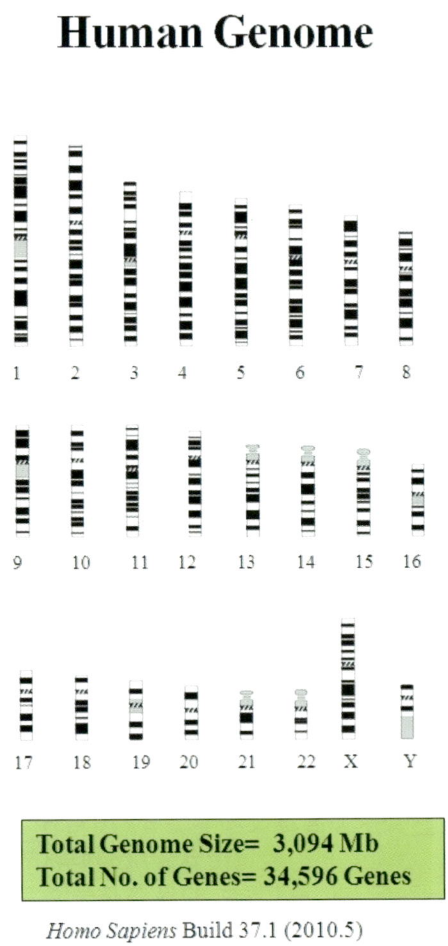

chr #	Size (Mb)	Genes #
1	250	3,380
2	243	2,204
3	198	1,760
4	191	1,361
5	181	1,536
6	171	1,959
7	159	1,764
8	146	1,247
9	141	1,435
10	136	1,305
11	135	2,051
12	134	1,629
13	115	649
14	107	1,453
15	103	1,202
16	90	1,318
17	81	1,714
18	78	517
19	59	1,992
20	63	857
21	48	425
22	51	835
X	155	1,606
Y	59	397

그림 7-2. 인간 염색체의 크기와 염색체별 유전자의 수 (human genome build 37.1: 2010년 5월 기준). 출처: http://www.ncbi.nlm.nih.gov/mapview/.

(gene count)는 총 34,596 개가 개별 염색체에 위치하고 있는 것으로 알려져 있다(human genome build 37.1; 2010년 5월 기준). 한편 인간 유전체 사업의 완성으로 질병 등과 같은 특정 표현형에 대한 유전체의 위치정보를 알면 현재는 그 영역에 있는 위치적 후보유전자(positional candidate genes)를 쉽게 확인할 수 있어 질병 유전자 발굴을 매우 효율적으로 수행할 수 있게 되었다. 예를 들면, 만약 특정 질병에 관련된 유전자가 염색체 21번에 위치하고 있다면 그 질병은 아마도 염색체 21번에 있는 총 398 개 유전자 중의 하나일 것이다. 그리고 만약 염색체 21번에서 보다 상세한 세부 위치 정보를 추가로 알게 된다면 후보 유전자 수는 더 좁혀질 수 있을 것이다. 따라서 인간 유전체에 존재하는 모든 유전자에 대한 상세한 정보는 질병 유전자 발굴 작업에 크게 기여할 것이다.

3. 유전체와 유전변이형

모든 사람은 개인 간에 약 99.9% 동일한 유전적 염기서열을 지니고 있고 약 0.1%의 염기서열만이 개인 간의 차이를 보이게 된다. 따라서 단지 0.1%의 염기서열 차이가 개인 간 유전적 차이의 원인으로 추정되고 있다. 한편 유전변이(genetic variation)는 DNA 복제과정에서 오류(errors)에 의한 돌연변이(mutation)로 만들어진다. DNA 복제과정에서의 오류가 일반 체세포에서 일어나는 경우에는 새로운 돌연변이가 다음 세대에 전달되지 않지만 만약 정자나 난자의 발생과정에서 일어난다면 새로운 변이형은 다음 세대의 모든 세포 속으로 공통적으로 전달된다. 돌연변이는 평균적으로 염기서열당 약 2.5×10^{-8}의 확률(또는 한 세대에서 유전체당 약 175 개의 돌연변이 발생)로 발생하는 것으로 추정하고 있다. 한편 유전체 내에 존재하는 유전변이에는 다양한 종류가 있다(표 7-1). 첫 번째 유전변이형의 형태로는 반복 염기서열 변이형으로 반복염기서열의 크기에 따라 satellite, minisatellite, microsatellite(microsatellite는 STR: short tandem repeat라고도 불림) 마커가 있다. 반복 염기서열 마커는 반복되는 수를 가지고 변이형을 구분한다. 두 번째는 retrotransposons에 의해 유전체의 여러 곳에 산발적으로 흩어져 존재하는 LINE, SINE 또는 transposable element 등과 같은 유전변이형이 존재한다. 세 번째의 유전변이형으로는 특정한 유전부위나 염기서열이 삽입(insertion)되거나 결손(deletion)되어 나타나는 변이형이다. 그리고 네 번째로는 전체 인간 유전 변이형의 약 90% 이상을 차지하고 있는 단일염기다형성(SNP: single nucleotide polymorphism) 변이형이 있다. 단일염기다형성 마커는 인간 전체 유전체에 광범위하게 존재하며 이미 NCBI dbSNP에 총 23,653,737 개 (dbSNP build 131: 2010년 5월 기준)가 등록되어 있다. 최근에는 유전체 분석 기술의 발달로 인간 유전체 변이형에 대한 막대한 정보가 밝혀지고 있으며 특히 SNP에 대한 정보의 발전 속도는 매우 빠르게 진행되고 있어 SNP 마커를 이용한 다양한 분야의 이용 가능성이 급속히 확대되고 있는 실정이다.

표 7-1. DNA 염기서열 변이의 종류

유전변이형의 그룹	대표적인 유전변이형의 종류
반복 염기서열 수의 차이	Satellite DNA Minisatellite markers (VNTR) Microsatellite (=STR: short tandem repeat)
산발적으로 존재하는 반복 DNA (retrotransposons)	LINEs: long interspersed nuclear elements (Alu) SINEs: short interspersed nuclear elements (L1) Transposable elements
삽입과 결손	Insertion & deletion
단일염기다형성(SNP)	전체 인간 유전변이형의 90% 이상 > 23,653,737 SNPs (약 130 bp당 1 개)

일반적으로 유전 연구에는 microsatellite와 SNP 마커가 주로 사용되며 두 유전변이형 마커는 각각 고유한 특성과 장-단점을 가지고 있다(표 7-2). 과거에는 특정질환에 관련된 질병 유전자의 유전체상 위치를 확인(positional cloning)하기 위하여 microsatellite 마커가 주로 사용되었다. 그러나 최근에는 엄청나게 많은 SNP 정보를 저렴한 비용으로 genotyping할 수 있는 기술이 개발되어 SNP 마커를 이용한 질병 유전자 탐색기술이 큰 기대를 불러 모으고 있다. 일반적으로 microsatellite 마커는 다양한 대립유전자(multi-allelic)가 존재하여 각 개체의 유전적 차이를 더욱 세분하여 구분할 수 있는 장점이 있으나 유전마커로써 유전적 전달에 대한 정확성이 떨어지고 제한된 수의 마커만이 인간 유전체에 존재하기 때문에 유전마커로는 약간의 한계성을 지니고 있다. 그러나 인간유전체사업의 초기에 구축된 유전지도(framework map) 작성 등과 같은 부분에 이용되어 유전체 연구에 유용하게 사용되었다. 한편 SNP 마커는 단지 두 종류의 대립인자(bi-allelic)로 존재함으로써 유전적 변별력은 제한적이지만 워낙 많은 변이형이 존재하기 때문에 세밀한 유전적 연관성 규명에 높은 활용 가치를 가지고 있다. 따라서 SNP 마커

는 복합형질의 유전적 원인규명을 위한 연관성 연구(association studies)에 주로 사용되고 있다.

표 7-2. **Microsatellite와 SNP 마커의 비교**

Microsatellites	SNPs
많은 대립 유전자형(multiple alleles)을 가지고 있어 분별력이 높음	대부분의 경우 2 개의 대립 유전자형(bi-alleles)을 가지고 있어 분별력이 떨어짐
유전적 전달의 정확성이 약간 떨어짐 (마커의 반복 수 팽창 및 상대적으로 높은 돌연변이율)	유전적 전달의 정확성이 매우 높음
인간 유전체에 약 50,000 개 이상 존재함	인간 유전체에 약 23,653,737 개 이상의 SNP 마커가 존재하는 것으로 보고됨(1 SNP/130 bp)
최초의 유전지도(genetic map) 작성에 사용	연관성 연구(association studies)에 사용

4. 단위반복 유전변이형

사람의 염색체는 특정 염기서열이 반복적으로 나타나는 구조(tandem repeat sequence)를 지니고 있다. 이러한 특정 염기서열 단위의 반복 횟수는 사람에 따라서 적게는 1 회에서 많게는 수십 회까지 반복적으로 배열되어 있으며, 반복되어 나타나는 단위의 염기서열이 대개 14-70 bp인 것을 VNTR(variable number of tandem repeats), 2-7 bp인 것을 STR(short tandem repeats) 또는 microsatellite라고 부른다. 즉, VNTR 또는 STR은 일정한 중심염기서열(core sequence)이 반복(tandem repeat)됨으로써 나타나는 반복염기서열(repetitive sequence)로 사람마다 반복되는 횟수가 다르게 나타나는 길이의 다형성이다. 일반적으로 2 개의 염기서열 반복(dinucleotide repeats)이 가장 일반적인 형태이며 전체 유전체의 약 0.5%를 차지하고 있다. CA-반복(36 kb당 하나)이 가장 많이 존재하고 AT-반복(50 kb당 하나)과 AG-반복(125 kb당 하나)이 그 다음으로 많이 존재하는 것으로 알려져 있다. 3 개 또는 4 개의 염기서열 반복이 있는 마커도 전체 이용 가능한 숫자는 적지만 매우 다양한 반복수로 존재하기 때문에 좋은 유전마커로 사용되고 있다. 한편 이런 반복서열에 있어서의 다형성은 대립유전자(allele)의 수가 매우 많고 반복되는 염기서열의 종류도 다양하여 법의학 분야에서 개인 식별(약 13~15 개의 STR 마커를 사용함)에 주로 활용되고 있다. 또한 이런 특정 염기서열의 반복은 세대를 거쳐 유전되기 때문에 유전자 감식을 통한 친자 확인에도 사용된다(그림 7-3).

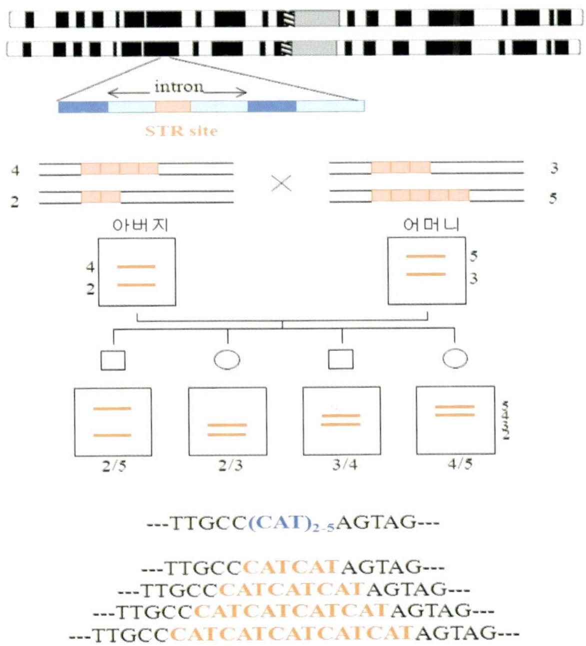

그림 7-3. 단위반복 유전변이형의 유전형태

5. 단일염기다형성 변이형

사람의 DNA 염기서열에서 하나의 염기서열 차이를 보이는 유전적 변화 또는 변이를 단일염기다형성(single nucleotide polymorphism: SNP, "스닙, snip"이라고 발음함)이라고 한다. 좀 더 구체적으로 정의해 보면 인간 집단에서 1% 이상의 빈도로 존재하는 2 개의 대립 염기서열(bi-allelic) 변이가 발생하는 위치를 SNP이라고 한다. 빈도가 1% 이상이 되지 않는 것은 SNP과 구분하여 돌연변이(mutation)라고 부르고 있다. 그리고 대립 유전자형(allele)의 빈도가 5% 이상 존재할 때를 빈번히 발견되는 흔한 변이형(common variant)이라 하고 1%~5%일 때를 희귀하게 발생하는 드문 변이형(rare variant)으로 구분하기도 한다. 아래의 보기에서는 2 개의 염기서열 비교에서 "T" 염기서열이 "C'로 바뀐 단일염기다형성(SNP)의 위치를 보여주고 있다.

-----GAATGCCATGGCCTATA---
-----GAATGCCACGGCCTATA---

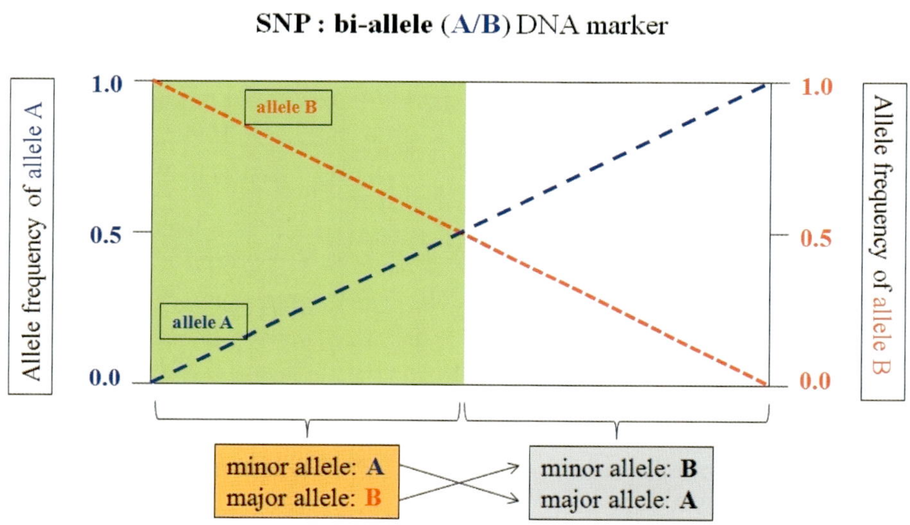

그림 7-4. **SNP 마커에서 대립유전자 변이형의 빈도 표현 방법.** 2 개의 대립유전자형을 가진 SNP 마커는 대립유전자형의 빈도가 낮은 것(minor allele)을 기준으로 분류함.

2 개의 대립유전자형(bi-allele)을 가진 SNP 마커를 표시할 때는 대립유전자형의 빈도가 낮은 것(minor allele)을 기준으로 표시하고 있다(그림 7-4). 예를 들면, 조사한 집단에 존재하는 SNP 마커에 대하여 대립 유전자형의 빈도가 낮은 SNP 마커의 빈도를 중심으로 표시하면 다른 대립유전자형의 빈도는 자동적으로 계산이 가능하다. 따라서 빈도가 낮은 대립유전자형의 빈도(MAF; minor allele frequency)는 SNP 마커의 유전적 다양성을 표현하는 표준 지표로 사용되고 있다. 그리고 빈도가 낮은 대립유전자형의 빈도의 최대값은 0.5를 가지게 된다.

(1) 인간 유전체에 존재하는 SNP의 수

SNP 마커는 인간이 가지고 있는 유전변이형 중에서 가장 많이 존재하는 형태이며 초기에는 290 bp당 하나의 SNP 마커가 존재할 것으로 예상하였다(Kruglyak & Nickerson, 2001). 이 추정을 근거로 인간 유전체 전체 염기서열 30억 개에 존재하는 SNP은 약 1,100만 개가 있을 것으로 추정되었다(2001년 기준). 그러나 현재 dbSNP 데이터베이스에 2,365 만 개 이상의 rsSNP이 등록되어 있다 (dbSNP build 131; 2010년 5월 기준). 따라서 전체 인간 유전체에 존재하는 SNP의 개수는 이 수치보다 더 많이 있을 것으로 예상된다. 그리고 최근에는 차세대 유전체 염기서열 분석 기술의 발전으로 개인의 유전체에 대한 모든 염기서열 분석이 가능하게 됨에 따라 한 개인의 유전체에 존재하는 유전변이형의 발생 빈도를 확인할 수 있다. 한 개인의 유전체에는 약 300만~400만 개 정도의 SNP이 있는 것으로 알려져 있다(표 7-3). 그리고 한 개인의 유전체에 존재하는 SNP은 기존에 이미 약 70-80% 정도가 dbSNP에 등록되어 있는 알려진 유전변이형이다.

표 7-3. 개인 유전체 염기서열 분석에 의한 **SNP** 발굴 현황

유전체의 이름	**SNP 개수 (N)**	**dbSNP 등록율 (%)**	참고 문헌
벤터 박사의 유전체	3,213,401	91.0%	PLoS Biol 5:e254, 2007
왓슨 박사의 유전체	3,322,093	81.7%	Nature 452:872-876, 2008
아시아인의 유전체	3,074,097	86.4%	Nature 456:60-65, 2008
아프리카인의 유전체	4,139,196	73.6%	Nature 456:53-59, 2008

출처: Frazer KA et al. (2009). Nature Reviews Genetics 10:241-251.

한편 인간 집단에서 발굴된 SNP에 대한 인종 집단 간의 발생 빈도를 조사한 결과에 따르면, 조사한 총 158만(1.58 M) 개 SNP에서 아프리카인에서는 약 93.5%가 유전적 다양성을 보이고 유럽인과 아시아인에서는 각각 81.1%와 73.6%만이 유전적 다양성을 나타내었다. 이는 SNP 마커의 유전적 다양성은 대부분 아프리카인에서 더 높게 관찰되고 유럽인과 아시아인에서는 다양성이 낮음을 알 수 있다. 또한 조사한 158만 개의 SNP 중에서 29만 개(약 18.3%)가 특정 인종 집단에서만 유전적 다양성을 보이는 인종 특이적인 SNP 마커(private SNPs 이라고도 함)였다. 특히 인종 특이적인 SNP 마커의 대부분(75.1%)은 아프리카에서만 존재하는 것으로 관측되었고 아시아인 특이적으로 존재하는 SNP 마커는 인종 특이적인 SNP 마커의 약 9.6%만을 차지하고 있다(표 7-4). 이러한 인종

간 유전적 다양성 및 인종 특이적인 SNP 마커의 분포 정보는 모든 유전적 다양성의 근원이 아프리카인으로 시작하여 지구상의 다양한 지역으로 인류가 이동하였다는 인류의 기원을 설명하는 유전적 증거이기도 하다.

표 7-4. 인간 집단에서 SNP 발생빈도 비교

Population	Segregating		MAF >0.05		MAF >0.10	
	SNPs	%[1]	SNPs	%	SNPs	%
All SNPs:						
African	1,483,594	93.5%	1,267,594	79.9%	1,083,652	68.3%
European	1,286,277	81.1%	1,123,765	70.8%	991,046	62.5%
Han Chinese	1,168,029	73.6%	1,027,109	64.7%	910,451	57.4%
Private SNPs:						
African	218,500	75.1%	139,539	47.9%	88,525	30.4%
European	44,555	15.3%	18,284	6.3%	8,062	2.8%
Han Chinese	27,957	9.6%	15,946	5.5%	9,817	3.4%

[1]%는 분석에 사용된 총 1,586,383 (1.58M) SNP 개수의 비율(%) 또는 전체 분석한 것 중에서 인종 특이적인 291,012 개 (전체의 18.3%) SNP 개수의 비율(%)을 의미함. MAF: minor allele frequency.
출처: Hinds DA et al. (2005). Science 307:1072-1079.

(2) 인간 집단에서 SNP 유전형 조합의 형태

SNP 마커는 2 개의 대립 유전자형(bi-allelic)이 서로 조합을 이루어 존재하는 유전변이형 마커다. 이론적으로는 SNP이 존재하는 위치에 4 가지 다른 염기서열(A, T, G, C)이 존재할 수 있지만 거의 모든 경우에 2 개의 대립 유전자형만이 존재하고 있다. 이는 인간과 영장류 간에 약 99%의 염기서열이 동일성을 보이고 있고 사람 간에는 99.9%가 동일한 염기서열을 보이는 것을 보면 인간과 인간 사이에 3 개 이상의 다른 대립 유전자형이 존재할 만큼의 진화적인 시간이 멀지 않다는 것을 알 수 있다. 따라서 tri-allelic 또는 tetra-allelic SNP 마커가 매우 희귀하게 존재하기는 하지만 거의 찾아 볼 수 없는 것은 진화적으로 사람 간의 유전적 시간이 너무나 가까워 또 다른 유전변이가 생성될 기회가 거의 없었기 때문이라고 생각된다. SNP에서 두 대립 유전자형의 조합에 대한 분포를 조사한 자료를 보면 A/G와 C/T 조합이 각각 30%씩 총 60%의 SNP 조합형을 구성하고 있고 나머지 A/C, A/T, C/G, T/G가 각각 약 10%씩을 구성하는 것으로 알려져 있다(표 7-5).

표 7-5. 인간 유전체에 존재하는 **SNP** 대립 유전자형 조합의 구성 분포도

SNP data set	A/G	C/T	A/C	A/T	C/G	T/G	Transition : Transversion[1]
Celera-PFP	30.7	30.7	10.3	8.6	9.2	10.3	1.59:1
Kwok	33.7	33.8	8.5	7.0	8.6	8.4	2.07:1
TSC	33.3	33.4	8.8	7.3	8.6	8.6	1.99:1

[1] 참고로 SNP이 생성되기 위해서는 두 종류의 염기서열 치환 (transition 치환과 transversion 치환)이 필요하다. "Transition 치환"은 purines (A, G) 사이에 또는 pyrimidines (C, T) 사이에 치환이 일어나는 경우이고 전체 SNP의 2/3를 차지한다. 또 다른 치환은 purine과 pyrimidine 사이에 치환이 일어나는 "Transversion 치환"이 있다. 출처: Venter JC et al. (2001). Science 291:1304-1351.

(3) 위치에 따른 SNP 분류방법

SNP 마커는 유전체 상에 존재하는 위치에 따라 다른 이름으로 구분하여 부르고 있다(그림 7-5). 유전자의 구조를 기준으로 분류하면, 유전자의 프로모터에 존재하여 유전자의 발현을 조절하는 기능이 있는 SNP은 regulatory SNP 또는 rSNP이라 하고, 유전자의 intron에 위치한 SNP은 intronic SNP 또는 iSNP, 유전자와 유전자 사이에 존재하는 SNP은 genomic SNP 또는 gSNP이라고 한다. 그리고 유전자를 coding하는 exon 부위에 존재하는 SNP은 coding SNP 또는 cSNP이라고 하며 아미노산의 서열을 변경시키는 유무에 따라 synonymous SNP(아미노산 변화 없음)과 nonsynonymous SNP(아미노산 서열을 바꿈)으로 구분하고 있다. 이 가운데 유전자의 기능 변화에 직접적으로 관여하는 것은 유전자의 발현을 조절할 수 있는 rSNP과 아미노산의 서열을 변경할 수 있는 nonsynonymous SNP(nsSNP)이 표현형의 변화를 초래할 수 있는 기능적 SNP일 가능성이 매우 높다.

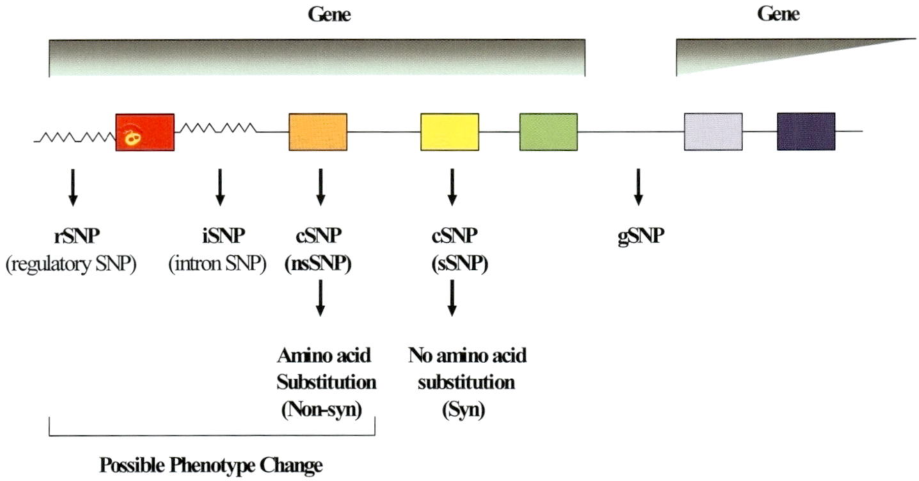

그림 7-5. 유전자의 위치에 따른 SNP 분류

유전자 구조를 근거로 하여 전체 인간 유전체를 구분하면 exon이 차지하는 비율이 약 1.5% 이고 intron 영역이 약 24%, 그리고 대부분(75%)은 intergenic DNA로 구성되어 있다(그림 7-6). 따라서 기능적으로 중요한 SNP은 매우 적은 비율을 차지하고 있을 것으로 예상된다.

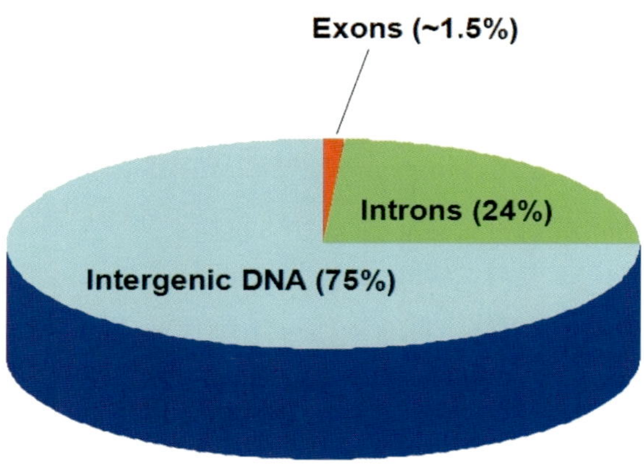

그림 7-6. 유전자 구조별 각 영역의 비율

한 연구에 의하면 60 명의 DNA 시료를 이용하여 106 개의 유전자에 대한 SNP 발굴을 조사해 본 결과, 유전자의 코딩 영역에 존재하는 cSNP은 유전자당 평균적으로 약 3.7 개 존재하며 이는 유전자당 약 2.0 개의 synonymous SNP과 1.8 개의 non-synonymous SNP으로 구성된 것으로 밝혀졌다(표 7-6). 따라서 코딩 영역에서 단백질의 기능 변화를 초래할 수 있는 nonsynonymous SNP은 평균적으로 유전자당 약 2 개 정도가 존재한다고 생각할 수 있으며 nonsynonymous SNP은 synonymous SNP보다 희귀(1.8 개 vs 2 개)하게 존재함을 알 수 있다. 그리고 noncoding 영역의 SNP, synonymous SNP 및 nonsynonymous SNP에 대한 빈도의 분포를 조사한 결과에 따르면 noncoding 영역에서 발견된 SNP에서는 SNP의 빈도가 높은 것이 많이 존재하였으나 nonsynonymous SNP에서는 빈도가 높은 SNP은 적게 분포하고 빈도가 낮은 SNP이 많이 분포하는 것을 확인할 수 있었는데 이는 아미노산의 변화를 초래하는 nonsynonymous SNP에 대한 빈도를 증가시키지 못하도록 하는 강력한 선발(selection pressure)이 가해지고 있음을 암시하고 있다.

표 7-6. **60 명의 DNA 시료에서 106 개의 인간 유전자에서 발굴된 common SNP의 분포도**

	# SNPs	SNPs/bp	SNPs/gene
전체	560	1/348	
Coding 영역:	392	1/346	3.7
Synonymous	207	1/656	2.0
Non-synonymous	185	1/734	1.8
- conservative	119	1/1141	1.1
- non-conservative	66	1/2050	0.7

그리고 유전자내에 존재하는 SNP의 종류에 따라서 분포하고 있는 SNP의 빈도가 다름을 확인할 수 있다. 예를 들면, 단백질을 코딩하지 않는 부위에서 발견된 SNP은 빈도가 높은

대립유전자형(common allele)이 많이 존재하지만 돌연변이에 의하여 아미노산을 변화시키는 nonsynonymous SNP의 경우에는 대부분이 낮은 빈도로 존재하는 희귀 대립유전자형(rare allele)을 가지는 것으로 조사되었다(그림 7-7). 일반적으로 돌연변이의 발생 확률은 유전체에 전체적으로 동일하지만 단백질을 코딩하는 부위에서 발생하는 돌연변이는 생물의 정상적인 기능을 저해하는 경우에는 제거하는 선발이 지속적으로 이루어질 것으로 추론할 수 있다.

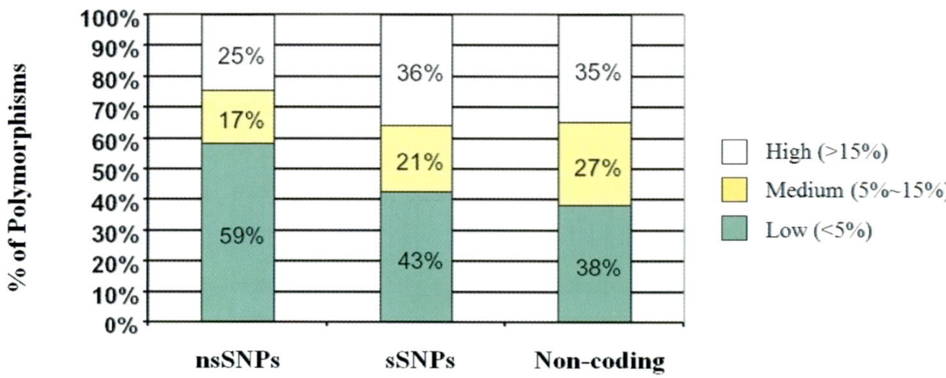

그림 7-7. 유전자내 존재하는 **SNP**의 종류별 대립유전자형의 빈도 분포

한편 총 510 개의 인간 유전자에서 염기서열을 재확인(resequencing)하여 SNP을 발굴한 자료에 의하면 평균적으로 인간 유전자당 약 126 개의 SNP이 있으며 이 중에서 46 개는 유전형의 빈도가 5% 이상인 common SNP이고 약 5 개의 SNP이 코딩 영역에서 발견됨을 확인하였다(Crawford DC et al., 2005). 그리고 SNP이 인간 유전체에 균일하게 분포해 있는 것은 아님을 확인하였다. 예를 들면, 유전자의 위치에 따라 코딩 영역에서는 noncoding 영역보다 약 1/3 정도 적은 수의 SNP이 존재하고 성염색체에서는 낮은 유전변이를 보이고 있다. 그리고 SNP은 의학적 연구에 관심이 있는 영역에 집중되어 있으며 특히 외부의 항원(antigens)을 면역체계에 전달하는 단백질을 코딩하는 MHC (major histocompatibility complex) 영역은 같은 염색체의 다른 영역에 비하여 매우 높은 유전적 다양성을 보이고 있다.

(4) SNP 마커의 개발단계

하나의 SNP이 질병과 같은 특정 표현형의 지표로 사용되기 위해서는 많은 단계를 거치게 된다(그림 7-8). 우선적으로 인간 유전체에 존재하는 대량의 SNP을 발굴하고 발굴된 SNP은 다수의 인간 유전체 시료에서 전체 인간 집단에서 1% 이상 존재하는 유전변이형 마커인지를 조사하게 된다. 그리고 인간 집단에서 검정된 SNP 마커들은 특정 표현형(예, 질병 또는 약물 반응성 등)의 유전적 원인을 찾기 위한 연관성 연구(association studies)에 사용된다. 예를 들면, 특정 SNP이 환자 집단과 정상인 집단 간의 비교에서 유의적인 빈도의 차이가 관측된다면 아주 유용한 SNP으로 선발되어 임상시험을 거치게 되고 임상실험이 계속적으로 진행되어 그 결과가 좋을 때는 경제적으로 아주 유용한 가치를 지니는 유전지표로 실제 임상에 사용할 수 있게 될 것이다.

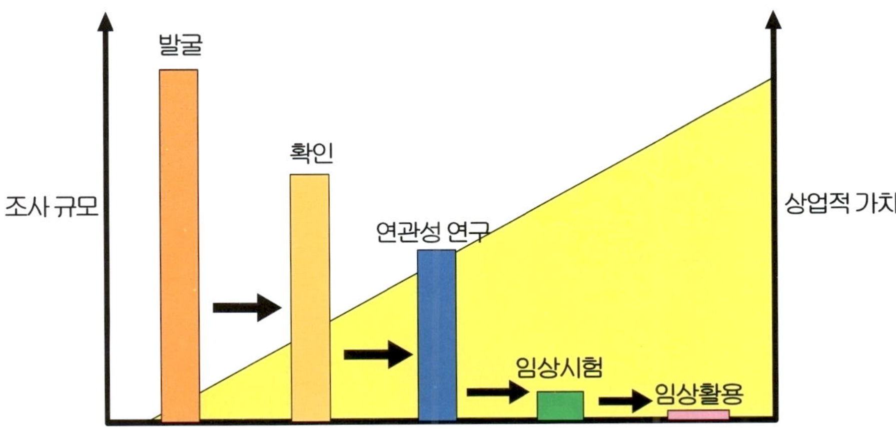

그림 7-8. 유전변이형**(SNP)**의 개발단계**(lifecycle of SNP)**

(5) SNP 정보를 이용한 미래 맞춤의학의 개요

인간유전체사업의 완료 이후 사람과 사람 간의 유전적 차이는 99.9%가 동일하며 단지 0.1% 차이가 개인 간의 유전적 변이에 기인된 모든 차이를 보이는 원인이 되고 있음을 알게 되었다. 특히 인간유전체사업 이후에 질병 또는 약물반응에 관련된 유전자를 규명하기 위해 인간에 존재하는 유전변이형에 대한 많은 관심과 기술의 발달로 대량의 유전변이형 정보가 이용 가능하게 되었다. 그리고 유전체 분석기술의 발달로 각 개인의 유전정보 차이를 이용한 질병 예측, 진단 및 예방을 꿈꾸는 맞춤의학이 현재 유전체 분야의 핵심적 연구 내용이 되고 있다. 예를 들면, 개인의 유전변이형이 질병 원인유전자에 존재하면 질병의 진단과 치료에 이용할 수 있으며 질병의 저항성 또는 감수성에 관련하게 된다면 질병의 예방법 개발에 유용하게 이용될 것이다(그림 7-9). 또한 약물반응에 관련된 유전변이형의 규명은 개인의 유전적 차이에 근거한 올바른 약물을 선택할 수 있게 할 것이다. 이러한 일련의 개인의 유전적 차이에 기초한 연구결과는 유전적 차이를 기초로 한 맞춤의학의 시대를 앞당길 것이다. 특히 개인의 유전적 차이에 기초한 맞춤의학의 시대를 위한 연구는 전체 인간 유전변이의 약 90% 이상을 차지하는 단일염기다형성(SNP) 마커에 큰 기대와 희망을 걸고 있다.

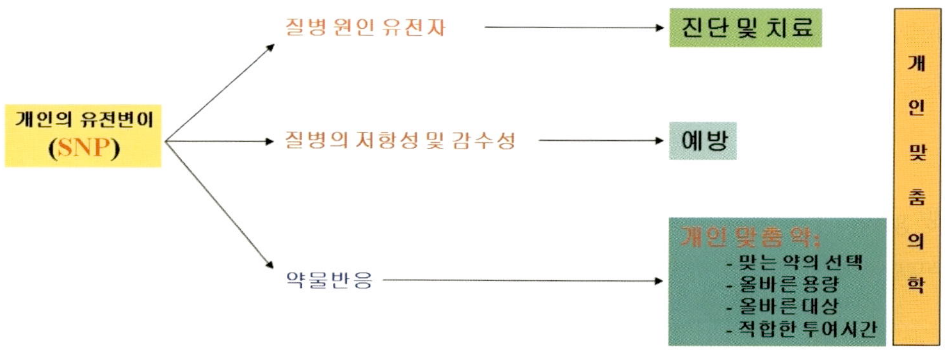

그림 7-9. 유전변이 연구를 통한 개인의 유전적 차이에 기초한 맞춤의학의 실현

■ 참고문헌

• Kruglyak L and Nickerson DA. (2001). Variation is the spice of life. Nature Genetics 27:234-236.

• Venter JC et al. (2001). The sequence of the human genome. Science 291:1304-1351.

• Crawford DC, Akey DT and Nickerson DA. (2005). The patterns of natural variation in human genes. Annu Rev Genomics Hum Genet 6:287-312.

• Frazer KA et al. (2009). Human genetic variation and its contribution to complex traits. Nat Rev Genet 10:241-251.

• Hinds DA et al. (2005). Whole-genome patterrns of common DNA variation in three human populations. Science 307:1072-1079.

• NCBI Map Viewer: http://www.ncbi.nlm.nih.gov/mapview/

• NCBI dbSNP database: http://www.ncbi.nlm.nih.gov/SNP/

제 8장 유전변이형 발굴

1. 유전변이형의 발굴 방법

인간 유전체에 존재하는 많은 종류의 유전변이형을 조사하기 위해서는 다양한 방법들이 사용될 수 있으며 기존에 사용되던 방법을 나열해 보면 표 8-1과 같다. 여러 방법들의 공통된 특징은 염기서열을 증폭하여 염기서열의 차이를 밝히는 것이다. 실제로 다양한 분자생물학적 분석기법들이 사용되어 각 개체의 DNA 시료에서 유전변이형에 대한 분석이 가능하지만 가장 대표적인 것으로는 각 개인의 DNA 시료를 sequencing하여 유전변이형인 SNP을 발굴하고 유전체 상의 위치를 확인하는 과정이 하나의 표준 실험기법으로 인정되고 있다. 본 교재에서는 여러 변이형 중에서 인간 유전체 변이형의 90% 이상을 차지하고 있는 SNP에 초점을 맞추어 설명하고자 한다.

표 8-1. 유전변이형 발굴 및 탐색 기술들

SSCP (single strand conformation polymorphism)
Heteroduplex analysis
DGGE, CDGE, TGGE
RNAse cleavage, MutS, chemical mismatch cleavage
Resolvases/Cleavase
Dideoxy fingerprinting
dHPLC
Protein truncation test
Direct sequencing
RFLP of PCR product
ASO (allele specific oligo), detects specifc SNPs by hybridization
Allelic discrimination by TaqMan probe
Primer extension (SNaPshot)
Molecular beacon

2. 염기서열 정보에 기초한 SNP 발굴

가장 일반적으로 사용되고 있는 SNP 발굴 방법은 염기서열을 조사하여 각 개체의 염기서열 차이를 규명하는 것이다. 그림 8-1에서 제시한 바와 같이 염기서열 비교를 통한 SNP 발굴이 기본적인 방법이지만 사용되는 방법은 약간씩 차이를 보일 수 있다. 예를 들면, mRNA로부터 만들어진 EST 라이브러리의 염기서열을 비교하여 염기서열의 차이를 발굴하는 방법, 또는 genomic DNA로부터 다수의 염기서열을 비교하여 발굴하는 방법들이 사용될 수 있다(그림 8-1). 그러나 일반적으로 이미 선별된 질병 후보유전자에서 SNP을 발굴하는 과정은 다수의 genomic DNA 시료를 사용하여 특정 영역의 fragment를 PCR로 증폭한 후 direct sequencing 방법으로 유전변이형을 찾는 것이다(그림 8-2).

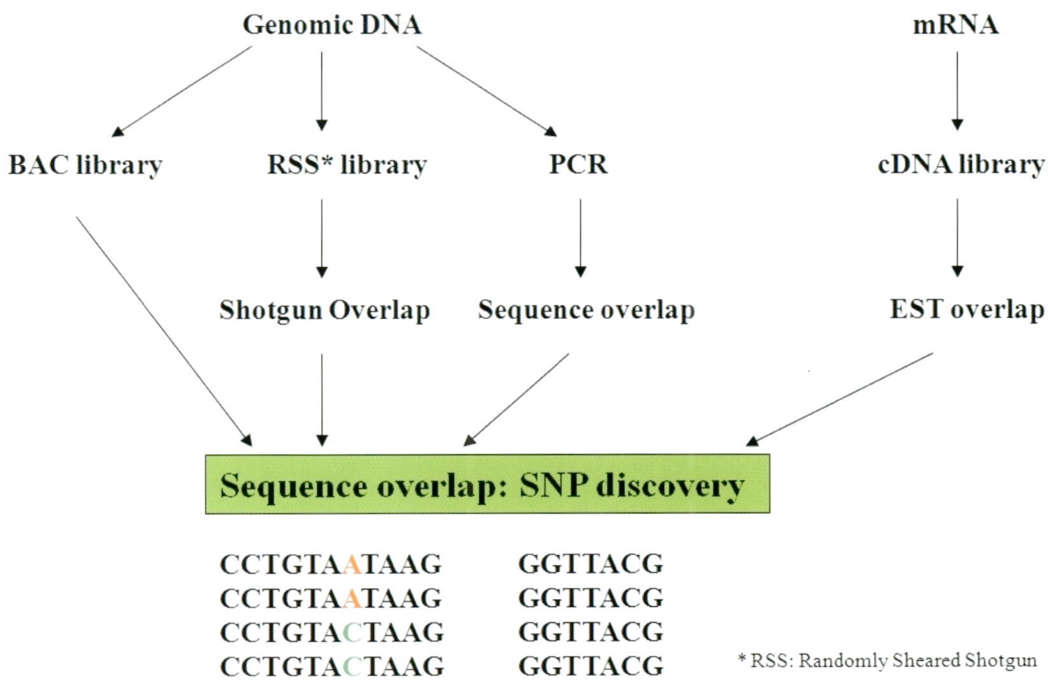

그림 8-1. 염기서열에 기초한 **SNP** 발굴. 출처: Carson CS et al. (2001). Curr Opin Chem Biol 5:78-85.

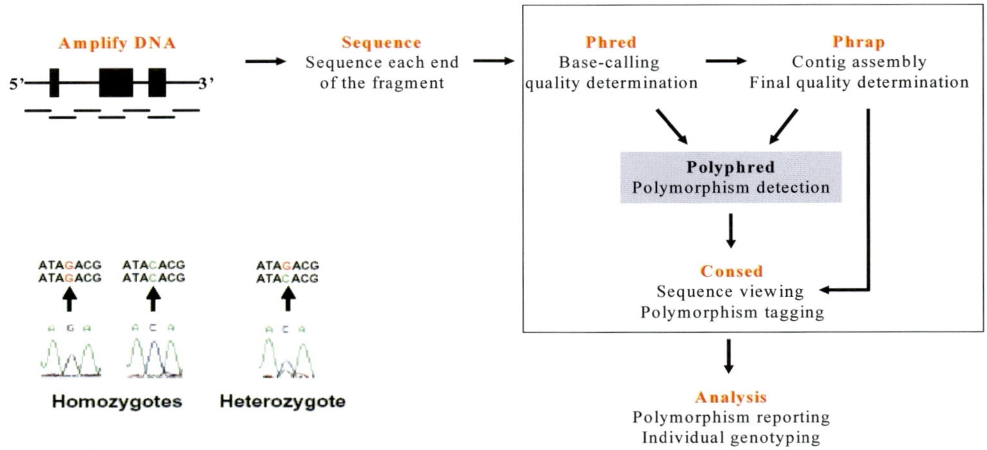

그림 8-2. **Sequencing방법을 사용한 SNP 발굴**

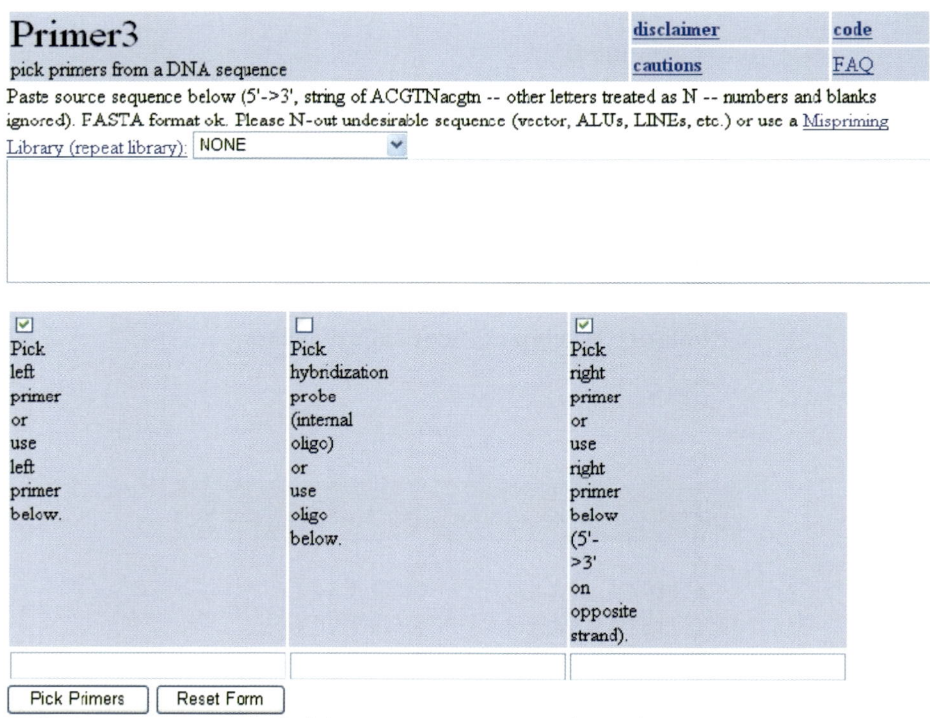

그림 8-3. **PCR primer 선별용 PRIMER3 프로그램.** 출처: http://frodo.wi.mit.edu/primer3/

우선 선별된 후보유전자에서 SNP을 발굴하고자 하는 부위를 PCR로 증폭해야 하며 PCR 증폭에 필요한 primers 선별은 Primer3 (http://frodo.wi.mit.edu/primer3/) 프로그램을 사용할 수 있다(그림 8-3). 선별된 PCR primer로 PCR 증폭과 sequencing이 제대로 이루어지게 되면 sequencing된 결과를 가지고 다중 염기서열 비교를 통해 유전 변이형의 형태를 조사하게 된다. 이때 변이형의 검색은 Polyphred 프로그램 등을 사용하여 수행할 수 있다. 특히 하나의 동일한 template를 사용하는 일반 염기서열 분석법과는 달리 특정 개체에서는 아버지와 어머니로부터 물려받은 2 개의 서로 다른 유전형(heterozygote)이 존재할 수 있다. 따라서 동일한 염기서열을 가진 유전형과 2 개의 서로 다른 유전형을 구분하기 위해 보다 정교한 분석 알고리즘이 필요하게 되며 이러한 목적을 위해 Polyphred라는 프로그램이 개발되었다. 이 프로그램은 다수의 시료에서 분석된 염기서열을 다중 염기서열 비교(multiple alignment)를 하기 위해 Phred, Phrap 및 Consed라는 3 개의 다른 응용 프로그램을 통합하여 운영하고 있다. 본 프로그램은 연구 목적으로 사용할 때 무상으로 제공된다(http://droog.gs.washington.edu/polyphred/). Polyphred는 linux시스템에서 운영되고 sequencing파일을 업로드한 후 Polyphred에서 분석을 하게 되면 그림 8-4와 같은 결과가 나오며 SNP이 있는 위치는 중요도(ranking)에 따라 몇 가지 색깔로 표시를 해준다.

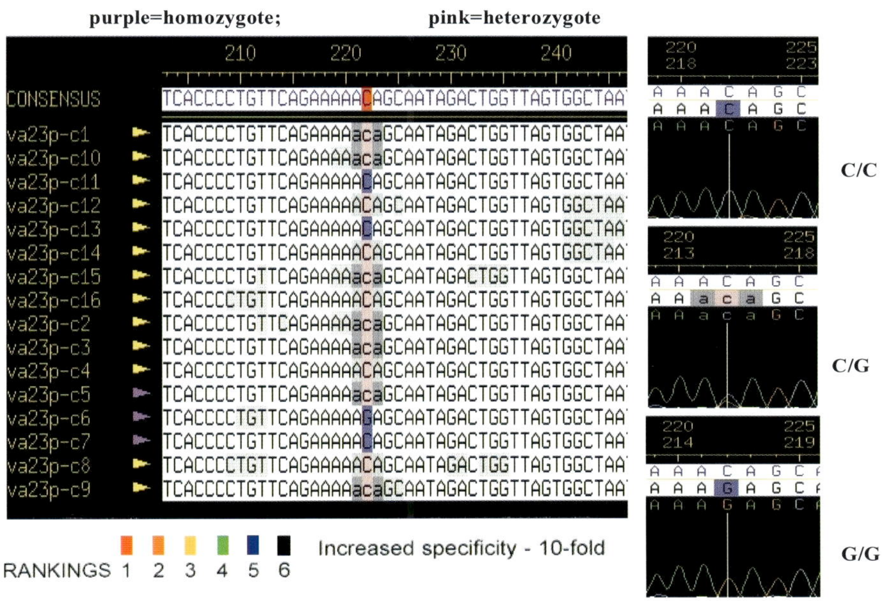

그림 8-4. **Polyphred** 프로그램의 분석 이미지

만약 빨강색 또는 주황색으로 표시되면 중요도가 높아 거의 확실한 SNP임을 나타내지만 sequencing quality가 좋지 않은 경우엔 녹색이나 푸른색으로 표시되고 이런 경우엔 SNP으로 표시는 되지만 표시된 염기서열의 중요도가 낮아 SNP이 아닐 가능성이 매우 높다. 일반적으로 대부분의 SNP은 빨강과 주황으로 표시된 ranking 1과 2에서 발견된다. 그리고 실제 SNP의 염기서열 위에서 마우스의 오른쪽 버튼을 누르게 되면 그림 8-4의 오른쪽에 나타난 바와 같이 실제 sequencing 이미지를 확인할 수 있다. 그리고 sequencing data로부터 SNP을 발굴하는 프로그램으로는 Polyphred뿐만 아니라 다양한 종류의 프로그램들이 이용 가능하다. 예를 들면, NovoSNP, VarDetect, InSNP 및 Mutation Surveyor 등의 프로그램이 동일한 목적으로 사용될 수 있다.

한편 염기서열분석을 통한 SNP 발굴에서 가장 중요한 것이 얼마나 좋은 sequencing quality를 확보하는 가에 모든 작업의 정확성이 결정된다. 일반적으로 sequencing 결과를 판정하는 기준지수로 Q-value가 사용되고 있으며 이 값은 다음 식으로 계산한다.

$$Q = -10 \log_{10}(p)$$

여기서, p= sequencing error의 확률

따라서 그림 8-5에 제시된 바와 같이 100 bp당 하나의 sequencing error가 발생하면 Q=20의 값을 갖게 되고 1,000 bp당 1 개의 sequencing error가 발생하면 Q=30의 값을 갖게 된다. 그러나 이 값은 plasmid DNA와 같이 동일한 종류의 template를 사용하는 경우에 적용되고 SNP 발굴을 위해 일반적으로 사용되는 genomic DNA는 많은 수의 두 가지 다른 종류의 유전적 염기서열을 가지고 있다. 따라서 sequencing signal noise와 heterozygote 간의 차이를 분명히 구분하기 위해서는 sequencing quality가 좋아야만 heterozygote 상태로 존재하는 SNP을 명확히 구분할 수 있다. 일반적으로 genomic DNA를 PCR로 증폭하고 sequencing하여 SNP을 발굴하는 경우엔 적어도 Q=25 또는 30 이상은 되어야 한다. 일반적으로 high sequencing quality는 SNP 발굴의 정확도를 높이게 된다.

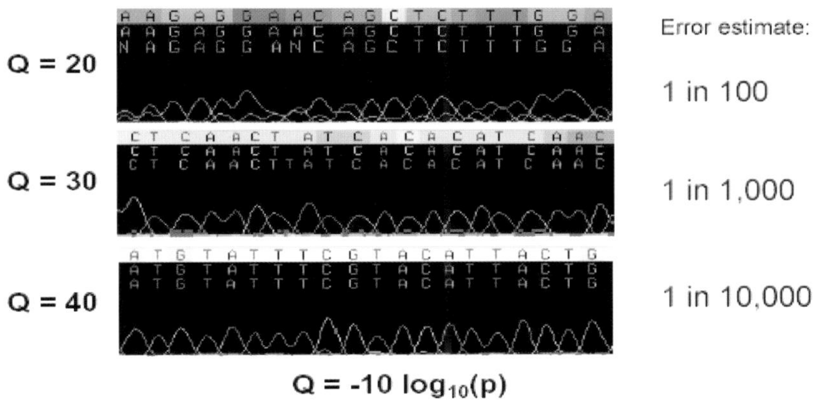

그림 8-5. **Sequencing**에 의한 **SNP** 발굴에서 **sequencing quality**의 중요성

한편 SNP 발굴은 대량의 작업을 일률적으로 수행해야 하는 공정이다. 따라서 이를 위해서는 특정 후보유전자 또는 유전체 위치에서 PCR 증폭 및 sequencing용 primer 선별작업, 좋은 sequencing결과, SNP 검색 및 유전변이형 분석 등의 일련의 과정을 자동화함으로써 많은 작업이 필요한 SNP 발굴의 효율성을 극대화할 수 있을 것이다.

3. SNP 발굴을 위한 적정 시료의 수

SNP 발굴에 사용되는 시료의 수에 따라 발굴 가능한 SNP의 빈도가 결정된다. 다시 말하면 아주 낮은 빈도의 SNP까지 발굴하고자 한다면 많은 수의 시료가 필요하지만 빈도가 높은 SNP을 발굴할 경우에는 적은 수의 시료만으로도 가능하다. 좀 더 구체적으로 살펴보면, 표 8-2에서 제시된 바와 같이 만약 5% 이상의 빈도를 가진 대부분의 SNP (95% 이상)을 발굴하고자 한다면 24 개의 DNA 시료는 사용되어야 한다. 그러나 1% 이상의 빈도를 가진 SNP을 대부분 (95% 이상) 발굴하고자 한다면 시료의 개수는 최소한 96 개 이상이 되어야 한다. 그러나 대부분의 경우 5% 이상의 빈도를 가진 SNP이 연관성 연구에 사용되기 때문에 SNP 발굴을 위해서는 24 개의 DNA 시료가 주로 사용되고 있다. 달리 말하면 24 개의 DNA 시료를 사용하여 SNP 발굴을 수행하면 5% 이상의 빈도를 가진 SNP을 95% 이상의 확률로 발굴할 수 있다.

표 8-2. 사용 시료의 수에 따른 최소 유전형 빈도의 SNP 발굴 확률

시료수\빈도	1%	5%	10%	20%	30%	40%
2	.21	.30	.36	.43	.47	.49
3	.32	.46	.55	.65	.71	.74
4	.39	.56	.66	.77	.83	.86
5	.44	.62	.73	.84	.90	.93
6	.48	.68	.78	.89	.94	**.96**
7	.52	.72	.83	.92	**.96**	.98
8	.55	.75	.86	.94	**.98**	.99
9	.57	.78	.88	**.96**	.98	.99
10	.59	.80	.90	**.97**	.99	.997
16	.69	.89	**.96**	.99	.999	>.999
24	.76	.95	**.99**	.999	>.999	>.999
48	.87	**.99**	.999	>.999	>.999	>.999
96	**.95**	.999	>.999	>.999	>.999	>.999

출처: Kruglyak L and Nickerson DA. (2001). Nature Genetics 27:234-236.

한편 효율적인 SNP 발굴을 위해서는 여러 사람이 공동으로 사용할 수 있는 대량의 표준 유전체 시료를 확보할 필요가 있다. 표준 유전체 시료는 다양한 인종 집단 특이적인 개체로부터 추출한 B 세포에 Epstein-barr-virus(EBV)를 감염시켜 불멸화된 세포주(EBV-transformed B cell lines)를 만들어 DNA를 계속적으로 추출하여 사용할 수 있도록 하였다. 예를 들면, 인간유전체사업을 수행했던 미국 National Human Genome Research Institute는 SNP 발굴 작업을 효율적으로 진행하기 위하여 총 450 명으로 구성된 다양한 인종의 표준 유전체 시료를 만들어 전세계 연구자들에게 자유롭게 사용할 수 있도록 제공하고 있다(EBV-transformed B cells의 형태로 Coriell Institute for Medical

Research에서 제공함) (표 8-3). 그리고 이 시료 세트에는 사용자의 필요성에 맞추어 일부분(subset)으로 구입하여 사용하거나 전체 시료 세트 (full-set)를 사용할 수 있게 마련되어 있다. 따라서 SNP 발굴을 위한 이러한 표준 DNA 시료는 많은 사람들에게 이용되어 SNP 분야 연구의 발전을 가속화하는 훌륭한 자원으로 활용되고 있다.

표 8-3. **DNA polymorphism 발굴에 사용된 시료의 종류 및 수**

인종집단	완전한 세트 (full set)	부분 세트 (Subset)			
		8	**24**	**44**	**90**
유럽인	**120**	2	6	11	23
아프리카인	**120**	2	6	11	23
아시아인	**120**	2	6	11	22
멕시코인	**60**	1	3	6	11
미국 인디언	**30**	1	3	5	11
총 개체	**450**	**8**	**24**	**44**	**90**

출처: Collins FS et al. (1998). Genome Research 8:1229-1231.

일반적으로 SNP 발굴은 유전자의 기능에 직접적으로 관련된 코딩 부위(cSNP)만을 할 수도 있고 유전자의 모든 부위 (5′-조절부위, 모든 exon 및 intron 부위, 3′-조절부위)에서 이루어질 수도 있다(그림 8-6). 일반적으로 표현형과 관련된 부위는 코딩 부위에 주로 위치해 있지만 직접적으로 관련된 유전변이형을 발굴하지 못할 가능성도 존재한다. 후보유전자의 모든 부위에 대한 SNP 발굴은 유전자의 모든 부위를 PCR로 증폭하고 염기서열 정보를 이용하여 SNP을 발굴한다. 유전자의 모든 부위에 대해 SNP을 발굴하는 것은 모든 유전변이형을 발굴할 수 있고 LD block 구조를 바탕으로 haplotype 구조 및 haplotype- tagging SNP 등의 정보를 알 수 있는 장점이 있지만 비용과 시간이 많이 소요된다는 단점을 동시에 가지고 있다.

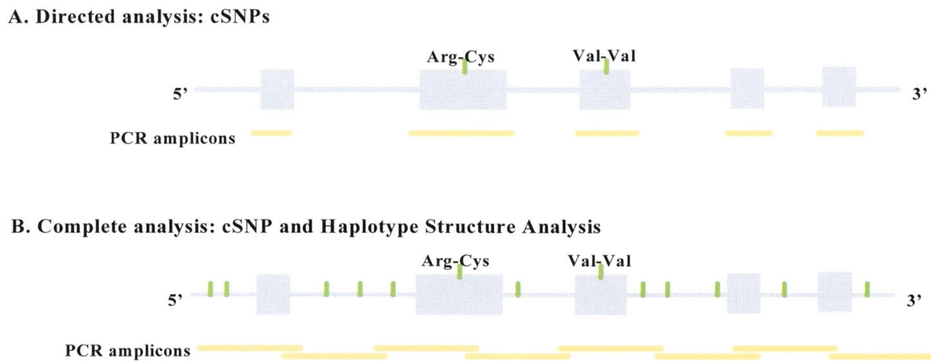

그림 8-6. 유전체에서 **SNP** 발굴 대상의 선정방법

4. 다형성 및 돌연변이 표시법

염기서열 변이형인 돌연변이 또는 다형성 마커를 표시하기 위해서는 다른 연구자들도 쉽게 이해할 수 있는 공통된 명명법이 필요하다. 일반적으로 염기서열 변이형은 염기서열 정보가 기록된 sequence database(GenBank, EMBL, DDBJ)에서 accession number를 지닌 reference sequence를 기준으로 하고(그림 8-7), DNA 서열은 A, T, G, C로 표시한다.

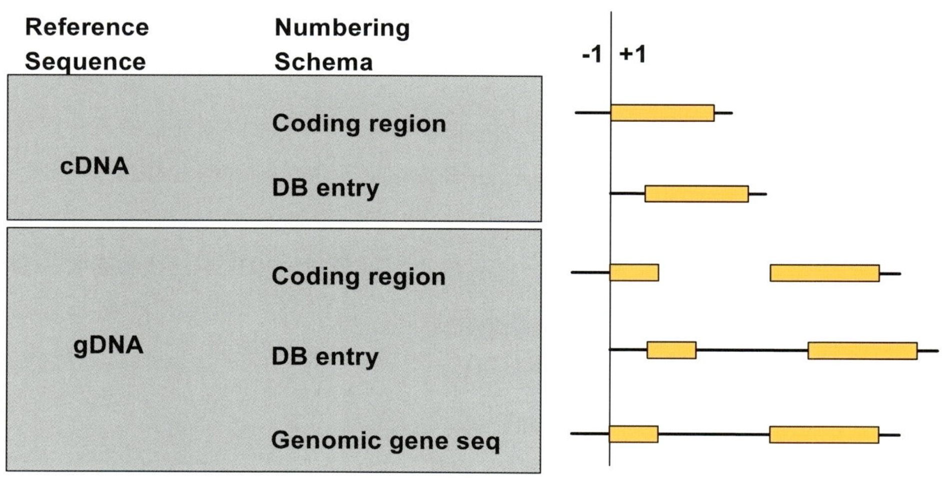

그림 8-7. 염기서열 변이형의 표시방법

일반적으로 SNP의 종류와 위치를 표시할 때는 genomic DNA reference sequence를 사용하여 아미노산 합성을 시작하는 부위(ATG; translational start site)를 번호 매김의 기준으로 사용하는 방법과 5′-UTR 부위를 포함하는 첫 번째 exon의 시작 지점(transcriptional start site)을 기준으로 하는 방법이 있다. 일반적으로 ATG를 기준으로 하는 방법을 사용하여 SNP의 위치를 표시하지만 유전자의 프로모터에 존재하는 regulatory SNP을 강조할 때는 후자의 방법을 사용하는 것이 용이하다.

ATG를 기준으로 하는 유전자 염기서열의 변이형 위치 표시를 위한 번호 매김 방법은 다음과 같다.

① 아미노산 합성 개시 신호인 ATG(translation initiation codon)의 A에 +1의 번호를 매긴다.

② ATG(translation initiation codon)의 5′ 앞 부위의 염기서열은 -1로 번호를 매겨 올라간다.

③ Intron의 시작은 [앞 exon의 최종 염기서열 번호]-[+표시]-[intron내 위치]의 순서로 표시하게 된다. (예를 들면, 77+1G와 77+2T로 표시하고, exon-intron 번호가 알려진 경우에는 IVS1+1G, IVS1+2T로 표시할 수도 있다).

④ Intron의 끝은 [다음에 있는 exon의 첫 번째 염기서열 번호]-[-표시]-[해당 intron의 끝에서 부터의 위치]의 순서로 표시하고 있다. (예를 들면, 78-2A와 78-1G로 표시하고, exon 번호가 알려진 경우에는 IVS1-2A, IVS1-2G로표시할 수도 있다).

염기서열 변이형 표시법은 다음과 같다.

① 치환(substitutions)은 ">" 글자로 표시함: (예, 76A>C는 염기서열 76번 위치에 있는 A가 C로 바뀐 경우를 나타냄. 그리고 89-2A>C (또는 IVS2-2A>C)는 intron 2번의 -2 위치에서 A가 C로 변경된 경우를 나타냄).

② 결실(deletions)은 결실된 부위의 염기서열 위치 다음에 "del"이라고 표시함: (예, 76_78del (또는 76_78delACT)는 염기서열 76과 78번 사이에 ACT 결손이 있음을 나타냄).

③ 삽입(insertions)은 삽입된 부위의 염기서열 위치 다음에 "ins"라고 표시함: (예, 76_77insT는 염기서열 76번과 77번 사이에 T가 삽입된 경우를 표시함).

좀 더 상세한 유전변이형 표시방법에 대한 자료는 명명법에 대한 관련문헌을 참고하기 바란다(den Dunnen JT and Antonarakis DE, 2001).

5. 국제 SNP 발굴 협의체

인간유전체사업 이후에 대량의 유전정보의 축적은 각 개인이 가지고 있는 유전변이형의 종류와 빈도에 대한 관심으로 집중되었다. 따라서 인간유전체사업의 유전체 분석기술을 이용하여 각 사람이 가지고 있는 유전변이형을 조사하기 위하여 SNP 발굴을 위한 국제 컨소시엄이 구성되었다. 국제 컨소시엄은 두 단계로 진행되었으며 첫 번째 단계는 「국제 SNP 발굴 협의체; The SNP consortium (TSC)」를 통한 대량의 SNP을 발굴하고 두 번째 단계는 국제 컨소시엄으로 「International HapMap Project」를 수행하여 SNP 발굴과 인간 유전체의 특성을 규명하였다.

우선적으로 대량의 SNP 발굴을 위하여 추진된 국제 컨소시엄을 우리는 「The SNP Consortium" (약어로 TSC)」라고 한다. TSC에 대해 간략히 소개하면 다음과 같다(표 8-4). TSC는 공동으로 발굴한 유전체 데이터를 일반 연구자들이 자유롭게 이용할 수 있도록 하기 위해 설립된 비영리 조직이다. 이 조직의 고유 업무는 인간 유전체 전체를 커버하는 약 30만 개 SNP을 발굴하여 일반 연구자에게 제공하는 것이었다. 본 컨소시엄은 영국의 Wellcome trust와 12 개 다국적 제약회사가 자금을 제공하고 인간유전체사업을 수행했던 4 개 기관(The Whitehead Institute, Sanger Center, Washington University & Stanford University)이 SNP 발굴 작업을 수행하였다. 그리고 생산된 모든 SNP 데이터는 Cold Spring Harbor Laboratory에서 데이터 관리, 분석 및 데이터베이스를 운영하여 일반인에게 모든 자료를 제공하였다. 연구에 사용된 시료는 미국 NIH의 National Human Genome Research Institute에서 만들어진 SNP 발굴용 표준 패널의 24 명 시료를 사용하였다. 본 사업은 1999년 4월에 시작되어 2001년에 완료되었으며 완료시점에는 최초의 목표보다 훨씬 많은 총 180만 개의 SNP을 발굴하는 업적을 이루었다.

표 8-4. **The SNP Consortium에 대한 요약**

목표: 300,000 common SNP 발굴 (1999) 성취업적: 1,800,000 common SNP 발굴 (2001)	
TSC 참여기관	영국의 **Wellcome Trust와 12 개 다국적 제약회사:** - APBiotech - AstraZeneca PLC - Aventis - Bayer AG - Bristol-Myers Squibb - F. Hoffmann-La Roche - GlaxoSmithKline - IBM - Motorola - Novartis - Pfizer inc. - Searle
SNP 발굴 수행기관	The Whitehead Institute Sanger Center Washington University (St. Louis) Stanford University
데이터 발굴 및 분석기관	Cold Spring Harbor Laboratory
TSC에 사용된 DNA 시료	미국 NIH National Human Genome Research Institute에서 SNP 발굴 목적으로 조성된 DNA reference panel 시료 24 개 사용
데이터 제공	컨소시엄 website (http://snp.cshl.org/)를 통해 일반인에게 제공되었으나 현재는 중단되고 International Hapmap Project에 통합되어 운영됨 (http://hapmap.ncbi.nlm.nih.gov)

2001년 TSC 사업이 완료된 이후에는 「International HapMap Project」가 시작되어 추가적인 SNP 발굴뿐만 아니라 다양한 인간 집단의 시료를 사용하여 인간 유전체에 존재하는 SNP의 분포 특성 및 유전체 구조에 대한 연구가 함께 이루어지게 되었다.

6. SNP 데이터베이스

대량의 유전변이형 정보를 체계적으로 수집하고 일반 연구자에게 전달하기 위해서는 SNP database를 구축할 필요가 있어서 다수의 연구기관 및 연구 그룹에서 SNP 관련 database가 만들어져 운영되었다. 그러나 현재는 거의 모든 SNP 정보가 dbSNP에 수록되고 있으며 필요한 SNP 관련 정보는 NCBI의 dbSNP (http://www.ncbi.nlm.nih.gov/SNP/)에서 검색할 수 있다(그림 8-8).

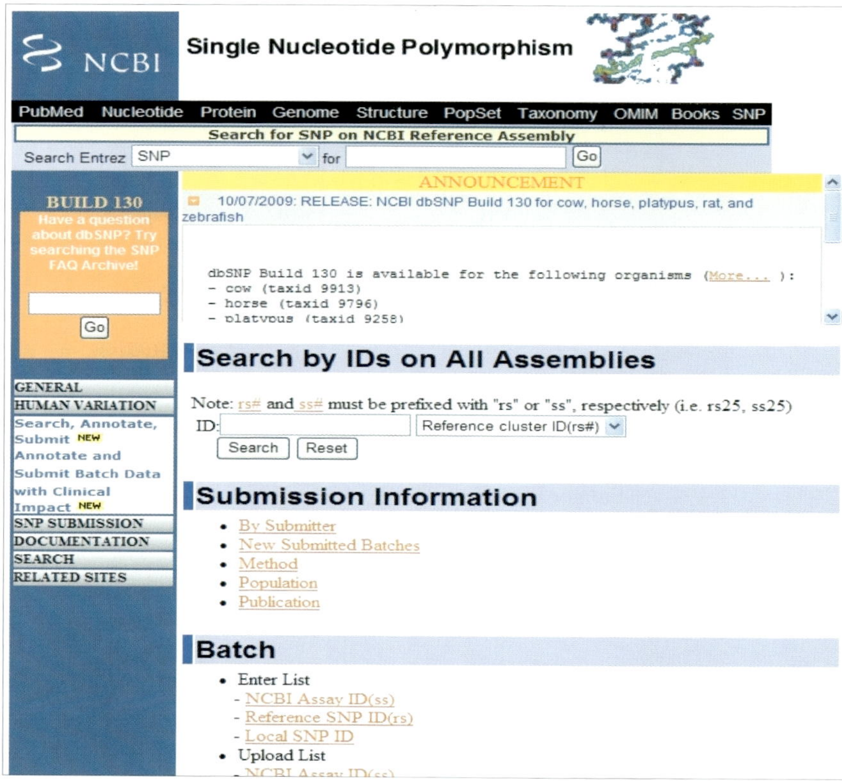

그림 8-8. **dbSNP의 검색창.** 출처: http://www.ncbi.nlm.nih.gov/SNP/

일반적으로 새롭게 발굴된 SNP 정보가 dbSNP에 전달되면 우선적으로 ss# (submitted SNPs #)를 부여받게 되고 이렇게 들어온 SNP은 유전체에 위치하고 있는 정확한 위치 정보를 확인하여 rs# (reference SNP #)를 다시 부여받게 된다. 따라서 여러 개의 ss#가 존재할 수 있지만 같은 위치에 존재하는 SNP는 하나의 고유한 rs#를 가지게 된다(그림 8-9). 그리고 dbSNP에 등록된 SNP은 다양한 심별을 사용하여 검정된 정도(validation status)를 표시하고 있어 이용자가 유용하게 활용할 수 있다. 예를 들면, dbSNP에 수록된 SNP들은 1) 다수의 사람에 의하여 발굴되었는지, 2) 다수의 시료에서 측정된 빈도 또는 유전자형 정보를 가지고 있는지, 3) SNP 정보를 제출한 사람에 의하여 검정되었는지, 4) 또는 적어도 2 개 이상의 염색체에서 관측되었는지, 그리고 5) HapMap 프로젝트에서 인종 집단에 대한 유전자형 정보를 가지고 있는지 등의 다양한 검정 정보를 확인할 수 있다.

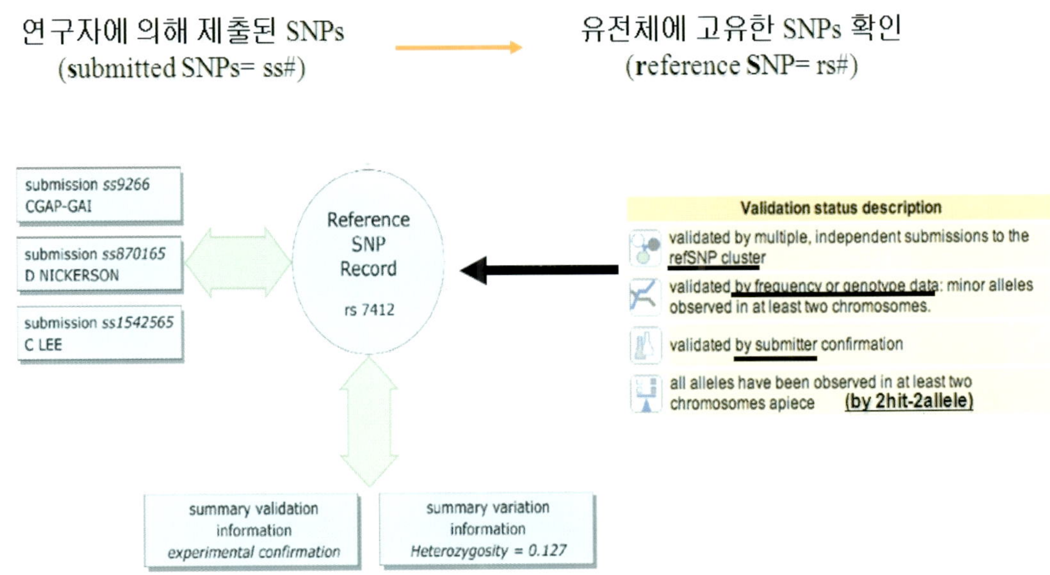

그림 8-9. **dbSNP**에서 **rs#**를 부여받는 절차 및 검정된 종류를 나타내는 심벌

지금까지 dbSNP에는 중복되지 않는 SNP (rs#를 가진 SNP)이 총 23,653,737 개 (build 131; 2010년 5월)가 등록되어 있으며 검정된 SNP도 1,465만 개, 유전자에 위치하고 있는 SNP도 1,037만 개가 밝혀져 있다(표 8-5). 특히 최근에 개인 유전체 염기서열 분석기술의 발전으로 인간 단일염기서열 변이형에 대한 정보가 급속히 확대되고 있다.

표 8-5. **dbSNP**에 수록된 **SNP** 정보요약

Build 131 dbSNP Human Content (2010.5)	
SNP submission (ss#)	114,900,250
RefSNP clusters (rs#)	23,653,737
Validated SNPs	14,653,228
Number of (rs#'s) in gene	10,375,413
Numbers of (ss#'s) with frequency	10,680,050

한편 SNP database에 축적된 대량의 SNP data가 일반인에게 쉽게 제공됨에 따라 새롭게 특정 후보유전자의 SNP을 다시 발굴할 필요 없이 대부분의 SNP 정보를 database에서 검색하여 이용할 수 있게 되었다. 따라서 지금은 필요한 SNP 정보를 찾기 위해 SNP database를 검색함으로써 쉽게 관련 정보를 확인할 수 있게 된 것이다.

■ 참고문헌

- Carlson CS, Newman TL and Nickerson DA. (2001). SNPing in the human genome. Curr Opin Chem Biol 5:78-85.
- Rozen S and Skaletsky H. (2000). Primer3 on the WWW for general users and for biologist programmers. Methods Mol Biol 132:365-386.
- Nickerson DA, Tobe VO and Taylor SL. (1997). PolyPhred: automating the detection and genotyping of single nucleotide substitutions using fluorescence-based resequencing. Nucleic Acids Res 25:2745-2751.
- Kruglyak L and Nickerson DA. (2001). Variation is the spice of life. Nature Genetics 27:234-236.
- Collins FS, Brooks LD and Chakravarti A. (1998). A DNA polymorphism discovery resource for research on human genetic variation. Genome Research 8:1229-1231.
- den Dunnen JT and Antonarakis SE. (2001). Nomenclature for the description of human sequence variations. Hum Genet 109:121-124.
- http://frodo.wi.mit.edu/primer3/
- http://droog.gs.washington.edu/polyphred/
- http:// www.ncbi.nlm.nih.gov/SNP/

제 9장 유전변이형 검사법

1. 전통적 유전변이형 검사법

인간 유전체에 분포하고 있는 유전변이형을 조사하기 위해서는 다양한 분석법들이 사용 가능하다. 그러나 genotyping 방법은 정확하고, 단순하고, 비용이 적게 들며, 빠르게 분석할 수 있는 방법이어야 한다. 지금까지 다양한 목적으로 유전변이형 분석기술이 사용되었으며 가장 대표적인 2 가지 전통적인 방법으로는 1) RFLP (restriction fragment length polymorphism)와 2) SSCP (single strand conformation polymorphism) 방법이 있다. 두 방법의 특징을 간략히 살펴보면 다음과 같다.

(1) RFLP 방법

RFLP는 특정 부위의 돌연변이에 의해 제한효소가 인지하는 염기서열(restriction site)이 생성되거나 소실되어 제한효소에 의한 절편길이가 달라지는 다형성을 측정하는 방법이다. 일반적으로 관심있는 특정 유전자 또는 유전체 부위를 PCR로 증폭한 후에 제한효소를 사용하여 절단하고 절단된 길이의 차이를 전기영동으로 분리하여 조사함으로써 제한효소에 의해 절단된 부위의 변이형을 조사하는 매우 간단한 방법이다(그림 9-1). 그러나 이 방법의 가장 큰 단점은 DNA 염기서열 변이가 제한효소 인지부위의 변화를 초래하는 경우에만 이용할 수 있다는 것이다.

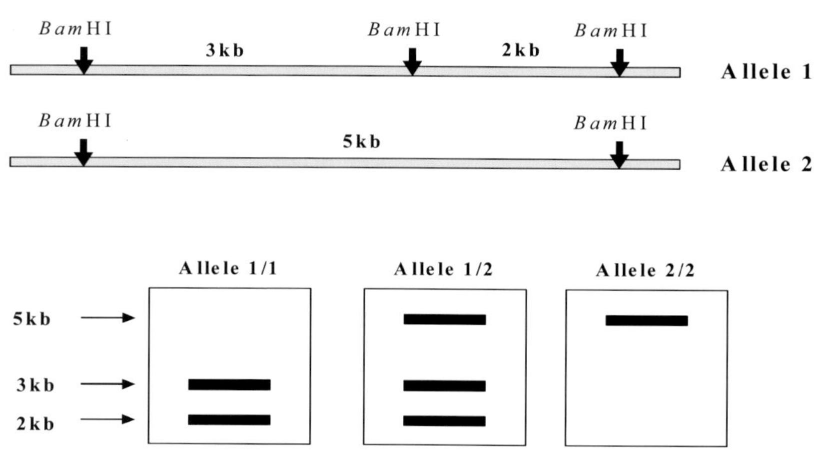

그림 9-1. **RFLP 분석방법**

(2) SSCP 방법

Single-stranded DNA는 자체 내의 약한 분자간 결합 (특히 base-pairing hydrogen bonds)에 의하여 안정화되는 구조(conformation)를 형성하며, 그 결과 전기영동 이동 속도에 영향을 미치게 된다. SSCP 방법은 DNA 시료의 증폭(amplifying), 변성(denaturing), 급속냉각(snap-cooling) 및 전기영동(nondenaturing polyacrylamide gel)을 통하여 검출되며, 매우 저렴하고 200 bp 미만의 절편에 대해서는 상당히 (약 80%) 민감하다(그림 9-2). 그리고 인간 유전자에 존재하는 exon의 약 80%는 그 크기가 200 bp 이하이므로(Sakharkar et al, 2004) 단백질을 만드는 exon 부위의 유전변이형 검색에 SSCP 방법이 매우 유용하게 사용될 수 있다. 그러나 이 방법은 각 유전자 조각에 따라 필요한 조건이 달라 자동화하기 어려운 단점이 있어 대량의 유전변이형 검색 및 genotyping 방법으로는 적합하지 않다. 한편 최근에는 기술의 발달로 보다 정확하고 사용하기 용이하며 저렴하게 대량으로 genotyping할 수 있는 새로운 방법들이 많이 개발되어 보급되고 있다. 특히 환자-대조군 집단에서 질병 원인유전자 탐색을 위하여 대용량으로 분석이 가능한 방법들이 개발되어 있다.

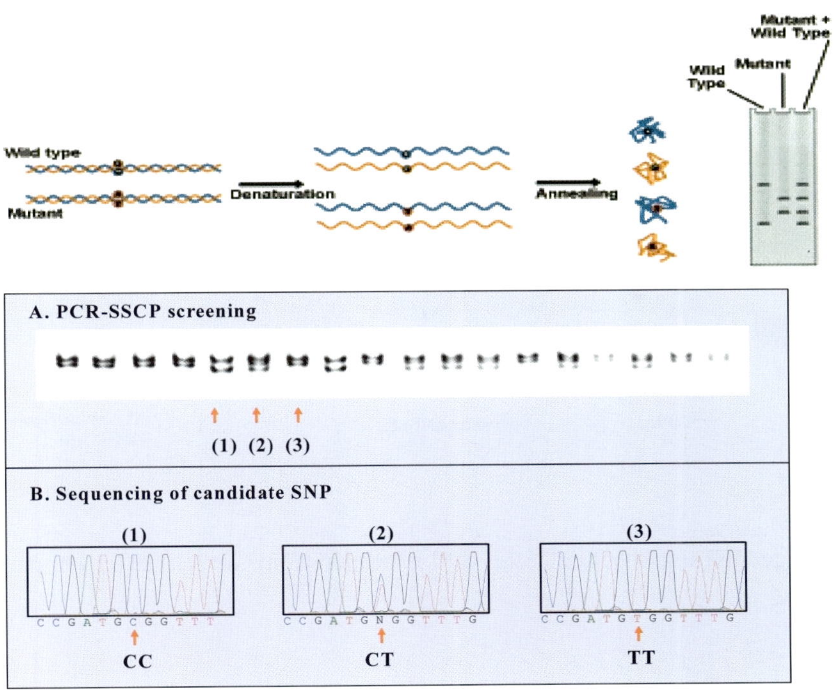

그림 9-2. **SSCP** 분석방법

2. SNP genotyping의 원리

유전변이형이 발굴된 이후에는 다양한 종류의 집단이나 시료에서 유전 연관성 분석을 위한 대량의 유전자형 분석(SNP genotyping) 작업이 요구된다. 여기에서는 다양한 SNP genotyping 방법의 원리에 대해 설명을 하고자 한다. SNP genotyping 방법은 매우 다양하며, 각 방법은 시료 준비 단계와 검색 단계로 구분할 수 있다(그림 9-3). 그리고 한 가지 동일한 시료 준비과정에 의해 만들어진 유전변이형 정보도 각기 다른 검색 기법에 의해 조사될 수 있다. 예를 들면, SNP 부위의 염기서열 차이에 근거하여 primer extension으로 생산된 산물의 길이 차이를 gel separation, array, mass spectrometry, plate reader 등의 방법으로 검색할 수 있다. 이러한 시료의 준비 방법과 검색 방법의 차이에 따라 다양한 종류의 SNP genoytyping platforms 들이 개발되었다. 아래에서는 4 가지의 기본적인 SNP 식별 원리를 간략히 설명하고자 한다.

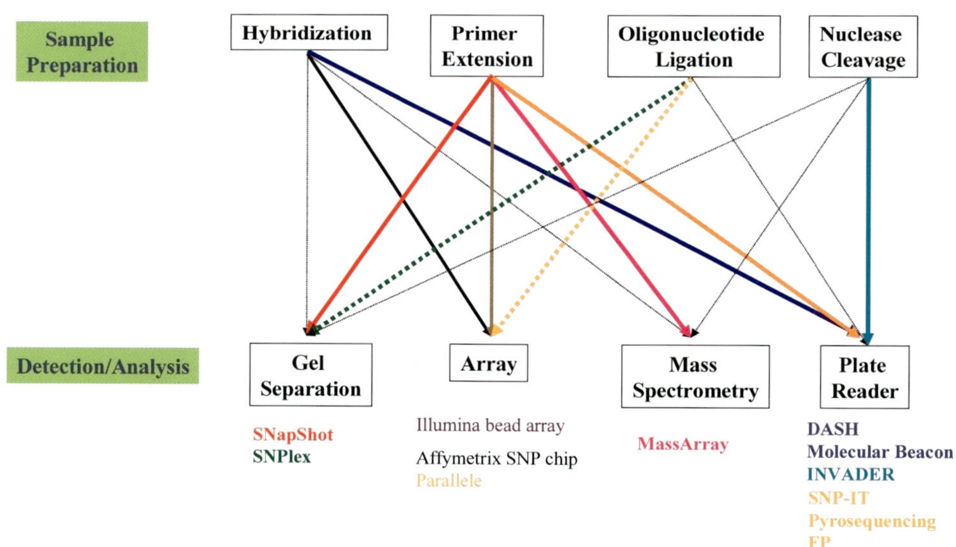

그림 9-3. **SNP genotyping 방법의 개요도.** 출처: Modified from Gut IG. (2001). Human Mutation 17:475-492.

(1) Allele-Specific Hybridization

Allele-specific oligonucleotide (ASO) hybridization이라고도 불리며, hybridization에 의한 염기서열 차이를 구별하는 방법이다. 2 가지의 서로 다른 allele-specific probe는 정확히 일치(perfect match)할 때만 상보적인 표적 염기서열에 결합(hybridization)되도록 설계된다(그림 9-4). 그러나 최적화된 조건에서 하나의 염기서열이 불일치(mismatch)하는 경우는 표적 염기서열에 결합하지 못한다. Hybridization 방법은 대립 유전자를 구별하는 단계에 효소가 포함되지 않는 가장 간단한 genotyping 방법의 하나이다. Hybridization을 이용한 genotyping 방법으로는 Eclipse, DASH(dynamic allele specific hybridization), Molecular Beacon (stem-loop 구조를 형성하며 fluorescence resonance energy transfer 검출 방법을 사용함) 및 Affymetrix GeneChip 등이 있다.

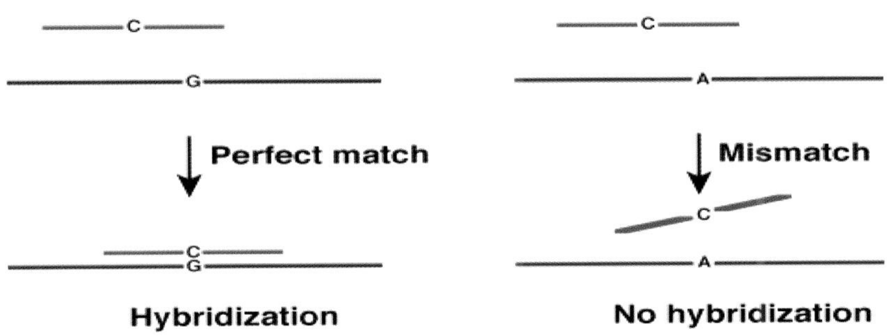

그림 9-4. **Allele-specific hybridization의 이론**

(2) Primer Extension

DNA polymerase는 primer의 3′-말단이 DNA 주형(template)과 상보적으로 정확히 일치할 때에 DNA 합성을 시작하여 PCR 산물이 생성되지만 불일치하는 경우에는 DNA 합성이 일어나지 않는다(그림 9-5). 따라서 PCR 산물이 생성되었는지 여부에 따라 표적 DNA의 대립 유전자형을 추정할 수 있다. 가장 일반적인 검출 방법은 형광물질이 표지된 dideoxynucleotide(ddNTP) terminator를 이용하여 chain extension을 중단시켜 조사하는 방법을 사용하고 있다. 검색 방법으로는 primer를 표지하여 extension 산물을 전기영동으로 구분하거나(SNapShot 방법), 단일염기서열이 연장된 산물의 질량 차이를 질량분석기로 측정할 수도 있다(MassArray방법). Primer extension 원리를 이용하는 다른 방법으로는 SNP-IT, Pyrosequencing, FP(fluorescence polarization) 등이 있다. Primer extension 방법은 다양하게 적용할 수 있고 가장 적은 수의 primer 또는 probe를 필요로 한다. 그리고 probe design과 분석의 최적화는 일반적으로 간단하다.

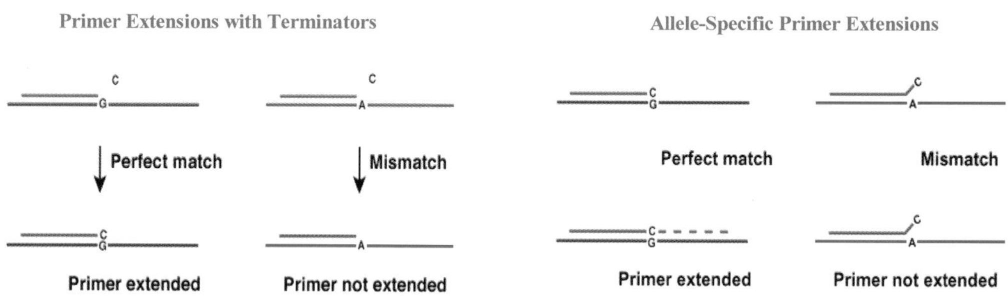

그림 9-5. **Primer extension**의 이론

(3) Allele-Specific Oligonucleotide Ligation

Ligation 방법은 각 대립 유전자형에 특이적인 2 개의 oligonucleotide probe와 형광물질로 표지된 공통의 probe 1 개 등 모두 3 종류의 probe가 필요하다. 각 대립 유전자형 특이 probe의 3′-말단부는 공통 probe의 5′-말단부에 바로 인접하도록 제작된다. 대립 유전자 특이 probe와 template의 염기서열이 정확하게 상보적으로 일치하는 경우, 대립 유전자형 특이 probe와 형광 표지된 probe 사이에 ligation 반응이 일어나고, 그렇지 않은 경우에는 ligation 반응이 일어나지 않는다(그림 9-6). Ligation 발생 여부에 따라 표적 DNA에 존재하는 대립 유전자형을 추정할 수 있다. Ligation은 특이성이 높고 최적화하기 쉬우나, 반응이 느리고 많은 수의 modified probe를 필요로 한다. 이 원리를 이용하는 대표적인 분석방법으로는 SNPlex 방법과 최근에 출시된 Affymetrix 회사의 Axiom 방법이 있다.

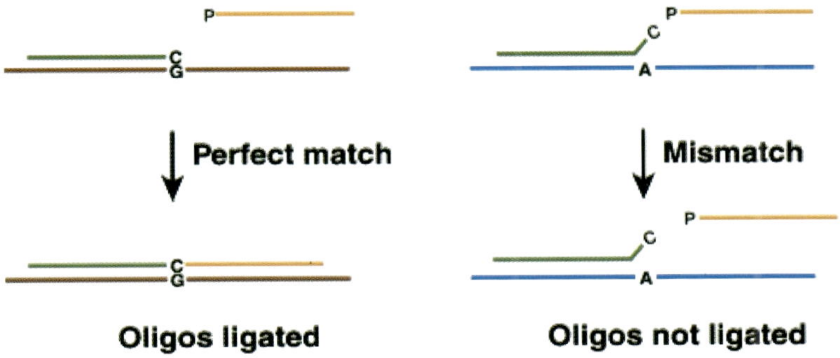

그림 9-6. **Allele-specific oligonucleotide ligation**의 이론

(4) Cleavage (Invader Assay)

Third Wave Technology 회사에서 개발된 Invader genotyping 방법은 PCR 증폭 없이 fluorescence resonance energy transfer(FRET)를 이용하는 SNP 분석방법이다 (그림 9-7). 이 방법은 두 가지 대립 유전자형에 대응하는 primary probe(개별적인 형광물질로 표지됨)와 다형성 부위의 upstream 서열에 상보적으로 일치하는 Invader oligo 등 세 가지 probe가 반응에 사용된다. Primary probe는 3′-부위에 다형성이 존재하는 염기를 포함하여 downstream 서열과 상보적으로 일치하고, 5′-부위는 각 probe에 특이한 Flap의 역할을 하도록 제작된다. Invader oligo는 3′-말단부가 primary probe의 다형성 부위와 상보적으로 일치되는 부위에서 하나의 염기가 중첩되도록 제작된다. 이 probe들은 유전체 DNA의 표적 서열에 일렬로 결합한다. Primary probe와 유전체 DNA의 서열이 완벽하게 일치하고 여기에 Invader oligo가 결합된 triplex 구조가 형성되면 cleavage 효소가 인지하고 분해시켜 해당 probe에 특이한 Flap이 분리되나, primary probe와 유전체 DNA의 서열이 완벽하게 일치되지 않으면 cleavage 효소가 인지하지 못하여 분해되지 않는다. 분리된 Flap은 "U"자형 구조를 갖는 universal FRET cassette의 틈에 삽입되어 triplex 구조를 형성(2차 반응)하고 이 구조를 다시 cleavage 효소가 인지하여 FRET cassette에 있는 reporter (fluorescence signal dye)와 quencher 사이를 분해하면, quencher로부터 분리된 형광이 빛을 발하게 된다(*형광이 빛의 발산을 방해하는 quencher와 가까이에 서로 붙어 있으면 빛을 발하지 못함). 그리고 최종적으로는 각 probe에 따른 형광의 발산을 측정함으로써 대립 유전자형을 결정한다.

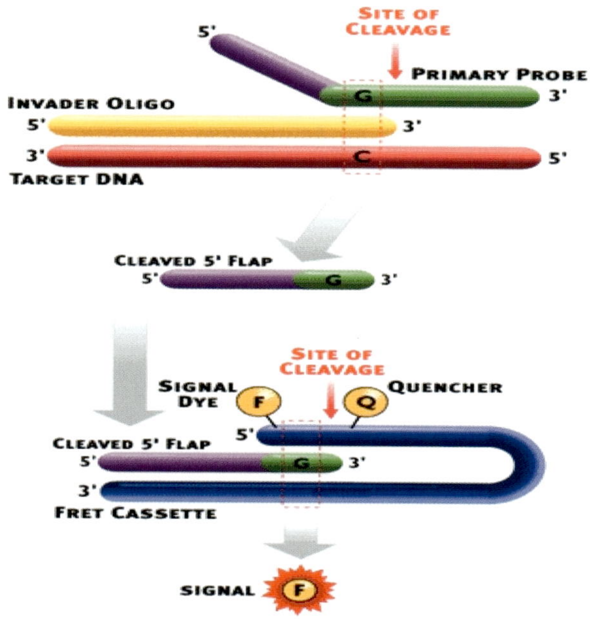

그림 9-7. **Invader assay**의 원리

3. SNP genotyping의 방법

유전변이형을 조사할 수 있는 방법은 매우 다양하며 각 방법은 고유한 분석 원리를 이용한다. 여기에서는 대표적인 SNP genotyping 방법에 대한 원리와 실제 분석 방법을 소개함으로써 각 분석방법에 대한 이해를 돕고자 한다. SNP genotyping 방법은 그 규모에 따라 크게 두 가지로 분류할 수 있다. 기본적으로는 하나의 SNP 만을 조사하는 소규모의 SNP genotyping 방법으로 TaqMan, Pyrosequencing, FP, Invader, SNapShot, MassArray 방법 등이 있다. 그리고 대량으로 SNP genotyping 할 수 있는 방법으로는 SNPlex, BeadArray, Illumina와 Affymetrix 회사의 대용량 SNP chip (10K, 100K, 500K, 1M SNP chip) 분석 시스템 등이 있다.

(1) TaqMan

TaqMan 방법은 Taq polymerase의 5′-nuclease 성질을 이용하는 방법으로, 반응에는 한 쌍의 TaqMan probe와 한 쌍의 PCR primer가 사용된다. TaqMan probe는 5′-말단에는 reporter dye가, 3′-말단에는quencher dye가 공유결합 되어있으며, 다형성 부위와 TaqMan probe 간의 match와 mismatch의 차이를 형광물질을 이용하여 감별하는 방법이다. TaqMan probe에 reporter dye와 quencher dye가 결합되어 있을 때는 reporter dye가 quencher에 의해 빛을 발하지 못한다. 그러나 SNP이 위치한 부위와 상보적으로 완전히 일치하는 TaqMan probe는 PCR의 annealing 단계에서 결합되고, extension 단계에서 Taq 중합효소의 5′-nuclease 활성에 의하여 5′-말단부의 reporter dye(FAM 또는 VIC)가 quencher dye로부터 분리되어 고유한 형광을 나타낸다(그림 9-8). 그러나 probe가 표적 SNP과 mismatch되면 probe가 template로부터 떨어져 나가 더 이상의 반응이 진행되지 않는다. 이 방법은 SNP 이외에도 아주 작은 염기서열의 삽입(insertion)이나 결손(deletion)도 분석할 수 있다. TaqMan 방법은 실험방법이 매우 간단하고 정확한 정량이 가능하지만 probe 비용이 비교적 비싸며 최적화를 필요로 한다.

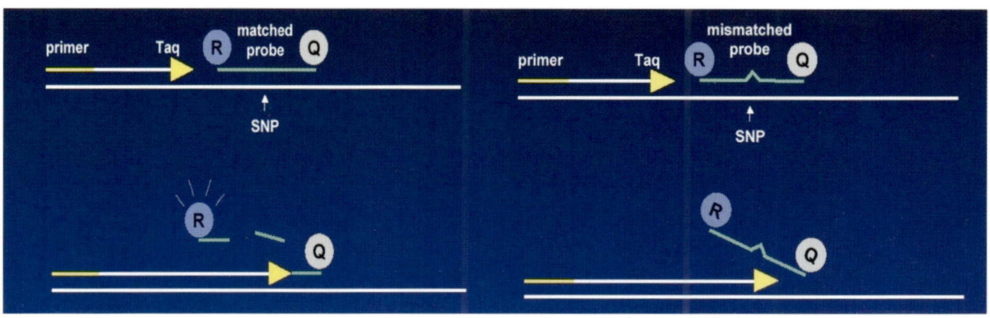

그림 9-8. **TaqMan assay**의 원리

또한 최근에는 TaqMan 방법을 이용한 유전자 복제수(CNV; copy number variation) 분석도 가능하도록 약 160만개의 CNV 분석용 TaqMan probes가 ABI 회사에서 제공되고 있다.

(2) Pyrosequencing

Pyrosequencing 방법은 염기서열을 결정할 수 있는 일련의 효소를 연속적으로 반응시켜 DNA template의 염기서열을 밝힘(minisequencing)으로써 각 유전형의 조합을 조사하는 방법이다. 이 방법에서는 PCR로 증폭된 template DNA에 sequencing primer, DNA polymerase와 각 염기(A,G,T,C)이 차례로 첨가되면서 염기서열을 결정한다. 더 자세히 설명하면, template DNA의 염기서열에 상보적으로 일치하는 염기의 경우, DNA 중합반응에 이용되어 pyrophosphate (PPi)를 내놓게 되는데, 이는 APS (adenosine 5′-phosphosulfate)의 존재 하에 ATP로 전환되고, ATP는 luciferase를 oxiluciferin으로 활성화시키며 빛을 발산한다(그림 9-9).

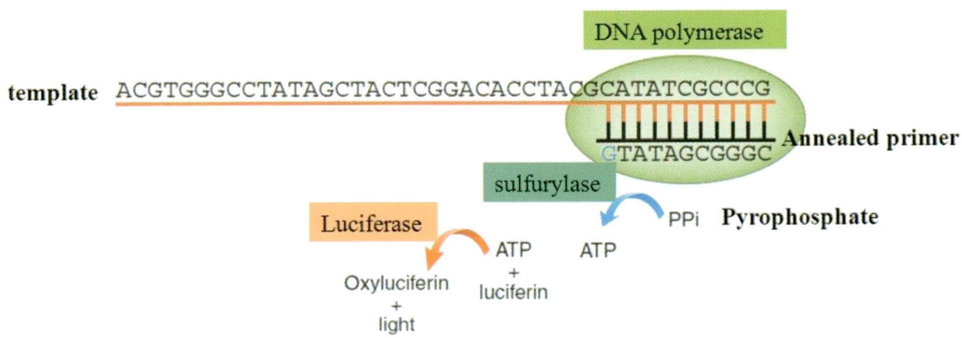

그림 9-9. **Pyrosequencing** 반응의 과정

Luciferase에 의한 발광반응은 CCD (charge-coupled device) 카메라에 의하여 인식되어 프로그램에 의해 pyrogram으로 나타난다. 한편 빛 신호의 강도는 중합효소반응에 의해 합성된 염기서열에서 삽입된 염기의 수와 비례하므로 homozygote는 heterozygote peak의 두 배가 된다. 그러므로 pyrosequencing 방법은 정량적인 측정이 가능하기 때문에 DNA pooling에 의한 SNP genotyping도 수행할 수 있다. 한편 ATP와 중합효소에 의해 DNA 합성에 사용되지 않은 dNTP는 apyrase에 의하여 제거되어 반응용액을 원상으로 회복시킨다. 이후 새로운 dNTP가 차례로 주입되는 새로운 반응이 반복된다(그림 9-10). 따라서 pyrosequencing 방법은 일련의 시약을 연속적으로 주입하여 염기서열을 판별하는 minisequencing을 계속적으로 수행함으로써 특정 유전형의 정보를 확인하는 방법이다. 이 방법은 정확하고 대립 유전자형의 정확한 빈도 추정도 가능하나 시약이 비싸고 PCR 후 부가적인 처리과정이 요구되는 단점이 있다.

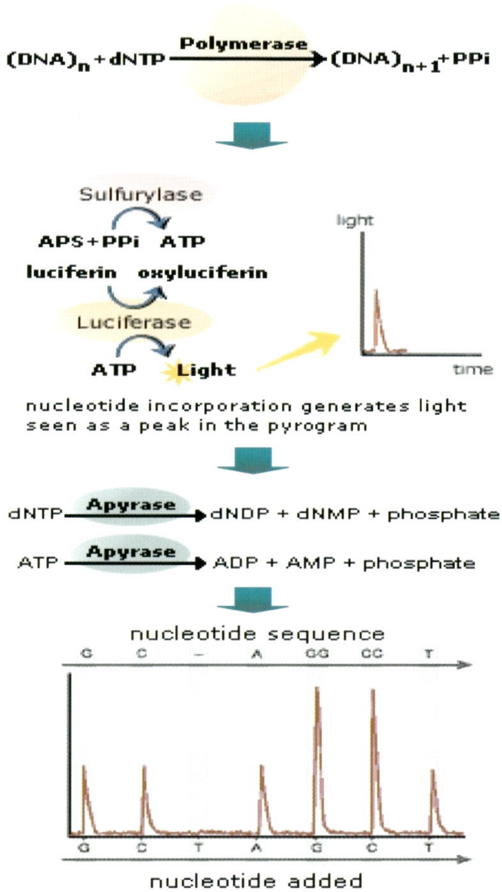

그림 9-10. **Pyrosequencing assay**의 원리

(3) MassArray

MassArray는 primer extension 방법으로 유전변이형을 구분하고 유전변이형에 따른 산물의 질량 변화를 MALDI-TOF(Matrix Assisted Laser Desorption/Ionization-Time of Flight Mass Spectometry)를 사용하여 조사한다. 즉 primer extension 반응시 대립 유전자형에 따라 생성되는 산물의 크기를 서로 다르게 만들어 특정 염기서열이 달라질 때 수반되는 질량의 차이를 질량분석기를 이용하여 분석한다(그림 9-11). 이 방법은 표지된 probe나 primer 없이 질량의 변화만을 정확히 측정함으로써 유전자형을

밝힐 수 있고 multiplexing으로 다수의 SNP을 동시에 판별할 수 있는 장점을 가지고 있다. 하지만 이온이나 다른 불순물이 제거된 정제된 시료를 필요로 하기 때문에 검사 시간이 많이 걸리고 시료 처리 비용이 증가하는 단점을 가지고 있다.

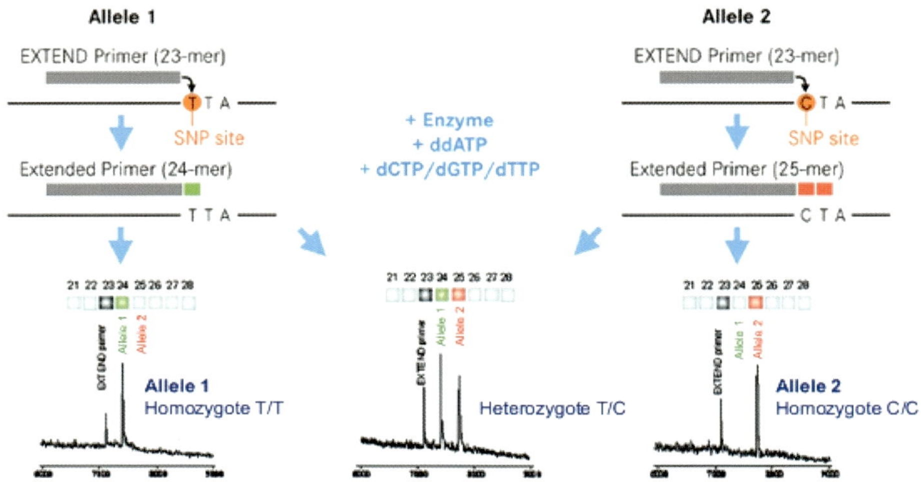

그림 9-11. **MassArray assay**의 원리

(4) SNPlex

SNPlex 방법은 allele-specific oligonucleotide ligation과 capillary electrophoresis를 이용하여 SNP의 유전형을 분석한다. 이 방법은 다양한 실험 규모에 적용 가능하고 medium- 또는 high-throughput genotyping에서 연구자가 다수의 SNP을 선별하여 genotyping할 수 있다. 일반적으로 48 개의 SNP까지 동시에 한번의 allele-specific oligonucleotide ligation 반응으로 분석할 수 있다. 이 방법은 다음의 7 단계로 구성되어 있으며 2 일 이내에 genotyping이 완료된다(그림 9-12).

① allele-specific oligonucleotide (ASO) ligation 반응 동안에 ASO probe와 locus-specific oligonucleotide (LSO) probe가 표적 염기서열에 hybridization됨.
② ligation되지 않은 probe와 linker 및 genomic DNA는 exonuclease I과 lambda exonuclease에 의해 분해되어 제거됨.
③ 정제된 ligation 산물은 한 쪽이 biotin으로 표지된 primer를 이용하여 PCR 증폭됨.

④ biotin이 표지되지 않은 strand는 제거되고 남은 single-strand amplicon이 microtiter plate에 결합되어 수집됨.

⑤ single-strand PCR 산물에 형광물질이 표지된 universal Zipprobes가 hybridization 함. 각 ZipChute probe는 각 ASO 내의 유일한 ZipCode 염기서열에 상보적인 염기서열을 포함하고 있어 48 개의 SNP을 분석하기 위해서는 96 개의 별개의 ZipCode 염기서열과 ZipChute probes가 필요함. 개개의 ZipChute probe는 mobility modifier를 포함하고 있어 capillary electrophoresis (CE) 동안 고유한 이동속도를 가지게 됨.

⑥ ZipChute probe는 CE buffer로 elution됨.

⑦ Elution된 ZipChute probe는 capillary sequencer에서 이동거리를 기준으로 각 유전형을 결정하게 됨.

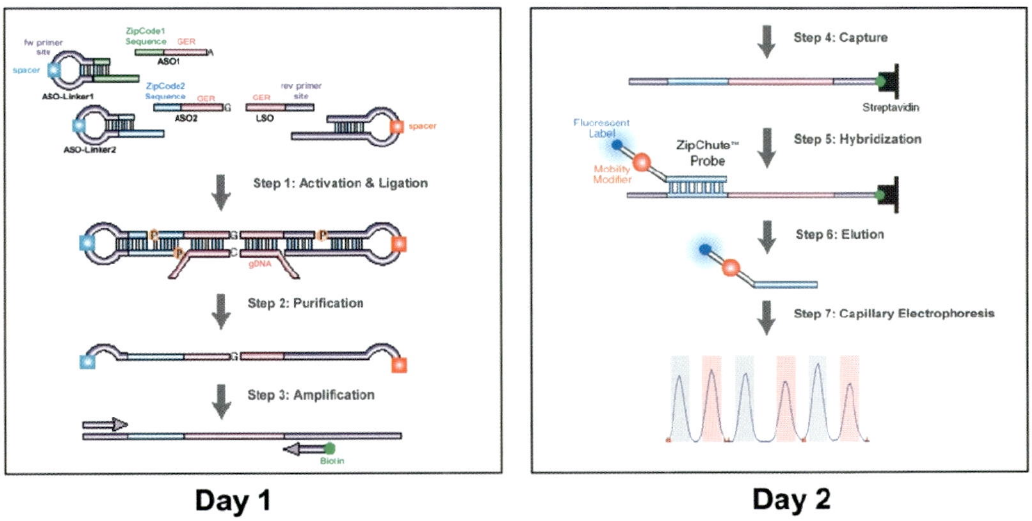

그림 9-12. **SNPlex genotyping** 방법

(5) GoldenGate Assay

Illumina 회사의 GoldenGate® genotyping assay는 genomic DNA를 주형으로 사용하여 primer extension과 증폭 단계를 통하여 많은 수의 multiplexing (1,536-plex)이 가능한 SNP genotyping 방법이다. SNP genotyping을 위해 template DNA는 biotin으로 labeling하여 잉여의 hybridization solution과 streptavidin conjugated paramagnetic particles (SA-PMPs)로부터 정제된다. 정제된 DNA template에 3 가지의 oligonucleotides(oligos)가 첨가되는데 2 가지의 oligo는 SNP site의 각각의 대립 유전자형에 특이적인 Allele-Specific Oligos (ASOs)이고 다른 하나의 oligo는 SNP site의 몇 base pair downstream에 hybridization되는 Locus-Specific Oligo (LSO)이다. Oligo hybridization 후에 hybridization되지 않은 oligos는 제거되며, allele-specific extension 후 ligation 반응이 수행된다. Ligation된 산물을 형광물질로 표지된 universal PCR primers P1(Cy3), P2(Cy5)와 P3로 PCR 증폭시킨 후에 single-strand로 만든다. Single-stranded, dye-labeled DNA는 unique address sequences를 통해 상보적인 bead type (Array Matrix 또는 BeadChip)에 hybridization되고 형광을 읽어 자동으로 유전자형을 결정한다(그림 9-13). GoldenGate assay는 1,500여 개까지의 SNP을 동시에 genotyping할 수 있고 저렴한 비용으로 정확하게 유전자형을 알 수 있으나 모든 SNP sites에 대하여 이 방법을 사용할 수 있는 것은 아니다.

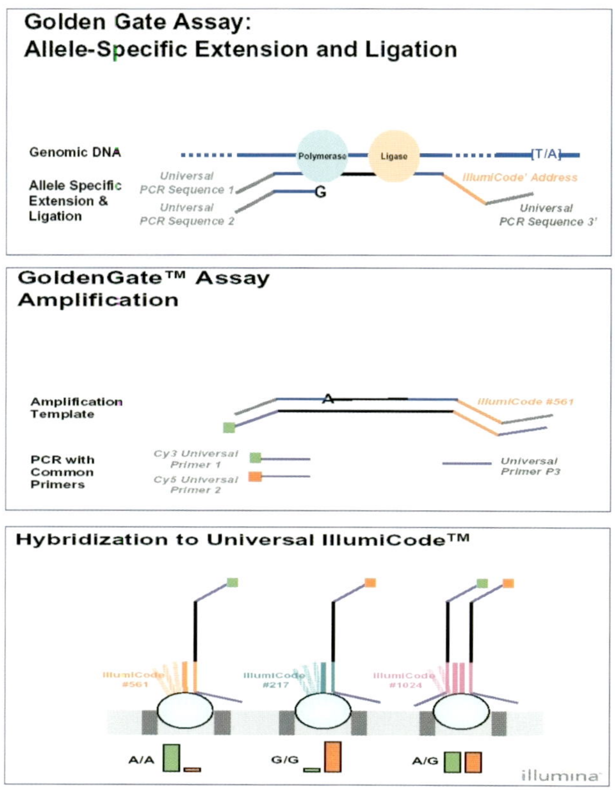

그림 9-13. **GoldenGate assay**

(6) Infinium Assay

Illumina 회사의 Infinium™ assay는 PCR 또는 ligation 단계 없이 한 튜브에서 시료 준비과정 (single-tube sample preparation)을 수행하여 작업량과 잠재적인 시료 취급 과정에서 발생할 수 있는 실수를 유의하게 감소시켰다. 또한 효소를 사용하여 SNP을 식별함으로써 높은 call rate와 정확도를 가지고 거의 무제한으로 multiplexing할 수 있는 장점을 가지고 있다. Assay는 DNA 시료의 증폭으로 시작된다(그림 9-14). 전체 유전체를 증폭(whole-genome amplification)하는 과정은 DNA 시료의 양을 균등하게 증가시킨다. 증폭된 DNA 시료는 조각으로 만들어진 후에 열변성 과정을 거쳐 BeadChip에 붙여진다. 이 hybridization 단계에서 조각난 DNA들은 SNP당 각각의 대립 유전자에 대응되는 bead-type (locus-specific 50-mers)에 붙는다. 그리고 hybridization된 DNA는 BeadChip에서 allele-specific primer extension이 수행된다. Allele-specific primer extension이 일어나면서 형광물질이 표지되면 자동으로 genotype을 알 수 있다. 지금 Infinium assay 시스템에는 300K, 660K, 1M SNP chip이 출시되어 있고 조만간 5M SNP chip이 출시될 계획이라고 한다.

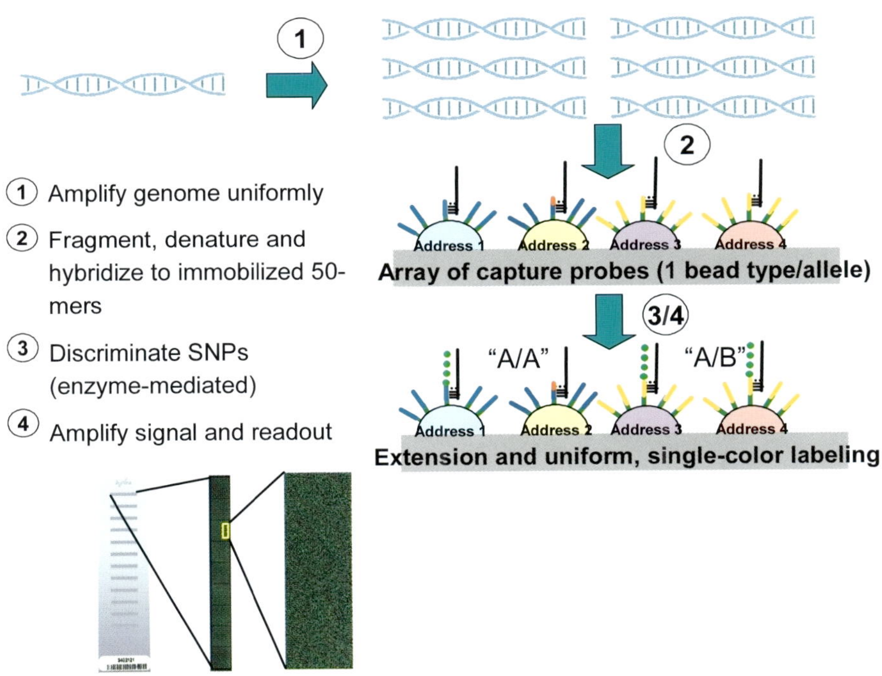

그림 9-14. **Infinium assay**

(7) Molecular Inversion Probe

Molecular Inversion Probe (MIP) 기술은 oligonucleotide ligation 방법의 장점을 활용하면서 ligase와 polymerase의 특이성을 결합시킴으로써 multiplexing(약 10,000 SNPs)이 가능하다. MIP는 6 단계를 거쳐 SNP를 genotyping할 수 있는 probe를 만들게 된다(그림 9-15). 그 과정을 살펴보면, single oligonucleotide probe는 말단에 SNP을 인식하는 염기서열을 가지고 표적 부위에 결합하여 원형구조를 형성하며(1 단계), SNP이 있는 곳에 1 base가 빠진 부분을 DNA polymerase로 allele-specific gap-filling으로 채운(2 단계) 다음에 ligase로 완전히 연결한다(3 단계). 반응에 사용되지 못한 linear probe들은 exonuclease에 의해 제거되고(4 단계), 완전한 probe는 target 유전체 부위에서 분리된(5 단계) 후에 universal PCR primer를 이용하여 증폭과정(6단계)을 거친다. 증폭된 산물은 4 가지 염기 특이적인 별개의 형광물질로 표지된 후에 Affymetrix 회사의 single universal tag DNA chip array를 통하여 결과를 검출하게 된다.

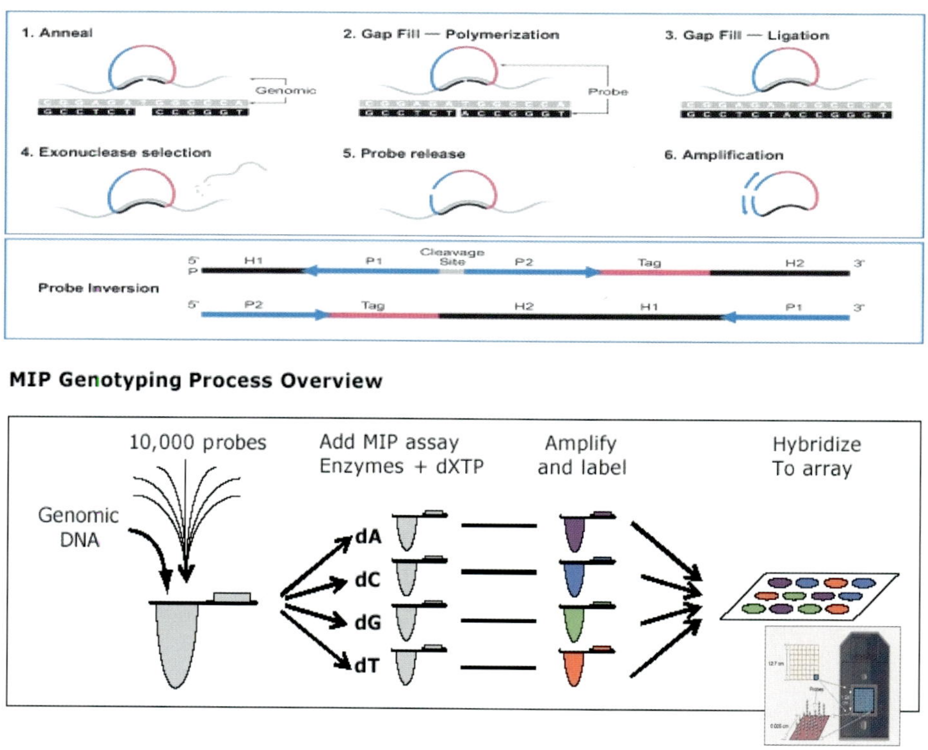

그림 9-15. **Molecular Inversion Probe** 방법의 개요

(8) Affymetrix GeneChip Array

Affymetrix 회사에서 수십만 개의 SNP을 동시에 genotyping할 수 있는 시스템을 개발하였다. 이 방법을 간략히 소개하면, 제한효소를 사용하여 genomic DNA를 절단하여 생성된 모든 DNA 단편은 크기에 관계없이, 4 bp 돌출부(overhang)를 인지하는 adaptor에 결합하게 된다. Adaptor가 붙여진 DNA 단편은 adaptor의 염기서열을 인지하는 primer로 증폭되며, PCR 증폭조건은 200~2,000 bp 크기의 단편을 선택적으로 증폭시키기 위해 최적화되어 있다. 증폭된 DNA는 조각(fragmentation)으로 잘려진 후에 표지되어 GeneChip Array에 hybridization된다(그림 9-16). Array에는 A 대립유전자 염기서열과 B 대립유전자 염기서열에 perfect match로 대응되는 25-mer probe가 합성되어 있으며 결합의 특이성을 결정하기 위하여 각각의 25-mer 중앙에 single base pair mismatch도 포함되어 있어 genotyping의 정확성을 점검하는데 사용되고 있다. Affymetrix GeneChip Assay는 자동화되어 수행하기 간편하고 대량의 multiplexing 능력을 보유하고 있기 때문에 genome-wide SNP genotyping이 가능한 장점이 있으나 SNP chip에 올려진 SNP sites가 제한효소에 의해 잘려지는 특정 부위에 존재하는 SNP sites만이 선별되어 있고 연구자가 개별적인 필요성에 의해 자체 제작하기는 어려운 단점이 있다.

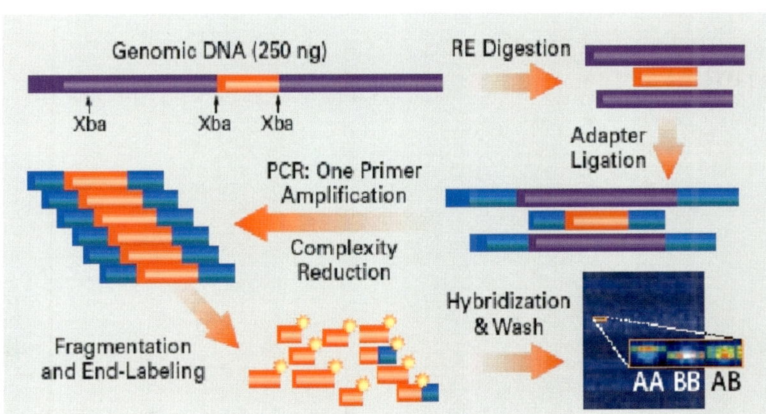

그림 9-16 . **GeneChip mapping assay**

한편 Affymetrix 회사의 GeneChip SNP genotyping 시스템은 chip에 올려진 SNP들의 상당히 많은 수가 정확한 genotyping 결과를 생성하지 못하는 문제점을 가지고 있다. 이를 해결하기 위해 2009년 말에 Affymetrix 회사에서는 ligation 방법을 이용한 Axiom이라는 새로운 SNP genotyping 방법을 출시하였으며 현재 Axiom 시스템을 이용하여 약 600K SNP을 genotyping할 수 있는 제품이 나와 있는 상황이다.

Genome-wide SNP genotyping chip을 이용하면 유전체의 증폭(amplification) 또는 결손(deletion)에 의한 유전자의 복제수(copy number) 변화 및 이형접합체의 분포 상황 (예, loss of heterozygosity; LOH) 등을 조사할 수도 있다. 이러한 추가적인 분석 기능은 특히 유전체 상에서 많은 변화를 유발하는 암 세포의 유전적 변화에 대한 특성 규명에 유용하게 활용되고 있다. 예를 들면, Affymetrix 회사의 10K SNP chip을 이용하여 genome-wide SNP genotyping을 수행하여 특정 염색체의 유전체 구조를 분석해 보면 유전체 상의 유전적 변화 패턴을 찾아낼 수 있다. 그림 9-17에서는 2 개의 X 염색체를 가진 여자(XX)와 하나의 X 염색체를 가진 남자(XY)의 X 염색체 구조의 유전적 차이를 조사해 본 결과 하나의 X 염색체를 가진 남자에서는 매우 유의적인 유전체 결손(deletion)과 이형접합체 소실(loss of heterozygosity; LOH)을 관찰할 수 있다. 이 분석기법을 간암 세포에 적용하면 간암 세포의 4번 염색체의 일부에서 매우 유의적인 유전체 결손(deletion)으로 인한 이형접합체 소실(LOH)을 관찰할 수 있어 염색체 4번의 결손이 간암 세포의 유전적 이상의 한 형태임을 알 수 있다. 따라서 최신 SNP genotyping 분석 기술은 다양한 유전 분석에 이용될 수 있어 활용도가 더욱 증대될 것이다.

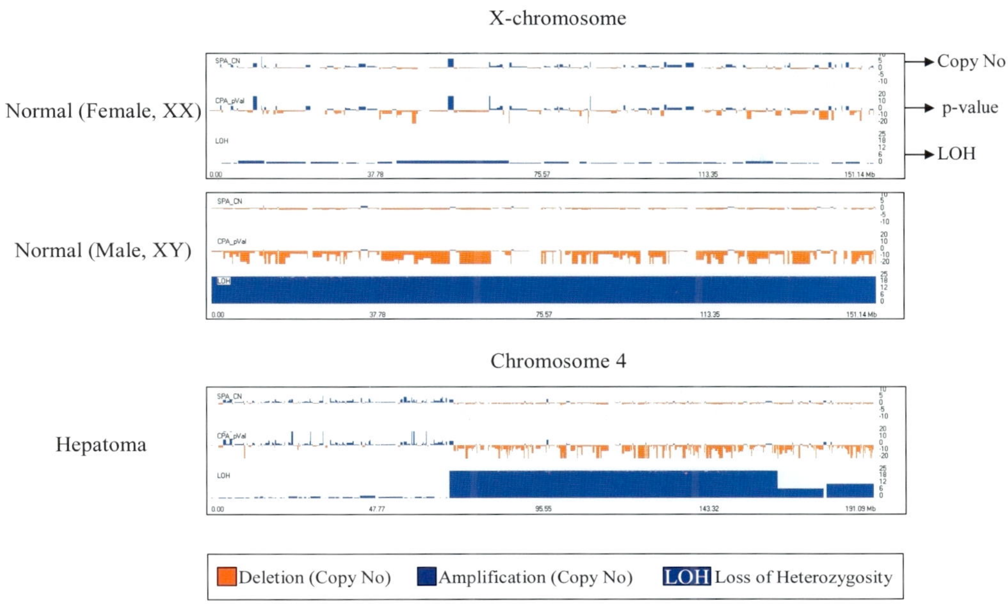

그림 9-17. **Affymetrix 10K SNP chip**을 이용한 유전체 이상**(genomic abnormality)** 검색

4. SNP genotyping기술의 응용: DNA pooling에 의한 SNP genotyping 분석

일반적으로 특정 유전자형과 표현형 간의 연관성을 규명하기 위해서는 대량의 시료에서 genotyping을 수행한다. 대량의 시료를 genotyping하는 것은 많은 양의 시약과 비용이 소비된다. 대량의 시료에서 genotyping할 때 소요되는 비용과 작업량을 줄이기 위해 비교의 대상이 되는 두 그룹(case vs control)의 시료를 각각 하나의 시료 그룹으로 합(pooling)하여 genotyping을 수행할 수 있다. Pooling된 그룹의 DNA 시료를 가지고 genotyping한 결과는 그룹 간의 대립 유전자형 빈도의 차이를 비교하여 유의성을 검정한다. 따라서 DNA pooling은 질병 유전자 위치를 찾기 위한 대규모 연관성 연구(association study)의 비용을 줄이기 위한 방법으로 주로 이용되고 있다. 한편 개별적인 시료로부터 동일한 양의 DNA를 갖는 pool을 만드는 것이 무엇보다도 중요하며 다음과 같은 단계를 거치게 된다(그림 9-18).

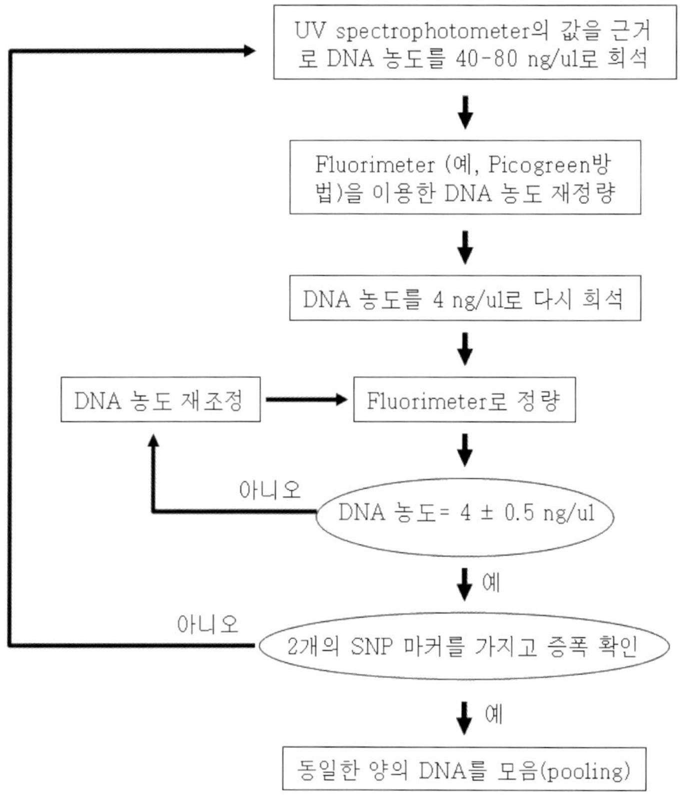

그림 9-18. **DNA pooling 방법의 작업순서**

첫 번째 단계로 자외선 분광기(UV spectrophotometer)를 이용하여 DNA 농도를 측정한다. 그러나 자외선 분광기를 이용한 DNA 농도 측정은 DNA 시료의 순도가 높지 않은 경우에는 오염물질이 자외선 흡광도에 영향을 미칠 수 있어 DNA 농도를 정확히 측정할 수 없다. 따라서 몇몇 실험에서는 보다 정확한 DNA 농도측정을 위해서 DNA-specific dye (예를 들어, PicoGreen™)를 이용한 형광 측정 단계가 추가적으로 요구된다. 그리고 DNA 농도 측정시 농도가 균일하지 않은 점성 DNA 용액을 소량 계량할 때도 오차가 발생할 수 있으므로 점성이 없는 회석된 DNA 시료를 이용하여 pool을 구성하면 부정확성을 최소화할 수 있다. 한편 DNA pooling 방법이 비용을 절감할 수 있는 장점이 있지만 각 개체에 대한 genotype data를 비교할 수 있는 다양한 분석 방법을 적용할 수 없는 단점이 있다. 예를 들면, pooling된 DNA 시료에서는 두 그룹 간의 빈도 차이만을 알 수 있고 각 개체에 대한 genotype 정보를 제공하지 않기 때문에 genotype을 근거로 한 유전 모형 (genetic modes: dominant, co-dominant, recessive) 분석, haplotype 분석과 linkage disequilibrium 분석 등이 불가능하다. 따라서 DNA pooling 방법은 초기 검색 목적으로 사용하는 것이 바람직하다. 그리고 만약 pooled DNA 시료를 이용한 검색에서 유의적인 차이가 관측되면 각 개인의 유전자형을 조사하여 정밀한 유전분석이 추가적으로 진행되어야 한다.

DNA pooling 방법에 대한 이해를 돕기 위해 하나의 실례를 제시한다. 예를 들면, pyrosequencing 방법으로 24 명의 DNA 시료를 pooling하여 특정 SNP(rs2243274)을 genotyping 하는 경우, 우선적으로 각각의 DNA 시료를 정확히 정량하고 동일한 양을 pooling하여 DNA 시료를 준비한다. 이렇게 만들어진 pooled DNA 시료를 pyrosequencing 방법을 이용하여 특정 SNP site에 대한 intensity를 측정하고 측정된 signal intensity 값은 이미 정량화된 표준 시료의 값과 비교하여 특정 allele의 빈도를 계산한다. 표준 시료의 준비는 2 가지 방법으로 가능하다. 첫 번째는 3 가지 다른 genotype(AA, AB, BB)을 가진 시료에 대한 각각의 genotyping intensity 측정치를 사용하여 유전자형 빈도와 genotyping intensity 간의 회귀식(linear regression)을 구한다(그림 9-19 A). 또 다른 방법은 2 가지의 동형접합체 genotype(AA, BB)을 가진 시료로부터 serial dilutions을 통해 일련의 서로 다른 농도의 DNA 시료를 만들어 genotyping intensity를 구하고 다른 농도를 가진 시료 간의 회귀식(linear regression)을 구한다(그림 9-19 B). 이렇게 만들어진 회귀식에 pooled DNA 시료의 intensity 값을 대입하여 특정 SNP 빈도를 추정하게 된다. 그림 9-19에 제시된 보기에서는 회귀식 y= 56.983x + 41.208에 24 명의 pooling된 genotyping intetnsity 측정치를 대입하여 0.84의 빈도가 계산되었다. 이는 이상적 기대 수치인 0.83에 비해 0.01의 빈도 차이가 생겨 pooling 방법이 매우 정확히 이루어졌음을 확인할 수 있다. 이러한 방법으로 control군을 검사하고자 하는 시료와 함께 측정함으로써 pooling 방법에 대한 신뢰도를 높일 수 있다.

Target SNP: rs2243274 (A/G)
Method: Pyrosequencing (PSQ)
Genomic samples: (1) 3 individuals' DNA with known genotype (AA, AG, GG)
(2) 24 individuals' DNA with known genotype (A:G= 0.83:0.17 in 24 Koreans)

Standard DNA prep: serial dilution from known genotype (AA, GG)

allele A	0	10	20	30	40	50	60	70	80	90	100	0
allele G	100	90	80	70	60	50	40	30	20	10	0	0

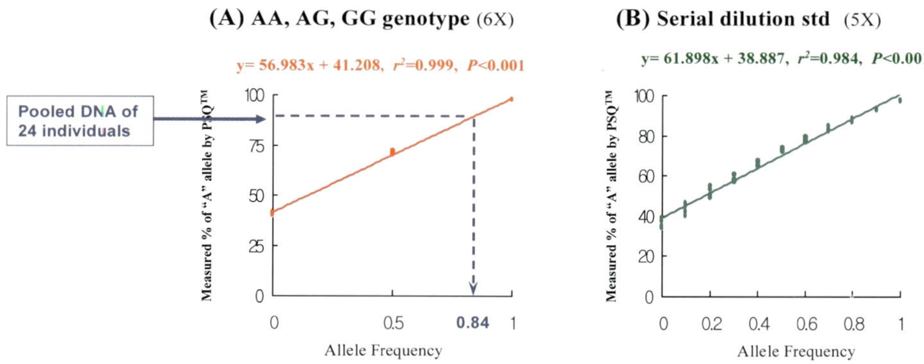

그림 9-19. **Pyrosequencing 방법으로 DNA pooling에 의한 SNP 빈도추정**

5. Genotyping 데이터에 대한 QC 및 최적의 시스템 선별 기준

유전 분석에서 무엇보다도 중요한 것이 오류없이 정확한 genotype data를 확보하는 것이다. 따라서 genotyping 과정에서 발생하는 실수를 최소화하기 위해 다양한 방법이 사용되고 있다. 우선적으로 genotyping 성공율이 높아야 하고 반복 실험에서 반드시 정확히 일치하는 결과가 나오는지를 점검해야 한다. 또한 DNA가 포함되지 않은 negative control을 포함시키고 필요한 경우에는 다른 genotyping 방법을 사용하여 동일한 결과를 얻을 수 있어야 한다. 그리고 Hardy-Weinberg 식 ($p^2 + 2pq + q^2=1$)을 이용하여 genotype data가 Hardy-Weinberg Equilibrium(HWE)과 일치하는지를 조사한다. 실제 분석된 genotype 관측치 빈도와 기대치 빈도를 사용하여 χ^2-test를 수행하여 매우 강한 통계적 유의성이 발생하면 genotype data가 genotyping errors에 의해 발생하였을 가능성이 매우 높기 때문에 추가적인 확인 작업이 필요하다.

다양한 종류의 SNP genotyping 방법이 이용가능하며 모든 방법은 장점과 단점을 동시에 가지고 있기 때문에 각 연구자가 적절한 시스템을 선별하여 사용하기 위해서는 다음과 같은 몇 가지 기준을 고려해야 한다. 가장 알맞은 SNP genotyping 시스템을 선별하기 위한 기준을 제시해 보면 다음과 같다.

① **genotyping의 규모**: 얼마나 많은 genotyping 프로젝트가 동일한 시간에 수행될 것인지에 대한 문제뿐만 아니라 조사하고자 하는 SNP의 수, 시료의 수가 고려되어야 한다. 또한 한 과제에서 다른 과제로 전환할 때 상대적으로 용이한 high-throughput 시스템이 필요한지도 충분히 고려해야 한다.

② **분자생물학 기술 수준**: 일부의 방법은 운영하기에 상대적으로 쉬운 것도 있지만 일부의 몇몇 방법은 분석을 최적화하고 고도의 운영 시스템을 필요로 하는 경우도 있다. 따라서 각 연구자의 기술 수준 및 능력에 따라 적합한 기술을 선별해야 한다.

③ **장비구입비용**: 상업적으로 이용 가능한 SNP genotyping 시스템의 가격은 매우 비싼 경우도 있고 일부의 방법은 시료를 준비하는 자동화 공정에 많은 비용을 투자해야 하는 경우도 있으니 충분히 고려해서 시스템을 선정해야 한다.

④ **소모성 운영비용**: 소모품(시약, plate, pipette tips 등) 재료에 대한 비용은 한 SNP genotyping에 소요되는 것은 미미하지만 수천 명의 시료에서 수천 개의 SNP을 분석하는 대량의 genotyping에서는 엄청난 비용 부담으로 작용할 수 있다. 따라서 정확한 genotype data가 만들어진다는 것을 가정했을 때 한 시료당 genotyping 단가를 최소화할 수 있는 시스템의 도입이 필요하다.

■ 참고문헌

- Gut IG. (2001). Automation in genotyping of single nucleotide polymorphisms. Human Mutation 17:475-92.
- Kwok PY. (2001). Methods for genotyping single nucleotide polymorphisms. Annu Rev Genomics Hum Genet 2:235-258.
- Sakharkar MK, Chow VT, Kangueane P. (2004). Distribution of exons and introns in the human genome. In Silico Biol 4:387-393.
- Syvanen AC. (2001). Accessing genetic variation: genotyping single nucleotide polymorphisms. Nat Rev Genet 2:930-942.
- Tobler AR et al. (2005). The SNPlex genotyping system: a flexible and scalable platform for SNP genotyping. J Biomol Tech 16:398-406.
- Shen R et al. (2005). High-throughput SNP genotyping on universal bead arrays. Mutat Res 573:70-82.
- Shifman S, Pisante-Shalom A, Yakir B, Darvasi A. (2002). Quantitative technologies for allele frequency estimation of SNPs in DNA pools. Mol Cell Probes 16:429-434.
- Hardenbol P et al. (2005). Highly multiplexed molecular inversion probe genotyping: over 10,000 targeted SNPs genotyped in a single tube assay. Genome Res 15:269-275.
- Sham P, Bader JS, Craig I, O'Donovan M, Owen M. (2002). DNA Pooling: a tool for large-scale association studies. Nat Rev Genet 3:862-871.
- TaqMan® (Applied Biosystems): https://www2.appliedbiosystems.com/
- Pyrosequencing™ (Pyrosequencing): http://www.pyrosequencing.com/

- MassARRAY™ (Sequenom): http://www.sequenom.com/
- SNPlex Genotyping System (Applied Biosystems): https://www2.appliedbiosystems.com/
- GoldenGate® Genotyping Assay (Illumina): http://www.illumina.com/
- Infinium™Genotyping Assay (Illumina): http://www.illumina.com/
- Molecular Inversion Probes (Affymetrix): http://www.affymetrix.com/
- GeneChip Array® (Affymetrix): http://www.affymetrix.com/

제 10장 일배체형 검사법

1. 단일염기다형성(SNP)과 일배체형(haplotype)

일반적으로 서로 다른 독립된 두 염색체 위에 존재하는 2 개의 유전좌위(locus; 복수는 loci)는 각기 독립적으로 분리되어 다음 세대에 전달된다. 그러나 독립된 두 염색체와는 달리 하나의 동일한 염색체 위에 매우 가까이 존재하는 2 개의 유전좌위는 서로 연관되어(linked) 하나의 동일한 블록으로 다음 세대에 전달된다. 이와 같이 서로 가까이 있는 대립 유전자형들의 조합에 의해 일배체형(haplotype)을 만들게 된다. 유전형 조사에서 생성된 SNP 유전형 데이터는 여러 개의 SNP 마커들을 조합하여 다양한 haplotype을 만들고 각 haplotype은 하나의 독립된 마커로 사용될 수 있다(그림 10-1). 그리고 각 개인은 2 개의 각기 다른 염색체로부터 2 개의 haplotype을 가지게 된다. 각 개인이 가진 haplotype은 단일 SNP에 비교하여 다양한 조합으로 구성되기 때문에 각 개인을 구별할 수 있는 정보력이 높은 유전마커로 쓰이게 된다.

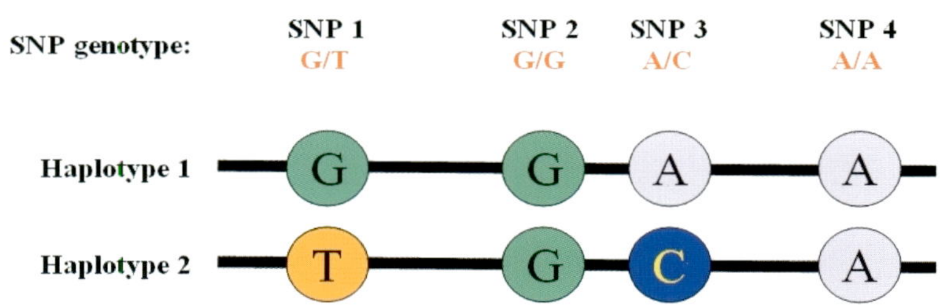

그림 10-1. 일배체형**(haplotype) -** 동일 염색체 상에 존재하는 **SNP** 마커들의 조합

일반적으로 SNP 마커를 이용한 haplotype 구성은 다음과 같은 과정을 통하여 이루어진다. 우선 염색체 위에 존재하는 유전적 변이형을 지닌 SNP 마커를 SNP genotyping 과정을 통해 결정하고 개인별 가능한 SNP의 조합(hapltype)을 확인하게 된다. 특히 여러 개의 SNP 마커로 구성된 haplotype에서 특정 haplotype을 대표하는 SNP을 haplotype-tagging SNP (htSNP)이라고 하며 htSNP 만을 genotyping 하면 조사하고자 하는 유전체 영역 전체를 커버하는 유전정보를 얻을 수 있다(그림 10-2).

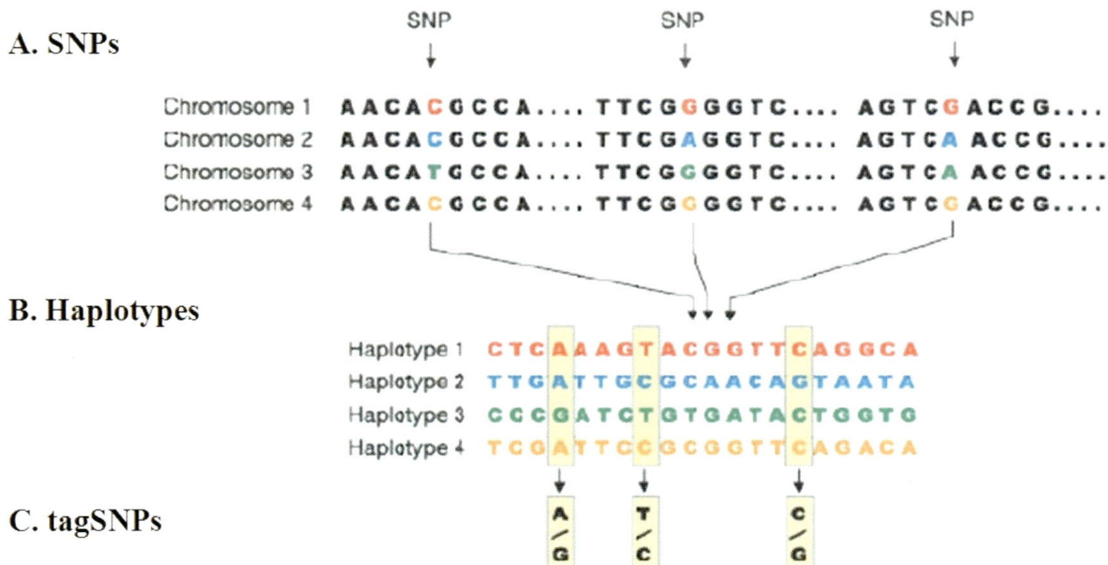

그림 10-2. **SNP genotyping**을 통한 **haplotype** 구성 및 **tagSNP** 선별의 과정

그리고 하나의 SNP은 2 개의 대립유전자(bi-allele)로 이루어져 있으므로 재조합(recombination)이나 반복적 돌연변이(recurrent mutation)가 일어나지 않는다면 N 개의 SNP이 존재하는 경우 이론적으로 만들어질 수 있는 일배체형(haplotypes)의 개수는 2^N이다.

$$N \text{ SNPs} \approx 2^N \text{ (가능한 haplotype의 수)}$$

예를 들면, 그림 10-3에 표시한 바와 같이 만약 3 개의 SNP site(N=3)가 있을 때 이론적으로 최대 $2^3 = 8$ 개의 다른 haplotype이 만들어질 수 있다.

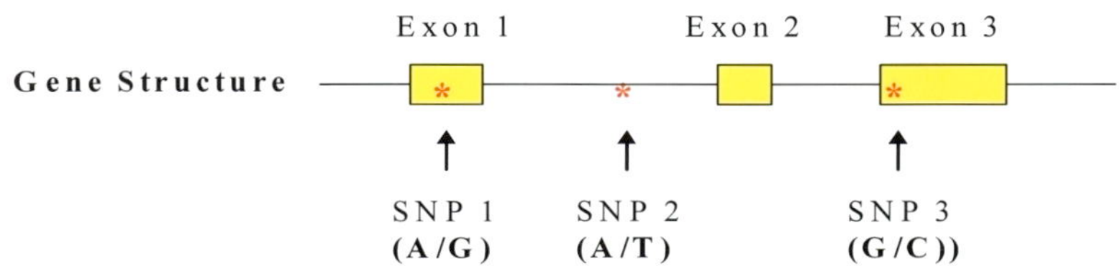


```
Haplotype 1:    A-------A--------G
Haplotype 2:    A-------A--------C
Haplotype 3:    A-------T--------G
Haplotype 4:    A-------T--------C
Haplotype 5:    G-------A--------G
Haplotype 6:    G-------A--------C
Haplotype 7:    G-------T--------G
Haplotype 8:    G-------T--------C
```

그림 10-3. **Haplotype**의 구성

한편 haplotype을 유전마커로 사용하면 SNP만을 사용할 때의 제한된 유전적 정보력을 극복할 수 있으나 실제로 haplotyping을 통해 각 개인이 가지고 있는 haplotype을 파악하는 것은 쉬운 일이 아니다. 예를 들면, heterozygote의 형태로 존재하는 2 개의 SNP site에서 1번 SNP (G/A)과 2번 SNP (T/G)으로 구성된 경우에는 2 가지 다른 조합(G-T와 A-G 조합 또는 A-T와 G-G 조합)이 가능하다(그림 10-4). 그러나 가능한 두 조합에서 한 개인이 가지고 있는 haplotype의 실제 조합을 직접적으로 알 수가 없다. 따라서 실제 genotype 정보만을 가지고 한 개인이 가지고 있는 두 haplotype 조합의 구성을 정확히 판정하기에는 어려움이 있다(phase ambiguity in heterozygous diploid).

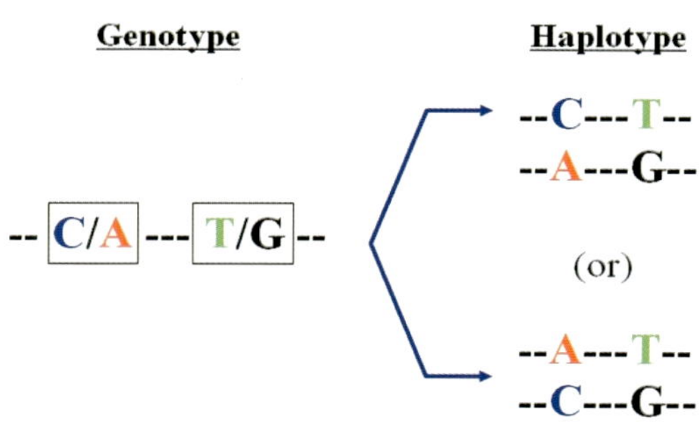

그림 10-4. 일배체형 판별의 어려움

2. Haplotyping 방법

각 개인이 가지고 있는 일배체형(haplotype)의 구성을 알기 위한 방법에는 실험적 방법(molecular haplotyping)과 통계적 방법(*in silico* haplotyping)이 있으며 각 방법에 대한 특성 및 장-단점을 살펴보면 다음과 같다.

(1) 분자생물학적 haplotyping 방법

실제로 haplotype의 구성을 정확히 파악하기 위해서는 1) 가계 내에서 각 세대의 genotype을 조사하여 전달되는 유형을 보고 각 개인의 유전자형 조합을 판단하는 방법, 2) human cell과 rodent cell을 융합하여 사람의 한 haploid만을 지닌 hybrid를 만들어 분석하는 방법, 또는 3) 두 SNP sites 간에 allele-specific PCR 기법을 사용하여 각 haplotype의 가능한 조합을 PCR 증폭 상태로 확인하는 방법 등이 이용될 수 있지만 많은 시간과 노력이 필요하고 기술적인 어려움이 있다(그림 10-5).

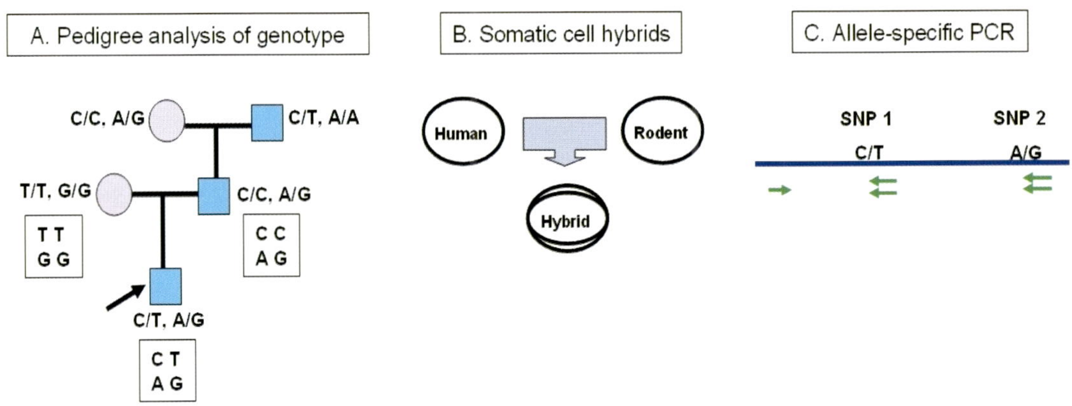

그림 10-5. 분자생물학적 **haplotyping** 방법

다른 분자생물학적 haplotyping 방법으로는 molecular cloning, single molecule dilution, heteroduplex analysis, mismatch detection, allele-specific oligonucleotide hybridization과 rolling circle amplification 방법 등이 알려져 있으나 작은 DNA 부위(2-5 kb)에서 주로 분석이 가능하며 대량으로 분석하기 위해 자동화하기에는 많은 어려

움이 있어 널리 사용되지는 못하고 있다.

(2) 통계적 haplotyping 방법

전통적으로 사용되던 분자생물학적 haplotyping 방법의 경제적 및 기술적 한계 때문에 통계적 알고리즘으로 컴퓨터의 계산 능력과 조합 능력을 활용하여 실제 존재할 수 있는 최적의 조합을 추정하는 방법이 시도되고 있다. 그리고 지금까지 대량의 유전자형 정보를 이용하여 일배체형의 구성과 빈도를 추정하는 여러 종류의 알고리즘과 각 알고리즘을 활용한 다수의 응용 프로그램들이 개발되었다. 이 방법을 사용하면 실험적 방법에 비해 비용이 적게 들고 대량의 분석이 가능한 장점이 있다. Haplotype을 재구성할 때 사용하는 알고리즘을 기준으로 haplotyping 프로그램은 다음과 같이 3 가지로 분류된다.

1. Parsimony 방법 (또는 Clark's algorithm): - HAPIN (Clark AG, 1990)

2. Likelihood 방법: - PL-EM (Qin ZS et al., 2002)
   - HAPLOVIEW (Barrett JC et al., 2005)
   - SNPHAP (Clayton D, 1999)

3. Bayesian 방법: - HAPMCMC (Morris AP et al., 2002)
   - Haplotyper (Niu T et al., 2002)
   - PHASE (Stephens M et al., 2001)
   - PHASE2 (Stephens M & Donnelly P, 2003)

각각의 알고리즘과 응용 프로그램의 특성을 살펴보면 다음과 같다. 첫 번째 방법은 최대절약성의 원리(principle of maximum parsimony)를 기반으로 haplotype을 추정하는 방법으로 Dr. Clark이 처음으로 제안함으로써 "**Clark 알고리즘**"이라고도 불리고 있다(Clark AG, 1990). Dr. Clark은 모든 haplotype이 최대 절약성의 원리에 따라 추정된다면 정확한 하나의 답을 가지게 될 것이라고 말하고 있다. Clark 알고리즘을 이용한 대표적인 프로그램으로 HAPIN (Clark AG, 1990)이 있다. 두 번째 방법은 최대 우도(maximum likelihood)에 근거하여 일배체형의 빈도를 추정하는 방법으로서 대표적으로 "**EM-알고**

리즘" (estimation-maximization algorithm)이 있다. EM-알고리즘은 불완전 데이터를 가지고 있을 때, 완전 데이터(complete data)를 다루는 기법을 적용하여 모수를 추정하고 주어진 모델에 근거하여 결측값(missing data)을 대체하는 방법이며 E-step (estimation-step)과 M-step(maximization-step)이라고 불리는 2 가지 단계를 반복적으로 수행함으로써 불완전 데이터를 다루게 된다. Dr. Excoffier와 Dr. Slatkin은 EM-알고리즘을 이용한 haplotype 추정 방법을 최초로 제안하였는데(Excoffier D and Slatkin M, 1995), SNP들의 HWE(Hardy-Weinberg Equilibrium)을 가정하며 최대 우도를 이용하여 관찰된 데이터의 확률을 최적화하는 haplotype의 빈도를 추정하게 된다. EM-알고리즘의 확장된 형태로 PL-EM 알고리즘이 있다. PL(partition-ligation) 방법은 긴 범위의 haplotype의 구성을 알기 위하여 분할-정복(divide and conquer) 알고리즘을 사용하는 기법이며 EM-알고리즘이 많은 (예, 10 개 이상) SNP들로 이루어진 haplotype을 추정하는데 어려움이 있다는 단점을 보완하기 위해 EM-알고리즘과 결합하여 PL-EM 알고리즘이 개발되었다. 최대 우도를 이용한 대표적인 프로그램으로는 HAPLO (Hawley ME and Kidd KK, 1995), EM-Decoder (Excoffier D and Slatkin M, 1995), PL-EM (Qin ZS et al., 2002), HAPLOVIEW (Barrett JC et al., 2005), SNPHAP (Clayton D, 1999) 등이 있다. 세 번째 방법은 "**Bayesian 알고리즘**"을 사용하여 haplotype의 사전 분포(prior distribution)를 이용하여 haplotype의 빈도를 추정하는 방법이다(Stephens M et al., 2001). 대표적인 프로그램으로는 HAPMCMC (Morris AP et al., 2002), Haplotyper (Niu T et al., 2002), PHASE (Stephens M et al., 2001), PHASE2 (Stephens and Donnelly, 2003) 등이 있다.

(3) 분자생물학적 방법과 통계적 방법의 비교

Haplotype을 결정하기 위한 분자생물학적 방법과 통계적 방법은 각기 다른 장점과 단점을 가지고 있다. 예를 들면, 분자생물학적 haplotyping 방법은 매우 정확하며 낮은 빈도를 가진 haplotype까지 확인할 수 있는 장점이 있지만 비용이 많이 들고 대량으로 할 수 없으며 기술적으로도 수행하기엔 어려움이 있다. 이와는 대조적으로 통계적 haplotyping 방법은 분자생물학적 방법에 비해 정확성이 떨어지고 낮은 빈도를 가진 haplotype을 찾기 어렵다는 단점이 있지만 비용이 저렴하고 대량으로 분석이 가능하며 기술적인 어려움 없이 용이하게 사용할 수 있는 장점이 있다(표 10-1). 최근에는 대량의 유전자형 데이터로 부터 통계적인 방법으로 각 개인이 가지고 있는 haplotype을 추정하여 유전 연관성 분석에 활용하고 있다.

표 10-1. 분자생물학적 **haplotyping** 방법과 통계적 **haplotyping** 방법의 비교

	분자생물학적 일배체형 조사 (Molecular Haplotyping)	통계적 일배체형 조사 (In silico Haplotyping)
정확성	**높음**	낮음
낮은 빈도 일배체형 검색	**높음**	낮음
비용	높음	**낮음**
대량분석	낮음	**높음**
기술적 어려움	높음	**낮음**

주) 각 방법의 장점은 볼드체로 표시함.

3. Haplotype-tagging SNP (htSNP)

전체 haplotype 중에서 특정 haplotype을 구분할 수 있는 최소한의 SNP들의 set을 "haplotype-tagging SNP (htSNP)"이라고 한다. 즉, haplotype을 구성하는 모든 SNP들을 genotyping하기엔 노력과 비용이 너무 많이 들기 때문에, htSNP를 이용하면 SNP의 수는 최대한 줄이면서도 전체 집단의 모든 유전변이는 가능한 많이 구분할 수 있게 된다. 예를 들면, IL1B 유전자의 경우 5% 이상의 빈도로 존재하는 총 19 개의 SNP 마커를 17 명에서 genotyping한 데이터를 가지고 haplotype을 조사해 보면, 모두 4 개의 common haplotypes (>5%)을 확인할 수 있다(그림 10-6). 이 경우에 4 개의 haplotypes을 모두 구분하기 위해서는 전체 19 개 SNP 모두를 genotyping하지 않고 3 개 (SNP-794, SNP- 5277, SNP-5200)만을 사용해도 haplotypes 4 개를 모두 구분할 수 있다. 그러므로 모든 SNP 마커를 genotyping할 필요 없이 그 중 대표할 수 있는 최소한의 SNP set인 htSNP만을 genotyping하더라도 동일한 결과를 얻을 수 있다.

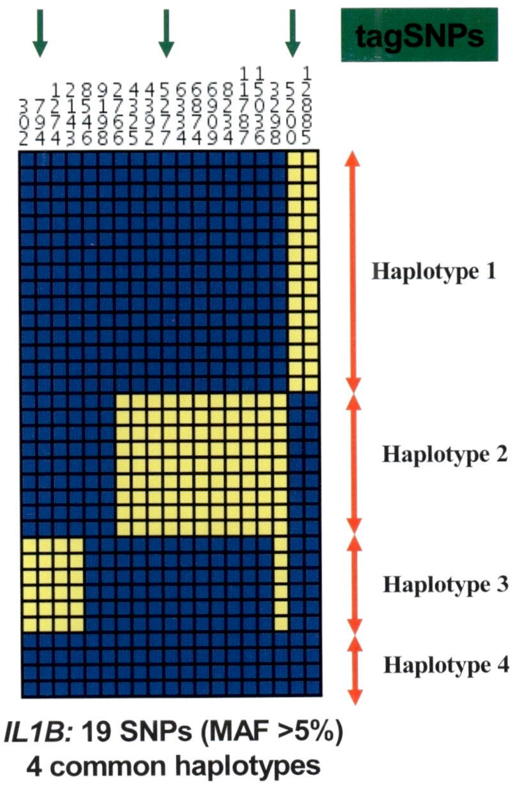

그림 10-6. **Haplotype-tagging SNP (htSNP)**의 선별

그리고 IL1B 유전자의 경우에 SNP-794가 htSNP로 선별되었으나 옆에 있는 SNP-302, SNP-1274, SNP-2143도 SNP-794 대신 htSNP로 사용될 수 있다. 그러나 표 10-2에 제시한 바와 같이 다수의 SNP이 서로 연관되어(linked) 존재하고 htSNP로 선별 가능할 때 우선적으로 반복 서열이 없고(non-repetitive), 단백질을 코딩하는 부위에 있으며, 코딩하는 부위에서는 아미노산을 변경시킬 수 있는 nonsynonymous SNP을 우선적으로 htSNP로 선정하는 것이 바람직하다.

표 10-2. **Haplotype-tagging SNP (htSNP)을 선택할 때 고려할 우선 순위**

분류	우선 순위 (priority)
SNP의 특성	nonrepetitive > repetitive
SNP의 위치	coding > noncoding
SNP의 기능	nonsynonymous > synonymous

한편, 집단에 따라 존재하는 SNP의 종류와 빈도가 다르고 이로 인해 haplotype의 구성 형태도 다르기 때문에 htSNP은 집단 또는 인종 특이적으로 구분되어 나타난다. 따라서 실제 연관성 연구에서 htSNP을 활용하기 위해서는 우선 특정집단에 존재하는 haplotype을 조사하여 htSNP을 선별하여 연관성 분석에 사용하는 것이 타당하다. 연관성 연구에서 htSNP을 이용하면 최소의 SNP 마커로 전체 유전체를 커버할 수 있을 것이다. 그래서 최근에는 전체 인간 유전체에서 밝혀진 대량의 tagging SNP (약 50만 개, 500K SNP chip)을 질병원인 유전자 탐색을 위한 연관성 연구에 직접 사용하고 있다.

4. Haplotype tree 분석

Haplotype을 구성하는 염기서열의 차이를 비교하여 haplotype 간의 유사성을 근거로 haplotype tree(=haplotype-based phylogeny)를 만들 수 있다. Haplotype tree 분석은 각 개인의 유전적 근원뿐만 아니라 인간의 진화, 역사적 시간대와 혈통을 유전적으로 결정함으로써 유전체 상에 가해진 자연선발을 이해하는 방법을 제공한다. 또한 haplotype tree는 한 생물종에서 또는 종간의 haplotypic phylogeny를 이해할 수도 있다. Haplotype tree는 특정 유전체 시료의 genotype 데이터를 확보하여 haplotype을 파악하고 haplotype 간의 염기서열에 대한 유사성을 비교하여 haplotype tree를 만들어 진화론적인 돌연변이의 발생을 분류하게 된다(그림 10-7). Haplotype group은 매우 유사한 haplotype의 set으로 구성되어 있고 한 집단의 구성원들은 일반적으로 동일한 haplotype 패턴을 공유하고 있다.

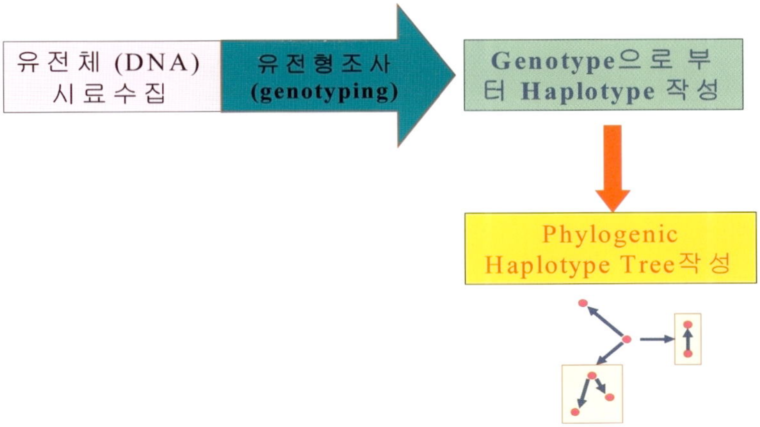

그림 10-7. **Haplotype tree** 작성의 순서

Haplotype tree 작성은 각 haplotype의 유전적 변이의 차이를 나무의 마디로 표시하고 오래된 조상 haplotype을 기준으로 배열한다. 그리고 보다 오래된 haplotype들은 여러 생물종에서 폭넓게 분포하고 있어서 일반적으로 haplotype tree의 마디 안 쪽에 위치하게 된다(그림 10-8). 반면에 최근에 형성된 haplotype들은 바깥쪽의 나뭇잎 부분에 위치하게 된다. 그리고 사람의 경우에는 침팬지와 같은 영장류의 haplotype을 오래된 조상 haplotype으로 정의하고 비교의 기준으로 삼는다. Haplotype tree는 민족 또는 집단의 이동 역사, 유전표류와 자연선발을 이해하는데 사용될 수 있다. 특정 haplotype들은 특정 집단에서 훨씬 더 빈번히 발생하기도 하며 일반적으로 오래된 집단에서 더 다양한 종류의 haplotype이 분포하는 것으로 알려져 있다. 그리고 haplotype tree가 만들어진 이후에 유사한 haplotype들을 서로 묶어 다시 몇 개의 haplogroup으로 구분하기도 한다(그림 10-8). 그리고 haplotype tree 또는 haplogroups 분석은 모계 또는 부계의 조상을 거꾸로 추적하는데도 유용하게 사용되는 방법이기도 하다.

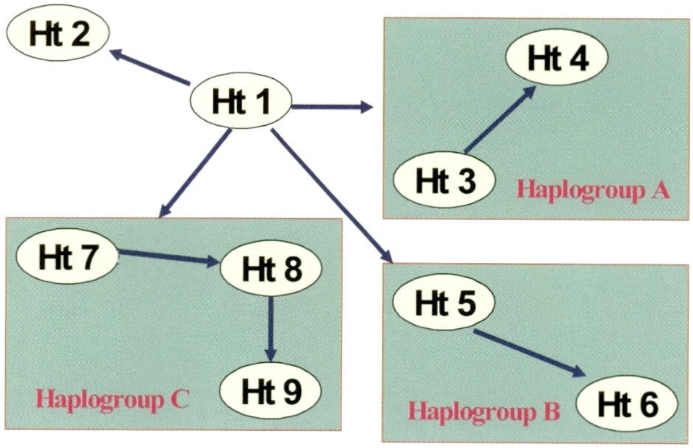

그림 10-8. **Haplotype tree**의 분석 보기

표 10-3. **Haplotype**과 **htSNP**을 위한 프로그램 정보

Haplotype softwares	
Haplotyper	http://www.people.fas.harvard.edu/~junliu/Haplo/docMain.htm
SAS/Genetics	http://www.sas.com/service/library/onlinedoc/genetics/genetics.pdf
Haplo	http://info.med.yale.edu/genetics/kkidd/programs.html
Hapin	None
PHASE	http://www.stats.ox.ac.uk/mathgen/software.html
EM-Decoder	http://www.people.fas.harvard.edu/~junliu/em/em.htm
SNPalyze	http://www.dynacom.co.jp/e/products/package/snpalyze/
Arlequin	http://lgb.unige.ch/arlequin/
Haploview	http://www.broad.mit.edu/mpg/haploview/
HapAnalyzer	http://www.ngri.re.kr/HapAnalyzer/index.htm/
Haplotype-tagging SNP softwares	
HaploBlockFinder	http://cgi.uc.edu/cgi-bin/kzhang/haploBlockFinder.cgi
Haploview	http://www.broad.mit.edu/mpg/haplovie
SNPtagger	http://www.well.ox.ac.uk/~xiayi/haplotype/
LDSelect	http://droog.qs.washington.edu/ldSelect.html
TaqIT	http://popgen.biol.ucl.ac.kr/software.html
tagSNPs	http://www-rcf.usc.edu/~stram/tagSNPs.html
Tag'n'Tell	http://snp.cgb.ki.se/tagntell/
htSNP2	http://www-gene.cimr.cam.ac.uk/clayton/software/
BEST	http://genomemethods.org/best

■ 참고문헌

- Clark AG. (1990). Inference of haplotypes from PCR-amplified samples of diploid populations. Mol Biol Evol 7:111-122.
- Demster AP, Laird NM, Rubin DB. (1977). Maximum likelihood estimation from incomplete data via the EM algorithm. Journal of Statistical Society 39:1-38.
- Qin ZS, Niu T, Liu JS. (2002). Partition-ligation-expectation-maximization algorithm for haplotype inference with single-nucleotide polymorphisms. Am J Hum Genet 71:1242-1247.
- Barrett JC, Fry B, Maller J, Daly MJ. (2005). Haploview: analysis and visualization of LD and haplotype maps. Bioinformatics 21:263-265.
- Clayton D. (1999). A generalization of the transmission/disequilibrium test for uncertain-haplotype transmission. Am J Hum Genet 65:1170-1177.
- Morris AP, Whittaker JC, Balding DJ. (2002). Fine-scale mapping of disease loci via shattered coalescent modeling of genealogies. Am J Hum Genet 70:686-707.
- Niu T, Qin ZS, Xu X, Liu JS. (2002). Bayesian haplotype inference for multiple linked single-nucleotide polymorphisms. Am J Hum Genet 70:157-169.
- Stephens M, Smith NJ, Donnelly P. (2001). A new statistical method for haplotype reconstruction from population data. Am J Hum Genet 68:978-989.
- Stephens M, Donnelly P. (2003). A comparison of bayesian methods for haplotype reconstruction from population genotype data. Am J Hum Genet 73:1162-1169.
- Excoffier L, Slatkin M. (1995). Maximum-likelihood estimation of molecular haplotype frequencies in a diploid population. Mol Biol Evol 12:921-927.
- Hawley ME, Kidd KK. (1995). HAPLO: a program using the EM algorithm to estimate the frequencies of multi-site haplotypes. J Hered 86:409-411.

제 11장 유전체 연관구조(LD)와 HapMap

1. 유전자 재조합과 유전자 연관

생식기관(고환과 난소)에서 정자와 난자를 생성하기 위한 세포분열의 과정 동안 총 46 개의 염색체에서 절반인 23 개의 염색체로 줄어드는 감수분열이 일어난다. 감수분열의 과정은 우선 정상적인 수의 염색체 (2N, diploid)가 체세포 분열 과정을 통하여 염색체 수가 2 배(4N)로 증가한 후에 제 1차 감수분열(2N)과 제 2차 감수분열(N)을 통하여 일배체(haploid gamete)인 정자 또는 난자가 만들어진다(그림 11-1). 감수분열 과정에서 염색체의 일부가 서로 교환하는 교차(crossover)가 일어나는데 모든 염색체에서 여러 번의 교차가 일어나며 이러한 교차로 인하여 많은 대립 유전자들이 새로운 조합을 가지게 되며 이를 유전자 재조합(recombination)이라고 한다. 그리고 이러한 유전자 재조합 비율이 1%일 때, 두 유전마커 간의 거리(genetic distance)를 1 cM (centi-Morgan) 떨어져 있다고 정의한다.

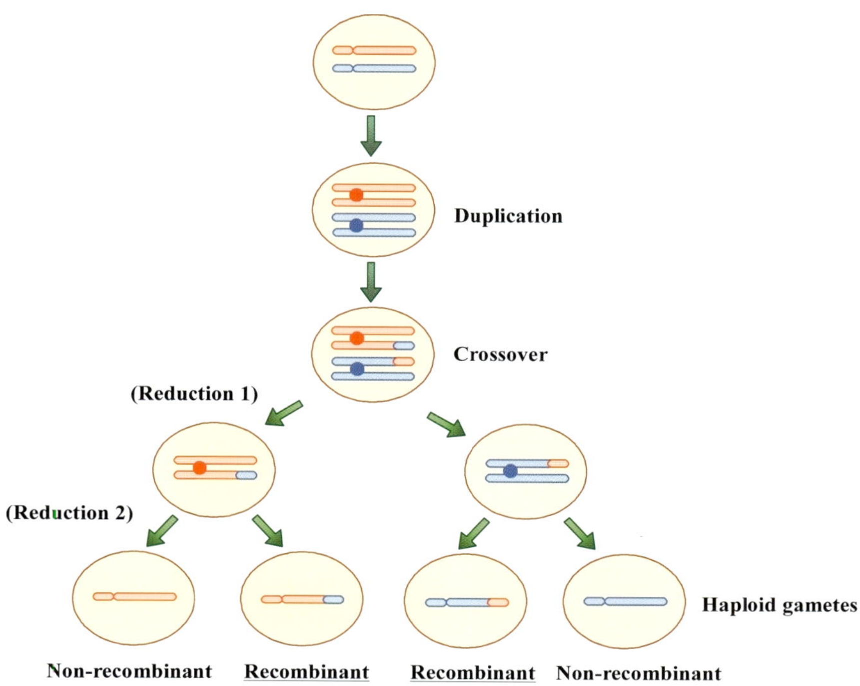

그림 11-1. 감수분열(meiosis)과 유전자 재조합(recombination)

일반적으로 유전적 거리(genetic distance)와 물리적 거리(physical distance) 간에는 서로 비례의 관계가 있으며 1 cM은 약 1×10^6 bp의 거리만큼 떨어져 있는 것으로 알려져 있다. 그러나 두 거리 간에 유전자 재조합이 빈번히 일어나는 재조합 빈발 지역에서는 유전적 거리보다 물리적 거리가 훨씬 가까울 수 있으며, 유전자 재조합이 거의 발생하지 않는 영역에서는 유전적 거리보다 물리적 거리가 훨씬 멀게 된다.

한편 동일한 염색체에 존재하는 2 개의 SNP site 간의 거리가 아주 멀면 감수분열 과정에서 교차(crossover)가 빈번히 발생하여 서로 다른 조합이 독립적으로 발생하게 된다. 그러나 만약 2 개의 SNP 간의 거리가 매우 가까우면 2 개의 SNP은 서로 연관(linked)되어 다음 세대에 같이 전달된다. 예를 들면, 그림 11-2에 제시한 바와 같이 어머니로부터(maternal) 받은 염색체에서는 site 1과 site 2에 각각 C와 A를 가지고 있고 아버지로부터(paternal) 받은 염색체에서는 T와 G를 가지고 있는 경우, 두 site 간의 거리가 멀어 (아주 빈번한 교차가 일어난다면) 독립적으로 서로 다른 4 가지 조합의 haplotype을 가질 수 있게 된다. 그리고 site 1에서 C와 T의 빈도가 각각 50%이고 site 2에서 A와 G의 빈도가 각각 50%이며, 두 site 간에 독립적인 조합에 의해 다음 세대의 자손에 전달된다면 이론적으로 모두 4 가지 조합의 haplotype이 각각 25%의 빈도로 발생할 것이다. 이렇게 두 site 간에 독립적으로 서로 가능한 조합이 모두 발생하는 경우 두 site는 linkage equilibrium 상태에 있다고 한다. 그러나 실제 집단 내에 존재하는 haplotype 조합을 조사했을 때, 가능한 4 가지 조합(CA, CG, TA, TG)이 모두 존재하지 않을 경우에 두 site 사이는 서로 연관되어(linked) 있으며 이런 상태를 linkage disequilibrium(LD) 상태에 있다고 한다. 다시 말하면, LD는 두 loci에서 일어나는 대립 유전자들 쌍(pair)의 이론적 예측치와 실제 관측치 간의 차이(deviation)를 말한다. 따라서 한 집단에서 2 개 이상의 site에 존재하는 대립 유전자 간의 통계적 관련성(statistical association)을 나타내는 하나의 지표로 사용되고 있다. 그리고 LD는 유전변이형 마커의 생성시기, 집단의 역사, 유전자 재조합율(recombination rate), 선발(selection) 및 유전표류(genetic drift) 등에 의해 결정된다.

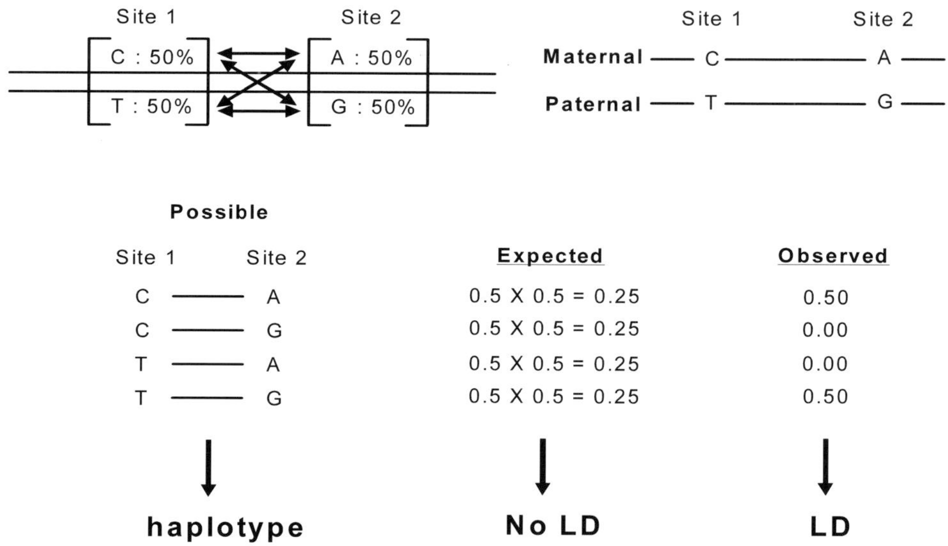

그림 11-2. **LD (Linkage Disequilibrium)**의 개념

2. 유전체 연관(LD)의 계산 방법

LD를 측정하는 방법으로 가장 많이 쓰이는 2 가지 방법은 D'과 r^2 값을 사용하는 것이다. 2가지 측정치 모두 0 (no LD)에서 1 (complete LD) 사이의 값을 갖게 된다.

(1) $|D'|$

가장 많이 쓰이는 측정 방법은 linkage disequilibrium coefficient D 이다. 예를 들어 설명하면, 첫 번째 SNP site에 A와 G가 올 수 있고, 두 번째 SNP site에는 C와 G가 올 수 있다면 구성 가능한 일배체형은 AC, AG, GC, GG의 4가지 조합이다. 만약 균형(equilibrium) 상태라면 haplotype의 예측 빈도는 haplotype을 구성하고 있는 각 대립 유전자 빈도의 곱과 같을 것이다. 이 상태를 만족하지 않는 모든 상태를 불균형(disequilibrium)이라고 부르며 D로 표시한다. 예를 들어, locus A와 B에 대립유전자 "1"과 "2"가 존재할 때, locus A에 대립유전자 "1"이 있는 경우를 A_1, "2"가 있는 경우를 A_2 라고 표현하고(B의 경우도 마찬가지) locus A에 대립유전자 "1"이 나타나는 도수를

p_1, locus B에 "1"이 나타나는 빈도를 q_1 이라고 하자. 이때, linkage equilibrium 상태에서는

$$A_1B_1 = p_1 \times q_1$$
$$A_1B_2 = p_1 \times q_2$$
$$A_2B_1 = p_2 \times q_1$$
$$A_2B_2 = p_2 \times q_2$$

일 것이다. 만약 locus A와 locus B에서의 대립 유전자 간의 LD를 보고자 할 때, 각 locus에 대립유전자 "1"과 "2"가 존재한다면 구성 가능한 haploytpe은 A_1B_1, A_1B_2, A_2B_1, A_2B_2 이고 각 haplotype이 나타날 확률은 P_{11}, P_{12}, P_{21}, P_{22} 이다. 간단한 예를 가지고 설명을 해보고자 한다(그림 11-3).

		SNP site 1 (A/T)	
		A (p_1= 0.2)	T (p_2= 0.8)
SNP site 2 (G/C)	G (q_1= 0.6)	**A-G** (P_{11}=p_1xq_1=0.12) Observed P_{11}= 0.18	**T-G** (P_{21}=p_2xq_1=0.48) Observed P_{21}= 0.42
	C (q_2= 0.4)	**A-C** (P_{12}=p_1xq_2=0.08) Observed P_{12}=0.02	**T-C** (P_{22}= p_2xq_2=0.32) Observed P_{22}=0.38

$D = P_{11}P_{22} - P_{12}P_{21}$
$= (0.18 \times 0.38) - (0.02 \times 0.42)$
$= 0.06$

- $|D'| = D/D_{max}$
  $D_{max} = \min(p_1q_2,\ p_2q_1)$, if $D>0$
  $\max(-p_1q_1,\ -p_2q_2)$, if $D<0$
- $|D'| = D/D_{max}$
  $= 0.06/0.08$
  $= 0.75$

그림 11-3. D' 값을 계산하는 방법의 예

예를 들면 그림 11-3에 제시한 바와 같이, locus A에서 $p_1 = 0.2$, $p_2 = 0.8$ 이고 locus B에 대해서는 $q_1 = 0.6$, $q_2 = 0.4$ 이라고 한다면 예측빈도는

$$A_1B_1 = P_{11} = p_1 \times q_1 = 0.12$$
$$A_1B_2 = P_{12} = p_1 \times q_2 = 0.08$$
$$A_2B_1 = P_{21} = p_2 \times q_1 = 0.48$$
$$A_2B_2 = P_{22} = p_2 \times q_2 = 0.32$$

이다. 그런데 실제로 관측된 haplotype의 빈도는 다음과 같다고 가정하자.

$$\begin{aligned} A_1B_1 &= & P_{11} &= & 0.18 \\ A_1B_2 &= & P_{12} &= & 0.2 \\ A_2B_1 &= & P_{21} &= & 0.42 \\ A_2B_2 &= & P_{22} &= & 0.38 \end{aligned}$$

이런 경우 D를 구하는 방법은 다음 식과 같다.

$$D = P_{11}P_{22} - P_{12}P_{21}$$

D는 $-0.25 \sim 0.25$ 사이의 값을 취하는데 만약 linkage equilibrium 상태라면 (LD가 없는 경우) $D = 0$ 이고 linkage disequilibrium 상태라면 (LD가 존재하는 경우) 그 외의 값을 취한다. 따라서 위의 예를 이용하면

$D = P_{11}P_{22} - P_{12}P_{21} = 0.18 \times 0.38 - 0.02 \times 0.42 = 0.06$ 이다.

일반적으로 D 보다 더 많이 사용하는 측정치에는 D' 이 있는데 D 를 D 의 최대값 (D_{max})으로 나눈 값과 같다. 식으로 나타내면

$$D' = D / D_{\max},$$

$$D_{\max} = \begin{cases} \min(p_1q_2, p_2q_1), \; if \;\; D > 0 \\ \max(-p_1q_1, -p_2q_2), \; if \;\; D < 0 \end{cases}$$

위의 예에서 D' 을 구해보면, $D' = D / D_{\max} = 0.06 / 0.08 = 0.75$ 이다.

일반적으로 2 또는 3 개의 가능한 haplotype만 존재할 때 $D' = 1$ 을 가지게 되고 4 가지 가능한 모든 haplotype이 존재할 때 $D' < 1$ 의 값을 가지게 된다. 앞에서 언급한 바와 같이 D' 은 0 ~ 1 사이의 값을 갖는데 $D' = 1$ 인 경우는 유전자 재조합을 통해서 complete LD 상태로 유전자 재조합 (recombination)이 발생하지 않았음을 나타낸다. 그러나 $D' < 1$ 인 경우는 이전 세대 어디선가 유전자 재조합(recombination)이 일어났음을 의미하고 $D' = 0$ 인 경우는 linkage equilibrium 상태로서 두 locus의 대립유전자가 연관되어 있지 않고 임의로 유전자 재조합이 일어났다는 것을 의미한다. 주의할 점은 D' 값이 0 ~ 1 사이의 중간치를 가지고 있을 때 D' 값의 의미를 해석하는 것이 명확하지 않다는 점이다. 예를 들어 D' 이 0.3일 때와 0.7일 때 LD의 정도 차이가 얼마나 다르냐는 것을 명확히 말할 수 없다. 그러나 일반적으로 D' 값이 낮을수록 두 site 간에 강한 유전자 재조합(recombination)과 돌연변이(recurrent mutation)가 빈번하게 일어났음을 의미한다.

(2) r^2

LD를 측정할 수 있는 다른 방법으로는 r^2 (상관계수)를 이용한 방법이 있는데, 두 마커 간에 통계적인 상관성(correlation)이 얼마나 있느냐를 나타내는 척도로서 다음과 같이 구할 수 있다.

$$r^2 = \frac{D^2}{p_1 p_2 q_1 q_2}$$

위 예를 이용하면

$$r^2 = \frac{D^2}{p_1 p_2 q_1 q_2} = \frac{(0.06)^2}{0.2 \times 0.8 \times 0.6 \times 0.4} = 0.09375$$

이다. r^2 는 $0 \sim 1$ 사이의 값을 가질 수 있고 $r^2 = 1$ 은 perfect LD를 의미하며 단지 2 개

의 haplotype만이 존재하게 된다. 보통 $r^2 > 1/3$ 이면 강한 LD가 있다고 말할 수 있다.

r^2 값이 많이 사용되는 이유는 하나의 SNP이 다른 SNP을 얼마나 잘 대신해(surrogate) 줄 수 있는지를 나타내는 척도가 되기 때문이고 다른 하나는 검정력(power)과 관계가 있어서 표본수(sample size)를 정할 수 있기 때문이다. 질병과 marker locus 간의 관련성(association)을 찾는 연구에서 두 마커 간의 상관계수가 다를 경우 같은 검정력을 갖기 위해서 표본수는 약 $1/r^2$ 배만큼 증가해야 한다. 예를 들어, SNP-1이 질병과 관련이 있다고 알려진 SNP이고 이 때 사용한 표본 수가 환자군이 1,000명, 정상군이 1,000명이었다고 하자. 그리고 SNP-2가 SNP-1과 근접한 SNP이고 $r^2 = 0.8$이었다면 기존의 연구와 같은 검정력(power)을 갖기 위해서 필요한 표본수(sample size)는 환자군이 1,250명, 정상군이 1,250명이다. 이것은 r^2 가 하나의 locus가 다른 locus를 얼마나 대신(surrogate)할 수 있는가 하는 정보의 양을 말하기 때문에 나타나는 특성이다.

SNP-1 ($r^2 = 1.0$)	SNP-2 ($r^2 = 0.8$)
- sample size= $1/r^2$	- sample size= $1/r^2$
- 1,000 cases + 1,000 controls	- 1,250 cases + 1,250 controls

r^2 값은 두 site 간의 유전자 재조합(recombination)과 돌연변이(mutation)에 의해 영향을 받는다. 한편, 두 유전마커 간에 D′=1 이면 complete LD에 있다고 말하고 r^2 =1이면 perfect LD에 있다고 말한다. 그러나 D′=1인 경우에는 두 유전마커 간에는 동일한 마커가 100% 연관되어 있지 않지만 r^2 =1인 경우에는 두 유전마커 간에는 100% 연관되어 있어 항상 동일한 조합의 마커로 존재하게 된다. 따라서 r^2 값이 D′값보다 더 엄격함을 알 수 있다.

3. 유전체 연관구조(LD blocks)의 조사 방법

위에서 언급된 LD 측정 방법인 D′ 또는 r^2 값으로 조사하여 보면, 인간 유전체는 특이한 일련의 LD block 구조로 이루어져 있음을 알게 된다(그림 11-4).

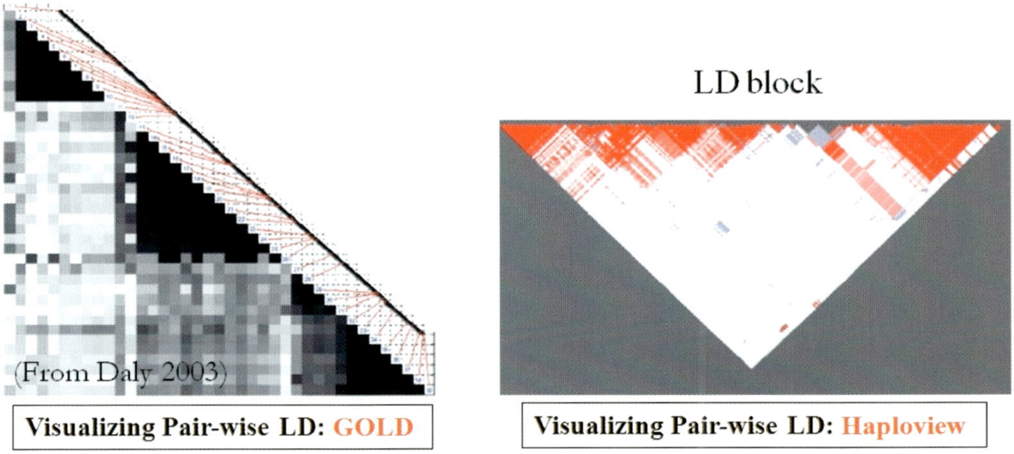

그림 11-4. 인간 유전체의 **LD block** 구조. GOLD 프로그램 (왼쪽) 또는 Haploview 프로그램을 이용한 LD block 구조 분석의 예.

Haplotype block을 정의하는 방법에는 Patil block definition 방법(Patil et al, 2001)과 Gabriel block definition 방법(Gabriel et al, 2002)이 있다. Patil의 방법에서는 물리적으로 가까운 SNP들이 block을 만들고 이들은 연관되어 있다고 말하고 있다. 따라서 연관된 block 내에서는 제한된 변이를 가지고 이것이 제한된 수의 "SNP haplotype"을 정의한다고 말한다. 즉, block은 haplotype의 다양성이 제한적으로 적게 나타나는 지역(region)으로 정의하고 있고 각 haplotype은 하나의 염색체에서 분화되었다고 말하는 것이다. 앞에서 언급한 바와 같이 N 개의 biallele로 이루어진 하나의 block은 이론적으로 2^N 개의 다른 haplotype을 만들 수 있으나 잦은 돌연변이나 유전자 재조합이 없다고 한다면 실제로 관측되는 haplotype의 수는 *(N-1)*보다 크지 않다고 한다. 반면에 Gabriel 방법에서는 D' 에 기반을 둔 pairwise disequilibrium을 이용하여 유전자 재조합이 많이 일어나서 변이가 생긴 지역을 찾고 halotype block을 유전자 재조합이 거의 일어나지 않았거나 일어나지 않은 연속적인 사이트(consecutive site)의 세트(set)로 정의한다. 일반적으로 Gabriel block definition 방법이 Patil block definition 방법보다 많이 사용되고 있다. 그 이유는 Gabriel 방법이 D' 을 기반으로 하기 때문에 유전자 재조합이 일어났는지를 보다 직관적으로 알 수 있기 때문이다. 또한 pairwise 방법이기 때문에 haplotype의 정확한 조합의 형태(phase)를 알 수 없을 때 좀 더 쉽게 사용할 수 있는 방법이며 동시에 pairwise disequilibrium 계수를 시각화하는 것이 용이하기 때문이다. LD block 구조를 시각화할 수 있는 다수의 프로그램들이 이용 가능하며 대표적인 것으로는 다음과 같은 것이 있다.

- HAPLOVIEW (http://www.broad.mit.edu/mpg/haploview/)
- GOLD (http://www.sph.umich.edu/csg/abecasis/GOLD/)
- HapAnalyzer (http://www.ngri.re.kr/HapAnalyzer/index.html)

한편 LD block 구조를 조사하기 위해 사용하는 SNP의 빈도는 일반적으로 10% 이상이 되어야만 분명한 LD 구조를 확인할 수 있다. 그림 11-5에 제시한 바와 같이 모든 빈도의 SNP 마커를 포함하여 유전체 구조분석을 시도하면 특정한 유전체 구조의 양상을 찾기 어려우나 빈도가 10% 이상인 SNP 마커만을 사용하면 인종 간의 유전체 구조의 차이를 분명히 확인할 수 있다. 일반적으로 LD block 구조를 조사하기 위해서는 빈도가 10% 이상인 SNP만을 사용하며, 10% 이하의 빈도를 가진 SNP을 사용하게 되면 각 SNP site 간에 조합의 분리가 잘 이루어지지 않아 서로 연관된 구조로 나타나게 된다.

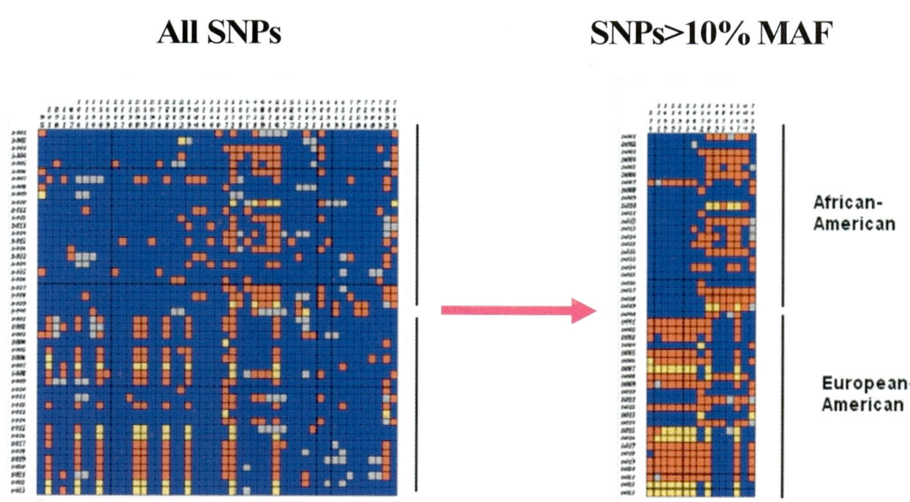

그림 11-5. **LD block 구조분석에서 SNP 빈도의 영향**

4. 유전체 연관(LD)에 영향을 미치는 요인들

이배체(diploid)로 구성된 개인의 인간 유전체는 2 개의 다른 염색체 쌍으로 구성되어 있다. 따라서 만약에 다음 세대에 전달되는 정자나 난자를 생산하는 세포분열 기간에 유전자 재조합(recombination)이 발생하지 않는다면 다음 세대의 자손은 엄마로부터 한 종류의 염색체와 아빠로부터 한 종류의 염색체를 받게 된다(그림 11-6). 그러나 하나의 염색체는 감수분열 과정에서 한 염색체당 여러 번의 유전자 재조합이 발생하게 되어 실제로 난자와 정자가 다음 세대에 전달될 때는 2 쌍의 염색체로부터 융합된 다양한 형태의 염색체를 전달하게 된다. 그리고 실제 인간 집단에 존재하는 개별 염색체 들은 수만 년 또는 수 천 년의 세월을 흐르면서 매우 세세한 염색체의 조각으로 만들어진 재조합 염색체로 구성되어 있다.

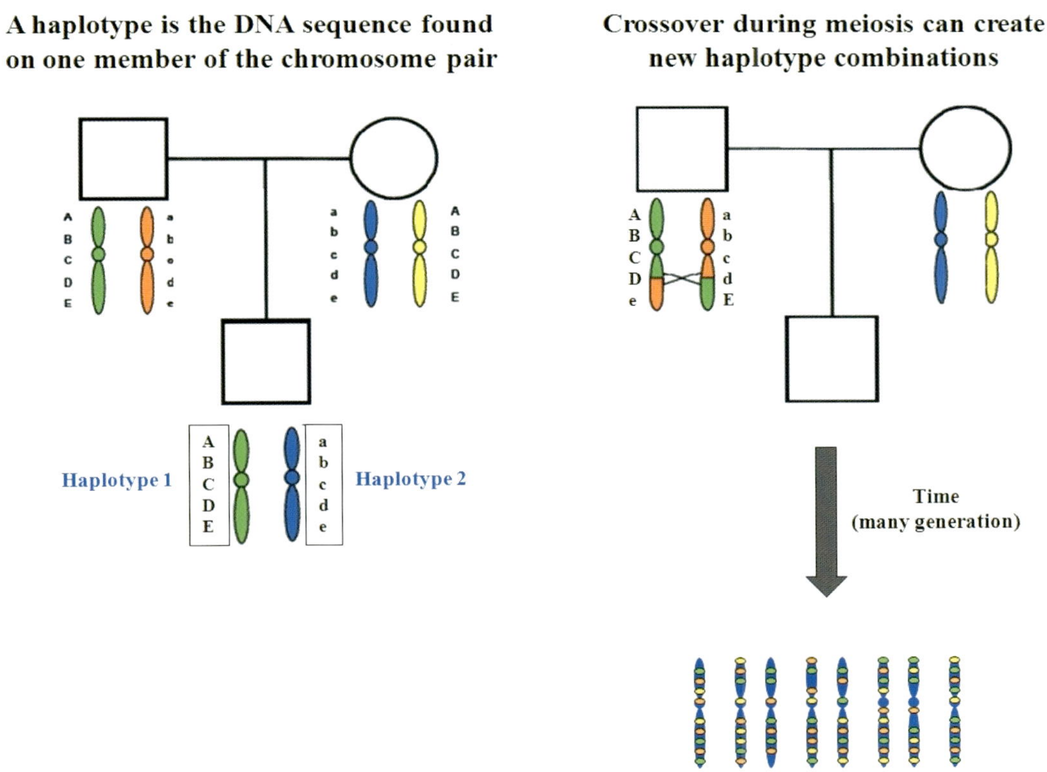

그림 11-6. **LD**에 영향을 미치는 유전자 재조합의 효과

유전체 연관구조(LD)를 결정하는 가장 중요한 요인은 유전자 재조합(recombination) 현상이다. 유전자 재조합은 일반적으로 거리에 비례하는데 유전 마커 간의 거리가 짧을수록 재조합이 적게 일어나고 거리가 멀리 있을수록 빈번하게 발생한다. 따라서 거리가 증가하면서 LD는 감소한다. 그리고 LD 구조는 인종 간에도 차이가 있으며 아프리카인보다 다른 인종(유럽인과 아시아인)의 LD block이 더 크게 존재하는 것으로 알려져 있다. LD는 세대를 거듭할수록 돌연변이나 유전자 재조합이 일어나기 때문에 보다 많은 세분화된 구조를 가진다. 즉, 최초에 하나의 조상 염색체(ancestral chromosome)로 시작하였더라도 여러 세대를 거치게 되면 현재 인간집단에 존재하는 LD 구조는 다양한 변이가 생기고 다양한 양상을 갖는다(그림 11-7).

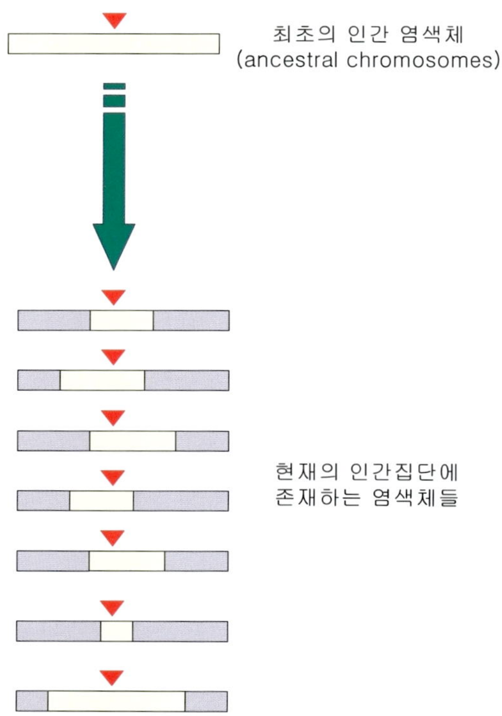

그림 11-7. 시간의 흐름에 따른 LD 구조의 변화 양상

만약 이웃한 SNP들이 강하게 연관되어 있다면 그렇지 않은 SNP들보다 여러 세대가 지나더라도 LD 구조를 강하게 유지할 것이다. 아래 그림 11-8에 제시된 바와 같이 recombination rate, r= 0.01 (1%의 재조합)은 SNP들 간의 강한 연관 관계가 있음을 의미하고 r= 0.5 (50% 재조합)는 독립된 염색체처럼 서로 연관되어 있지 않음을 의미한다. 따라서 r= 0.01일 때는 r= 0.5일 때보다 여러 세대를 거쳐도 LD 구조가 더 많이 유지된다. 일반적으로 두 유전마커 간에 유전자 재조합의 비율이 높을수록 LD는 세대가 지날수록 빠르게 감소한다.

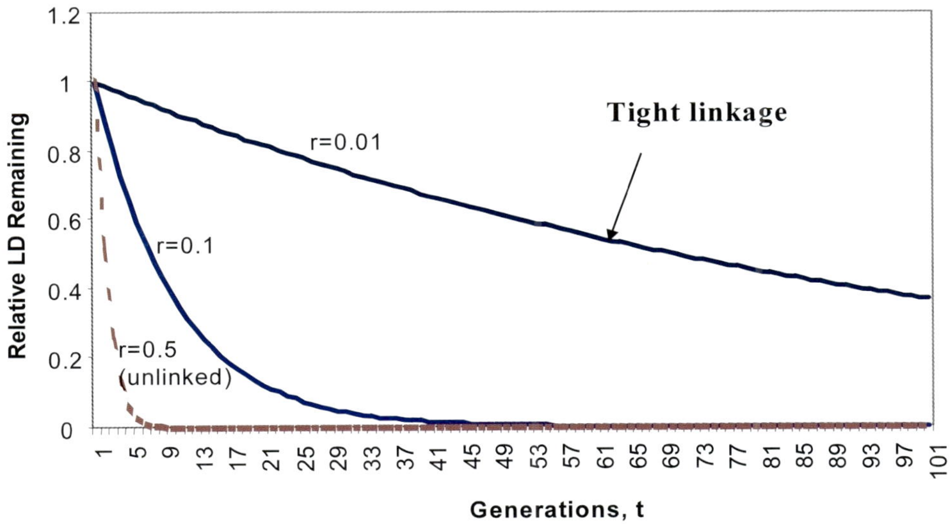

그림 11-8. 유전자 재조합율**(recombination rate)**에 따른 **LD** 구조의 감소 패턴

어떤 집단에서 LD는 시간(세대)과 유전자 재조합율에 의해 결정되는데, 다음 식과 같이 표현할 수 있다.

$$D_t = (1-r)^t D_0$$

여기서 D_0는 시작점에서의 LD의 정도, D_t는 t 세대 후의 LD의 정도, r은 유전자 재조합율이고 t는 세대를 의미한다. 즉, 위의 식을 이용하면 t 세대가 흐른 후의 LD의 정도를 알 수 있어서 시작점보다 얼마나 LD가 많이 소실되었는지 알 수 있다. 예를 들어 r= 0.001이고 5 세대가 흐르면 0.005만큼의 LD가 소실되게 된다. 또한 돌연변이나 유전자 재조합뿐만 아니라 LD에 영향을 주는 다른 요인들이 존재하는데 genetic drift, population growth, admixture or migration, population structure, natural selection, variable recombination rates, variable mutation rates, gene conversion 등이 대표적인 예들이다 (Ardlie KG et al., 2002).

5. 유전체 연관구조의 패턴

현재 존재하는 인간 집단에 대한 LD block 구조를 유전체 상에서 조사해 보면 매우 특이적인 구조를 가지고 있음을 확인할 수 있다. 예를 들면 그림 11-9에 제시된 바와 같이 제한된 수의 haplotype 다양성을 가진 LD block들이 재조합 hot spot에 의해 분리되어 있다. 블록 아래의 선들은 common haplotype (>5%)의 수를 나타내는 것이고 아래 그림은 거리에 따라 LD의 감소가 일어나는 것을 보여준다. 특히 hot spot 지역에서는 거리에 따라 LD의 감소가 급격하게 일어남을 알 수 있다. 따라서 인간의 유전체는 일련의 연속적인 LD block 구조로 이루어져 있으며 block과 block 사이에는 재조합 hot spot이 존재하여 각각의 block을 구분시키고 있다. 그리고 각 block 내에는 제한된 haplotype의 다양성이 존재하고 있다. 일반적으로 각 block 내에 존재하는 common halotype (>5%)의 개수는 2~5 개 정도이다.

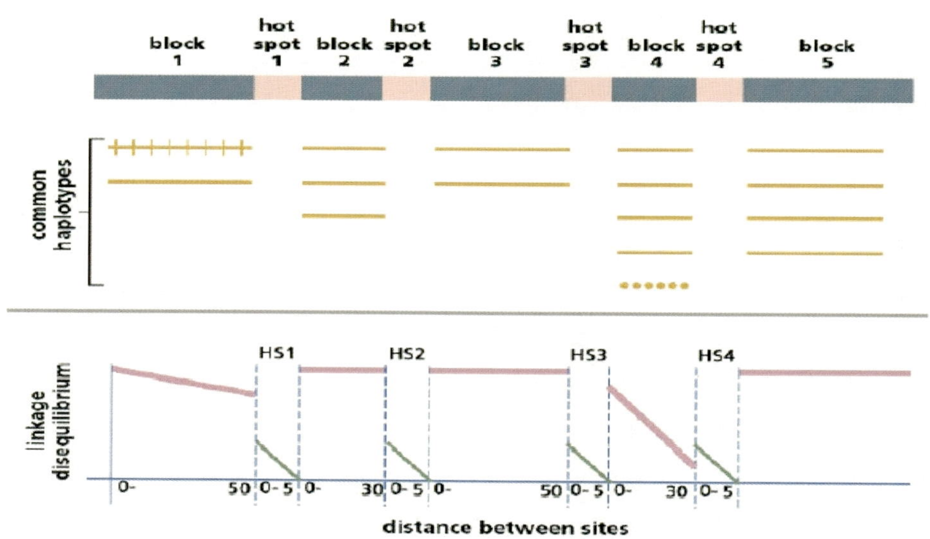

그림 11-9. 인간 유전체에 존재하는 **LD block**의 기본구조. 출처: Goldstein DB. (2001). Nature Genetics 29:109-111.

인간의 유전체에 존재하는 LD block의 구조는 유전체 지역에 따라 다르고, 또한 인종에 따라서도 아주 다양한 형태로 존재하고 있다. 예를 들면, Gabriel 등의 연구에서 아프리카인 집단은 평균 LD block의 크기가 11 kb 였으나 아시아인과 유럽인들의 평균 LD block 크기는 22 kb로 보다 큰 block으로 분포하고 있음을 확인할 수 있다. 그리고 haplotype의 수는 block 내에서 SNP의 개수가 증가함에 따라 무한정 많이 존재하는 것이 아니라 약 6-8 개의 common SNP 마커에서 정점에 도달하였다. 이는 한 LD block 내의 haplotype 다양성이 제한적임을 나타내는 증거의 하나이다. 한편 전체 인간집단의 common haplotype의 개수가 평균적으로 5.3 개이지만 아프리카인은 5.0 개, 유럽인은 4.2 개, 그리고 아시아인은 3.5 개가 존재하는 것으로 나타났으며 이는 전체 인간 집단의 거의 모든 유전변이형이 아프리카인의 집단에 존재하고 있음을 의미하고 인류의 기원이 아프리카에서 시작되었다는 이론 ("out of Africa" origin)의 또 다른 증거가 되고 있다. 이러한 인종 간 LD block의 크기와 유전적 다양성의 분포가 다른 것을 바탕으로 전체 유전체를 모두 커버하는 genome-wide haplotype association study에 인종별로 필요한 htSNP의 수는 아프리카인에서는 1,000,000 개, 아시아인과 유럽인에서는 300,000 개 정도가 될 것으로 추정되고 있다(Gabriel SB et al., 2002).

평균 **block** 크기: **11 kb in African**
22 kb in Asian and European

Haplotype의 수는 한 **block** 안에 **common SNP**의 개수가 증가할수록 계속적으로 증가하는 것이 아니라 약 **6-8** 개의 **common SNP** 마커에서 최고정점에 도달함

인종별 **block**당 평균 **Haplotype**의 수:

5.0 common haplotypes (>5%) in African
4.2 common haplotypes (>5%) in European
3.5 common haplotypes (>5%) in Asian

5.3= Total Common Haplotypes

"*Out of Africa*" Origin

출처: Gabriel SB et al. (2002). Science 296:2225-2229.

한편 최근의 한 연구에서 아시아인, 유럽인, 아프리카인의 대표적인 3 인종의 71 명의 DNA 시료를 사용하여 1,586,383 개의 SNP를 genotyping하여 인종 특이적 유전체 구조 분석을 발표하였다. 표 11-1에 제시한 바와 같이 아프리카인은 약 23만 개의 LD block으로 구성되어 있으나 유럽인과 아시아인은 약 10만 개 내외의 LD block으로 구성되어 있음을 확인하였다. 그리고 각 인종별 LD block의 수와 common haplotype (>5%)을 대표하는 전체 유전체를 커버하는 tagging SNP의 수는 아프리카인에서는 57만 개, 유럽인에서는 27만 개, 아시아인(중국인)에서는 22만 개가 필요한 것으로 추정되었다 (Hinds DA et al., 2005). 이러한 인종별 LD 구조 정보와 전체 유전체를 커버할 수 있는 tagging SNP의 정확한 추정은 전체 유전체 상에서 질병에 관련된 유전자 탐색 연구에 매우 귀중한 기초 자료로 활용되고 있다.

표 11-1. 인종별 **LD block** 크기의 분포

인종집단	**Block**의 수	평균 크기 **(kb)**	필요한 **SNP**의 수[1)]
아프리카인	235,663	8.8	570,886
유럽인	109,913	20.7	275,960
중국인	89,994	25.2	220,809

[1)] 5% 이상의 빈도를 지닌 common haplotype 패턴을 구별하기 위해 필요한 최소 SNP의 수. 출처: Hinds DA et al. (2005). Science 307:1072-1079.

인간 유전체에 대한 상세한 LD 및 haplotype 구조 정보에 대한 이해는 전장 유전체 연관성 연구를 통하여 질병에 관련된 질병 유전자를 발굴하는데 매우 유용하게 이용될 것이다. 질병 유전자 발굴을 위한 LD mapping은 다음과 같은 순서로 이루어진다. 우선 유전체 상의 LD block 구조를 분석하고 각 LD block에 존재하는 haplotype의 구성과 htSNP을 찾는다. 이렇게 선별된 htSNP을 가지고 질병군과 정상군 간의 연관성 분석을 수행하여 질병에 관련된 LD의 위치를 찾게 된다. 그러나 LD mapping은 질병에 관련된 원인 유전변이형을 바로 찾을 수 있는 것이 아니라 질병에 연관된 LD block을 찾는 방법이며 질병과 연관된 LD가 밝혀진다면 같은 LD block에 있을 질병 원인 유전변이형을 추가적으로 탐색하여 최종적으로 질병에 연관된 유전변이형을 밝혀야 한다. 그리고 LD mapping을 이용한 질병 원인 유전자를 찾고자 할 때 질병의 원인이 되는 유전변이형의

발생 시점이 역사적으로 얼마나 오래되었는지 고려해야 한다. 예를 들면, 질병을 유발하는 돌연변이가 인류의 역사상 아주 오래 전에 발생했다면 현재의 인간 집단에 존재하는 LD block이 매우 다양한 형태로 분포해 있어 보다 많은 SNP 마커가 필요하다(그림 11-10). 일반적으로 haplotype mapping 기술은 유전적 연관성을 규명하는데 매우 강력한 수단으로 사용될 수 있으며 특히 haplotype에 대한 phylogenetic 분석은 인간의 유전변이와 복합적으로 나타나는 표현형 간의 관계 규명에 보다 적합한 방법이 될 수 있을 것이다.

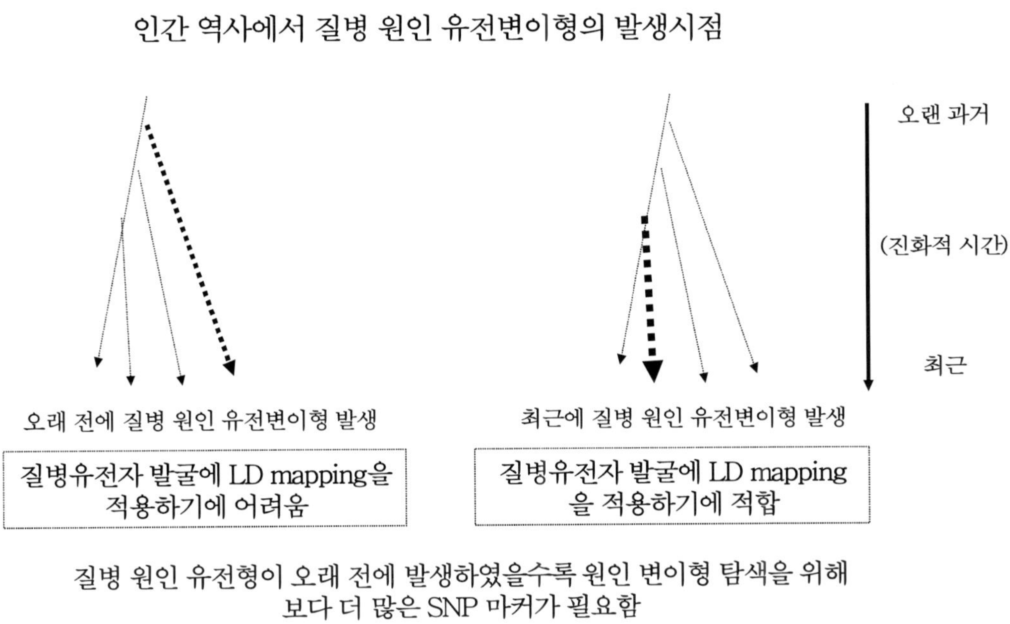

그림 11-10. 질병 원인 유전자의 발생 시기에 따른 **LD mapping**의 유용성 비교

6. 국제 일배체형 지도작성 사업 (International HapMap Project)

인간유전체사업 완료 이후에 선진국에서는 각 개인의 유전적 차이를 규명하여 질병의 발생과 치료를 조절-예측할 수 있는 맞춤의학 시대를 실현시키기 위해 노력하고 있다. 특히 인간 유전체를 구성하고 있는 LD block과 haplotype map 정보를 얻을 수 있

다면 인간의 질병에 관련된 유전자 발굴에 매우 유용하게 사용될 것으로 판단하고 2002년 10월에 국제 일배체형 지도작성 사업(International Haplotype Map Project 이하 HapMap Project)을 추진하였다(그림 11-11).

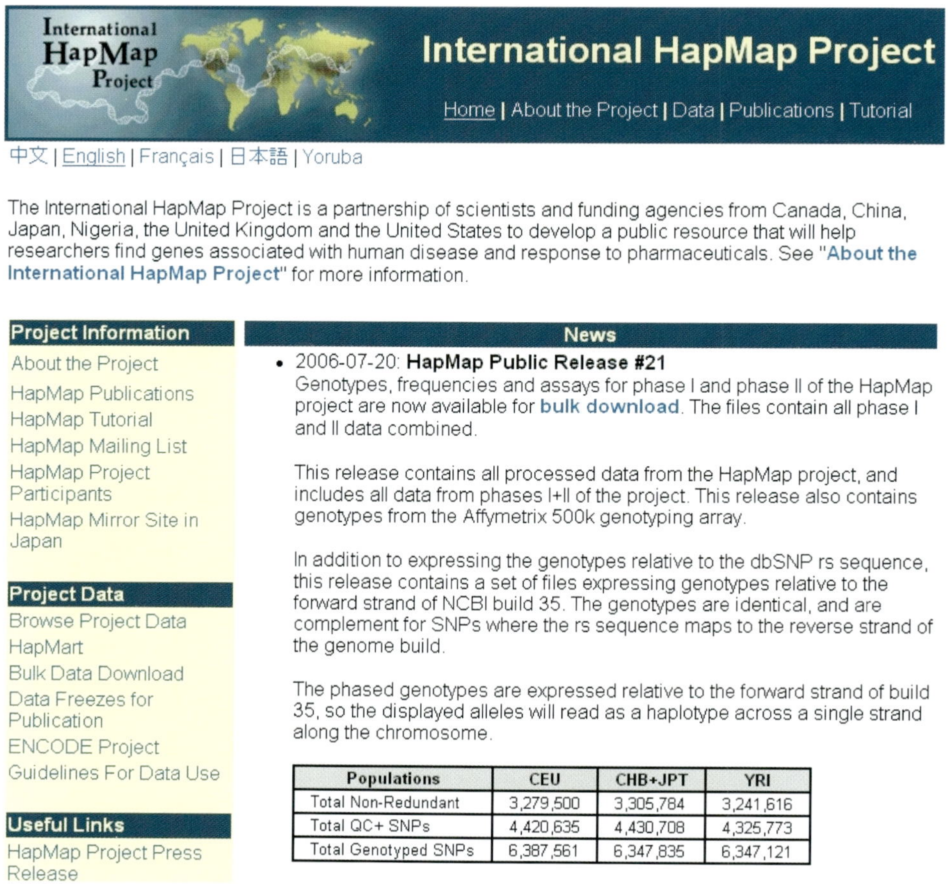

그림 11-11. **International HapMap** 홈페이지 **(www.hapmap.org)** 창

HapMap Project의 목적은 아프리카인(Yoruban), 유럽인(CEPH), 아시아인(중국인/일본인)에 존재하는 haplotype block과 common haplotype을 규명하여 전체 인간 유전체를 모두 커버하는 haplotype map (genome-wide HapMap)을 만드는 것이었다. International HapMap Project에는 5 개국(미국, 영국, 캐나다, 일본, 중국)이 참여하였으며 각 나라별 분담은 표 11-2에 제시하였다.

표 11-2. **International HapMap Project**에 참여한 국가 및 유전체 분석영역

참여 국가	책임연구자	분석 염색체 부위	비율
일본	Nakamura	5, 11, 14, 15, 16, 17, 19	25%
영국	David Bentley	1, 6, 10, 13, 20	25%
캐나다	Thomas Hudson	2, 4p	10%
중국	The China HapMap Consortium	3, 8p, 21	10%
미국	Illumina	8q, 9, 18q, 22, X	30% (15%)
	Whitehead	4q, 7q, 18p, Y	(9%)
	Baylor	12	(4%)
	UCSF & Washington University	7p	(2%)

HapMap project에는 인류의 대표적인 3 인종의 시료가 사용되었다. 아프리카인은 Nigeria의 Yoruban으로부터 30 가계를 부-모-자식의 trio로 구성하여 총 90 명의 DNA 시료를 확보하고, 유럽인은 미국의 Utah 지역에 살고 있는 CEPH(Centre d'Etude du Polymorphisme Humain collection)으로부터 30 가계의 trio인 총 90 명의 사람들을 대상으로 하였다. 그리고 아시아인은 중국 베이징에 살고 있는 45 명의 혈연관계가 없는 시료와 일본의 도쿄 지역에 살고 있는 45 명의 일본인이 사용되었다. 따라서 HapMap Project에는 총 270 명의 DNA 시료가 사용되었다. HapMap Project는 3 단계로 진행되었으며 제 1 단계는 약 3 kb 간격의 SNP을 genotyping하여 전체 총 1백만 개의 SNP를 사용하여 인간 유전체의 HapMap을 작성했다. 그리고 제 2 단계는 약 600 bp 당 하나의 SNP 마커를 가지고 인간 유전체 HapMap을 작성-완료하였다(표 11-3). 그리고 3 단계는 11 개 인종 집단에서 총 1,301 명의 유전체에 대한 유전자형 분석을 수행하여 사람에 존재하는 다양한 유전체의 구조와 유전자형의 분포 정보를 확보하는 것이다. 한편 인간 유전체 전체를 커버할 수 있는 HapMap 정보는 LD 정보를 이용한 다양한 표현형에 관련된 유전적 원인을 찾아내는데(LD-based gene mapping studies) 강력한 파워를 가지게 된다.

표 11-3. **HapMap project의 단계별 목표**

단계	단계별 연구목표 및 내용
제 1 단계 (Phase 1)	• 인간 유전체 상에서 3 kb 간격의 SNP 마커 정보를 확보함 • 총 1 백만 SNP을 조사함 • 유전형 조사에 사용된 시료 (3 인종): 45 명의 일본인 + 45 명의 중국인 30 가계의 trio 쌍 총 90 명의 CEPH시료 (유럽인) 30 가계의 trio 쌍 총 90 명의 아프리카인
제 2 단계 (Phase 2)	• 460만 개의 SNP을 추가적으로 조사함 • 225만 개의 SNP을 HapMap에 추가함 • 600 bp 간격의 SNP 마커에 대한 데이터를 확보함 • 다른 인종 집단에서 추가적으로 genotype 데이터를 수집함
제 3 단계 (Phase 3)	• 11 개 인종 집단의 총 1,301 개의 분석 시료 수집 (최초 270 개 포함) • 수집된 시료에서 모든 유전자형 분석

7. HapMap ENCODE Project

인간 유전체의 약 5% 정도가 기능적으로 중요한 역할을 하는 유전체 부위로 알려져 있다. 이 부위에는 인간 유전체의 약 1.5% 정도를 차지하는 단백질을 코딩하는 유전자 부위, 그리고 약 3.5% 정도는 유전자 조절 부위 및 염색체 기능 조절 부위 등이 포함된 유전체 기능 조절 부위가 포함되어 있다(그림 11-12). 특히 아직까지 그 기능이 잘 밝혀지지 않은 많은 중요한 기능적 유전체 부위가 계속적으로 밝혀지고 있어서 향후에 더 상세한 정보를 알 수 있을 것이다.

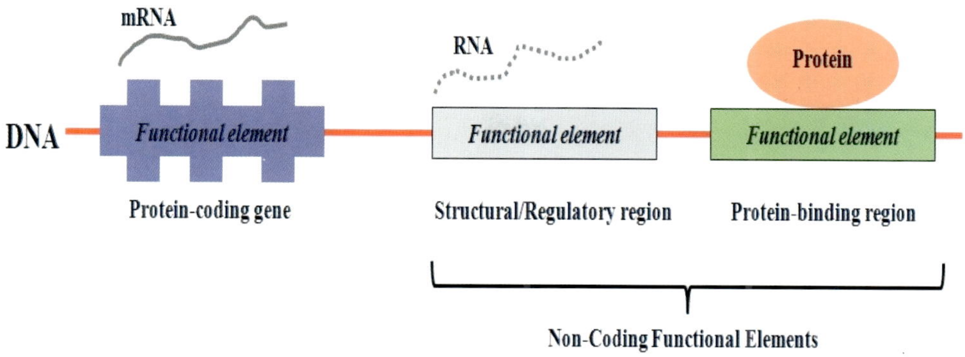

그림 11-12. 인간 유전체의 기능적 유전부위

한편 HapMap Project를 수행하면서 전체 유전체에 존재하는 다양한 유전체의 구조 및 유전변이형의 기능을 상세히 규명하기 위하여 「The ENCyclopedia Of DNA Elements (ENCODE) Project」가 추가적으로 진행되었다. 본 프로젝트의 목적은 인간 유전체 염기서열에 존재하는 모든 기능적 구성 요인(functional elements)을 찾기 위한 것이다. HapMap ENCODE Project에서는 500 kb 크기의 유전체 영역 10 곳(인간 유전체의 1%에 해당하는 약 30 Mb에 해당됨)이 선정되었다(표 11-4). 10 곳의 유전체 영역은 염색체의 범위, 유전자 재조합율, 유전자 밀도, 마우스 유전체와 비교하여 유전자가 발현되지는 않지만 유사성이 높은 영역 등을 고려하여 선별된 것이다. 선정된 영역에서 매우 촘촘한 유전변이형 정보를 확보하기 위해 2 개의 세부 프로젝트(resequencing project와 genotyping project)로 진행되었다. 우선 모두 10 곳의 500 kb 유전체 영역을 48 명의 DNA 시료(16 명의 아프리카인, 8 명의 일본인, 8 명의 중국인, 16 명의 유럽인)에서 resequencing을 수행하였다. 그리고 resequencing에서 밝혀진 모든 SNP뿐만 아니라 dbSNP에 이미 수록된 SNP을 269 명 (90 명의 아프리카인, 44 명의 일본인, 45 명의 중국인, 90 명의 유럽인)에서 genotyping하여 모든 유전변이형 정보를 확보하였다.

표 11-4. **ENCODE 프로젝트에서 선정된 10 개 유전체부위 (각 부위당 500kb 영역)**

Region No	Region Name	Chromosome band
1	ENr112	2p16.3
2	ENr131	2q37.1
3	ENr113	4q26
4	ENm010	7p15.2
5	ENm013	7q21.13
6	ENm014	7q31.33
7	ENr321	8q24.11
8	ENr232	9q34.11
9	ENr123	12q12
10	ENr213	18q12.1

본 연구의 결과물인 아주 상세한 유전형 정보는 유전체 분석 방법을 개발하는데 사용되었다. 그리고 ENCODE Project를 통하여 얻어진 상세한 유전변이형 정보는 인간 유전체에 존재하는 다양한 종류의 기능적 구성 요인(functional elements)을 규명하는데 (그림 11-13) 사용되어 향후에 인간 유전체 전체를 분석하기 위한 새로운 방향을 제시해 줄 것이다. ENCODE Project에 대한 상세한 추가적 정보는 HapMap 홈페이지(www.hapmap.org)에서 찾아 볼 수 있다.

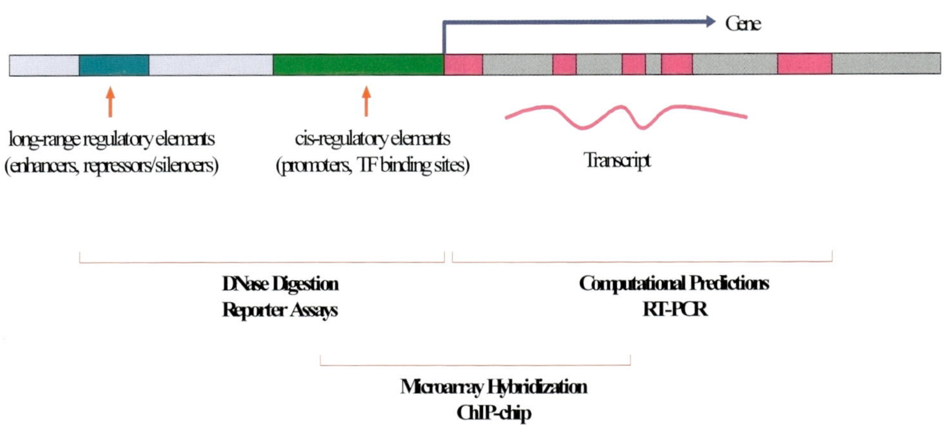

그림 11-13. **ENCODE Project에서 조사하는 기능관련 유전체부위(functional genomic elements) 규명**

8. 1000 Genomes Project

최근에 인간 유전체 염기서열 분석 기술의 발전으로 개인 유전체에 대한 완전한 염기서열 분석이 아주 빠른 시간 내에 가능함에 따라 다수의 인간 유전체에 대한 개인 염기서열 유전체 정보를 분석하여 인간이 가지고 있는 상세한 인간 유전 변이를 밝힐 수 있게 되었다. 특히 2008년에 영국, 중국 및 미국이 중심이 되어 향후 3년간 총 1,000 명의 인간 유전체에 대한 완전한 염기서열 분석 사업이 국제 공동연구(http://www.1000genomes.org/)로 이루어지고 있다(그림 11-14). 본 연구의 주목적은 인간의 유전변이에 대한 완전한 정보를 확보하여 질병 연관성 연구에 사용하는 것이다. 이 프로젝트에서는 유전체 전체 영역에서 1% 이상의 빈도를 가진 유전변이형과 유전자 영역에서는 0.1-0.5% 이상의 빈도를 가지는 유전변이형들(예, SNPs, CNVs, indels 등)을 95% 이상 발굴하고 발굴된 유전변이형에 대한 집단내 빈도, haplotype 및 linkage disequilibrium (LD) 패턴을 규명할 계획이다. 특히 많은 개인 유전체에 포함된 희귀 유전변이형(rare variants)에 대한 정보는 기존의 유전체 연관성 분석에 의하여 밝히지 못한 질병에 대한 원인 유전변이를 규명하는데 아주 중요한 정보로 활용될 것이다. 지금까지의 연구결과에 따르면 9백만 개 이상의 새로운 SNP이 본 프로젝트를 통해 발굴되고 그 외에도 다양한 구조적 변이형들이 새롭게 밝혀지고 있다. 그리고 이 프로젝트에서 생산된 모든 결과는 일반 연구자들이 자유롭게 이용할 수 있도록 공개될 예정이다.

그림 11-14. **1000 genomes project 웹 사이트 (www.1000genomes.org)**

■ 참고문헌

- Patil N et al. (2001). Blocks of limited haplotype diversity revealed by high-resolution scanning of human chromosome 21. Science 294:1719-1723.
- Gabriel SB et al. (2002). The structure of haplotype blocks in the human genome. Science 296:2225-2229.
- Ardlie KG, Kruglyak L, Seielstad M. (2002). Patterns of linkage disequilibrium in the human genome. Nature Reviews Genetics 3:299-309.
- Goldstein DB. (2001). Islands of linkage disequilibrium. Nature Genetics 29:109-111.
- Rioux JD et al. (2001). Genetic variation in the 5q31 cytokine gene cluster confers susceptibility to Crohn disease. Nature Genetics 29:223-228.
- The International HapMap Consortium. (2005). A haplotype map of the human genome. Nature 437:1299-1320.
- Hinds DA et al. (2005). Whole genome patterns of common DNA variation in three human populations. Science 307:1072-1079.
- Crawford DC, Nickerson DA. (2005). Definition and clinical importance of haplotypes. Annual Review of Medicine 56:303-320.
- Wall JD, Pritchard JK. (2003). Haplotype blocks and linkage disequilibrium in the human genome. Nature Review Genetics 4:587-597.
- HAPLOVIEW: http://www.broad.mit.edu/mpg/haploview/
- GOLD: http://www.sph.umich.edu/csg/abecasis/GOLD/
- HapAnalyzer: http://www.ngri.re.kr/HapAnalyzer/index.html
- HapMap: http://www.hapmap.org/

제 12장 기초 통계유전학

1. 유전자와 유전형

유전자는 부모로부터 자식에게 전달되는 유전의 단위로서, 일반적으로 단백질이나 RNA를 만들어 유전 형질을 발현시키는 특정 DNA의 영역을 의미한다. 통계 유전학에서는 각각의 유전자가 특정 염색체 상에 위치하고 있는 곳을 유전좌위(locus 복수는 loci)라고 한다. 일반적으로 유전자(gene)와 유전좌위(locus)는 거의 동일한 의미로 사용되고 있다. 하나의 유전자는 DNA 변이에 의해 2 개 이상의 형태를 가질 수 있는데 이를 대립 유전자형(allele)이라고 한다. 일반적으로 인간과 같은 고등생물체는 대부분 동일한 유전자를 2 개씩 가지고 있는데 - 하나는 아버지로부터 다른 하나는 어머니로부터 받음 - 이를 이배체(diploid)라고 한다. 이와는 달리 미생물과 같은 원시생물체는 동일한 유전자를 1 개만 가지고 있고 이를 일배체(haploid)라고 한다. 물론 난자와 정자같은 생식세포는 일배체의 형태를 가지고 있다. 이배체의 경우 각각의 유전자는 2 개의 대립 유전자형으로 구성되어 있고 이들의 조합에 따라 3 가지 유전형(genotype)이 가능하다. 예를 들어, 상염색체 상에 있는 유전자 A에 대해 2 개의 대립 유전자형 A_1, A_2가 존재한다고 가정하면, A_1A_1, A_1A_2, A_2A_2의 유전형이 가능하다. 이 때 A_1A_1 또는 A_2A_2와 같이 2 개의 동일한 대립 유전자형을 가지고 있는 경우를 동형접합체(homozygote), A_1A_2와 같이 서로 다른 대립 유전자형을 가지고 있는 경우를 이형접합체(heterozygote)라고 한다.

유전자**(gene)**: 부모로부터 자식에 전달되는 하나의 유전 단위

유전좌위**(locus)**: 특정 유전자가 염색체 상에 놓여 있는 곳

대립 유전자형**(allele)**: 유전자의 다른 형 (예, ABO 유전자의 A, B, O 대립유전자형)

유전형**(genotype)**: 두 대립유전자의 조합 (diploid pair of alleles)
이배체 개체에서,
동형접합체 (homozygote)= 2 개의 동일한 대립 유전자형의 조합
이형접합체 (heterozygote)= 2 개의 다른 대립 유전자형의 조합

2. 표현형과 유전형의 관계

어떤 개체에서 관측된 표현형은 그 개체의 유전적 요인과 환경적 요인에 의해 결정된다. 표현형과 유전형 간의 관계를 혈액형을 가지고 설명해 보면 다음과 같다(그림 12-1). 예를 들면, MN 혈액형의 경우는 간단히 3 종류의 유전형(genotype: MM/MN/NN)과 3 종류의 표현형(phenotype: M형/MN형/N형)이 존재하게 되고, 이는 2 개의 유전자형(M, N)에 의해 결정된다. 그러나 ABO 혈액형의 경우에는 표현형은 4 가지(A형, B형, AB형, O형)가 있고 유전형은 모두 8 가지 서로 다른 조합(AA, AO, OA, BB, BO, OB, AB, OO)으로 구성된다. 8 가지의 유전형에 의해 표현되는 4 가지의 표현형은 3 개의 유전자형(A, B, O)에 의해 결정된다.

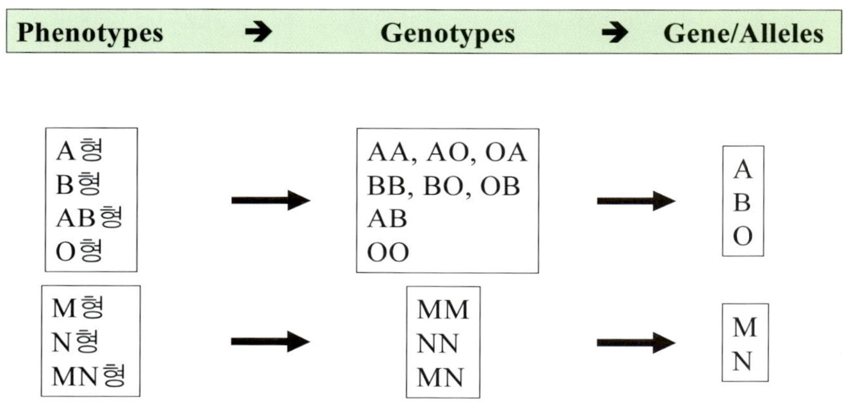

그림 12-1. 표현형과 유전형 간의 관계: 혈액형의 경우

한편 유전형과 표현형 간의 관계는 유전모형(genetic mode)으로 표시된다. 두 대립 유전자형에서 특정 유전자형이 하나만 있더라도 동일한 표현형을 보일 때 이 표현형은 우성(dominant) 유전모형을 따른다고 하고 두 대립 유전자에서 특정 유전자형이 homozygote의 형태로 존재할 때만 표현형의 차이를 유발하는 경우를 열성(recessive) 유전을 따른다고 한다. 위의 ABO 혈액형에서 A와 B 유전자는 O 유전자에 대하여 우성의 표현형을 보이지만 O 유전자는 A 또는 B 유전자에 대하여 열성의 표현형을 보이는 것이 그 예가 될 것이다. 또 다른 하나의 형태는 두 대립 유전자형에서 3 가지 다른 유전형이 가능하며 특정 유전자의 유전량(gene dosage)에 비례하여 3 가지 다른 표현형으로 나타나

는 경우인데, 이를 조우성(codominant) 유전양상을 보인다고 말하며 MN 혈액형이 이에 해당된다.

3. 유전자 빈도와 유전형 빈도의 계산

집단의 유전적 구성을 알아보기 위해서 DNA 상의 유전변이가 일어난 위치(locus)에서 그들의 유전형(genotype)이나 대립 유전자형(allele)을 구별하고 각각의 종류를 가지고 있는 개체가 어느 정도의 비율로 존재하는지를 조사할 수 있다. 예를 들어 N개의 개체가 존재하는 집단에서, A_1A_1 유전형을 가진 개체의 수를 N_{11}, A_1A_2 유전형을 가진 개체의 수를 N_{12}, A_2A_2 유전형을 가진 개체의 수를 N_{22}라 하면 $(N_{11} + N_{12} + N_{22} = N)$, 이 집단에서 이들의 유전형 빈도(genotype frequency)는 전체 개체수에서 각각의 유전형을 가진 개체수의 비율로 나타낸다. 즉, A_1A_1, A_1A_2, A_2A_2의 유전형 빈도를 각각 P, Q, R이라 하면,

$$P = N_{11} / N$$
$$Q = N_{12} / N$$
$$R = N_{22} / N$$

와 같다. 마찬가지로 유전자 빈도 또는 유전자형 빈도 (gene/allele frequency)는 전체 대립 유전자형의 개수에 대한 각각의 대립 유전자형의 개수가 차지하는 비율로 구할 수 있다. 여기에서 하나의 유전형은 2 개의 대립 유전자형으로 구성되어 있기 때문에 전체 대립 유전자형의 개수는 전체 개체수의 2 배인 2N이 된다. A_1 유전자형의 개수(N_1)는 A_1A_1 유전형을 가진 개체에서 $2N_{11}$, A_1A_2 유전형을 가진 개체에서 N_{12}, A_2A_2 유전형을 가진 개체에서 0이므로 $2N_{11} + N_{12}$이고, 마찬가지로 A_2 유전자형의 개수(N_2)는 $N_{12} + 2N_{22}$이다. 따라서 A_1, A_2 유전자형의 빈도 p, q는 다음 식과 같이 구할 수 있다.

$$p = (2N_{11} + N_{12}) / 2N$$
$$q = (N_{12} + 2N_{22}) / 2N$$

위의 식에 의해 $p + q = 1$ 임을 알 수 있고, 따라서 $q = 1 - p$와 같이 나타낼 수 있다. 또한 유전형 빈도 P, Q, R을 이용하여 유전자형 빈도 p, q를 다음과 같이 표현할 수 있다.

$$p = P + (1/2)Q$$
$$q = (1/2)Q + R$$

MN 혈액형 유전자는 적혈구 표면의 당단백질 생성에 영향을 미치는 유전자인데 항원-항체 반응에 따라 MM, MN, NN의 3 가지 유전형을 가진다. 표 12-1은 1,000 명의 헌혈자를 대상으로 MN 혈액형을 조사한 결과이다. 앞의 식을 이용하여 유전형 빈도(genotype frequency)와 유전자형 빈도(gene/allele frequency)를 각각 다음과 같이 계산할 수 있다.

표 12-1. 헌혈자 **1,000** 명에 대한 **MN** 혈액형 조사 결과

유전형	사람수
MM	298
MN	489
NN	213
전체	1, 000

MM 유전형 빈도= 298 / 1,000 = 0.298
MN 유전형 빈도= 489 / 1,000 = 0.489
NN 유전형 빈도= 213 / 1,000 = 0.213

M 유전자형 빈도= (2 × 298 + 489) / (2 × 1,000) = 0.5425
N 유전자형 빈도= (489 + 2 × 213) / (2 × 1,000) = 0.4575

4. 하디-와인버그 법칙

(1) 하디-와인버그 법칙의 정의

멘델 유전 법칙의 재발견 후에 유전학자들은 한 세대에서 다음 세대에 걸쳐 유전형 빈도나 유전자형 빈도에 어떤 변화가 일어나는지에 대하여 관심을 가지게 되었는

데, 이에 대한 기본적인 법칙을 영국인 수학자 Godfrey Hardy (1908)와 독일인 의사 Wilheim Weinberg (1908)가 동시에 수립하였고 후에 이 두 사람의 이름을 붙여 하디-와인버그 법칙(Hardy-Weinberg principle)이라고 불려지게 되었다. 하디-와인버그 법칙은 "*무작위적으로 교배(random mating)를 하는 큰 집단에서 이주(migration), 돌연변이(mutation), 선발(selection)과 같이 유전형 빈도를 변화시키는 요소가 없으면, 집단의 유전형 빈도 및 유전자형 빈도는 세대가 바뀌어도 변하지 않고 일정하게 유지된다*"는 법칙으로 유전자형 빈도를 이용하여 유전형 빈도를 설명할 수 있다.

이 법칙을 좀 더 구체적으로 살펴보자. 예를 들어 locus A의 두 대립 유전자형을 A_1, A_2라 하고 그 빈도를 각각 p, q (p + q = 1)라 하자. 그리고 남녀의 배우자(gamete)가 무작위적으로 교배하여 접합체(zygote)를 형성한다고 가정하자. 그러면 이 때 생겨나는 접합체의 빈도 즉, 자녀의 유전형 빈도는 그것을 구성하는 배우자의 빈도의 곱과 같고 이는 그림 12-2와 같이 나타낼 수 있다.

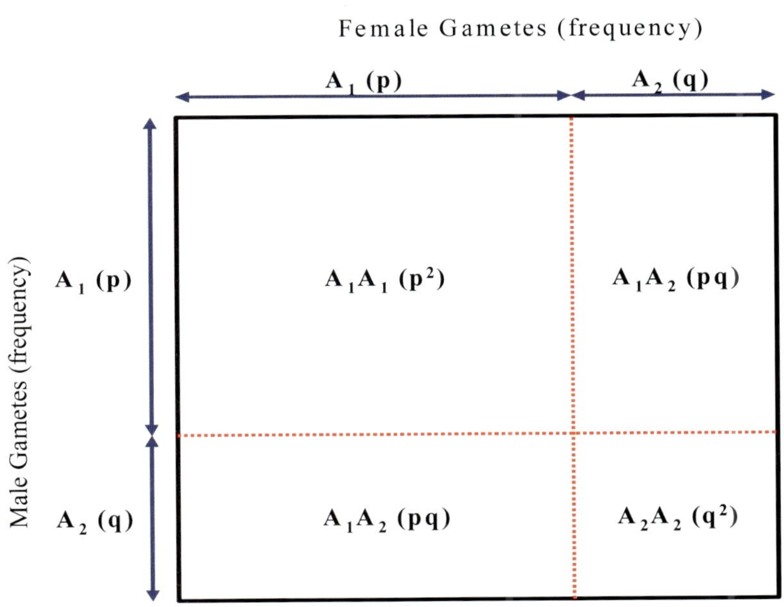

그림 12-2. **Gametes**(정자/난자) 간의 임의 조합에 의해 생성된 **Hardy-Weinberg** 비율

즉, 자녀의 유전형 빈도는 각각 $A_1A_1 = p^2$, $A_1A_2 = 2pq$, $A_2A_2 = q^2$와 같다. 이를 이용하여 자녀의 유전자형 빈도 p′, q′을 다음과 같이 구할 수 있다.

$$p' = p^2 + 1/2\,(2pq) = p\,(p + q) = p$$
$$q' = 1/2\,(2pq) + q^2 = q\,(p + q) = q$$

위의 식에서 자녀의 유전자형 빈도가 부모의 유전자형 빈도와 같다는 것을 알 수 있다. 이를 이용하여 다시 다음 세대의 유전형 빈도를 구하면 $A_1A_1 = p^2$, $A_1A_2 = 2pq$, $A_2A_2 = q^2$로 세대를 거듭해도 유전형 빈도 역시 달라지지 않는다는 것을 알 수 있다. 이 법칙에 적용되는 집단을 하디-와인버그 평형(Hardy-Weinberg Equilibrium) 상태에 있다고 말하고, 어떤 집단이 하디-와인버그 평형 상태에 있을 때 그 집단의 유전자형 빈도와 유전형 빈도 사이에는 다음과 같은 관계가 성립한다. Locus A의 두 대립 유전자형 A_1, A_2의 빈도가 각각 p, q일 때, 유전형 A_1A_1, A_1A_2, A_2A_2의 빈도는 각각 p^2, $2pq$, q^2와 같다. 그리고 어떤 집단이 하디-와인버그 평형상태에 있지 않다면 그 이유는 이 법칙이 성립되기 위한 여러 조건이 충족되지 않았기 때문이다. 예를 들어, 어떤 유전자가 호흡에 관련된 매우 중요한 유전자이고 A_2 유전형이 열성 돌연변이(recessive mutation)이어서 그 돌연변이를 homozygote의 형태로 갖게 되면 생존이 불가능한(lethal) 경우에 태아는 자연적으로 유산이 될 것이다. 결과적으로 A_2A_2 유전형을 가진 사람은 모두 도태되어 이 집단은 하디-와인버그 평형 상태로부터 벗어나게 된다.

(2) 하디-와인버그 평형(HWE) 검사

앞의 표 12-1을 참조하여 실제로 하디-와인버그 평형(HWE: Hardy-Weinberg Equilibirum) 검사를 시행해보면 다음과 같다. 유전형 MM, MN, NN의 관측치가 각각 298, 489, 213이므로 이를 이용하여 M과 N 유전자형의 빈도를 구하면 M 유전자형에 대한 빈도 p= 0.5425이고 N 유전자형에 대한 빈도 q= 1 - 0.5425 = 0.4575이다. 만약 하디-와인버그 평형상태가 유지된다면 MM, MN, NN 유전형의 기대값은 다음과 같다.

$$MM = p^2 \times N = (0.5425)^2 \times 1{,}000 = 294.3$$
$$MN = 2pq \times N = 2\,(0.5425) \times (0.4575) \times 1{,}000 = 496.4$$
$$NN = q^2 \times N = (0.4575)^2 \times 1{,}000 = 209.3$$

표 12-2. 헌혈자(**1,000** 명)의 **MN** 혈액형 조사에 대한 관측값과 하디-와인버그 평형상태에서의 기대값

유전자형	관측값	기대값
MM	298	294.3
MN	489	496.4
NN	213	209.3
전체	1, 000	1, 000

실제로 관측한 값과 하디-와인버그 평형상태에 있을 때의 기대값과의 차이는 χ^2 검정방법을 이용하여 평가할 수 있다.

$$\chi^2 = \sum((\text{관측값} - \text{기대값})^2/\text{기대값})$$

$$\chi^2 = (298 - 294.3)^2 / 294.3 + (489 - 496.4)^2 / 496.4 + (213 - 209.3)^2 / 209.3 = 0.222$$

이 값은 χ^2 분포표에서 자유도가 1일 때(*3x2 table에서 자유도가 2 이지만 p+q=1 이므로 p 정보 하나만 알면 q 정보를 알기 때문에 -1을 더해 자유도가 1이 됨) 유의수준 5%에 해당하는 값 3.84보다 작으므로 유의적이지 않다. 즉, 관측값과 기대값 사이에는 유의적인 차이가 없으며 따라서 위 집단은 하디-와인버그 평형 상태에 있다고 말할 수 있다.

하디-와인버그 평형 검사를 하는 목적은 실제로 실험에 사용된 시료의 선별이 잘 이루어져 있는지 또는 특정 집단의 유전자형 또는 유전형의 빈도가 일정하게 유지되고 있는지를 검사하기 위해 수행되고 있다. 만약 조사한 집단의 시료가 하디-와인버그 평형상태에 위배된다면 그것은 하디-와인버그 평형상태를 유지하기 위해 전제되는 조건이 위배되었을 가능성이 높다. 예를 들면, 1) 무작위 교배(random mating)가 전제되었지만 선별적 교배(assortative mating)나 근친교배(consanguinity)가 일어났을 가능성, 2) 큰 인구집단(large population)이 전제되었지만 유전적 변이 빈도를 수시로 변하게(genetic drift) 할 수 있는 작은 인구집단(small population), 3) 돌연변이가 없고 선발이 없으며 인

구의 이동이 없음을 전제로 하였지만 실제로는 돌연변이(mutation), 선발(selection), 인구의 이동(migration)이 발생한 경우에는 하디-와인버그 평형상태가 유지되지 않을 것이다. 그러나 하디-와인버그 평형상태에 위배될 경우 유전형 검사 결과에 오류(genotyping errors)가 없었는지 우선적으로 확인해야 한다. 따라서 하디-와인버그 평형 검사는 genotyping data가 정확하게 수행되었는지를 점검하는데 사용할 수 있다. 한편, 임상유전학 분야에서는 유전질병의 발생빈도를 알고 있을 때 관련된 유전자 빈도(gene frequency) 및 보인자(carrier, heterozygote) 빈도를 계산하는데 하디-와인버그 법칙이 이용되고 있다. α 1-antitrypsin deficiency의 경우 덴마아크에서는 2,000 명당 1 명의 환자가 발생하는데 이 유전 질병을 유발하는 유전자가 homozygote의 형태로 존재할 때 질병으로 발전하는 열성 유전을 따르는 것으로 알려져 있다(표 12-3). 따라서 하디-와인버그 법칙을 적용해 보면 열성으로 발병하는 빈도(q^2)= 1/2,000 = 0.0005이고 q= 0.02236이 된다. 그리고 정상 유전자의 빈도 (p)= 1 - q = 0.97764로 계산되고 질병 유전자를 가지고 있는 보인자(carrier, heterozygote)의 빈도 (2pq)= 2 × 0.02236 × 0.97764 = 0.0437이 계산되는데 이는 약 22 명당 1 명의 빈도로 보인자(carrier)가 있음을 의미하게 된다(1/22= 0.04545).

표 12-3. 하디-와인버그 법칙을 이용한 질병 유전자의 빈도 추정

질병명	인구 집단	발생율 (q^2)	유전자 빈도 (q)	**Heterozygote 빈도 (2pq)**
α 1-antitrypsin deficiency	덴마아크	1/2,000	0.023	1/22

질병 발생빈도 (q^2) =1/2,000 = 0.0005

질병 유전자 빈도 (q) = 0.02236

정상 유전자 빈도 (p) = 1 - q = 0.97764 (* p+q=1)

질병 유전자를 지닌 carrier의 빈도 (2pq) = 2 × 0.02236 × 0.97764 = 0.0437

➡ 1/22 (= 0.04545)

5. 유전변이의 측정

(1) 이형접합성(Heterozygosity) 검사

특정한 위치(locus)에서 유전변이의 정도를 알아보는 가장 간단한 방법은 이형접합성(heterozygosity) 정도를 측정하는 것이다. Heterozygosity는 특정 locus에 대해 무작위적으로 선정된 사람의 유전자형이 이형접합(heterozygous)일 확률로 하디-와인버그 평형 상태를 가정했을 때 heterozygosity, H는 다음과 같이 구할 수 있다.

$$H = 1 - \sum p_i^{\,2}$$

위 식에서 p_i는 i번째 대립 유전자형의 빈도를 의미한다. SNP과 같은 bi-allele 마커의 경우 위 식은 다음과 같이 변환시킬 수 있다. 어떤 SNP 마커의 유전자형 빈도를 각각 p, q (q= 1 - p)라 하면,

$$H = 1 - p^2 - q^2 = 2p\,(1 - p)$$

예를 들어 유전자형 빈도가 p=0.75, q=0.25인 SNP 마커의 경우,

$H = 1 - [(0.75)^2 + (0.25)^2] = 1 - [0.56 + 0.06] = 0.38$의 값을 가진다.

그림 12-3은 bi-allelic 마커에서 유전형 빈도에 따른 heterozygosity를 나타낸 것으로 유전자형 빈도가 중간값(0.5)일 때 heterozygosity는 가장 큰 값(0.5)을 가진다. 일반적으로 대립 유전자의 개수가 많을수록 heterozygosity는 증가하는 것으로 알려져 있다. 예를 들면, MN 혈액형처럼 2 개의 대립 유전자형을 가질 때 최대의 heterozygosity는 50%이다. 그러나 ABO 혈액형처럼 3 개의 대립 유전자를 가진 경우 최대의 heterozygosity는 50%를 초과하게 되고, microsatellite와 같이 다수의 대립 유전자로 구성된 마커의 경우는 최대 가능한 heterozygosity가 더욱 높아지게 되며 일반적으로 약 60 ~ 85% 정도의 값을 가지는 것으로 알려져 있다.

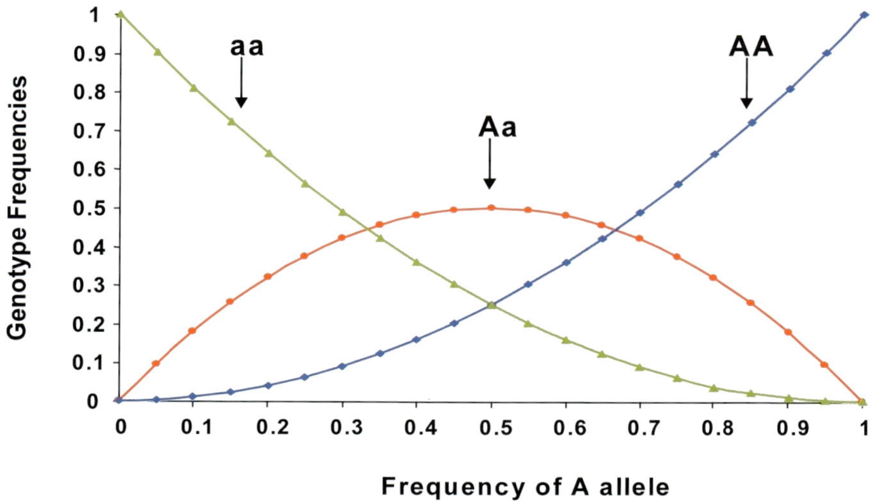

그림 12-3. 두 대립 유전자의 빈도에 따른 이형접합성**(heterozygosity)**의 분포도

MN blood type,	2 alleles $(p + q)^2$	50%
ABO blood type,	3 allleles $(p + q + r)^2$	>50%
STR (microsatellites),	multi-alleles $(p+ q + ----+n)^2$	>>50%

한편 마커에 대한 heterozygosity 정보는 유전분석에서 특정 마커가 부모로부터 자식에 전달되는 현상을 얼마나 상세히 잘 구분해 낼 수 있는지를 판별하기 위한 유전 정보력을 추정할 수 있는 하나의 수단으로 사용될 수 있다. 일반적으로 heterozygosity가 높은 마커일수록 정보력이 높은 마커라고 할 수 있다.

그리고 이형접합성은 유전자의 다형성의 분포 상황을 알 수 있을 뿐만 아니라 유전체 또는 유전자의 자연선발이 가해진 유무를 판단하는데도 사용될 수 있다. 예를 들면, 그림 12-4에 제시한 바와 같이 유전자 부위에서 단백질을 코딩하지 않는 부위에 존재하는 SNP들의 heterozygosity는 약 20% 정도이지만 단백질을 코딩하는 부위에서 SNP에 의하여 아미노산이 변화되는 경우에는 heterozygosity가 급격히 감소함을 확인할 수 있다(그림 12-4). 이는 아미노산을 변화시키는 돌연변이는 생물의 정상적인 기능을 저해함으로써 자연적으로 다음 세대에 전달되지 못하도록 하는 자연선발이 가해졌음을 추론할 수 있다.

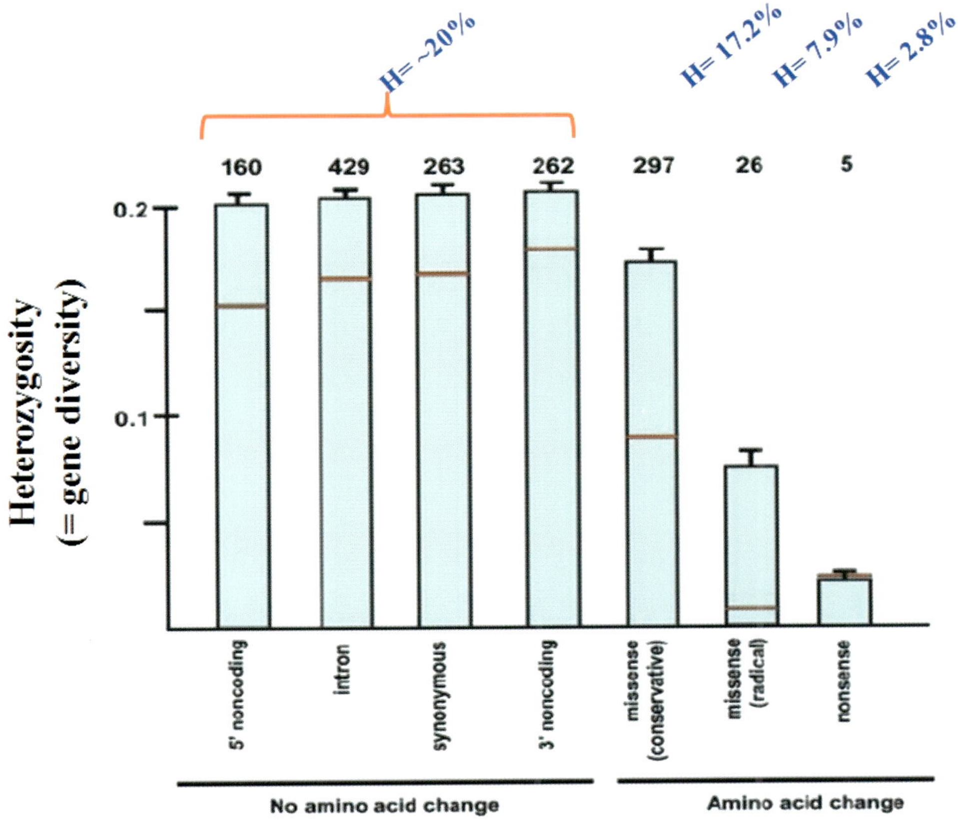

그림 12-4. 이형접합성**(heterozygosity)** 측정을 통한 자연선발**(negative selection)** 유무 검색. 출처: Hughes AL et al. 2003. PNAS 100(26):15754-15757.

(2) **염기 및 아미노산의 다양성 측정**

일정 영역에서 염기서열 변이(nucleotide variation)의 정도를 측정하는 방법에는 주로 다음과 같은 두 가지 방법이 사용된다.

1. 전체 염기서열에서 변이가 있는 locus의 비율을 측정하는 방법 (k)
2. 염기 site당 관측되는 평균 이형접합성(average heterozygosity)의 정도를 측정하는 방법 (π)

(* 위의 두 측정 방법은 아미노산의 변이 정도를 측정하는 데에도 이용될 수 있다)

DNA 변이의 양을 측정하는 가장 간단한 방법은 조사를 시행한 DNA 영역에서 발굴된 변이(segregating site)의 개수(K)를 세는 것이다. 이 때 발굴된 변이의 개수는 염기서열 길이(L)가 길어질수록 커지므로 이에 대하여 보정을 해줄 필요가 있다.

$$k = K / L$$

두 번째 방법은 한 쌍의 염기서열 사이에 서로 다른 염기의 비율을 구한 다음 각각의 염기서열의 빈도로 가중치를 주는 방법이 있다. 모든 가능한 염기서열 쌍에 대하여 이를 구하여 합하면 다음과 같이 nucleotide diversity (π)를 추정할 수 있다.

$$\pi = N/(N-1)\ \Sigma\ p_i p_j \pi_{ij}$$

이 때 N은 조사한 염기서열의 개수로 N/(N-1) 부분은 표본을 추출할 때 발생할 수 있는 bias를 보정하기 위한 것이다. p_i는 염기서열 i의 빈도를 의미하고, π_{ij}는 i번째와 j번째 DNA 염기서열 간의 차이를 전체 염기서열 길이(L)로 보정한 값을 의미한다. 염기의 다양성(nucleotide diversity)은 염기서열의 길이에는 큰 영향을 받지 않으나 표본 크기에는 영향을 받는다.

다음 9 개의 염기서열을 참고하여 k와 π를 구해보자.

Consensus	...	C	C	G	...	T	C	G	...	C	A	...
1	...				...				...	A		...
2	...			C	...				...			...
3	...	T			...				...	A		...
4	...				...		G	T	...			...
5	...				...	A	G	T	...			...
6	...			C	...				...		C	...
7	...			C	...				...	A	C	...
8	...	T	G	C	...	A			...			...
9	...	T	G	C	...	A			...			...

(Total sequence: 500bp)

위 염기서열에서 DNA 변이의 개수는 8, 총 염기서열 길이는 500 bp이므로 segregating

site의 비율(k)은 다음과 같다.

$$k = 8/500 = 0.016$$

위의 9 개의 염기서열에서 염기서열 8과 9는 서로 같으므로 위 염기서열에는 총 8 종류의 대립 유전자형이 존재하고 이들의 빈도 p는 다음과 같다.

$$p_1 \sim p_7 = 1/9 = 0.11$$
$$p_8 \sim p_9 = 2/9 = 0.22$$

각각의 염기쌍 사이에 서로 다른 변이의 개수를 구하면 다음과 같다.

Seq.	1	2	3	4	5	6	7	8	9
1	-								
2	2	-							
3	1	3	-						
4	3	3	4	-					
5	4	4	5	1	-				
6	3	1	4	4	5	-			
7	2	2	3	5	6	1	-		
8	5	3	4	6	5	4	5	-	
9	5	3	4	6	5	4	5	0	-

위에서 구한 대립 유전자형 빈도와 염기변이의 개수를 이용하여 다음과 같이 $p_i p_j \pi_{ij}$ 를 구할 수 있다.

Seq.		1	2	3	4	5	6	7	8	9
	Freq.	**0.11**	**0.11**	**0.11**	**0.11**	**0.11**	**0.11**	**0.11**	**0.22**	**0.22**
1	**0.11**	-								
2	**0.11**	0.00005	-							
3	**0.11**	0.00002	0.00007	-						
4	**0.11**	0.00007	0.00007	0.00010	-					
5	**0.11**	0.00010	0.00010	0.00012	0.00002	-				
6	**0.11**	0.00007	0.00002	0.00010	0.00010	0.00012	-			
7	**0.11**	0.00005	0.00005	0.00007	0.00012	0.00015	0.00002	-		
8	**0.22**	0.00024	0.00015	0.00019	0.00029	0.00024	0.00019	0.00024	-	
9	**0.22**	0.00024	0.00015	0.00019	0.00029	0.00024	0.00019	0.00024	0.00000	-

따라서 nucleotide diversity (π) = $N/(N\text{-}1) \sum p_i p_j \pi_{ij} = (9/8) \times 0.0047 = 0.0053$.
그리고 일반적으로 nucleotide diversity는 약 0.004 ~ 0.02의 값을 가진다.

염기의 변이 정도를 측정하는 방법과 유사하게 아미노산 수준에서 발굴된 변이의 개수는 다음과 같이 추정할 수 있다.

$k_{aa} = K / L$

K= 변이가 있는 아미노산의 개수

L= 아미노산 서열의 길이

또한 아미노산의 다양성(amino acid diversity)은 다음과 같이 계산할 수 있다.

$\pi' = \sum p_i p_j \pi'_{ij}$

π'_{ij}= i번째와 j번째 아미노산 서열 간의 서로 다른 아미노산의 비율

아미노산의 변이는 단백질의 구조에 영향을 미쳐 기능 변화를 일으킬 수 있으므로 대부분의 유전자에서 아미노산의 변이 정도는 매우 낮은 편이다. 표 12-4는 유전자의 여러 영역별 DNA의 변이 정도를 나타낸 것이다. 이 표를 보면 아미노산을 코딩하는 영역과 아미노산을 코딩하지 않는 영역의 유전변이 정도는 비슷하다. 그러나 아미노산을 코딩하는 영역에서 아미노산 변이를 일으키는(nonsynonymous) DNA 변이는 아미노산 변이를 일으키지 않는(synonymous) DNA 변이에 비해서 훨씬 적게 일어남을 알 수 있다.

표 12-4. 유전자의 영역별 유전변이의 발생빈도

Polymorphism type	bp screened	No. polys	Frequency (SNP/bp)	$\hat{\theta}$	Π
Non-coding	60,410	168	1/354	5.30±1.33	5.19±2.47
Coding:	135,823	392	1/346	5.43±1.36	5.00±2.38
-synonymous		207	1/656	2.86±0.72	3.05±1.45
-non-synonymous		185	1/734	2.56±0.64	1.96±0.93
-conservative		119	1/1,141	1.65±0.41	1.43±0.68
- non-conservative		66	1/2,058	0.91±0.23	0.53±0.25
-fourfold degenerate sites	21,645	112	1/193	9.73±2.46	11.18±5.31
-twofold degenerate sites	34,294	125	1/274	6.85±1.72	6.27±2.98
-nondegenerate sites	79,659	155	1/514	3.66±0.92	2.93±1.39
Total	196,233	560	1/348	5.39±1.36	5.05±2.40

출처: Cargill M et al. (1999). Nature Genetics 22:231-238.

(3) Tajima Test

Nucleotide diversity π와 segregating site의 개수 k는 모두 parameter Θ ($\Theta = 4N_e\mu$, N_e는 effective population의 크기, μ는 돌연변이 비율)를 추정하는데 사용될 수 있다. Infinite sites model - DNA 염기서열의 길이가 매우 길어 새로운 돌연변이는 이전에 돌연변이가 일어나지 않았던 자리에서 발생함 - 을 가정하는 경우, π는 Θ로, k는 $a\Theta$로 각각 추정된다. 즉,

$E(\pi) = \Theta$

$E(k) = a\Theta,\ \Theta = k / a$

$a = 1 + 1/2 + \cdots + 1/(n-1)$, n은 표본의 haplotype의 개수를 의미한다.

만약 어떤 집단이 neutrality equilibrium상태에 있다면, 유전변이가 일어난 locus에서 각각의 변이는 거의 같은 적응도(fitness)를 가진다. 즉 서로에 대하여 중립적(neutral)이다. 또한 집단의 유전적 변이에 영향을 미치는 요소는 주로 새로운 변이를 일으키는 돌연변이와 이를 제거시키는 유전표류(genetic drift)인데, 표본을 추출한 집단이 돌연변이와 유전표류에 대하여 평형상태(equilibrium)에 있다면 위 두 Θ는 비슷한 값을 가지게 된다. 앞의 Θ를 Θ_π, 뒤의 Θ를 Θ_k라 하면, Θ_π는 heterozygosity를 측정하는 것이므로 rare allele에 큰 영향을 받지 않는 반면, Θ_k는 모든 변이를 똑같이 계산하므로 rare allele에 의하여 크게 영향을 받는다. 이를 이용하여 Tajima (1989)는 이 두 추정값 사이의 차이 (Θ_π - Θ_k)를 비교하는 테스트를 개발하였다. 어떤 집단이 중립평형(neutrality equilibrium)상태에 있다면, 즉 DNA 변이가 중립적(neutral)인 특성을 가지고 있고 집단이 돌연변이와 유전표류에 대해 평형상태에 있다면 위 값은 0이 된다. 만약 집단에 해로운 돌연변이가 새로 생겼다면 이는 변이의 개수를 증가시키지만 purifying selection - 새로운 돌연변이는 종종 해로운 영향을 미치는데, 이 해로운 돌연변이의 빈도를 낮추는 선발 - 의 영향으로 그 빈도는 높지 않을 것이다. 따라서 Θ_k의 값을 증가시키지만 Θ_π에는 크게 영향을 미치지 않는다. 그러므로 Θ_π는 Θ_k보다 작아지고 그 차이는 음의 값이 된다. 이와는 반대로 heterozygote advantage가 있거나 집단이 최근에 bottleneck을 겪는다면 Θ_k가 감소하여 그 차이는 양의 값을 가진다. 또한 집단이 최근에 크게 팽창하고 있다면 발생한 돌연변이는 계속 유지가 되어 Θ_k는 증가하나 heterozygosity를 나타내는 Θ_π에 영향을 미치기까지는 오랜 시간이 걸리므로 음의 값이 된다. 결론적으로 이 검사는 특정 염기서열에 대한 진화적 역사(evolutionary history)를 살펴볼 수 있는 수단을 제공하지만, 선발(selection)과 인구학적 사건(demographic event)의 기여 정도를 구분하는 것은 쉽지 않으므로 제한적인 파워를 가진다.

(4) 집단간 유전적 차이: F_{ST}

앞에서는 한 집단 내에서 DNA 변이 정도를 측정하는 방법을 알아보았다. 대부분의 생물종에서는 지리적, 생태학적, 행동학적 요소들로 인하여 집단은 더 작은 단위로 나누어지고, 이들 소집단이나 다양한 종을 이용하여 유전변이를 조사함으로써 그들 간의 유전적 유사성이나 거리를 측정할 수 있다. 집단에서 유전변이의 빈도에 영향을 미치는 요소는 다양한데 예를 들어 유전표류(genetic drift)는 희소 유전자형(rare allele)의 소실을 통해 변이를 감소시키는 방향으로 작용할 수 있다. 집단이 나누어지면 서로 다른 집단에서 서로 다른 대립 유전자형이 소실될 수 있고 그 결과 집단 간의 유전적 차이는 커지게 된다. 집단 간의 이동은 이러한 영향을 감소시키는 작용을 한다. 집단 간의 유전적 차이의 정도(genetic differentiation in the subdivision of a population)를 평가하기 위해 여러 가지 방법들이 사용되어 왔는데 가장 대표적인 방법으로 F_{ST}가 있다.

$$F_{ST} = \frac{V(q)}{\overline{q}(1-\overline{q})}$$

$V(q)$= A_2 유전자형빈도의 분산값으로 다음과 같이 구한다.

$$V(q) = \sum \frac{N_i}{N} q_i^2 - \overline{q}^2$$

N_i와 q_i는 각각 집단 i의 표본 크기와 A_2 유전자형의 빈도,

$\overline{q} = \sum w_i q_i$ 로 A_2 유전자형의 weighted frequency를 나타낸다.

위 값에 대한 통계적 유의성 검증을 위해서는 다음과 같은 χ^2 검정방법이 이용된다.

$$\chi^2 = 2NF_{ST}$$

여기에서 2N은 gamete의 수를 나타내고 이 분포는 자유도 1인 χ^2분포를 따른다.

F_{ST}는 0 ~ 1 사이의 값을 가지며 0에 가까운 F_{ST}는 집단의 분화가 조금 일어났음을 의미하고 값이 커질수록 분화가 더 많이 일어났음을 의미한다. 좀 더 구체적으로,

$0 \le F_{ST} \le 0.05$: 무시할 정도의 유전적 분화,

$F_{ST} \ge 0.25$: 유전적 분화의 정도가 큼,

$F_{ST} = 1$: 완전한 고립을 뜻한다.

표 12-5. 인종 집단 간 또는 집단내의 F_{ST} 값 비교 **(369 SNPs에 대한 결과)**

	F_{ST} across regions				F_{ST} within regions		
	Africa-Europe	Africa-Asia	Europe-Asia	Europe-America	Africa	Europe	Asia
N	48	42	56	56	15	28	21
Mean	0.152	0.228	0.122	0.156	0.051	0.019	0.041
Median	0.147	0.223	0.115	0.154	0.051	0.020	0.040
Minimum	0.112	0.183	0.089	0.084	0.013	0.021	0.016
Maximum	0.202	0.283	0.182	0.223	0.097	0.031	0.079

출처: Tishkoff SA and Kidd KK. (2004). Nature Genetics Supplement 36:S21-S27.

인간의 대표적인 인종집단 간의 F_{ST} 값은 표 12-5에 제시하였으니 참고하기를 바란다. 그리고 그림 12-5는 유전자에 속하는 일부 SNP 마커에 대해 한국인과 다른 인종간의 F_{ST}를 측정한 것으로 한국인은 유럽인이나 아프리카인과는 큰 차이를 보이나 아시아인 특히, 일본인과는 매우 유사함을 확인할 수 있다.

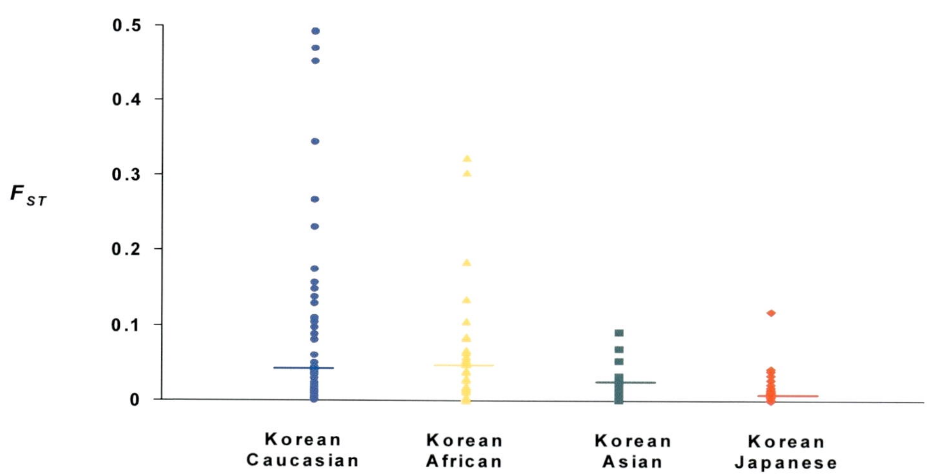

그림 12-5. **SNP** 마커에 대한 한국인과 다른 인종들 간의 **F_{ST}**. 출처: Ryu HJ et al (2006). Int Arch Allergy Immunol 139:209-216.

따라서 F_{ST} 값을 계산한 유전변이 연구는 다양한 종류의 집단 간 선발 및 집단 내에 존재하는 특정 유전자의 선발를 확인할 수 있는 유용한 분석 방법으로 활용될 수 있다.

■ 참고문헌

- Hedrick PW. (2000). Genetics of Populations. Jones and Bartlett Publishers.
- Falconer DS and Mackay TFC. (1996). Introduction to Quantitative Genetics. Prentice Hall.
- Cargill M et al. (1999). Characterization of single-nucleotide polymorphisms in coding regions of human genes. Nature Genetics 22:231-238.
- Hughes AL et al. (2003). Widespred purifying selection at polymorphic sites in human protein-coding loci. PNAS 100(26):15754-15757.
- Tishkoff SA and Kidd KK. (2004). Implications of biogeography of human populations for 'race' and medicine. Nature Genetics Supplement 36:S21-S27.
- Ryu HJ et al. (2006). Gene-based SNPs and linkage disequilibrium patterns of 29 asthma candidate genes in the chromosome 5q31-33 region in Koreans. International Archives of Allergy and Immunology 139:209-216
- Kim JJ et al. (2005). Large-scale identification and characterization of genetic variants in asthma candidate genes. Immunogenetics 57:636-643.

제 3부 질병 연관성 분석

제 13장 표현형(질병)의 분류와 질병유전자 탐색 전략

1. 표현형의 다양성에 관여하는 요인들

우리가 관측하는 표현형은 크게 양적 형질(quantitative traits)과 질적 형질(qualitative traits)로 구분할 수 있다. 양적 형질은 키, 몸무게, 혈압 등과 같이 연속적인 수치로 측정되는 표현형을 가지고 있다. 질적 형질은 질병의 유무(정상인과 환자)처럼 범주형(categorical data)으로 분류되는 표현형을 지니고 있다. 특히 질병의 유무와 같이 임의로 또는 임상적 기준(clinical cut-off)으로 분류하는 것은 표현형을 잘못 분류(misclassification)할 수 있는 위험을 가지고 있다. 한편 사람의 키, 비만도, 질병 저항성 등과 같은 다양한 표현형은 각 개인이 가지고 있는 유전적 요인과 환경적 요인의 차이에 기인하여 다른 형태를 보이게 된다. 아래 그림 13-1에 제시된 바와 같이 한 유전자의 잘못으로 인해 발생하는 단일 유전자 질병의 경우에는 한 유전자의 유전적 차이에 의하여 질병의 발생이 결정되고 환경의 영향에 의해 질병의 발생 시기, 질병의 진행 속도 및 심각성이 다르게 표현될 수 있다. 이와는 대조적으로 다수의 유전자에 의해 영향을 받는 다유전자 질병 또는 복합 질병의 경우에는 질병의 발생이 다수의 유전자에 의해 결정될 뿐만 아니라 많은 환경 요인이 동시에 영향을 미쳐 질병의 발생 및 진행 상태가 매우 다양한 형태로 나타나게 된다. 그러므로 특정 질병의 유전적 요인을 규명하기 위해서는 대상 질병의 유전적 특성 및 유전적 영향력을 먼저 파악하고 질병에 영향을 주는 환경적 요인도 동시에 고려해야 한다. 그리고 다수의 유전적 요인과 환경적 요인이 함께 작용하는 복합 질병의 경우에는 질병의 표현형에 대한 정확한 분류가 매우 중요하다.

X Gene(s) + *Y* Environment(s) = *Z* Phenotype(s):Disease

Monogenic Disease: *1* **Gene + *Y* Environments = *Z* Disease Phenotypes (*X* Genotypes)**

Polygenic/Complex Disease: *X* Genes + *Y* Environments = *Z* Disease Phenotypes

그림 13-1. 표현형을 결정하는 유전자-환경의 상호작용

한편 다양한 종류의 복합성은 각 요인(표현형, 유전, 환경)별로 존재하며 특히 질병과 같은 표현형에 대한 연구에서는 이들 요인들의 복합성(heterogeneity) 및 다양성(diversity)에 대한 이해가 충분히 이루어져 있어야 한다.

(1) **표현형의 복합성** (phenotypic heterogeneity)

다수의 유전자에 의해 결정되는 복합 질병의 경우에는 특정 질병 그룹에서 다시 세부 유형으로 구분될 수 있다. 예를 들면, 당뇨병에서는 제1형 당뇨병(type 1 diabetes)과 제2형 당뇨병(type 2 diabetes)으로 분류되고 우울증(depression)의 경우엔 bipolar와 unipolar군으로 세분화될 수 있다. 이렇게 세분화된 질병군들은 같은 기관(organs)에서 발생하는 질병이지만 원인이나 병리학적 발병기전이 완전히 다르게 작용할 수 있는 것으로 알려져 있다. 그러므로 특정 질병의 세부 질병 유형에서는 서로 다른 진행 과정을 거치거나 다른 위험 요인에 의해 발병이 개시될 수 있으므로 서로 독립된 그룹으로 분류하여 질병의 유전적 원인을 규명하는 것이 보다 더 바람직한 접근 방법이 될 것이다.

(2) **유전적 복합성** (genetic heterogeneity)

질병의 발생에 관여하는 유전적 요인도 매우 복잡한 형태로 존재하고 있다. 하나의 질병에 다수의 유전자가 작용할 수 있으며 한 유전자의 작용에 의해 다양한 종류의 질병으로 발병하는 경우도 있다. 따라서 질병의 유전적 원인을 규명하기 위해서는 질병

에 관련된 유전적 요인에 대한 복잡성(genetic heterogeneity)을 이해할 필요가 있다. 유전적 요인의 다양성에는 2 가지 형태가 있다. 첫 번째는 동일한 유전자에서 다른 유전적 변이형(alleles)에 의해 질병의 발현 형태가 다르게 표출되는 경우이다. 예를 들면, dystrophin 유전자의 경우에 frame-shift deletion이 발생하면 Duchenne muscular dystrophy (severe)가 발생하며 in-frame change 돌연변이가 발생하면 Becker muscular dystrophy (mild) 질병이 유발되는 것으로 알려져 있다. 그리고 만약 돌연변이가 dystrophin 유전자의 프로모터에 생긴다면 X-linked cardiomyopathy라는 또 다른 질병으로 발전하는 것으로 알려져 있다(그림 13-2). 이렇게 한 유전자의 다른 부위에서 생긴 돌연변이에 의해 다른 종류의 질병으로 발생하는 것을 **"allelic heterogeneity"**라고 부르고 있다.

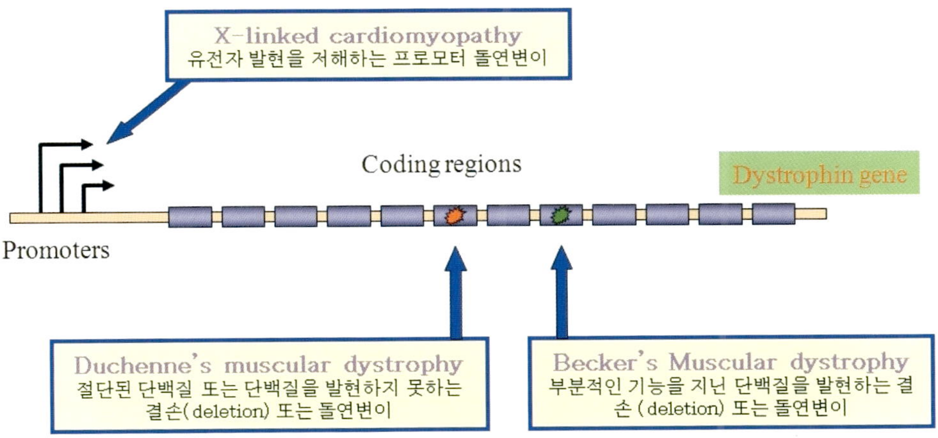

그림 13-2. **Dystrophin 유전자의 다양한 돌연변이에 의한 임상적 발현형태 (allelic heterozygosity의 예)**

두 번째의 경우는 동일한 질병의 발생이 2 가지 이상의 서로 다른 유전자의 돌연변이에 의해 발생하는 경우이다. 예를 들면, hereditary hemorrhagic telangiectasia (= Osler-Weber-Rendu disease; autosomal dominant disease) 질병은 서로 다른 두 유전자인 activin-receptor-like kinase 1 (ALK1) 또는 endoglin에 의해 발생하게 된다. 이렇게 동일한 질병이 서로 다른 두 유전자 중의 하나에 의해 발생할 때 이를 **"locus heterogeneity"**라고 부르고 있다. 그리고 대부분의 복합 질병들은 많은 유전자의 영향에 의해 질병이 발생하고 있기 때문에 많은 유전적 복합성(genetic heterogeneity)에 의해 질병의 발생이 영향을 받을 것으로 예상된다. 또 다른 locus heterogeneity의 보기로는 유전성 청력 상실에 관련된 유전자로 지금까지 총 48 개의 원인 유전자가 밝혀져 있다(그림 13-3). 그 외에도 유방암을 유발하는 원인 유전자로 약 13개의 유전자가 밝혀져 있으며 특히 BRCA1 유전자에는 1,000개 이상의 유전변이형들이 발굴되었다. 기타 다른 질병에서도 다수의 원인 유전자에 의한 질병의 발생이 유발되는 경우가 매우 많이 보고되어 있다.

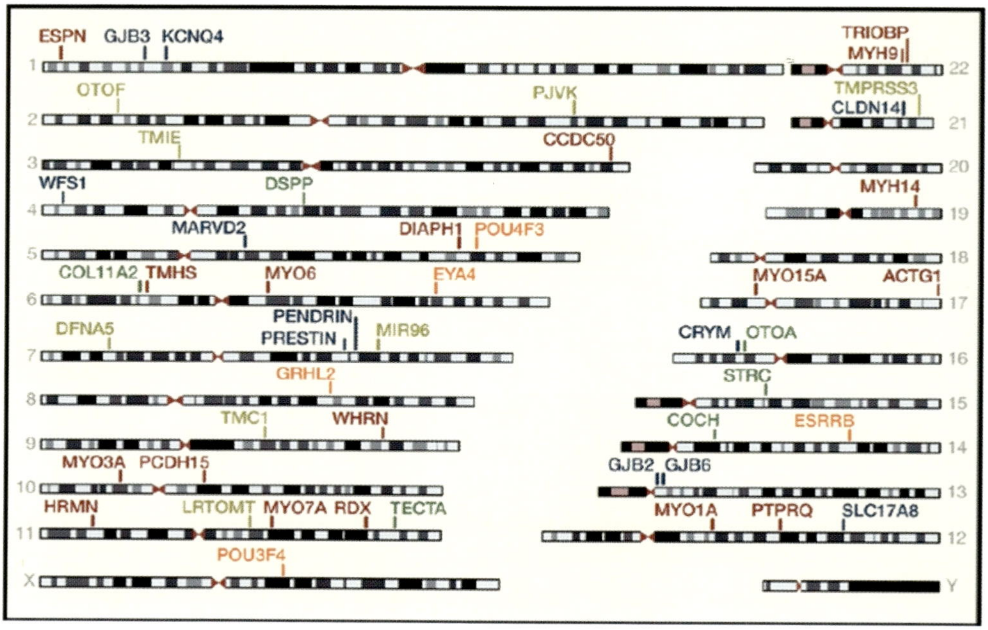

그림 13-3. 유전성 청력 장애에 관련된 **48**개 유전자**(locus heterozygosity**의 예**).** 출처: Jon McClellan and Mary-Claire King. Cell 141:210-217, 2010

한편 동일한 유전자들도 다른 인종 집단에서는 다른 효과를 보이고 특히 인종 간에는 특정 유전자의 유전변이형의 빈도가 다르게 분포하고 있다. 예를 들면, 빈혈을 유발하는 sickle cell anemia 유전자(hemoglobin 유전자)는 말라리아에 저항성을 지니고 있기 때문에 적도 부근의 인종집단에 많이 분포해 있는 것으로 알려져 있다. 따라서 인종 집단에 따라 다양한 유전적 조성의 차이 (population heterogeneity; ethnic background)가 질병의 발생에도 큰 영향을 미치게 된다.

(3) 환경에 의한 발현의 복합성 (expression heterogeneity)

다른 환경 조건에서는 동일한 유전형을 가지고 있더라도 유전적 발현이 조절되어 다른 표현형을 보일 수 있다. 이렇게 환경에 의한 표현형의 다름을 **"expression heterogeneity"**라고 한다. 예를 들면, Pi-Z locus (alpha 1-antitrypsin deficiency)의 특정 돌연변이는 흡연 유무에 따라 만성기도폐쇄성질환(chronic obstructive pulmonary disease; COPD)의 발생에 지대한 영향을 미치고 있다. 또 다른 예로는 APOE의 유전형과 흡연 간의 상호작용에 의해 심장병의 발생 위험도가 매우 다른 결과를 나타내는 것으로 알려져 있다. 위에서 언급된 유전적 요인과 환경적 요인에 의해 만들어지는 표현형의 다양성은 상호작용 모델(interaction models)을 사용하여 이해할 수 있다.

즉, 표현형 $Y= \alpha + \beta_1 G + \beta_2 E + \beta_3 G*E$

G= 유전자 (gene)

E= 환경 (environment)

G*E= 유전자-환경의 상호작용

그리고 다양한 요인들의 상호작용이 발생하는 경우에는 - 예를 들면, N 개의 독립된 요인이 존재한다면 2^N 개의 상호작용이 발생함 - 상호작용을 확인하기 위해서는 clustering 방법, partitioning 방법 또는 data mining 기술 등이 사용된다.

2. 표현형(질병)의 분류 방법

다수의 유전적 요인과 환경적 요인이 동시에 관여하는 복합 질병의 경우에는 많은 유전자가 서로 다른 조합의 형태로 질병의 발생에 영향을 미치게 되고 또한 각기 다른 환경적 원인에 의해 유전자의 효과가 다르게 영향을 받는다. 일반적으로 다수의 유전자와 다수의 환경 요인이 질병의 발생에 영향을 미치는 경우에는 각 유전자와 환경의 조합이 표현형에 미치는 영향을 잘 이해해야 한다. 예를 들면, 다수의 유전자가 관여하는 질병에서 한 유전자는 환경의 영향을 받지 않고 모든 유전적 효과를 표현형에 전달할 수 있지만 또 다른 유전자는 환경에 따라 유전적 영향력이 매우 다양하게 미칠 수 있다. 따라서 복합 질병의 경우에는 유전적 요인과 환경적 요인의 효과를 이해하기 위해 우선적으로 특정 질병의 표현형을 보다 상세히 세분화할 수 있어야 한다. 정확한 표현형 분류는 유전형이 표현형(질병)에 전달되는 정도(penetrance)를 추정하는데 매우 중요하게 사용된다(그림 13-4).

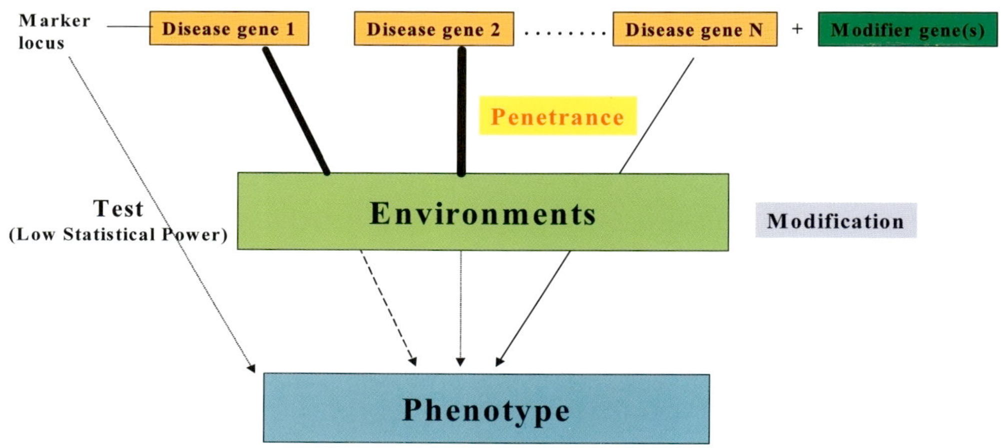

그림 13-4. 표현형에 영향을 미치는 유전자와 환경의 상호작용 모식도

일반적으로 질병의 표현형 분류는 질병의 발생 시간을 기준으로 제 1기, 제 2기, 제 3기 등과 같이 수직적으로 분류할 수도 있고 또 다른 방법은 제 1형, 제 2형, 제 3형 등과 같이 질병의 세부 표현형의 차이를 기준으로 수평적으로 분류하는 방법이 있다(그림 13-5).

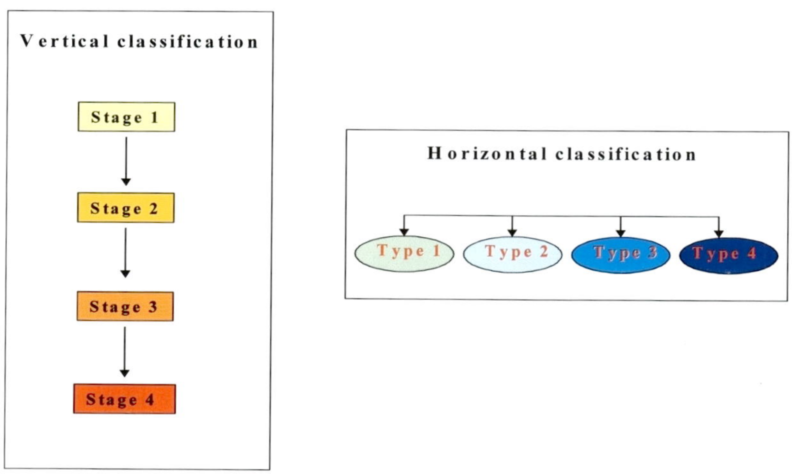

그림 13-5. 질병의 수평적 분류와 수직적 분류

그러나 대다수의 경우에는 수직적 분류와 수평적 분류가 혼재하는 형태로 존재할 가능성이 매우 높다(그림 13-6). 그리고 임상적으로 질병으로 판별되는 시기는 질병의 진행 과정에서 나중에 이루어지므로 초기 단계의 표현형 정보는 거의 알 수가 없을 것이다. 실제적으로 특정 질병을 얼마나 정확하게 세분화할 수 있는 가에 따라 특정 유전자가 관련하는 특정 세부 질병그룹에서는 질병에 관련된 유전자를 규명할 확률이 훨씬 높아질 것이다. 예를 들면, 그림 13-6에 제시된 바와 같은 경우에 type 1 그룹에서 유전자 3의 효과는 매우 직접적이고 강력하지만 전체 질병에서는 유전자 3의 효과는 아주 미약할 것이다. 이러한 경우는 실제적으로 특정 질병의 type 1에서는 매우 유의적으로 영향을 미치지만 전체 질병군에서는 유의적인 연관성을 확인하기 어려울 것이다. 그러므로 정확한 임상적 질병의 세부 표현형 분류는 유전 연관성 연구에 절대적으로 중요한 전제 조건이 된다.

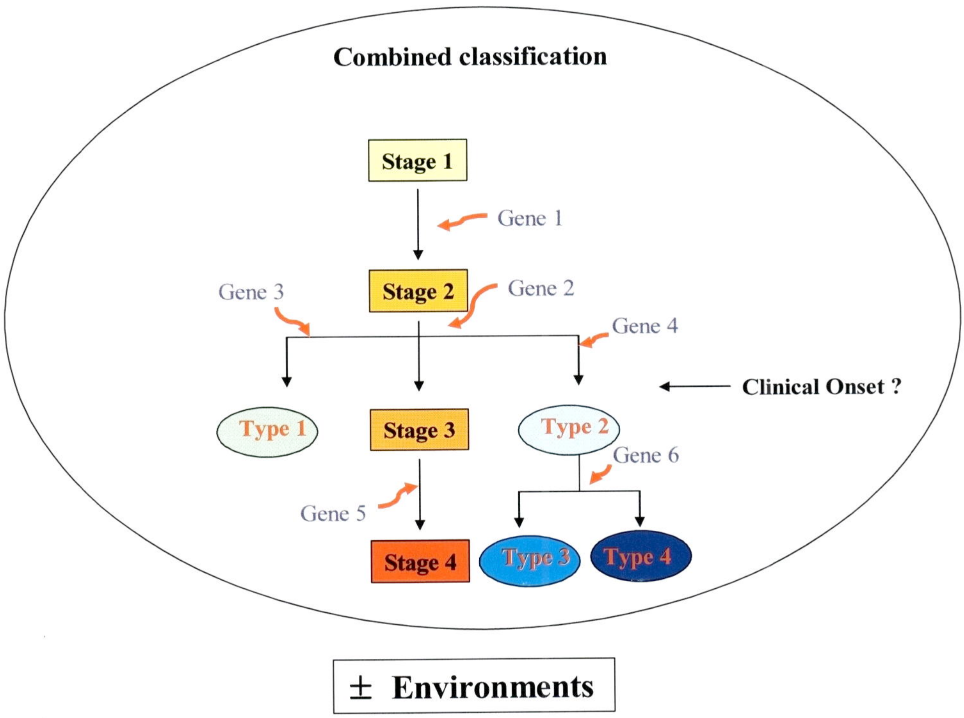

그림 13-6. 질병 발생의 단계별 분류 모식도

3. 질병의 유전학적 이해 및 분류

질병에 영향을 미치는 유전적 요인을 밝히기 위해서는 우선적으로 질병의 유전적 특성을 이해할 필요가 있다. 질병의 유전적 특성이 파악되면 질병의 유전적 특성에 따라 다른 분석 방법이 선택되어야 한다. 우선 연구하고자 하는 질병이 환경적 원인이 주로 작용하여 생기는 질병인지 또는 유전적 원인이 깊이 영향을 미쳐 생기는 질병인지를 먼저 파악해야 한다. 일반적으로 질병에 영향을 미치는 유전자의 수에 따라 크게 단일 유전자 질병(monogenic disease)과 다유전자 질병(polygenic disease)으로 구분하고 있다. 질병의 유전적 특성에 따라 다유전자 질병의 경우에는 환자와 정상인의 집단(population)을 이용한 연관성 연구(association study)가 사용되며 1~2 개의 주요 유전자가 영향을 미치는 단일유전자 질병은 질환 가계(family)를 이용한 linkage 연구를 수행하여 질병 유전자를 찾게 된다(그림 13-7).

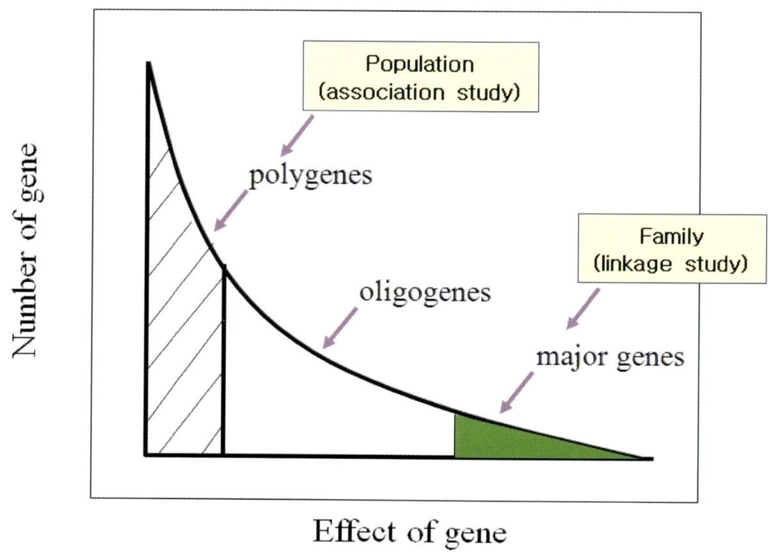

그림 13-7. 유전적 영향의 차이에 따른 질병 탐색 방법

일반적으로 한 유전자의 돌연변이에 의해 발생하는 단일 유전자 질병의 경우는 질병 원인 유전변이형의 빈도는 낮지만 유전적 위험성은 매우 높다. 따라서 이러한 경우에는 질환 가계(family)를 이용한 linkage 방법을 사용하여 질병 유전자의 염색체상 위치를 밝히고 최종적으로는 관련된 유전자의 원인 유전변이형을 찾아내는 방법을 사용하게 된다(표 13-1; 그림 13-8). 그러나 다수의 유전자가 영향을 미쳐 발생하는 다유전자 질병의 경우에는 가계 내 유전적 위험성은 낮지만 전체 집단의 유전적 위험성이 매우 크게 작용하게 된다. 이러한 경우에는 환자와 정상인 집단 간의 유전적 연관성 연구를 통하여 질병에 관련된 유전자를 규명하는 방법을 사용하고 있다(표 13-1; 그림 13-8).

표 13-1. 유전적 분류에 의한 질병의 분류 및 연구 방법 비교

요인	단일 유전자 질병 (monogenic disease)	다유전자 (복합) 질병 (polygenic/complex disease)
유전자 빈도	매우 낮음 (희귀)	높음 (>1%)
전달 정도	높음	낮음
절대적/상대적 위험도	높음	낮음
집단내 위험도	낮음	높음
연구 재료	가계	집단
연구 방법	유전연관(linkage) 분석	연관성 연구(association study)

4. 질병의 유전적 특성에 따른 질병유전자 발굴 방법

인간의 유전체에서 특정 질병의 원인 유전자 위치를 찾아내고 원인이 된 유전변이형을 규명하는 것은 질병 유전체 연구의 핵심적인 내용이다. 질병 원인 유전자를 찾는 작업은 앞에서 간략히 언급한 바와 같이 질병에 관련된 유전적 영향력의 크기와 질병 유전자의 수에 따라 유전연관(linkage) 분석 또는 연관성 연구(association study)를 사용할 수 있다(그림 13-8).

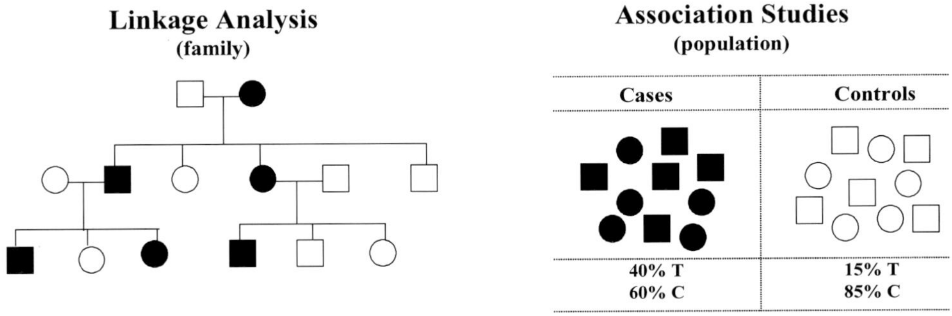

그림 13-8. 유전연관(linkage) 분석과 연관성 연구(association study)의 비교

여기서는 질병 유전자 발굴을 위한 전반적인 이해를 돕고자 유전적 질병 유전자 탐색에 주로 사용되는 두 연구 방법에 대해 좀 더 상세히 설명을 하고자 한다.

(1) 유전연관(linkage)을 이용한 질병유전자 탐색법 (positional cloning 방법)

본 연구방법은 우선 질병을 가지고 있는 가계(family)를 수집하고 수집된 질병 가계에서 microsatellite 마커를 이용하여 질병과 함께 전달되는 마커의 염색체상 위치를 확인한 후 보다 세밀한 위치를 찾아 질병에 관련된 유전자와 원인 유전변이형을 규명함으로써 특정 유전자가 질병의 발생에 미치는 발생 기전을 밝히는 연구 방법이다(그림 13-9).

질병가계수집

↓

유전체 전체에 균등하게 분포하는 microsatellite 마커를
이용한 질병의 유전연관(linkage) 분석

↓

질병에 연관된 유전체영역에서 고밀도 SNP 마커를
이용한 세부위치 확인(fine mapping)

↓

원인 유전자의 원인 유전변이형 발굴

↓

원인 유전변이형에 대한 병리학적 기작 이해

그림 13-9. 유전연관**(linkage)** 분석의 순서도

유전연관(linkage)을 이용한 질병 원인 유전자 발굴은 parametric linkage 분석 방법과 non-parametric 분석 방법이 있다. Parametric linkage 방법은 질병이 발생한 가계에서 질병에 걸린 사람과 걸리지 않은 모든 가족 구성원들을 수집하고 수집된 가계에서 정해진 유전 모형(autosomal dominant, autosomal recessive, 또는 X-linked)에 따라 질병과 함께 전달되는 유전 마커의 위치를 확인하여 질병에 관련된 유전자의 위치를 알아내는 방법이다. 이와는 대조적으로 non-parametric linkage 방법의 일종인 affected sibpair 분석 방법은 한 가계 내에서 질병에 걸린 형제만을 수집하고 질병에 걸린 형제간에 공유하고 있는 유전적 위치를 밝혀 질병의 원인 유전자를 밝히는 방법이다(그림 13-10). 따라서 이 방법에서는 같은 가계 내에 질병이 발생하지 않은 사람은 포함되지 않고 질병이 있는 형제간에는 공통으로 갖고 있는 유전적 비율이 매우 높기 때문에 동일한 통계적 검정력(power)을 갖기 위해서는 많은 시료의 수집이 필요하다. 일반적으로 질병에 대한 유전모형 값을 알고 있는 parametric linkage 분석 방법이 분석 능력(power)이 크고 주로 단일 유전자 질병의 원인 유전자 발굴에 사용된다. 그리고 non-parametric linkage 분석 방법은 복합 질병의 원인 유전자 발굴에 주로 많이 사용되고 있다.

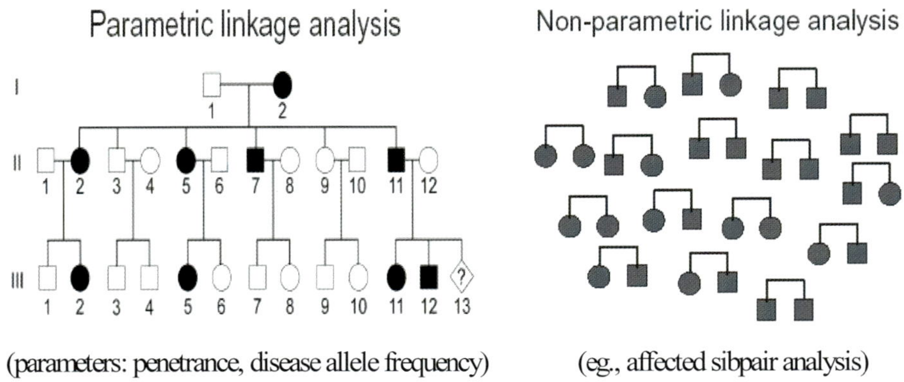

그림 13-10. 유전연관(**linkage**)분석의 **parametric** 방법과 **non-parametric** 방법의 비교

Linkage 분석을 수행하기 위해 LIPED, LINKAGE, MAPMAKER, FASTLINK 등의 linkage 분석 프로그램들이 개발되었으며 GENEHUNTER는 non-parametric 분석을 위해 사용할 수 있다. 그리고 최근에는 Merlin이라는 프로그램(http://www.sph.umich.edu/csg/abecasis/Merlin)을 많은 연구자들이 이용하고 있다. 그리고 linkage 분석을 통해 질병의 관련성을 밝히기 위해서는 분석 방법에 따라 다른 유의적 수준이 적용되며 분석 방법에 따라 나오는 유의적 수준(LOD score 또는 p-value)을 기준으로 질병 유전자가 존재할 유전체의 위치를 가늠할 수 있다. 일반적으로 parametric 방법을 이용한 linkage 분석의 경우에는 LOD score가 3.0 이상이면 질병 원인 유전자와 사용한 마커 사이에 매우 유의적인 linkage가 존재한다고 할 수 있다. 그리고 non-parametric 방법을 사용한 경우에는 p-value가 0.00002 이하로 떨어져야만 유의적인 linkage가 존재한다고 예상할 수 있다(표 13-2). 유전연관(linkage) 분석을 통하여 질병의 발생과 매우 유의적으로 연관되어 존재하는 유전 마커의 유전체상 위치가 밝혀지면 그곳을 중심으로 질병 원인 유전자 및 원인 유전변이형을 규명하게 된다.

표 13-2. 유전연관(**linkage**) 분석에서 유의성 판단의 기준

구분	**p-value**의 범위	**LOD score**의 범위
연관성(linkage) 없음	1.00-0.0008	0-2.1
연관성 암시	0.0007-0.00003	2.2-3.5
유의적인 연관성	0.00002-0.0000004	3.6-5.3
매우 유의적인 연관성	< 0.0000003	> 5.4
연관성 재확인	최초연구에서 유의적인 연관성이 독립된 다른 시료에서 재확인(confirmed)된 경우	

출처: Lander and Kruglyak. (1995). Nat. Genet 11:241-247.

Linkage 분석 방법은 단일 유전자 질병에 관련된 유전자 발굴에 매우 유용하게 활용되어 낭포성 섬유증(cystic fibrosis), retinoblastoma, 헌팅턴병(huntington) 등을 비롯한 다수의 원인 유전자를 밝혀냈다(표 13-3). 그리고 일부의 연구에서는 복합 질병의 원인 유전자 탐색에도 이용되어 질병 원인 유전자 발굴을 위한 기초 자료로 활용되어 질병 원인 유전자 탐색 연구에 큰 기여를 하고 있는 연구 방법이다.

표 13-3. 유전연관(**linkage**) 방법으로 발굴된 질병 원인 유전자들

Chronic granulomatous disease	Lowe syndrome
Duchenne muscular dystrophy	Norrie syndrome
Retinoblastoma	Menkes disease
Cystic fibrosis	X-linked agammaglobulinemia
Wilms tumor	Glycerol kinase deficiency
Neurofibromatosis type 1	Adrenoleukodystrophy
Testis-determining factor	Neurofibromatosis type 2
Choroideremia	Huntington disease
Fragile X syndrome	Multiple endocrine neoplasia type 2A
Familial polyposis coli	von Hippel-Lindau disease
Kallmann syndrome	Hemochromatosis
Aniridia	Myotonic dystrophy
Many others	

(2) **연관성 연구** (association study)

Linkage 분석 방법이 단일 유전자 질병에서는 매우 유용한 연구 방법이지만 대부분의 복합 질병의 경우에는 linkage 방법으로는 질병에 관련된 유전적 위치를 확인하기가 매우 어렵다. 예를 들면, 단일 유전자 질병의 경우에는 linkage 연구에 의해 유전체상에 존재하는 질병의 원인 유전자 위치가 분명히 확인되지만(LOD >3.0 이상 영역) 복합 질병에서는 다수의 유전자가 관여하기 때문에 특정 유전체 위치에서 강한 신호가 관측되지 못한다(그림 13-11). 따라서 이러한 경우에는 환자와 정상인 그룹에서 유전 마커의 빈도 차이를 조사하여 특정 유전자 또는 유전체 위치를 규명하는 연관성 연구를 사용하게 된다.

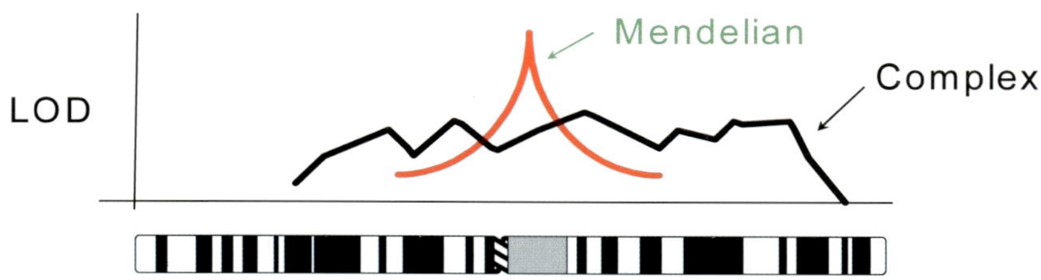

그림 13-11. 단일유전자 질병과 다유전자 질병에 대한 **linkage** 신호의 비교

연관성 연구에서는 질병의 표현형이 알려져 있는 집단에서 특정 유전변이형을 조사하여 특정 유전변이형과 질병 간에 상관관계가 존재하면 우리는 이를 유전변이형과 질병 간에 연관성이 있다고 말한다. 연관성 연구는 전체 집단에서 일반적으로 많이 발생하는 질병은 집단 내에 높은 빈도로 존재하는 유전형에 의해 결정된다는 가설(common disease-common variant theory)을 전제로 하여 이루어지는 연구 방법이다. 따라서 이 방법을 사용하기 위해서는 특정 빈도 이상의 유전마커 (>5%)를 이용하여 질병 연관성 연구를 수행하게 된다. 연관성 연구는 매우 간단한 연구 방법이며 그림 13-12에 제시한 바와 같이 정상인과 환자군에서 특정 유전변이형(붉은색으로 표시된 개체)의 분포 차이를 조사하여 질병의 발생에 대한 위험도의 정도를 측정하게 된다.

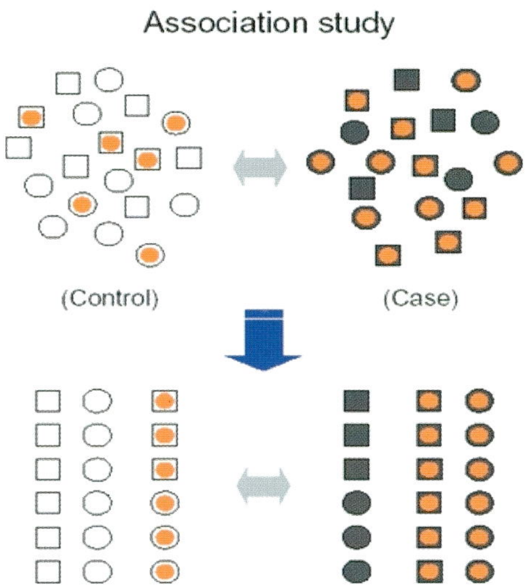

그림 13-12. 연관성 연구의 방법. 위의 그림에서 붉은색은 질병 대립유전자(disease allele)를 가진 것을 의미함.

한편 복합 질병에 대한 유전적 연구를 위해 다음과 같은 절차를 거치게 된다.

① 질병의 감수성이 유전적인지를 확인하기 위해 가계, 쌍둥이, 입양자 연구 등을 수행한다.

② 질병의 감수성에 관련된 유전자형의 종류와 빈도를 추정하기 위해 분리패턴 분석(segregation analysis)을 수행한다.

③ 일반적으로 affected sibpairs를 이용한 linkage 분석으로 감수성 유전자(susceptibility loci)에 대한 유전체에서의 위치를 확인한다.

④ 환자와 정상인 집단을 사용한 연관성 연구(population association)를 수행하여 유전체에서 후보 영역을 좁힌다.

⑤ 질병의 감수성을 유발하는 유전변이형을 규명하고 생화학적 작용 기전을 밝힌다.

최근에는 인간 집단 전체에 존재하는 대부분의 유전변이형 정보가 밝혀지고 대량의 유전변이형을 조사할 수 있는 SNP chip이 상업적으로 이용 가능해짐에 따라 복합질병 유전자 발굴을 위한 연구가 급진전되었다. 또한 다양한 연구 방법 및 새로운 탐색 전략이 시도되고 있어 연구 기법 및 전략에도 많은 발전이 예상되고 있다. 예를 들면, 전통적인 방법으로는 질병에 관련된 가계로 linkage mapping을 수행하여 질병에 관련된 유전체의 위치를 확인한다. 그리고 선별된 유전체 영역에서 보다 많은 유전변이형 마커를 사용하여 질병 후보유전자에 대한 질병 연관성 연구(association study)를 수행하고 질병과 연관된 유전변이형의 생물학적 원인을 밝힘으로써 질병에 연관된 유전자와 유전변이형을 최종적으로 규명할 수 있었다. 그러나 복합 질병에 linkage mapping 방법을 사용하는 경우에는 몇 곳의 가상적인 후보 유전체 위치를 확보하더라도 선별된 유전체 지역 내에 존재하는 질병 유전자를 규명하는데 실패하고 있다. 이러한 문제점을 극복하기 위하여 후보유전자 또는 유전체 전체에 골고루 분포하고 있는 대량의 SNP 마커로 질병 연관성 연구를 수행하여 질병에 관련된 유전자 및 유전변이형을 밝히려는 시도가 이루어지고 있다. 특히 수십만 개의 SNP 마커를 동시에 조사할 수 있는 SNP chip이 상용화되면서 이러한 연구 방법은 더욱 일반화되었다. 그리고 최근에는 전체 SNP 마커에서 기능적으로 중요한 SNP만을 선별하여 질병 연관성 연구를 수행함으로써 질병 유전자 발굴의 효율성을 증진하는 연구방법도 시도되었다. 따라서 최근의 유전체 분야의 기술 발달과 더불어 다양한 연구기법의 개발이 추진되어 질병의 원인 유전자 발굴 가능성은 한층 높아지고 있다.

만성 질병은 원인 유전변이형에 대한 2 가지 다른 가설을 근거로 유전 연구가 진행되었다. 첫 번째 가설은 common disease-common variant 가설로 질병의 원인 유전변이형의 빈도는 일정 수준 이상 존재하며 각각의 효과는 매우 작을 것이라는 것을 가정하는 것이다. 또 다른 가설은 질병의 원인 유전자가 다수의 아주 희소한 유전변이형들(rare variants)에 의하여 결정된다는 것을 가정하는 것이다. common disease-common variant 가설을 근거로 한 지금까지의 연구 결과에 의하면 질병의 원인 유전변이형은 아주 다양한 빈도로 존재하며 통상적으로 높은 빈도를 가진 유전변이형의 경우에는 질병의 상대적 위험도(odds ratio)가 약 1.2~1.5 정도로 매우 낮은 효과를 보였다(그림 13-13). 따라서 상대적 위험도가 낮은 유전변이형의 질병 연관성 연구에는 통계적 검정력을 갖기 위해 상대적으로 많은 시료를 이용한 유전 연관성 연구가 요구되었다. 그리고 희귀 유전변이형에 의하여 질병의 발생이 영향을 받는 경우에는 상대적 위험도는 높게 나타나지만 유전변이형의 빈도가 낮아서 제한된 수의 정보만이 분석에 이용 가능하기 때문에 통계적 검정력은 낮은 단점을 가지고 있다.

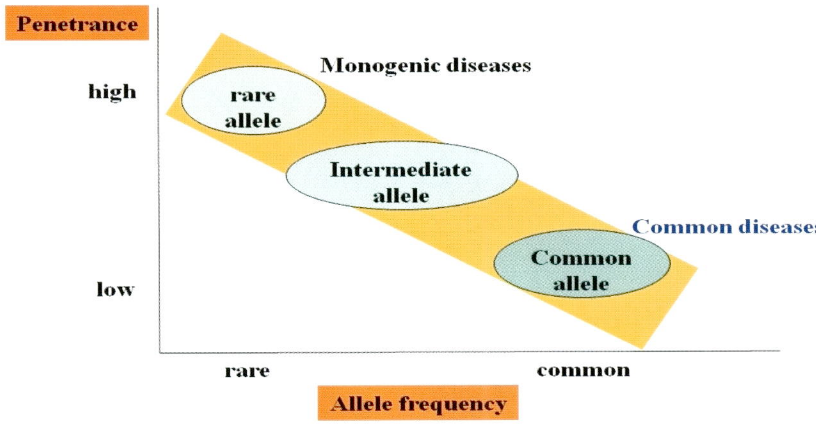

그림 13-13. 질병의 종류와 원인 유전변이형 빈도 간의 상관성

실제로 지금까지의 연구 결과에 의하면 만성질병(common diseases)의 원인 유전변이형은 다양한 빈도로 존재하며 일반적으로 빈도가 높은 유전변이형(common variants)은 상대적 위험도(odds ratio)가 낮고 빈도가 낮은 유전변이형(rare variants)은 질병에 대한 상대적 위험도(odds ratio)가 높게 나타남을 알 수 있었다(그림 13-14). 이러한 연구 결과는 질병의 종류에 따라서 아주 다양한 형태의 원인 유전자와 유전변이형이 존재함을 의미하고 있다.

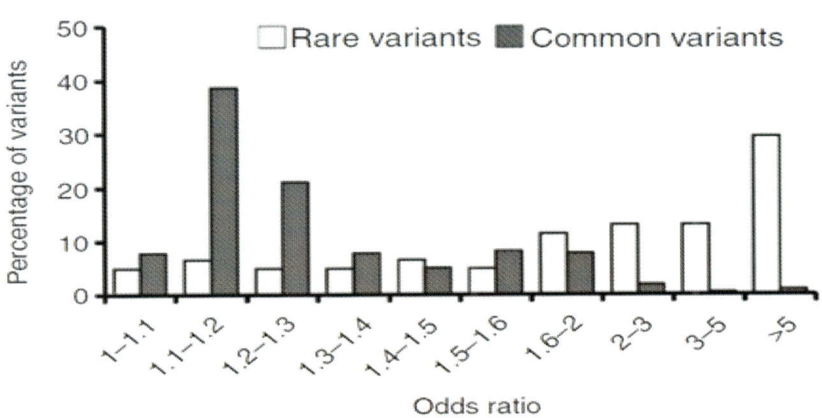

그림 13-14. 질병 원인 유전변이형의 빈도와 질병의 상대적 위험도**(odds ratio)**간의 상관관계**.** 출처: Bodmer W and Bonilla C. (2008). Nature Genetics 40:695-701.

실제로 지금까지 연구된 자료에 의하면 질병의 유전적 원인은 다수의 빈도가 낮은 대립 유전변이형(multiple rare variants)에 의하여 결정되는 것으로 알려지고 있다(표 13-4). 따라서 다양한 표현형적 다양성은 다수의 원인 유전자에 존재하는 다양한 종류의 유전 변이형의 조합에 의하여 질병의 유전적 원인이 결정되는 것으로 이해할 수 있다.

표 13-4. 질병의 유전적 원인은 다수의 빈도가 낮은 대립 유전변이형에 의하여 결정된다는 염기서열 분석 결과들

Gene	Phenotype	Results
IFIH1	Type 1 diabetes	Multiple rare cSNPs are more frequent in T1D
MTHFR	Folate response	Multiple coding SNP effects are folate remedial
Salt handling genes	Blood pressure	Multiple coding SNPs for individuals with low BP
APC	Colorectal cancer	Multiple variations among colorectal cancer
CTRC	Pancreatitis	Multiple variations among pancreatitis patients
Toll-like receptors	Tuberculosis (TB)	Multiple coding variations influence TB
58 different genes	Obesity	Multiple variations among obese patients
ANGPTL4	Elevated HDL	Multiple variations among high HDL patients
PCSK9	Low LDL	Frequent nonsense mutations among low LDL
CSK9	Heart disease	Multiple sequence variations among HD patients
NPC1L1	Low LDL	Multiple rare variants among low LDL patients
PCSK9	Low LDL	Frequent nonsense mutations among low LDL
ABCA1, APOA1, LCAT	Low plasma HDL	Coding SNPs differences for low HDL patients

출처: Schork NJ et al. (2009). Current Opinion in Genetics & Development 19:212-219

■ 참고문헌

- Jon McClellan and Mary-Claire King. (2010). Genetic heterogeneity in human disease. Cell 141:210-217.

- Freimer N and Sabatti C. (2004). The use of pedigree, sib-pair and association studies of common diseases for genetic mapping and epidemiology. Nature Genetics 36:1045-1051.

- Burke W. (2003). Genomics as a probe for disease biology. New England Journal of Medicine 349:969-974.

- Bodmer W and Bonilla C. (2008). Common and rare variants in multifactorial susceptibility to common diseases. Nat Genet 40:695-701.

- Schork NJ et al. (2009). Common vs. rare allele hypotheses for complex diseases. Current Opinion in Genetics & Development 19:212-219

제 14장 연관성 연구

1. 연관성 연구의 의미

연관성(association)은 특별한 유전적 현상이 아니라 특정 유전자형(allele)과 표현형이 동시에 발생함을 나타내는 단순한 통계적 언급일 뿐이다. 어떤 집단에서 연관성이 발생하는 대표적인 원인들을 살펴보면 다음과 같다.

- 질병의 직접적 원인이 되는 경우 **(direct causation)**: 질병을 유발하는 원인유전자의 돌연변이.
- 특정 유전자형과 질병이 자연적으로 선발**(natural selection)**을 받는 경우: 말라리아가 만연한 지역에서 hemoglobin 유전자가 sickle cell anemia 유발 돌연변이를 가지고 있는 경우 heterozygote advantage에 의해 말라리아에 대한 저항성이 증가함에 따라 질병유전자의 자연선발이 이루어짐.
- 집단간 유전적 조성 차이에 의한 연관성**(population stratification)**: 집단 간의 유전적 차이에 의하여 특정 표현형이 연관됨. 예를 들면, 미국과 같이 여러 인종이 혼재해 있는 집단에서 특정 유전형과 젓가락 사용과의 연관성을 조사하면 대부분의 연구에서 젓가락 사용에 관련된 유전자가 연관되기보다는 젓가락을 많이 사용하는 아시아인 집단의 특성이 연관될 확률이 매우 높음.
- 자연발생적으로 생기는 제 **1**형 오류에 의한 경우**(type 1 error)**: 전체 검사에서 5% 또는 1%의 범위에서 발생하는 오류에 의해 실제 연관성이 없음에도 불구하고 연관성이 존재하는 것처럼 보이는 경우.
- 질병 원인유전자가 주변에 위치한 변이형과 **LD(linkage disequilibrium)** 상태에 있는 경우: 유전체 전체를 검색할 때에는 직접적인 원인 유전자를 발굴할 수도 있지만 대부분의 경우에는 연구에 사용된 마커와 동일한 LD block에 존재하는 연관된 다른 유전변이형과 연관성을 보일 수 있음.

일반적으로 우리가 질병 원인 유전자를 발굴하기 위해서는 질병의 직접적 원인이 되는 연관성이나 또는 LD에 의하여 질병의 원인 유전자와 가까이에 존재하는 유전마커 간의 유의적인 연관성을 찾게 된다. 다른 종류의 연관성은 질병의 원인과 직접적인 관련성은 없는 경우이다.

질병 유전자 발굴을 위한 연관성 연구의 기본 개념을 소개하면 다음과 같다(그림 14-1). 우선 정상인과 질환자의 시료를 수집하고 두 집단 간의 특정 변이형의 발생 빈도를 비교하여 통계적 차이가 존재하면 특정 변이형과 질병 사이에는 유의적으로 연관되어 있음을 의미한다. 따라서 연관성 연구는 사용하기 용이하고 통계적으로도 매우 쉬운 방법이다. 두 집단 간의 유의성 검정은 χ^2-test를 사용하며 특정 유전형에 대한 질병의 상대적 위험도는 오즈비(OR: odds ratio)로 표시한다. 그리고 질병 유무에 따른 두 집단간 비교뿐만 아니라 양적인 데이터를 비교해야 할 경우엔 (예를 들면, 당뇨환자에서 비만도 또는 천식 환자에서 total IgE 농도 등) 연속형 변수를 분석할 수 있는 ANOVA (analysis of variance) 또는 직선회귀(linear regression) 분석 등이 사용될 수 있다.

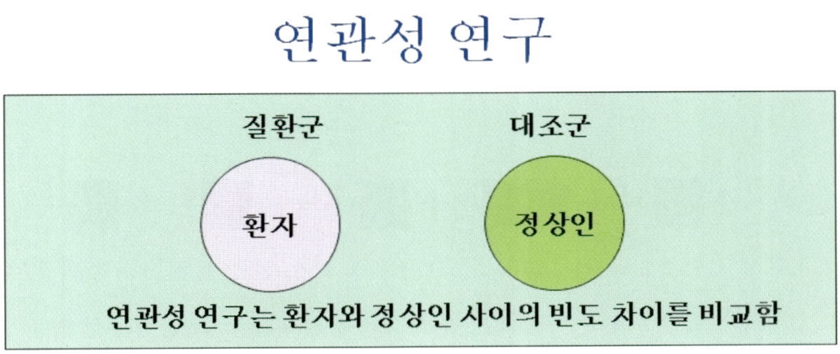

χ^2 test: **(범주형 데이터) 대립유전자형 빈도의 차이를 검정하는 방법**

$$\chi^2 = \frac{(\text{관측치} - \text{예측치})^2}{(\text{예측치})}$$

그림 14-1. 연관성 연구의 기본 개념

2. 연관성 연구의 개요

한편 연관성 연구는 유전마커의 선별 방법에 따라 두 가지로 나눌 수 있다(그림 14-2). 첫 번째는 기능적으로 중요한 유전변이형(cSNP 또는 rSNP)만을 선별하여 연관성 분석을 수행하는 방법으로 연관성을 보이는 유전변이가 직접적으로 질병의 원인이 될 확률이 높다. 이 방법은 후보유전자(candidate gene approach)를 이용한 질병 연관성 연구에 주로 사용하는 방법이다. 두 번째 방법은 전체 유전체 또는 특정 유전체 영역에 대하여 일정한 간격을 두고 유전변이형 마커를 선별하여 질병 연관성 연구를 수행하는 방법으로 질병과 연관된 유전 마커를 찾은 후에 다시 원인 유전자 및 유전변이형을 추가적으로 발굴하는 방법을 사용하고 있다. 두 번째 방법은 질병의 직접적 원인 유전자 및 유전변이형을 바로 찾을 수는 없지만 질병에 연관된 유전 마커는 찾을 수 있는 방법이다. 특히 최근에는 대용량 SNP chip이 상용화되면서 전장 유전체 연관성 연구(genome-wide association study; GWAS)에서 이 방법을 사용하고 있다.

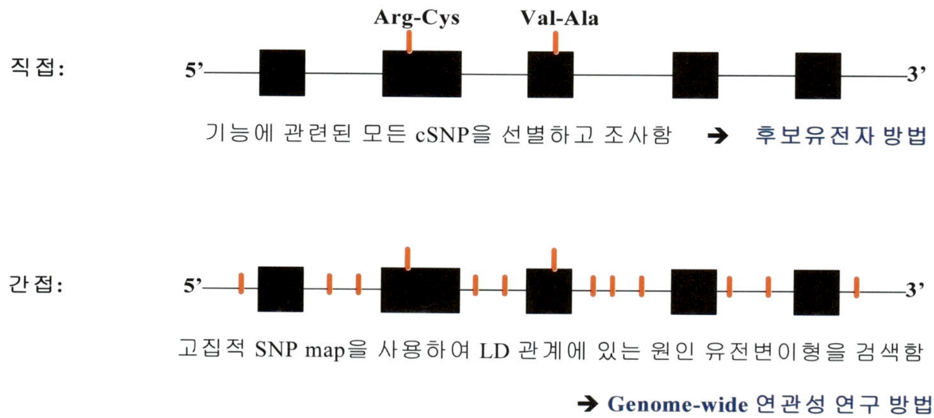

그림 14-2. 연관성 연구의 직접 방법(후보유전자 방법)과 간접 방법(genome-wide 연관성 연구방법)의 비교

과거에는 대부분 질병 후보유전자 1 개를 선별한 이후에 선별된 후보유전자에 존재하는 유전변이형 마커를 이용하여 질병과의 연관성 분석을 시도하였으나 최근에는 인간 유전체 전체에서 널리 분포하고 있는 대량의 유전변이형 마커를 조사할 수 있는 대용량 SNP chip을 이용하여 전장 유전체 연관성 연구를 수행하는 것이 일반화되었다. 그러나 엄청나게 많은 수의 유전변이형 마커를 사용하게 되면 임의적으로 발생할 수 있는 오류(random error)도 비례적으로 증가하기 때문에 새로운 기술의 발전과 더불어 새로운 분석기법의 개발도 병행하여 추진되었다. 이러한 문제점을 극복하기 위해 개발된 방법의 하나가 다단계 접근방법(multi-stage approach)을 활용하는 것이다(그림 14-3). 본 연구 방법은 사용하는 시료의 수를 최소화할 수 있으며 대량의 변이형 마커를 사용함에 따르는 임의의 오류 가능성을 줄일 수 있는 좋은 연구 방법의 하나이다.

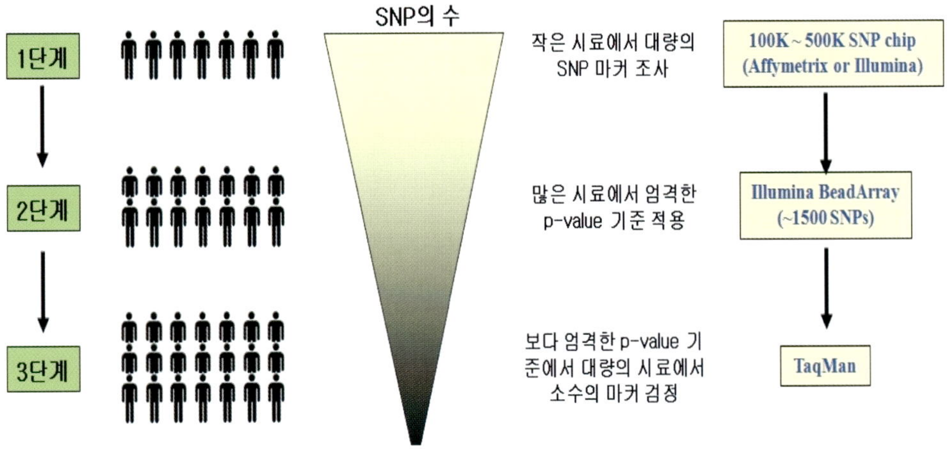

그림 14-3. 다단계 분석방법을 이용한 연관성 연구

다단계 분석방법은 우선 최소한의 정상인과 환자의 시료에서 대량의 유전변이형 마커(예, 500K SNP chip)를 이용하여 전 유전체에 분포하고 있는 유전변이형과 질환 간의 연관성을 조사한다. 제 1차 검사(screening)에서는 유의적인 유전변이형 마커만을 선별하고 좀 더 많은 시료를 사용하여 제 2차 검사(예, 1,500 SNP BeadArray)를 시도한다. 제 2차 검사에서도 동일한 유전변이형 마커에서 고도의 유의성이 반복된다면 대량의 정상인과 질환자 시료를 사용하여 임상적용 가능성을 검증함으로써 최종적으로 질병 연관성을 밝히게 된다. 이러한 다단계 분석방법은 대량의 유전변이형 마커를 이용하여 유전체 전체를 검색할 때 사용할 수 있는 유용한 분석기법이다. 그러나 이 방법을 사용하더라도 질병의 직접적인 원인 유전변이형이 분석 마커에는 포함되지 않을 수도 있기 때문에 고도의 유의성이 확인된 마커 주변에 존재하고 있는 다른 유전변이형에 대한 연관성 분석이 추가로 수행될 필요가 있다.

3. 연관성 연구의 방법

질병 연관성 연구는 1) 실험계획, 2) 시료 및 데이터 수집, 3) 유전형 조사, 4) 통계 분석 등의 과정을 거치게 된다. 각 단계별 필요한 내용을 열거해 보면 다음과 같다.

- 실험설계 **(study design)**
  - 연구대상 질환 선정
  - 연구대상 시료의 수 결정
  - 정상과 질환의 분류 기준 결정

- 시료 및 데이터 수집 **(sample & data collection)**
  - 유전체 시료 수집
  - 임상 정보 및 표현형 분류 정보 수집
  - 환경 정보 수집

- 유전형 조사 **(genotyping)**
  - 후보유전자 및 후보 SNP 선정 및 유전형 조사
  - 유전체 전체를 커버하는 SNP genotyping
  - 적합한 유전형 조사 방법 선별 (관심지역에 대한 고밀도 유전형 조사)

- 통계분석 **(statistical analysis)**
  - 단일 SNP 연관성 분석 또는 haplotype 연관성 분석

(1) 연관성 연구를 위한 실험설계(study design)

전체 연관성 분석 과정 중에서 가장 중요한 단계가 바로 실험설계이다. 실험설계 단계에서는 연구대상 질환 선정, 적정 시료의 수, 정상과 질환의 분류 기준 등이 마련되어야 한다. 실험설계 단계에서 많은 부분들을 상세히 사전에 점검할 필요가 있다. 예를 들면, 대상 질환 선정에서 연구하고자 하는 질병의 유전적 성향(유전력)의 정도는 얼마인지, 연구에서 검정할 가설의 설정, 대상 표현형을 어떻게 선별하고 유전적 요인 분석을 위해 통계적 파워를 최대화시킬 수 있는 실험 방법, 연구하는 집단의 인종적 차이와 반복실험의 추가 여부 등과 같이 실험설계에서 얼마나 많은 부분을 정확하게 고려해서 시작

하는 가에 따라 성공 확률이 결정될 것이다. 그러면 실험설계 단계에서 고려해야 할 내용을 항목별로 좀 더 상세히 살펴보도록 하자.

① **대상 질환의 선별 - 분석하고자 하는 형질의 유전력(heritability) 분석**: 질병에 관련된 유전자를 발견하기 위해서는 우선적으로 연구 대상 질병에 대해 유전적 요인이 얼마나 작용하는지 규명되어야 한다. 예를 들면, 유전력이 매우 강한 질병의 경우에는 유전적 변이에 따른 질병의 차이가 강하게 작용하여 유전적 분석이 매우 용이할 것으로 예상할 수 있다. 유전력은 전체 표현형에 미치는 요인들 중에서 유전적 요인의 비율을 나타내므로 특정 질병의 발생에서 유전적 차이에 따른 영향력을 가늠해 볼 수 있는 매우 중요한 요인이다. 예를 들면, 사람의 ABO 혈액형 등은 유전력이 100%다. 그리고 키, 체질량지수(BMI), 자폐증 등도 유전력이 매우 높아 약 80% 이상의 유전력을 보이고 있다. 또한 환경요인에 의해 매우 큰 영향을 받는 고혈압, 지방량 등과 같은 경우에는 약 50-80%의 유전력을 가지고 있는 것으로 밝혀져 있다. 그러나 결혼에 대한 선호도, 자살, 종교관 등과 같은 경우는 매우 낮은 유전력을 보이고 특히 자연적인 재해나 사고에 의해 발생하는 외상 등과 같은 경우는 개인의 유전적 요인이 관여하지 않을 것이다. 따라서 우리가 연구하고자 하는 대상형질(target phenotype/trait)의 유전력에 따라 연구 방법의 선정 및 질병 연관성 연구의 성공 가능성을 예측할 수 있다.

② **연구 대상 표현형(형질)의 선별 기준**: 질병 연관성 연구를 수행하기 위한 질병 또는 표현형이 결정되면 정상인과 질환자 시료를 수집하게 되는데 정상인과 질환자의 분류 기준을 명확히 할 필요가 있다. 이상적으로는 질환자와 정상인의 구분이 두 그룹으로 완전히 분리된다면 표현형과 유전형 간의 연관성 분석이 용이하겠지만 대부분의 정상인과 질환자 간의 분류는 연속선상에서 인위적으로 두 그룹으로 나누어지기 때문에 - 예를 들어 한국인에서 체질량지수(BMI)가 25 이상이면 비만으로 분류하는 경우처럼 - 실제 질환자의 그룹에 정상인이 포함되어 있거나 반대로 정상인의 그룹에 질환자가 포함될 가능성이 높다(그림 14-4). 이러한 경우엔 연관성 분석의 성공 가능성은 매우 낮아지게 된다. 특히 대부분의 연관성 연구(case-control study)는 특정기준(threshold)을 중심으로 질환자와 정상인을 구분하기 때문에 정상인 중에는 아직 발병하지 않았지만 여전히 질병 원인 유전자형을 지닌 사람이 포함될 수 있다. 그러므로 정상인과 질환자 그룹을 명확히 구분할 수 있는 엄격한 임상적 진단 기준을 적용할 필요성이 절대적으로 필요하다. 잘 선별된 정상인과 질환자의 시료 그룹이란 유전적 차이를 잘 설명할 수 있도록 표현형이 뚜렷이 구분되는 그룹이어야 한다. 특히 환경적 요인이 많이 작용하거나 질병의 발생 시기에

따른 차이가 존재하는 경우는 이런 오류가 더욱 많아질 것이다. 이러한 문제점을 극복하기 위해서는 전체 집단 내에서 양 극단의 두 그룹을 선별하여 사용할 수 있으며 특히 천식 환자에서의 total IgE 농도와 당뇨병 환자에서의 비만도와 같은 연속적 변수에서는 이러한 시료의 선별이 더욱 용이할 것이다. 한편 정상인과 질환자로 구분하는 이분법적 분류에서는 대부분 정상인은 전체 집단과 매우 유사한 구성을 보이고 질환자 그룹은 질병 특이적으로 선별될 것이기 때문에 질병에 연관된 유의적인 유전변이형은 질병의 감수성과 관련되어 있을 것으로 예상된다. 그러나 양 극단의 시료를 선별한 경우엔 각각 질병의 감수성 또는 저항성에 관련된 유전적 변이형이 분리되어 양 극단에 존재할 것이다. 그리고 비만도(BMI)도 같이 연속적인 변수에 대한 유전 연관성 분석은 직선회귀식(linear regression)과 같은 연속형 데이터 분석 방법을 사용하여 분석하게 된다.

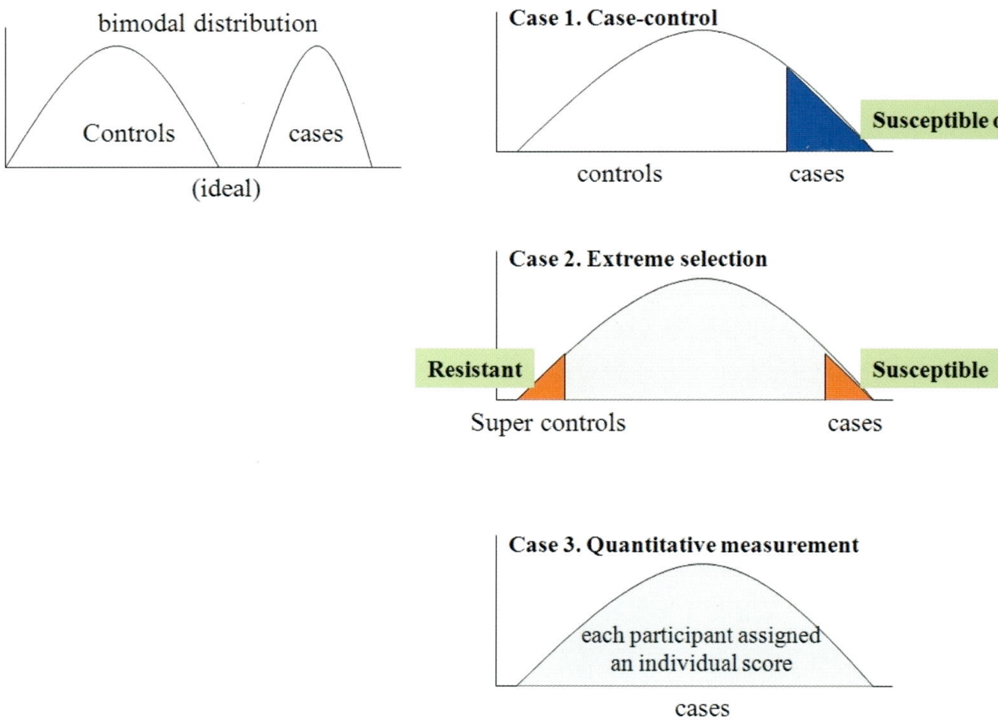

그림 14-4. 연관성 연구(case-control study)에서 대상시료의 선별기준

특정 질병의 발생이 유전적 요인에 의해 대부분 결정된다면 연관성 연구가 매우 효과적인 연구 방법이 될 것이다. 그러나 일반적으로 대부분의 질병은 다수의 유전자

와 많은 환경요인이 작용하여 발생하는 복합 질병의 성격을 지니고 있다. 따라서 한 유전자의 유전변이에 의해 설명될 수 있는 부분이 매우 제한적이다. 이러한 제한성을 극복하기 위해서 질병의 표현형을 보다 더 세분화(subtype)할 수 있다. 이 경우에는 표현형을 세분화함에 따라 각 그룹의 시료 수가 줄어 통계적 검정력(statistical power)이 감소할 수 있고 연구 대상 그룹을 늘리면서 발생하는 다중비교에 의한 오류의 증가가 예상된다. 한편 성공 가능성이 훨씬 높은 다른 한 방법은 질병 자체를 연구 대상 형질로 취급하지 않고 질병의 발생에 중요한 생화학적 표현형을 연구 대상으로 선별하여 연관성 연구를 수행하는 것이다. 예를 들면, 심근경색의 발생에 큰 영향을 미치는 혈액내 지방(LDL)의 농도, 당뇨병의 발생과 관련된 체질량지수(BMI) 등이 하나의 표현형으로 선정될 수 있다. 이러한 표현형을 질병에 관련된 중간 표현형(intermediate phenotype)이라고 부르고 있으며, 많은 유전자와 환경에 의해 유발되는 질병보다는 특정 유전자와의 연관성이 보다 높게 나타날 것으로 기대된다. 따라서 특정 유전변이형과 중간형질 간의 유의적인 연관성 연구결과는 궁극적으로는 중간형질과 연계된 질병의 유전적 원인 규명에 크게 기여할 것이다.

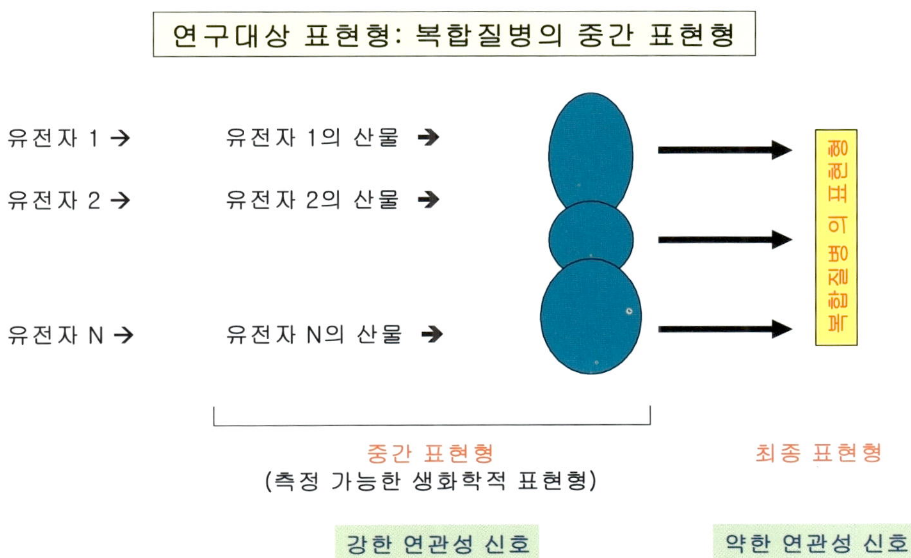

그림 14-5. 연구대상 표현형의 선별 기준. 출처: Carson CS et al. (2004).Nature 429:446-452.

③ 분석에 사용할 시료의 수**(sample size)** 결정: 앞에서 언급했듯이 연관성 연구의 기본 개념은 질병군과 정상인 간에 유의적인 빈도의 차이를 보이는 유전변이형을 발굴하여

질병에 관련된 유전자를 찾아내는 것이다. 즉 두 집단 간에 차이를 보이는 유전변이형의 빈도에 대한 통계적 유의성을 검정하는 것이며 사용되는 시료의 수(sample size)가 검정력에 결정적인 영향을 미치게 된다. 통계적 유의성은 전통적으로 5%의 유의수준에서 정하게 되는데, 이를 type I error(α)라 하고 질환과 실제로 연관이 없는 유전변이형을 통계적 검정을 통해 유의성이 있다라고 결론지을 확률(false positive)을 의미한다. Type II error(β)는 type I error와 반대로 질환과 관련이 있는 유전자를 유의성이 없다고 잘못 판단할 경우이며 다른 말로 false negative라고 한다. 그리고 확률 1에서 type II error (β)를 뺀 값이 파워(power)이다(power= 1 - β). 연관성 연구에서 실험의 파워는 1) 유전모델(dominant or recessive), 2) 유전자 빈도(allele frequency), 3) 질병에 대한 상대적 위험도(relative risk), 그리고 4) 가장 중요한 시료의 수(sample size)에 의해 결정된다. 특히 유전모델, 유전자 빈도 및 상대적 위험도는 우리가 임의로 조절할 수 없지만 일반적으로 사용되는 시료의 수는 쉽게 조절이 가능하기 때문에 통계적 파워를 높이기 위해서는 시료의 수를 극대화할 필요가 있다.

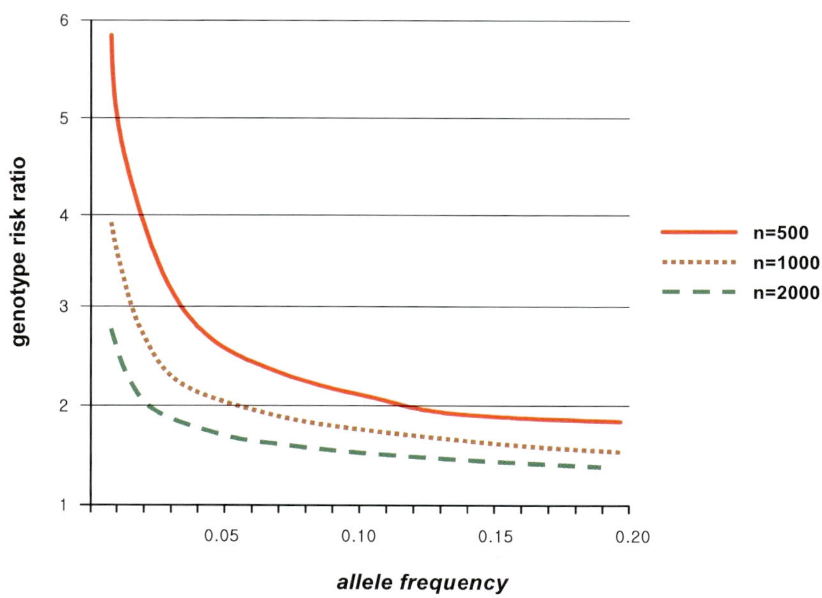

그림 14-6. 유전자 빈도와 질병의 상대적 위험도**(relative risk)**에 따른 적정 시료 수. n= case-control pair의 수를 나타냄. 출처: Botstein D and Risch N. (2003). Nature Genetics Supplement 33:228-237.

그림 14-6에서는 유전자형 빈도와 상대적 위험도(risk ratio)에 따라 사용해야 할 시료의 수를 나타내고 있다. 예를 들면, 특정 유전변이형의 상대적 위험도가 약 2라고 가정해 보면 사용하는 마커의 빈도가 2%인 경우 약 2,000 명씩의 case-control 시료를 사용해야 하지만 마커의 빈도가 약 10% 정도가 되면 각각 약 500 명의 case-control 시료만을 사용하여도 동일한 파워를 가지게 된다. 따라서 일반적으로 빈도가 높을수록 시료의 수를 줄일 수 있음을 알 수 있다. 그리고 동일한 빈도를 가진 마커를 이용한다 하더라도 상대적 위험도에 따라 사용되는 시료의 수가 달라진다. 예를 들면, 빈도가 2%인 마커를 사용하는 경우 상대적 위험도가 2라면 약 2,000쌍의 case-control 시료를 사용해야 하지만 상대적 위험도가 3이라면 약 700 명 내외의 case-control 시료만을 사용해도 동일한 파워를 갖게 될 것이다. 그리고 상대적 위험도(relative risk)의 정도에 따라 질환자와 정상인 간의 빈도 차이가 달리 발생하게 되어 위험도가 높을수록 case-control 간의 빈도 차이가 많이 날 것이다. 예를 들면, 표 14-1에서와 같이 multiplicative risk model에서 전체 집단의 risk allele 빈도가 약 10%라고 가정하면, homozygous relative risk가 2이면 질병군에서는 약 13.6%의 빈도로 존재하고 homozyous relative risk가 4라면 질병군에서는 18.2%의 빈도로 존재함을 예측할 수 있다. 따라서 상대적 위험도가 2일 때는 3.6% 정도의 빈도 차이가 발생하고 상대적 위험도가 4일 때는 8.2% 정도의 빈도 차이가 발생하게 된다. 한편 대부분의 복합질병은 상대적 위험도가 4 이내이기 때문에 정상인과 질환자의 유전자 빈도 차이는 10% 이내의 차이를 보일 것으로 예상할 수 있다.

표 14-1. 상대적 위험도의 차이에 따른 집단(case-control)의 유전자 빈도 차이 추정치 (위험 유전자형: 집단 내 10% 존재하는 경우)

Multiplicative risk model	Homozygous RR= 4	Homozygous RR= 2
	Heterozygous RR= 2	Heterozygous RR= 1.4
질환자군 빈도	18.2%	13.6%
정상인 빈도	9.9%	9.96%

RR: relative risk (상대적 위험도)

일반적으로 대부분의 만성 질병들의 원인 대립 유전자형의 상대적 위험도(relative risk)가 4 미만이므로 검정력을 높이기 위해서는 사용하는 시료의 수를 극대화할 필요가 있다. 그리고 특히 상대적 위험도가 4 미만의 경우엔 1% 이상의 측정 오류는 시료 수가 많다고 하더라도 검정력을 급격히 감소시킬 수 있기 때문에 각별한 주의가 필요하다. 연관성 연구에서 적정 시료의 수를 결정하는 데는 "POWER"와 "Quanto" 프로그램이 개발되어 이용되고 있다.

1) NCI "Power" program: http://dceg.cancer.gov/power/
2) USC "Quanto" program: http://hydra.usc.edu/gxe/

④ **인종적 차이**: 연관성 연구에서는 인종간 차이(ethnicity; population stratification)를 반드시 고려해야 한다. 특히 다른 유전적 배경을 지닌 다수의 인종을 포함하는 경우, 특정 유전형의 빈도가 질환과의 관련성보다는 인종의 차이에 의해 기인될 확률이 매우 높아지게 된다. 따라서 만약 case-control 시료 선발에서 특정 인종의 시료가 한쪽 그룹에 더 많이 포함되면 질병 특이적인 유의성이 아니라 인종 특이적인 유의성이 관측될 것이다. 특히 이질적 인종 집단으로 구성된 대규모의 연구에서는 집단 간의 유전적 차이에 의한 유전적 조성의 차이 및 유전체 구조의 차이는 case-control을 사용한 연관성 분석에서 방해 요인(confounding factor)이 될 수 있다. 그러나 집단간 차이(population stratification)는 한국인 집단과 같이 매우 동질적인 집단에서는 별 문제가 되지 않는 것으로 알려져 있다. 그리고 집단 간의 차이는 상호 자유로운 결혼을 하지 않는 다른 인종이나 집단들을 서로 합쳐 연관성 분석을 시도하는 경우에 발생하며 이러한 이질적 집단들은 특정 유전자형의 빈도와 질병의 발생 빈도에서도 차이를 보일 수 있다. 그리고 연관성 분석에서 잘못된 결과를 초래할 수 있다. 집단간 차이(population stratification)를 보정하기 위해서는 숨겨진 인종간 기원을 추론하기 위하여 서로 연관되지 않은 패널의 마커(unlinked markers)를 사용하여 보정해 주게 된다. 집단간 차이를 보정하는 방법으로는 genomic control 방법(Devin & Roeder, 1999; Bacanu et al., 2000)과 structured association 방법(Pritchard et al, 2000; Pritchard and Rosenberg, 1999)이 매우 유용하게 사용되고 있다.

⑤ **반복실험**: 연관성 분석은 하나의 통계적 유의성을 찾는 것이기 때문에 항상 오류를 포함할 수 있고 특히 대량의 마커를 검색하거나 시료 선별 상의 잘못(sampling bias)이 있는 경우에 오류는 더 많이 발생한다. 따라서 연관성 연구에서 유의적인 결과가 나온 경우

에는 이것이 통계적 오류(false positive)가 아님을 증명하기 위한 반복실험(replication)이 요구된다. 우리가 시도할 수 있는 반복실험에는 통계적 반복 실험과 기능적 반복 실험이 있다.

- **통계적 반복실험 (statistical replication)**: 사용된 시료를 나누어 재분석하거나 다른 시료에서 동일한 실험 및 분석을 수행하여 재현성을 조사함.

- **기능적 반복실험 (functional replication)**: 두 대립 유전자형의 생물학적 기능의 차이를 조사함.

가장 간단한 반복 실험의 방법은 분석에 사용된 시료를 몇 개의 그룹으로 나누어 동일한 패턴의 유의성이 관측되는지를 보는 것이고 또 다른 반복 실험 방법은 기존 분석에 사용된 시료와는 독립적인 시료를 사용하여 동일한 실험과 분석을 수행하여 통계적 유의성이 반복적으로 관측되는지를 조사하는 것이다. 또한 연관성 분석에서 통계적으로 유의적인 마커가 만약에 질병에 직접적으로 관여한다면 생물학적으로도 기능의 차이를 보일 것이다. 따라서 질병과의 연관성이 관측된 유전변이형에 대한 생물학적 기능 변화를 연구하는 것 또한 반복 실험의 한 방법으로 자주 사용되고 있다. 만약 통계적으로 유의성이 관측된 유전변이형이 질병의 발생에 직접적인 원인이 된다면 통계적 반복 실험과 기능적 반복 실험에서 모두 유의적인 차이를 보일 것이다. 그러나 대부분의 기존 연구의 유의적인 결과는 반복 실험에서 재현성(reproducibility)을 나타내지 못하는데, 그 이유는 1) 최초의 연구가 잘못된 결과(false positive)이거나, 2) 반대로 반복 실험한 결과가 잘못되었거나(false negative), 또는 3) 두 실험에 사용된 시료에 대한 집단 간의 유전적 차이가 존재하기 때문일 수 있다.

(2) 시료 및 임상정보 수집

전체적인 실험설계가 끝나면 질병 연관성 분석에 사용하기 위해 다음의 정보들을 수집한다: 1) 유전체 시료 수집, 2) 질병과 관련된 임상 정보 및 표현형 분류 정보 수집, 및 3) 환경 정보 수집. 각 항목별로 고려해야 할 부분을 간략히 살펴보면 다음과 같다.

① **유전체 시료 수집**: 환자와 정상인의 혈액에서 DNA를 추출하여 유전체 분석에 사용하게 된다. 작은 규모의 실험은 소량의 혈액에서 추출된 DNA만으로도 충분하지만(일반

적으로 약 20 ng DNA가 sequencing 또는 genotyping에 필요함), 많은 양의 유전체 분석이 필요한 경우에는 각 개인의 혈액세포를 Epstein Barr Virus(EBV)로 불멸화를 유도하여 EBV-transformed B cell line을 만들어 필요할 때마다 DNA를 계속적으로 뽑아내는 방법을 사용하기도 한다.

② **임상정보 및 표현형 분류 정보 수집**: 질병에 대한 유전적 연관성 분석을 위해서는 정상인과 환자에 대한 표현형 차이가 유전적 차이로 분류될 수 있다면 가장 이상적일 것이다. 그러나 많은 경우 유전적 복합성(genetic heterogeneity)과 표현형적 복합성(phenotypic heterogeneity)이 동시에 관여하기 때문에 정확한 임상정보의 수집과 질병의 세부 유형 분류가 연관성 연구에서 매우 중요한 단계이다. 이를 위해서는 임상 전문가가 참여하여 질병의 발달 단계 및 질병의 세부 유형에 대한 상세하고 정밀한 분류 기준을 만들어야 한다. 한편 임상정보 중에서 특히 질병(표현형) 분류에 대한 기준 및 중요성은 제 7장에서 이미 상세히 설명하였다.

③ **환경정보 수집**: 대부분의 복합 질병은 여러 요인에 의해 발생하게 되며 특히 다양한 종류의 환경적 요인이 질병의 발생과 진행에 많은 영향을 미치게 된다. 따라서 질병에 영향을 미치는 환경 요인에 대한 정보를 잘 수집해야 하고 이러한 환경 정보는 유전적 요인 분석뿐만 아니라 유전자와 환경의 상호작용 효과를 이해하는데도 매우 유용하게 쓰일 것이다.

유전 연관성 연구를 위하여 개체를 선별하는 방법에는 population-based (prospective) 방법과 hospital-based (retrospective) 방법이 있다(그림 14-7). 첫 번째 방법은 역학(cohort) 집단에서 많은 수의 사람을 수년간 지속적으로 모니터링(follow-up)하면서 정상인과 환자를 구분하여 환자로 발전하는데 기여한 특정요소(환경요인 또는 유전요인)의 상대적 위험도(relative risk)를 추정하게 된다. 두 번째 방법은 병원을 방문한 환자를 질환자 그룹으로 우선 선별한 이후에 정상인 집단의 대조군 또는 질환이 없는 친척 또는 병원을 방문한 다른 질환자를 대조군으로 사용하여 대조군에 대한 질환군의 상대적 질병 발생의 위험도(odds ratio)를 계산하게 된다. 정상 대조군과 환자군을 선별하는 방법에 따라 특정 요인의 질병 발생의 위험도는 같은 방법으로 계산되지만 다른 용어(relative risk 또는 odds ratio)를 사용하여 질병 발생에 미치는 상대적 위험성의 정도를 표시하게 된다.

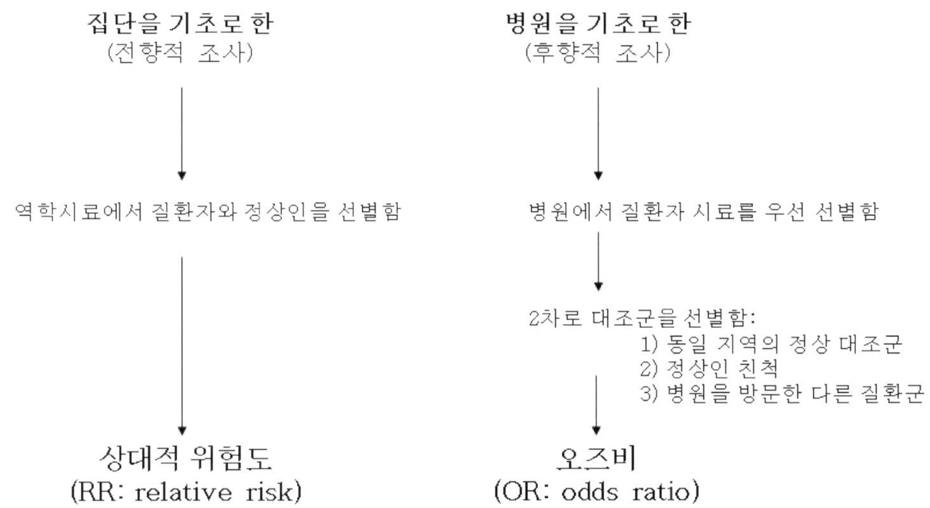

그림 14-7. 유전 연관성 연구에서 개체 선발의 **2** 가지 방법

(3) 유전형 조사

실험에 필요한 시료와 임상정보가 확보된 다음에는 질병에 연관되어 있을 것으로 판단되는 유전자를 선별하고 선별된 유전자의 SNP에 대한 유전형 조사(genotyping)를 수행한다. Genotyping에서 고려해야 할 내용을 간략히 살펴보면 다음과 같다.

① **genotyping용 후보유전자 및 후보 SNP 선정**: 질병에 관련된 유전적 요인을 이해하기 위해서는 후보유전자를 선별하고 선별된 유전자의 SNP을 genotyping함으로써 질병과의 연관성을 보게 되는데 이러한 여러 단계 중에서 후보유전자를 선정하는 것이 가장 중요한 단계이다. 몇 가지 방법을 소개해 보면, 특정 질병에 관련된 유전체 위치 정보를 이용하여 특정 유전체 상에 있는 위치 후보유전자(positional candidate genes)를 선별하거나, 질병 특이적으로 유전자 발현의 차이를 보이는 유전자(functional candidate genes)를 선정할 수도 있다. 그리고 최근에는 다양한 생화학적 경로(biochemical pathway)에 관련된 유전자를 선정하는 방법과 위에서 언급된 다양한 후보유전자 선별의 방법을 통합하여 최적의 후보유전자를 선정하기 위한 방법들이 활용되고 있다. 후보유전자를 선별하는 방법이 가장 전통적인 방법 중의 하나이지만 최근에는 모든 유전체를 검색할 수 있는 고집적 SNP chip이 개발되어 보급됨으로써 단일 후보유전자 검색에 그치지 않고 전체 유전체를 검색하여 질병에 관련된 유전자를 탐색하는 기법이 널리 사용되고 있다.

한편 유전 연관성 연구에서 genotyping할 SNP을 선별할 때에도 여러 가지 사항을 고려하여 선별해야 한다. 예를 들면, 유전자 빈도(마커에 대한 정보력의 정도)는 5% 이상을 가지고 있는 common SNP을 선별함으로써 통계적 파워를 높일 수 있다. 그리고 SNP 선별시 유전체의 구성부위 중에서 반복된 유전체 영역보다는 고유한 유전체 영역의 SNP를 선별하는 것이 통계적 파워를 높일 수 있다. 또한 기능적으로 차이를 유발할 수 있는 코딩부위의 nonsynonymous SNP이나 프로모터 부위의 regulatory SNP을 우선적으로 선별할 필요가 있고 유전적 연관성을 고려하여 htSNP이나 이웃한 SNP 간의 상관계수가 높은 SNP를 선별하면 통계적 파워가 높아질 것이다.

② **SNP genotyping 실행**: genotyping할 유전자 및 SNP site가 선정되면 다양한 genotyping 방법을 사용하여 선별된 시료에서 genotyping을 수행할 수 있다.

③ **SNP genotyping data에 대한 정확성 점검**: 아무리 올바른 후보유전자가 선별되었더라도 genotyping 단계에서의 잘못은 심각한 오류를 유도한다. 따라서 정확한 genotyping이 매우 중요한데 이를 위해서는 genotyping에 대한 정확성을 항상 점검하여 실수를 최소화하는 노력이 필요하다. Genotyping data에 대한 정확성을 검정(quality control)하기 위한 기술로는 다음과 같은 몇 가지 방법이 이용되고 있다.

- 반복실험을 통한 오차율(**error rates**) 추정: genotyping에 대한 정확성을 점검하기 위한 가장 간단한 방법은 동일한 시료를 반복적으로 조사하였을 때 동일한 결과가 나오는지를 조사하는 것이다. 오차율(error rates)이 최소한 1% 이내여야만 한다. 동일한 시료(replicate)의 사용은 사용하는 시료의 plate가 잘못 사용되었거나 다른 방향으로 읽히는 등의 시료 작업시 발생하는 실수(sample handling errors)를 확인할 수 있는 좋은 방법의 하나로 이용되기도 한다.

- 하디-와인버그 평형 검사: 대립 유전자형 A의 빈도= p, 대립 유전자형 B의 빈도= q인 경우에 하디-와인버그 법칙을 이용하면 유전형 AA의 빈도= p^2, 유전형 AB의 빈도= 2pq 그리고 유전형 BB의 빈도= q^2가 될 것이다. 일반적으로 시료의 선택이 바르게 이루어졌다면 하디-와인버그 평형 상태를 유지하게 될 것이다. 그러나 하디-와인버그 평형 상태가 깨져 불균형 상태를 이루는 경우에는 다음과 같은 상황이 존재할 수 있다. 첫 번째는 이형접합체가 매우 많이 발생하는 경우(heterozygote excess)로 생물학적으로 실제 발생하는 예는 heterozygote advantage가 있어 생존율에 이로운 경우에 발생

할 수 있지만 정상적인 시료의 경우에는 두 대립 유전자형의 분리가 제대로 이루어지지 않은 genotyping error에 해당된다. 두 번째의 경우는 특정 동형접합체가 매우 비정상적으로 많이 나오는 경우(homozygote excess)로 이질적인 집단의 시료(population stratification)가 사용되었거나 특정 homozygote가 치사(null allele)를 유발하여 실제 집단에서는 그 유전형이 존재하지 않는 경우가 있으나 정상적인 집단의 시료가 사용되었다면 두 대립 유전자형 중에서 특정 유전자형의 genotyping이 제대로 이루어지지 않은 경우(allele dropout)에 발생하게 되는 genotyping error에 해당된다. 따라서 하디-와인버그 법칙 공식을 이용하여 genotyping error를 조사하는 것은 매우 유용한 분석 기법의 하나이다.

<하디-와인버그 불균형>

*** Heterozygote 초과:**
<u>생물학적 원인</u>: 다른 생존율의 차이에 기인 (differential survival)
<u>기술적 원인</u>: 두 유전자형의 구분이 제대로 안 이루어짐 (nonspecific assay)

*** Homozygote 초과:**
<u>생물학적 원인</u>: 집단의 유전적 차이(population stratification) 또는 치사 유전자(Null allele)
<u>기술적 원인</u>: 특정 유전자형의 구분이 안 이루어짐

- <u>결측치**(missing data)** 조사</u>: genotyping을 실행할 때 항상 결측치(missing data)가 발생한다. 결측치는 전체 사용되는 시료의 수를 감소시키는 효과를 가지고 있어 통계적 파워를 떨어트리게 된다. 결측치가 발생하면 결측된 데이터를 제거하고 분석하거나 LD 또는 haplotype 정보를 바탕으로 추정(imputation)해 분석할 수 있다. 따라서 실제 genotyping 단계에서 결측치를 최소화하는 노력이 필요하다.

- <u>유전자형 빈도 및 일배체형 빈도 검사</u>: genotyping의 오차를 확인할 수 있는 다른 방법으로는 유사한 민족 또는 인종의 유전자형 및 일배체형 빈도를 비교하여 유사한 빈도로 분포하는 지를 조사할 수도 있다. 그러나 특정 질환자의 시료인 경우에는 만약 질병 원인 유전자형이 genotyping된다면 다른 빈도를 보일 수 있다.

(4) **통계분석** (statistical analysis)

모든 genotype 데이터가 확보되면 다양한 분석이 가능하며 그림 14-8에 제시된 기본적인 분석 절차를 거치게 된다. 순차적인 분석절차를 각각 살펴보면 다음과 같다.

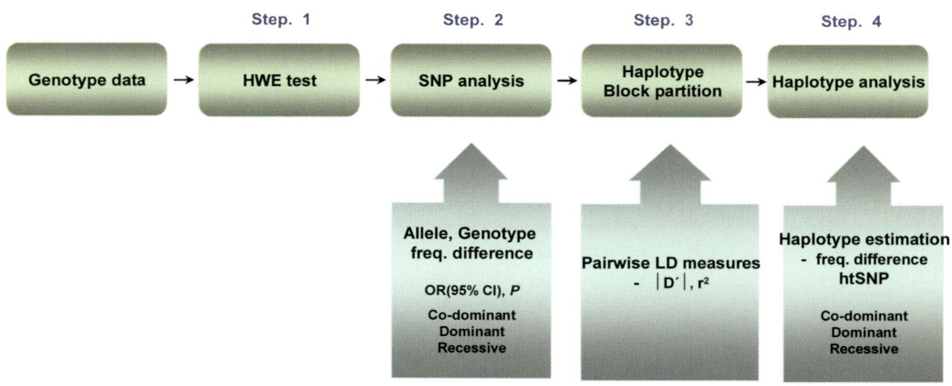

그림 14-8. **SNP genotype** 데이터의 분석 흐름도

• **HWE 검사**: genotyping이 정상적으로 수행되었는지를 점검하기 위해 우선적으로 하디-와인버그 평형 검사를 수행하여 정상 대조군에서 유전자형 빈도가 정상적인 분포를 보이는지 확인한다. 만약 하디-와인버그 평형상태를 위반하게 된다면 genotyping이 제대로 수행되었는지 재검정하고 genotyping error가 없다면 시료 선발에 사용된 특이성(population stratification, sample selection bias, etc)을 확인해야 한다.

• **SNP 분석**: 각 SNP site에 대한 유전자형 빈도(allele frequency) 및 유전형 빈도(genotype frequency)의 분포상태를 바탕으로 case-control 간의 유의성 검사(χ^2-test)를 수행하게 되며 각 SNP site에 대한 상대적 위험도(odds ratio)를 추정할 수 있다. 또한 다양한 유전 모델(열성, 우성, 조우성)에서 유전적 연관성 분석을 수행하여 가장 적합한 유전 유형을 추정해 볼 수 있다.

• **LD 또는 haplotype block 구조 분석**: haplotype 분석을 위해서는 우선 각 haplotype

의 block을 추정하여야 한다. 이를 위해 각 SNP 간의 pairwise $|D'|$ 또는 r^2 값을 추정하여 유전체의 LD block 구조를 밝힌다.

- **<u>Haplotype 분석</u>**: 각 haplotype block 내에 존재하는 haplotype의 종류와 haplotype-tagging SNP (htSNP)을 파악하고 각 haplotype을 SNP 마커와 동일한 것으로 설정하여 SNP 분석에서 수행된 동일한 통계분석을 하여 질병 연관성에 대한 유의성을 조사한다. 간혹 특정한 유전변이형 또는 haplotype의 진화론적 시간대를 추정하기 위하여 haplotype clustering 분석을 사용하기도 한다.

한편 유전적 연관성 연구에서 질병과 특정 유전변이형 간의 연관성 분석은 데이터의 종류와 특성에 따라 다른 분석기법을 사용해야 한다. 데이터의 특성별 통계적 분석방법을 간략히 살펴보면 아래의 표 14-2와 같다. 연관성 연구에서 생성된 데이터의 종류에 따라 범주형 데이터(categorical data)와 연속형 데이터(continuous data)로 구분할 수 있다. 각 데이터의 종류별로 분석방법에 대해 더 상세히 알아보고자 한다.

표 14-2. 유전 연관성 연구에서 데이터의 종류별 통계 분석 방법

데이터의 종류	그룹의 특성	통계분석 방법
범주형 데이터 (case-control)	2 groups (case-control)	χ^2-test
	2 groups (N<6, too small; rare alleles)	Fisher's exact test
	2 groups (parameters required for correction)	logistic regression
연속형 데이터 (ie., total IgE, BMI, etc)	2 groups (case-control)	t-test
	Groups ≥3 (ie., by genotype)	ANOVA
	Groups ≥2 (parameters required for correction)	multiple regression

① 범주형 데이터의 통계 분석 방법

가장 대표적인 유전 연관성 연구방법은 정상인과 환자군의 두 범주(category)로 구분하여 χ^2-test를 수행한다. 일반적으로 유전 연관성 분석에 사용되는 유전자형

빈도는 5% 이상의 빈도를 가진 SNP을 사용하기 때문에 그럴 가능성은 매우 낮지만 이따금 특정한 유전자형(allele)의 예측빈도(expected frequency)가 매우 낮은 경우에는 χ^2-test 대신에 Fisher's exact test를 수행해야 한다(2×2 table: Fisher exact test; n×p table: Fisher-Freeman-Halton exact test 수행). 그리고 만약 case-control 간의 범주형 데이터 분석에서 성별, 나이 및 흡연 등의 특정 변수의 효과를 보정하여 분석하고자 하는 경우에는 logistic regression 분석을 사용한다. 각 분석 방법의 구체적인 내용은 통계 관련 자료를 참고하기 바란다. 범주형 데이터 분석에서는 빈도간 유의성 검사뿐만 아니라 유전모형(우성, 열성, 조우성)별 유의성 검사가 가능하며 이를 위해서는 각 유전형 빈도를 유전모형별 유전형 빈도로 재구성하여 계산해야 한다(그림 14-9).

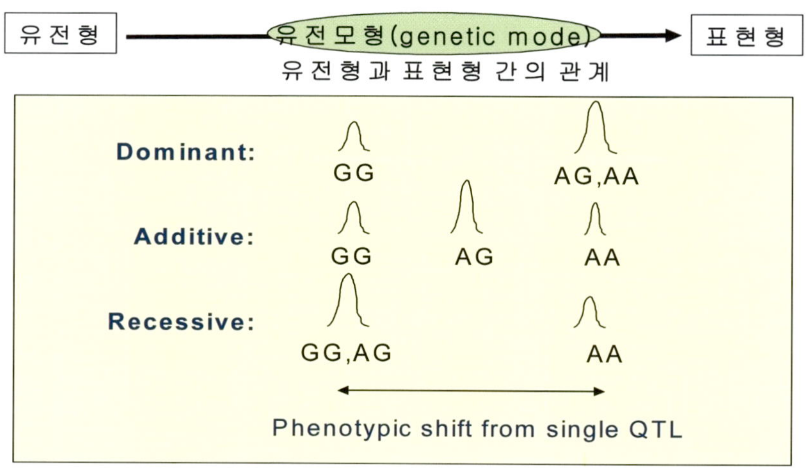

유전모형별 유전형 재구성 방법

Genotype	Dominant	Additive	Recessive
AA	2	3	2
AG	2	2	1
GG	1	1	1

그림 14-9. 유전모형(**genetic mode**)별 범주형 데이터 분석기법

실제의 case-control 데이터를 이용하여 χ^2-test 방법을 설명하고자 한다. 만약 100 명의 환자와 100 명의 정상인 시료에서 유전형을 조사하여 아래 표와 같은 유전형의 분포를 확인하였다면,

	유전형 **AA**	유전형 **AB**	유전형 **BB**
100 cases	15	55	30
100 controls	30	50	20

각 그룹별 관측된 유전자형(allele) 및 유전형(genotype)의 수는 다음과 같이 계산된다.

1) 유전자형(allele):

	유전자형 **A**	유전자형 **B**
100 cases	85	115
100 controls	110	90

2) 유전형(genotype): 상동염색체 우성유전 모델(autosomal dominant 모델)의 경우만 보기로 제시함.

	유전자형 **AA**	유전자형 **AB, BB**
100 cases	15	85
100 controls	30	70

위에서 관측된 각 case와 control 그룹의 유전형(genotype) 빈도가 하디-와인버그 평형상태(HWE)에 있는지를 검사한다. 위의 경우 HWE 검사를 수행해보면, 다음과 같은 값을 가지게 된다.

Cases: $\chi^2 = 1.76$, $p = 0.210$

Controls: $\chi^2 = 0.01$, $p = 0.919$

따라서 case와 control 그룹은 하디-와인버그 평형상태를 유지하고 있다고 말할 수 있다.

다음 단계로는 위에서 얻어진 case-control 그룹에 대한 상대적 위험도(OR: odds ratio)를 아래의 공식을 이용하여 다음과 같이 계산할 수 있다.

	Allele 1 (risk allele)	**Allele 2 (non-risk allele)**
case	**a**	b
control	**c**	d

Odds ratio (OR)= ad/bc

1) 유전자형(allele)에 대한 상대적 위험도(OR) 추정:

	유전자형 **B**	유전자형 **A**
100 cases	115	85
100 controls	90	110

OR= (115×110)/(85×90)= 1.65

이 경우에는 유전자형 B를 가진 사람이 유전자형 A를 가진 사람보다 1.65배 더 빈번히 질병이 발생함을 의미한다.

2) 유전형(genotype)에 대한 상대적 위험도(OR)를 추정해 보면(autosomal dominant model에서),

	유전자형 **AB, BB**	유전자형 **AA**
100 cases	85	15
100 controls	70	30

OR= (85×30)/(15×70)= 2.4

유전형을 근거로 한 상대적 위험도 계산의 경우(autosomal dominant model)에는 유전자형 B를 하나 이상 포함하는 유전형(AB, BB)은 유전형 AA를 homozygote 형태로 가지고 있는 경우보다 2.4배 더 빈번히 질병이 발생함을 의미한다.

다음 단계로 결과가 유의적인지를 조사하기 위하여 유전자형(allele)에 대한 χ^2-test를 수행하면 다음과 같다. 우선 위의 데이터에서 관측치(observed data)와 예측치(expected data)는 아래 표와 같다.

		B	A
관측치	case	115	85
	control	90	110
예측치	case	102.5	97.5
	control	102.5	97.5

위의 표에서 예측치에 대한 계산은 다음과 같이 이루어진다.

	B	A	
case	115	85	200
control	90	110	200
	205	195	400

예측치 계산:

a (case B allele의 예상치)= 205×200/400=102.5

b (case A allele의 예상치)= 195×200/400=97.5

c (control B allele의 예상치)= 205×200/400=102.5

d (control A allele의 예상치)= 195×200/400=97.5

위의 실제 유전자형(allele)에 대한 χ^2-test를 수행하기 위해 아래 공식을 사용하면,

$\chi^2 = \Sigma(\text{관측치}-\text{예측치})^2/\text{예측치}$,　　(1 degree of freedom: df)

$\chi^2 = (115-102.5)^2/102.5 + (85-97.5)^2/97.5 + (90-102.5)^2/102.5 + (110-97.5)^2/97.5$

$= 6.37$,　　$p=0.012$

따라서 유전자형(allele)에 대한 χ^2-test 결과는 유의수준 $\alpha=0.05$에서 두 대립 유전자형 간의 차이에 따라 질병의 발생에 차이가 있음을 확인할 수 있다.

② 연속형 데이터의 통계 분석 방법

Case-control의 연관성 연구는 범주형 데이터의 통계 분석기법을 사용하지만 이따금 당뇨병 환자에서 체질량지수(BMI: body mass index)와 천식 환자에서 total IgE 농도와 같은 연속형 데이터를 분석할 경우도 있다. 이러한 연속형 데이터는 질병의 유무와는 직접적으로 연관되어 있지 않지만 질병의 한 표시인자로 질병 연관성 연구에서 빈번히 분석되는 데이터 종류의 하나이다. 연속형 데이터의 경우에는 두 집단 간의 단순 비교는 t-test를 이용하고 두 그룹 이상의 그룹간 유의성 검사는 ANOVA 검사를 한다. 또한 범주형 데이터에서 다양한 변수에 대한 보정을 위해 logistic regression 분석을 이용하듯이 연속형 데이터에서도 성별, 나이, 또는 흡연 등의 변수를 보정하기 위해서는 다중회귀(multiple regression) 분석을 사용하면 된다. 보다 상세한 분석 기법에 대한 내용은 통계학 관련 자료를 참고하기 바란다.

③ 다중검정

과거에는 단지 한-두 개의 유전자 또는 유전변이형 마커에 대한 연관성 분석을 수행하였기 때문에 다중비교(multiple comparison)에 의한 오류는 큰 문제가 되지 않았다. 그러나 최근에는 엄청난 수의 유전변이형 마커가 질병 연관성 연구에 활용되면서 다중검정(multiple testing)의 문제점이 발생하게 되었다(다수의 세부 표현형 분석에서도 동일한 문제점이 발생함). 일반적으로 검사의 개수(N)가 증가할수록 임의로 발생하는 오류(random error)가 증가하기 때문에 p-value의 의미도 점점 감소하게 된다. 예를 들면, genome-wide 연관성 연구에 많이 사용되는 고집적 SNP chip의 경우에는 50만 개(500K SNP chip)의 SNP을 genotyping할 수 있다. 50만 개의 SNP에서 5% 수준으로 유의성 검사를 하는 경우 약 2만 5천 개의 SNP이 random error에 의해 유의적인 것으로 나타날 수 있다. 이러한 다중검정의 문제점을 극복할 수 있는 다양한 통계적 분석기법들이 개발되어 활용되고 있다. 대표적인 방법으로는 전통적인 Bonferroni correction 방법, false discovery rate(FDR) 방법 및 permutation test 등이 있으며 multi-stage approach 실험 방법도 한 가지 좋은 대안이 될 수 있다.

1) Bonferroni correction

최근에는 연관성 연구를 수행할 때 다중비교 검정의 문제점을 반드시 고려해야 한다. 가장 간단한 해결 방법이 전통적으로 사용되어온 Bonferroni correction 방법을 사용하는 것이다. 이 방법은 임의의 유의수준 α (= p-value)를 총 검사한 개수(N)로 나누어 주는 것이다. 예를 들면, 단일검사의 유의수준(false positive 율)을 5% (α= 0.05)로 설정하면 Bonferroni correction에 의한 새로운 유의수준 α (= p-value)= 0.05/N으로 표시된다.

단일검사의 false positive= α = 5%	: family-wise type 1 error (FWE)
p-value= α = 0.05/N, where N= No. of tests	: test-wise error rate (TWE)

No. of tests:	1 test	10 tests	100 tests	1K tests	100K tests
p-values:	0.05	0.005	0.0005	0.00005	5×10^{-7}

위의 보기에서 제시된 바와 같이 조사하는 개수가 증가할수록 매우 빠른 속도로 유의수준이 급격히 감소함을 알 수 있다. 따라서 본 보정 방법은 수행하는 검사의 수가 많은 경우에는 너무 엄격하여 통계적 파워가 매우 크게 감소하는 단점을 가지고 있다. 더구나 개별적인 SNP이 모두 독립적으로 관여하는 경우에는 N으로 나눌 수 있지만 많은 SNP는 LD block 내에 서로 연관되어 있기 때문에 N으로 나누면 너무 엄격하게 적용되는 것이다.

2) FDR (false discovery rate)

Bonferrroni correction은 사용하기 매우 간단하고 유용한 방법이지만 너무 엄격하여 대량의 마커를 사용하는 연관성 분석에서는 효용가치가 많이 떨어지고 있다. Bonferroni correction의 문제점을 극복하기 위해 false discovery rate(FDR)라는 새로운 통계 분석법이 개발되었으며 본 방법은 대량의 유전마커를 이용한 연관성 연구에 매우 유용한 방법이다. FDR은 total positive에 대한 false positive의 비율을 의미한다.

False Discovery Rate (FDR) = false positives / total positives

FDR을 계산하는 방법은

① p-value의 값을 가장 큰 것부터 가장 작은 것 순서로 나열함

② 유의 수준 α= 0.05 k/N 공식을 이용하여 순차적으로 검정함

k= N, (N-1), (N-2), -----, 1

이 분석 방법은 순차적으로 p-value의 값을 줄여감으로써 통계적 파워가 적게 감소하게 되는 장점을 가지고 있다. 본 분석방법에 대한 상세한 내용은 Sabatti et al (2003)와 Benjamini and Hochberg (1995) 논문을 참고하기 바란다. Bonferroni correction과 FDR을 비교해 보면 Bonferroni correction은 검사 개수(N)가 증가할수록 p-value가 급격히 감소하여 많은 true positive가 유의하지 않게 나타날 수 있다. 그러나 FDR 방법은 검사 개수(N)가 증가하더라고 Bonferroni correction보다 p-value의 감소가 완만하여 true positive가 제거되는 비율이 낮아지는 장점을 가진다.

3) Permutation test

다수의 검사 개수(N)를 조사하는 경우에 다중비교의 문제점(multiple comparison issues)을 극복할 수 있는 또 다른 분석기법은 permutation test를 수행하는 것이다. 이 분석법은 다음과 같은 순서로 이루어진다(그림 14-10).

① 우선적으로 실제 case-control 데이터에서 분석된 유의성 수준을 계산함

② 분석에 사용된 모든 데이터를 가지고 가능한 다양한 조합을 만들고 각 조합에서 만들어진 case-control에 대한 유의성을 조사함

③ 실제 case-control 데이터의 유의성과 섞어서 만들어진 데이터(permuted data)에서 구한 유의성을 비교하여 실제 데이터에서 나온 결과에 대한 유의성 수준을 비교 검정함

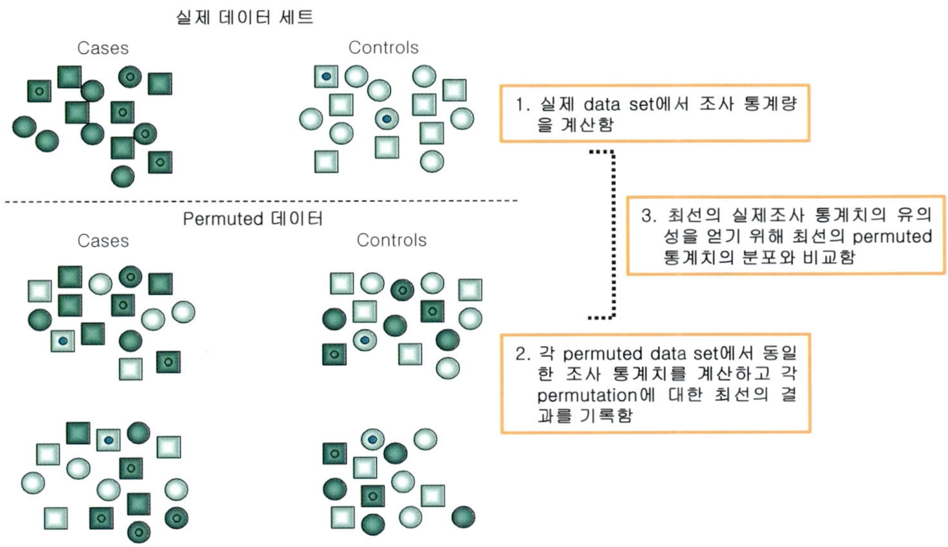

그림 14-10. **Permutation test의 방법.** 출처: Hirschhorm JN and Daly MJ. (2005). Nature Reviews Genetics 6:95-108.

대량의 SNP을 이용한 genome-wide 연관성 연구의 경우에는 엄청난 수의 SNP 마커를 사용하기 때문에 다중비교에 의한 유의성이 문제가 될 수 있다. 예를 들면, 500K SNP chip을 사용하는 경우에 Bonferroni corrected significance threshold (α)= 0.05/500,000= 10^{-7}이어야 한다. 이것은 너무나 엄격한 기준이며 실제로 이렇게 고도의 유의성이 나올 확률은 실험 오류에 의한 경우를 제외하고는 매우 희박하다. 따라서 이러한 문제점을 극복하기 위해 앞에서 설명된 다단계 실험방법(multi-stage approach)이 개발되었다(그림 14-3 참조). 다단계 실험 방법을 사용하면 각 단계별 반복 실험이 수행됨으로써 임의의 오류에 의한 유의성은 계속적으로 제거되고 최종적으로 질병과 직접적으로 연관된 유전변이형만이 유의적인 마커로 남게 될 것이다. 그리고 본 연구방법은 통계적 파워를 증가시키지는 않지만 경제적으로 수행할 수 있는 장점이 있다.

④ 전장 유전체 연관성 분석

실제적으로 유전 연관성 분석이 진행되는 것은 다수의 질병 시료와 정상 시료를 이용하여 고집적 SNP chip에서 생산된 대량의 유전마커 data를 분석하게 된다. 이때 전체 유전체를 커버하는 대규모의 유전형 정보는 다양한 종류의 분석 프로그램을 이용하여 분석할 수 있고 일반적으로 Plink 프로그램을 가장 많이 사용하고 있다. Plink 프로그램(http://pngu.mgh.harvard.edu/~purcell/plink)은 전장 유전체 연관성 연구(genome-wide association study; GWAS)를 위해 특별히 개발된 분석 프로그램으로 다양한 종류의 분석이 가능하다. GWAS 분석에서는 일반적으로 quantile-quantile plot (Q-Q plot)이라는 분석을 우선적으로 수행하게 된다. Q-Q plot 분석은 실제로 분석된 통계수치의 분포와 예측된 통계수치 간을 비교함으로써 분석에 사용된 시료에서 집단 차이(population stratification)가 존재하는지 또는 숨겨진 관련성(cryptic relatedness)이 존재하는지 등을 진단하는 검사 방법의 하나이다. 그런데 질병의 위험도를 결정하는 감수성이 강한 유전좌위(susceptibility loci)는 Q-Q plot의 끝 부분에서 크게 차이가 나는 모양을 띠게 된다(그림 14-11 a-d). 그리고 또 다른 검정 작업으로 실제 유의적으로 나타나는 SNP 마커가 정확하게 genotyping된 마커인지를 확인하기 위하여 개별 SNP 마커의 유전자형 분석 이미지(signal intensity plot= cluster plot)를 확인하여야 한다(그림 14-11 e-h). 그리고 유전체 전체에 대한 맨하턴 이미지 (Manhattan plots)는 특정 유전체 위치에 존재하는 개별 SNP 마커들의 질병 연관성에 대한 유의성을 표시해 주는 그림으로 특정 유전체에 존재하는 유의적인 SNP 마커를 쉽게 식별할 수 있는 장점을 가지고 있다(그림 14-11 i).

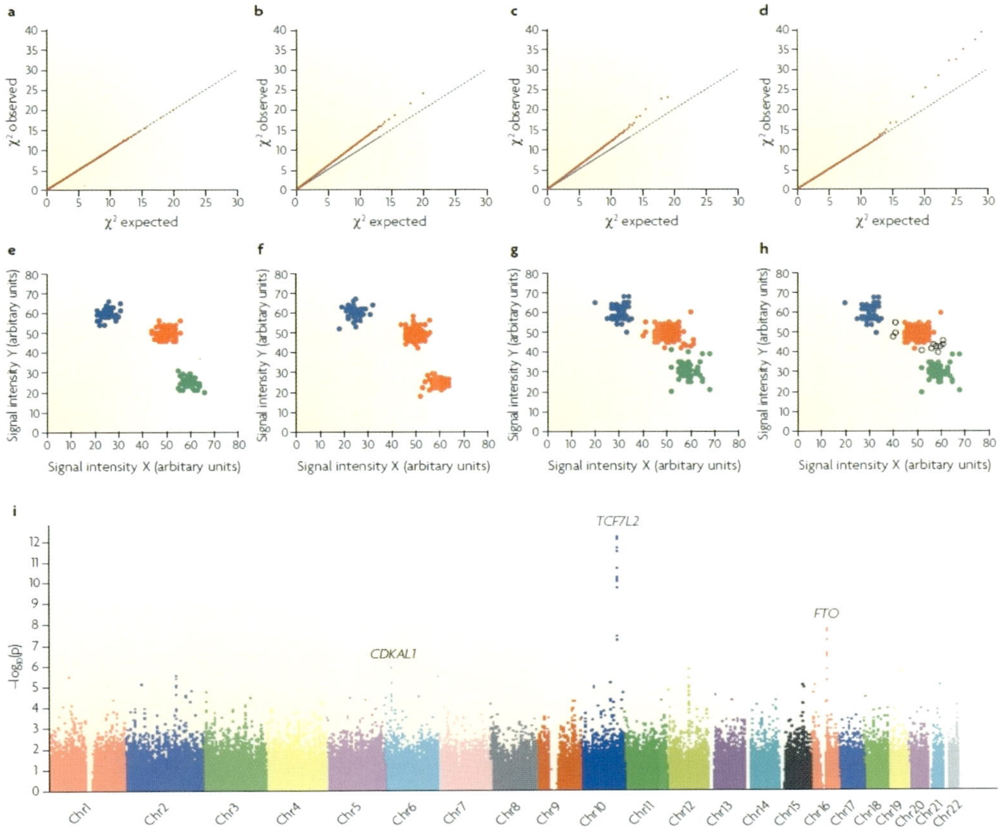

그림 14-11. **GWAS 분석의 진단 분석 결과들.** (a-d) Q-Q plot 분석에서 기대치와 실제치가 거의 동일한 경우로 연관성이 없는 경우(a), 실제치가 기대치 보다 크게 나타나는 경우로 사용된 시료가 집단 차이 또는 관련성이 있는 경우(b), 사용된 시료에서 집단 차이와 관련성이 있으면서 강한 연관성을 보이는 유전좌위가 있는 경우(c) 그리고 가장 이상적인 경우로 사용된 시료가 유전적으로 매우 동질적이라서 집단의 차이는 존재하지 않고 질병에 대한 유전 연관성이 강하게 작용하는 유전좌위가 있는 경우(d)의 전형적인 예를 제시함. (e-h) 유전자형 이미지 (cluster plot) 분석에서 가장 이상적으로 3 개의 유전자형이 잘 분리된 경우(e), 유전형이 3 개로 잘 분리되었으나 유전형을 잘못 읽은 경우(f), 3 개의 유전자형 사이에 중첩되는 경우가 많아서 잘못 유전자형이 읽혀질 경우(g-h)의 대표적인 이미지를 제시함. (i) 제2형 당뇨 분석에서 유의적인 SNP을 표시하는 Manhattan plot의 예로써 염색체 10번의 TCF7L2 유전자, 염색체 16번의 FTO 유전자 그리고 염색체 6번의 CDKAL1 유전자가 제2형 당뇨병과 연관되어 있음을 알 수 있다. 출처: McCarthy MI et al. (2008). Nature Reviews Genetics 9, 356-369.

(5) 연관성 연구의 문제점 및 해결 방안

연관성 연구 방법은 실험에 대한 통계적 분석을 매우 쉽게 수행할 수 있는 좋은 연구 기법이나 많은 경우에 잘못된 결론을 유도하기도 한다. 연관성 연구에서 빈번히 범하는 실수들(Bell and Cardon, 2001)을 나열해 보면 다음과 같다.

- 작은 수의 시료
- 표현형을 세분화하여 분석하거나 다중검정의 수행
- 임의로 발생하는 오류
- 질환자에 대응하는 정상인 그룹의 잘못된 선별
- 재현성의 결여
- 이웃한 SNP 간에 LD 관계의 결여
- 결과에 대한 과도한 강조 및 positive 결과만을 발표함으로써 발생하는 오류

특히 다양한 유전자와 환경이 관여하는 사람의 복합 형질에 대한 유전분석의 어려움은 1) 유전적 다양성, 2) 표현형적 다양성, 3) 유전형 조사의 오류, 4) 작은 시료의 수, 5) 약한 유의성에 대한 지나친 강조 등에 원인이 있을 것이다. 또한 많은 경우에 한 연구에서는 매우 유의적인 결과도 다른 실험에서는 재현되지 않을 수 있다. 따라서 많은 거짓의 유의한 결과(false positive)로부터 진정 올바른 결과(true positive)를 구분하기 위하여 다음과 같은 방법이 도입되어야 한다.

- 다른 집단에서 동일한 실험 결과를 보이는지 반복실험(replication)을 수행함
- 세포나 모델 동물에서 생물학적 차이(functional study)를 규명함
- 사람에서 효능이 입증된 약물과 밝혀진 연구결과 간의 상관성을 규명함

한편 연관성 연구에서 동일한 결과가 다른 실험에서 반복되지 않는다고 조사한 유전자가 관련되지 않는다고 결론을 내릴 수는 없다. 첫 번째 이유로는 다른 집단에서는 다른 유전자형 빈도나 LD 구조를 가질 수 있기 때문이다. 예를 들면, aldehyde dehydrogenase 2 (ALDH2) 유전자의 변이형인 low-activity variant ALDH2*487Lys는 동아시아 집단에서는 30%의 유전자 빈도를 가지고 있으며 이 변이형은 술을 먹었을 때 얼굴이 붉어지는 효과를 보이고 알코올 중독에 대해 저항성을 보인다. 그러나 유럽에서 이 유전자형은 매우 희귀하게 발견되고 있다(Neale BM and Sham PC, 2004). 또 다른 이유로는 실험에 사

용된 집단의 차이(population stratification)와 유전자 및 유전자형 다양성 (locus heterogeneity and allelic heterogeneity) 등이 관여할 수 있다. 아울러 최근에는 많은 수의 유전 연관성 연구가 수행되어 많은 연구결과가 발표되고 있다. 따라서 이러한 연관성 연구결과를 database화하여 관련 연구자에게 제공함으로써 종합적인 이해와 분석이 가능하게 되었다. 가장 대표적인 유전 연관성 검색 데이터베이스로는 genetic association database (www.ncbi.nlm.nih.gov/sites/entrez?db=gap)와 HuGe Navigator (www.hugenavigator.net/)를 들 수 있다(그림 14-12).

Genetic Association Database **HuGE Navigator**

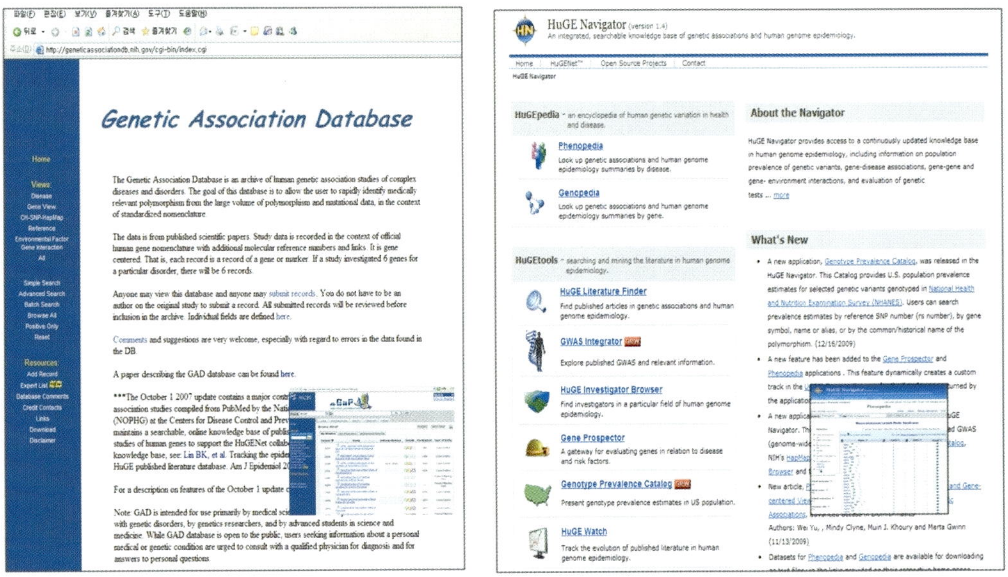

http://www.ncbi.nlm.nih.gov/sites/entrez?db=gap http://www.hugenavigator.net/

그림 14-12. **Genetic association database**와 **HuGe Navigator**의 검색창

한편 인간 유전체에 대한 상세한 정보의 급속한 보급으로 질병에 관련된 유전 연관성 연구가 여러 국가에서 활발히 수행되었다. 가장 대표적인 경우로 아이스랜드에서는 deCODE project를 시작하여 전 국민의 모든 의료 및 임상 기록 (유전적 가계 정보 포함)을 수집하고 각 개인이 가지고 있는 유전변이형 간의 상관성을 조사하는 국가 차원의 연구 프로젝트가 수행되고 있다. 영국에서는 BioBank 프로젝트를 수행하여 수 많은 임상 및 유전체 정보를 확보하여 질병에 관련된 유전 연구를 수행하고 있다. 또한 미국과 일본

에서도 대형 유전체 역학 프로젝트를 수행하여 질병에 관련된 다양한 유전요인과 환경요인 간의 상호작용 연구에 많은 투자를 하고 있다. 한국에서도 국립보건연구원 유전체센터를 중심으로 활발한 유전체 역학 및 질병 연관성 연구가 다수의 질환군별 유전체 연구센터와의 상호협력체계로 진행되고 있다. 따라서 앞으로 멀지 않은 시대에 질병에 대한 엄청난 유전정보와 환경정보의 확보가 가능할 것으로 기대되며 각 개인이 가지고 있는 유전정보와 환경정보는 질병의 예방, 치료 및 진단기술 개발에 지대한 공헌을 할 수 있을 것이다.

■ 참고문헌

- Wang WYS, Barratt BJ, Clayton DG, Todd JA. (2005). Genome-wide association studies: theoretical and practical concerns. Nature Reviews Genetics 6:109-118.
- Hirschhorn JN and Daly MJ. (2005). Genome-wide association studies for common diseases and complex traits. Nature Reviews Genetics 6:95-108.
- Carlson CS, Eberle MA, Kruglyak L, Nickerson DA. (2004). Mapping complex disease loci in whole-genome association studies. Nature 429:446-452.
- Manly KF, Nettleton D and Hwang JTG. (2004). Genomics, prior probability, and statistical tests of multiple hypotheses. Genome Research 14:997-1001.
- Storey JD and Tibshirani R. (2003). Statistical significance for genomewide studies. PNAS 100:9440-9445.
- Becker KG, Barnes K, Bright TJ and Wang SA. (2004). The Genetic Association Database. Nature Genetics 36:431-432.
- Botstein D and Risch N. (2003). Discovering genotypes underlying human phenotypes: past successes for mendelian disease, future approaches for complex disease. Nature Genetics Supplement 33:228-237.
- Devlin B & Roeder K. (1999). Genomic control for association studies. Biometrics. 55:997-1004.
- Bacanu SA, Devlin B and Roeder K. (2000). The power of genomic control. American Journal of Human Genetics 66: 1933-44.
- Neale BM and Sham PC. (2004). The future of association studies: gene-based analysis and replication. American Journal of Human Genetics 75:353-362.

- Pritchard JK and Rosenberg NA. (1999). Use of unlinked genetic markers to detect population stratification in association studies. American Journal of Human Genetics 65:220-228.

- Pritchard JK, Stephens M and Donnelly P. (2000). Inference of population structure using multilocus genotype data. Genetics 155:945-959

- Pritchard JK, Stephens M, Rosenberg NA, Donnelly P. (2000). Association mapping in structured populations. American Journal of Human Genetics 67:170-181.

- Lubin JH and Gail MH. (1990). On power and sample size for studying features of the relative odds of disease. American Journal of Epidemiology 131:552-566.

- Garcia-Closas M, Lubin JH. (1999). Power and sample size calculations in case-control studies of gene-environment interactions: comments on different approaches. American Journal of Epidemiology 149:689-693.

- Gauderman WJ. (2002). Sample size requirements for matched case-control studies of gene-environment interaction. Stat Med. 21:35-50.

- Gauderman WJ. (2002). Sample size requirements for association studies of gene-gene interaction. American Journal of Epidemiology 155:478-484.

- McCarthy MI et al. (2008). Genome-wide association studies for complex traits: consensus, uncertainty and challenges. Nature Reviews Genetics 9:356-369.

- NCI "Power" program: http://dceg.cancer.gov/power/

- USC "Quanto" program: http://hydra.usc.edu/gxe/

- The "Structure" and STRAT software: http://pritch.bsd.uchicago.edu)

제 15장 유전자-유전자 및 유전자-환경의 상호작용

1. 유전자-유전자의 상호작용

인간의 질병 발생에는 많은 유전자가 관여할 수 있다. 심지어 외부의 특정한 자극에 대하여 한 세포의 특정 수용체를 통한 반응도 무수한 유전자-유전자 상호작용(gene-gene interaction)을 유도하기도 한다. 또한 한 유전자 발현의 증감은 다른 유전자의 발현과 기능에 큰 영향을 줄 수도 있다. 따라서 질병과 같은 심각한 생물학적 변화는 많은 수의 유전자 발현에 영향을 미칠 것이다. 질병의 발생도 다수의 유전자 간의 상호작용에 의하여 다양한 형태의 표현형으로 나타난다(phenotypic heterogeneity). 아래 그림 15-1에 제시된 보기와 같이 한 유전자의 변이형의 조합에 따라 표현형의 차이에 대한 패턴이 다르게 나타날 수 있다. 예를 들면, 조우성(codominant=additive)유전의 경우에는 특정한 유전자형이 증가함에 따라 유전자의 숫자에 따라 표현형의 차이를 보이고, 우성(dominant) 유전의 경우에는 특정 유전자형을 하나 이상 가지게 되면 동일한 표현형을 나타내게 된다. 위에서 제시한 바와 같이 특정 유전자형의 종류에 따라 유전자의 영향이 달라진다. 그리고 만약 2 개 이상의 유전자 간의 상호작용이 있으면 매우 다양한 형태의 유전자 간의 상호작용이 표현형의 발현 유형으로 관측될 것이다. 통계유전학에서는 다른 유전좌위(loci)에 위치한 다수의 유전변이형 간의 상호작용을 **epistasis**라는 용어를 사용하고 있다. 이는 하나 이상의 유전변이를 가지고 있는 순수한 표현형적 효과가 각 변이형의 효과를 단순히 합한 효과와 다를 경우를 말하며 수학적인 의미로는 유전자-유전자 상호작용(gene-gene interaction)이 유의적임을 의미한다.

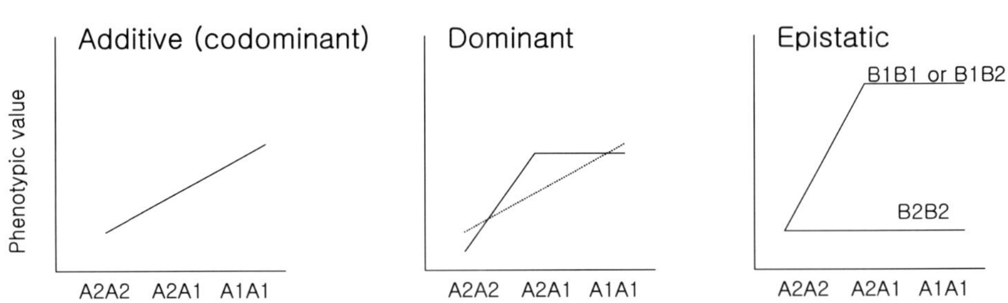

그림 15-1. 유전자-유전자의 상호작용

2. 유전자-환경의 상호작용

질병의 발생은 다양한 유전적 영향과 환경적 영향에 의하여 결정된다. 그리고 유전적 영향력이 강하게 작용하는 질병에서부터 환경적 영향에 의해서만 발생하는 질병에 이르기까지 질병의 종류에 따라서 유전적 효과와 환경적 효과가 각기 다르게 작용한다(그림 15-2). 그리고 특수한 경우에는 환경의 차이에 따라 질병 발생의 유전적 요인의 영향이 변경될 수도 있다. 따라서 질병에 따라 유전적 영향과 환경적 영향에 의한 유전과 환경의 상호작용을 정확히 파악할 필요가 있다.

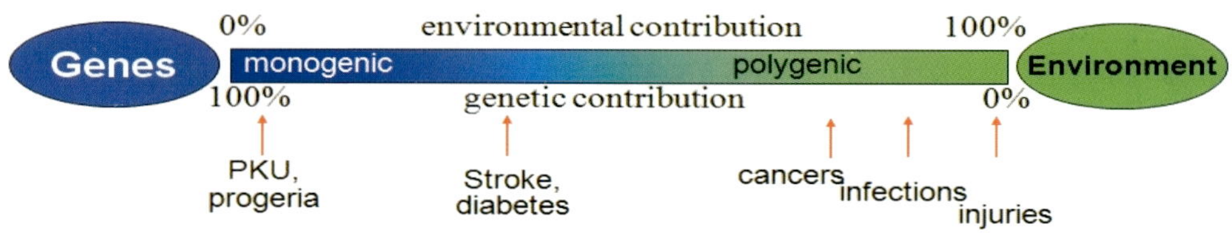

그림 15-2. 질병의 종류에 따른 유전과 환경의 상호작용

한편 유전형이 표현형을 결정하는데 영향을 미치는 대표적인 요인 중에 하나가 성별에 대한 효과일 것이다. 남성과 여성의 다양한 표현형 또는 질병 감수성을 결정하는데 성 호르몬의 변화가 큰 영향을 미치는 것으로 알려져 있다. 일반적으로 성인이 되면 남성은 testosterone에 의하여 여성은 estradiol에 의하여 성별의 차이를 유발하게 된다. 그리고 노년기에 남성의 경우에는 testosterone의 분비가 약간 감소하는 경향은 있지만 지속적으로 분비되고 여성의 경우에는 약 50세 정도에 여성 호르몬의 분비가 급격히 감소하여 남자와 비슷한 수준까지 된다. 노년기에 오는 여성에서의 급속한 성 호르몬 분비의 감소로 다양한 종류의 질병들이 여성 특이적으로 발생빈도가 높게 나타나는 질병들이 다수 있다. 따라서 질병의 연관된 유전자형이 표현형에 미치는 효과는 성별에 따라 다양한 형태로 표출될 수 있다. 그리고 유전형과 성별의 상호작용도 관여하여 다양한 종류의 유형이 관측될 것이다(그림 15-3). 예를 들면, 유전형의 효과가 한쪽 성별에서만 효과를 보이거나 또는 양쪽 성별에서 반대의 효과를 보이는 경우도 있을 것이다. 이러한 특정 유전형과 성별 간의 상호작용에 대한 실제적인 예로는 ACE 와 Reelin 유전자가 있다. ACE 유전자에 존재하는 deletion 유전변이형을 homozygote의 형태로 가지고 있는 경우에 남성에서는 1.6~2 배 정도의 고혈압 발생 위험도를 증가시켰으나 여성의 경우에는 이

효과가 전혀 관측되지 않았다. 그리고 또 다른 예인 Reelin 유전자의 특정 SNP (rs75341475)은 남자에서는 영향이 없었으나 여자의 경우에는 정신분열증(schizophrenia)의 위험도를 유의적으로 증가시키는 효과를 보였다. 따라서 실제로 다양한 종류의 유전형이 성별에 따라 다른 영향을 보일 수 있을 것으로 예상된다.

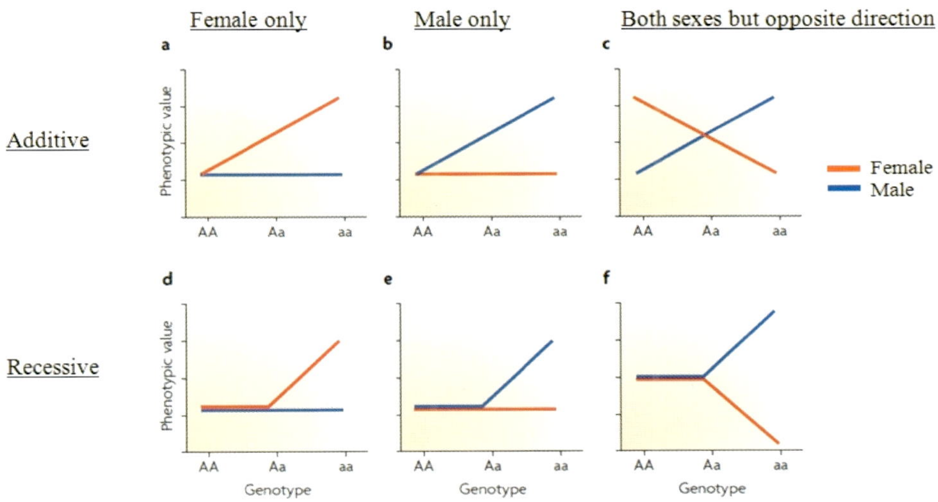

그림 15-3. 표현형에 영향을 미치는 유전형**(genotype)**과 성별**(sex)**의 상호작용 유형. 출처: Ober C et al. (2008). Nat Rev Genet. 9(12):911-22.

가장 단순한 유전자-환경의 상호작용을 설명하기 위해 2 개의 다른 유전형과 2 개의 환경 조건을 가지고 설명해 보자(그림 15-4). 만약 정상 유전형과 변이 유전형의 표현형 차이가 환경에 노출되지 않았을 때는 작은 차이를 보이지만 특정 환경에 노출된 경우에는 두 유전형의 표현형 차이가 크게 증폭될 때 유전자와 환경의 상호작용이 있다고 말할 수 있다.

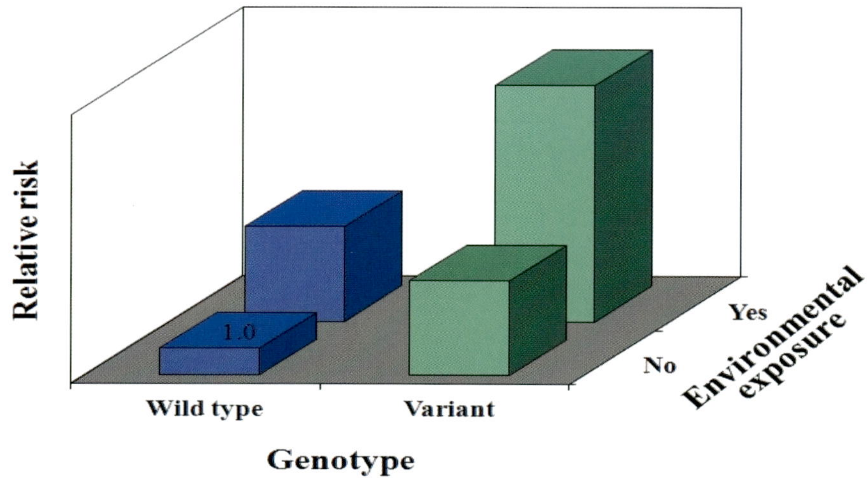

그림 15-4. 유전자-환경의 상호작용 : 단순 2 × 2 모델

실제로 2 가지 유전형과 2 가지 환경조건(2 × 2 모델)에 의해 유전적 표현형의 차이를 보이는 예를 몇 가지 들어보면 다음과 같다(표 15-1). 색소성 건피증(Xeroderma pigmentosum; XP) 질병은 환경에 노출되지 않았을 때는 유전변이형의 영향이 거의 없으나 환경에 노출되었을 때는 유전적 차이가 뚜렷이 구분된다. 따라서 환경의 차이에 의해 유전적 요인의 발현 차이가 분명히 나는 경우이다. 페닐케톤뇨증(Phenylketonuria; PKU)의 경우에는 위험 유전변이형이 존재하지만 환경에 노출되지 않았거나 환경에 노출되었지만 위험 유전변이형(risk allele)이 존재하지 않는 경우에는 질병의 발생 위험이 없으나 환경과 위험 유전변이형을 동시에 가지고 있는 경우에는 질병 발생의 위험성이 매우 높아진다. 그리고 또 다른 유형으로 폐기종(emphysema)은 환경 또는 위험 유전자형 하나만을 가지고 있으면 중등의 위험성을 가지게 되고 환경과 위험 유전자형 모두를 가지고 있으면 질병 발생의 위험성이 매우 높아진다. 위의 3 가지 경우에서와 같이 각 질병의 발생은 질병에 따라 서로 다른 패턴의 유전자-환경 간의 상호작용이 관여함을 알 수 있다.

표 15-1. 질병의 발생에 관여하는 유전자와 환경의 상호작용

위험 유전변이형	환경 노출	상대적 위험도 **(XP)**	상대적 위험도 **(PKU)**	상대적 위험도 **(emphysema)**
없음(X)	없음(X)	1.0	1.0	1.0
있음(O)	없음(X)	~1.0	1.0	중간
없음(X)	있음(O)	중간	1.0	중간
있음(O)	있음(O)	매우 높음	매우 높음	매우 높음

XP: xeroderma pigmentosum, PKU: phenylketonuria. 출처: Hunter DJ. (2005). Nature Reviews Genetics 6: 287-298.

유전자와 환경의 상호작용에 대한 보기는 그 외에도 아주 많이 있다. 또 다른 대표적인 보기로 1950년대 일본에서의 대장암 환자 발생은 미국의 1/5 수준이었으나 미국 이주 일본인은 미국인과 같은 발생 빈도를 보이고 현재 일본에서는 미국인과 거의 같은 대장암 발생 빈도를 보이고 있다. 이는 식습관의 서구화에 기인된 것으로 추측하고 있다. 많은 질병의 발생이 환경에 의해 큰 영향을 받고 있다. 따라서 환경의 조절을 통하여 질병의 발생을 조절할 수 있는 경우가 많이 있다. 예를 들면, 대장암과 뇌졸중(stroke)은 70% 이상, 관상동맥질환(coronary heart disease)은 80% 이상, 그리고 성인 당뇨병(adult onset type II diabetes)은 90% 이상 생활 습관을 바꿈으로써 예방이 가능한 것으로 밝혀져 있다(Willet WC, 2004).

한편 2 가지의 유전자형과 2 가지의 환경이 관여하는 경우(2 × 2 모델)에는 단순한 표현형들을 보이지만 만약 2 가지의 유전자형과 3 가지의 환경이 관여하는 경우(2 × 3 모델)의 표현형들은 더 복잡한 패턴을 보이게 된다(그림 15-5). 더구나 환경의 조건이 연속적인 범위에서 유전자의 효과가 달라지는 경우(2 × 다중 모델)에는 보다 더 복잡한 표현형을 보이게 될 것이다. 최종적으로 만약 다수의 유전적 요인과 다수의 다른 환경이 관여하는 경우(다중 유전자 × 다중 환경 모델)에서는 매우 복잡한 표현형의 형태를 예상할 수 있다(표 15-2).

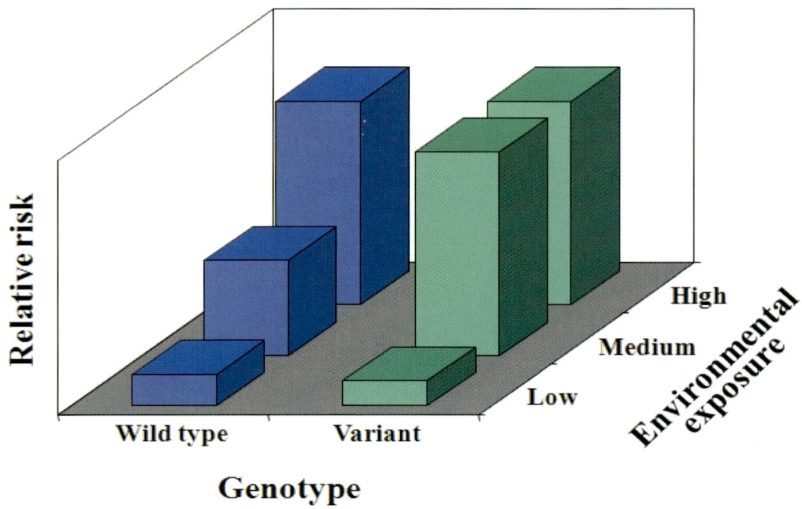

그림 15-5. 유전자-환경 상호작용: **2 × 3** 모델

표 15-2. 유전자-환경의 상호작용 형태와 표현형의 유형

모델의 종류	표현형의 복잡성 정도
단순 2 × 2 모델	복잡한 표현형
단순 2 × 3 모델	더 복잡한 표현형
2 × 다중 모델	매우 복잡한 표현형
다중 유전자 × 다중 환경 모델	가장 복잡한 표현형

출처: Hunter DJ. (2005). Nature Reviews Genetics 6: 287-298.

일반적으로 단순한 유전자-환경의 상호작용 분석을 위해서는 각기 다른 유전적 요인과 환경적 요인의 조합에 해당하는 적정한 수의 데이터가 필요하다. 그러나 유전자-환경의 상호작용의 조합의 수가 증가하면 더욱 더 많은 시료와 데이터가 필요하게 된다. 그림 15-6에 제시한 바와 같이 유전자와 환경의 상호작용의 영향을 분석하기 위해서는 예를 들면 상대적 위험도(relative risk)가 1.5라면 사용되는 유전변이형의 빈도에 따라 차이가 있지만 환자군의 숫자가 최소 4,000 명 이상 확보되어야 한다. 따라서 유전적 효과가 적고 많은 환경이 관련된 경우의 유전자-환경의 상호작용을 분석하기 위해서는 수천 명의 환자-대조군 시료가 확보되어야 가능하기 때문에 실험상에 많은 어려움이 있다.

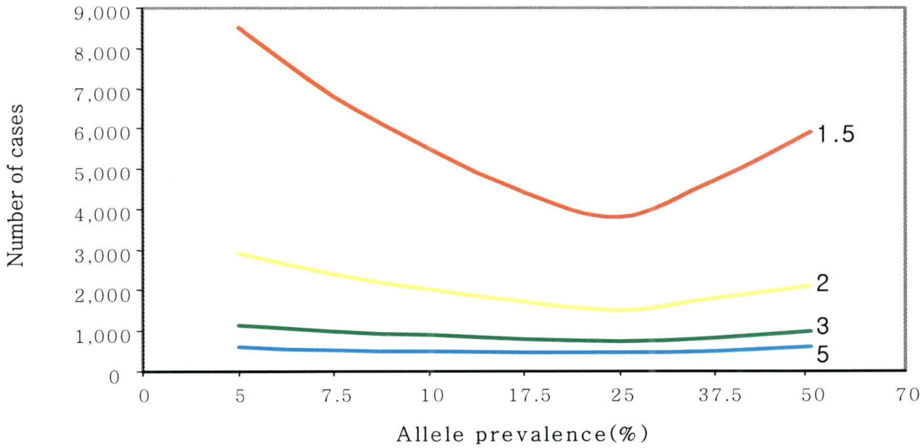

그림 15-6. 유전자형의 빈도에 따른 상호작용의 효과를 탐색하기 위해 필요한 환자군의 숫자. (위 분석 결과는 우성유전모델, 환경에 노출된 경우가 10%이고, 대조군과 정상인의 비율은 1:1로 사용하는 것을 전제로 함). 출처: Hunter JD. (2005). Nature Reviews Genetics 6: 287-298.

다양한 종류의 질병 발생에서 다수의 유전자-환경의 상호작용이 영향을 미치고 있으며 표 15-3에 대표적인 몇 가지 예들을 제시하였다.

표 15-3. 유전자-환경에 대한 상호작용의 보기들

유전자	유전적 변이형	환경	상호작용의 결과 및 특성
MC1R	피부색 유전변이형	자외선	피부색 유전자의 변이형과 태양빛의 과다 노출은 피부암 발생의 위험도를 높임
CCR5	Δ-32 deletion	HIV	32 bp deletion을 가진 보인자(carriers)에서 HIV 감염과 질병의 진행 속도가 낮음

MTHFR	Ala222Val	Folic acid 섭취	folate의 섭취량이 낮을 때 Ala222Val 변이형에서 활성도가 낮은 변이형의 동형접합체의 경우, 대장암에 걸릴 위험성의 차이를 보임
NAT2	rapid vs slow acetylator SNPs	요리된 고기의 heterocyclic amines	rapid acetylator SNP이 붉은 고기 섭취에 대한 대장암 발생의 위험도와 더 많이 연관됨
F5	Leiden prothrombotic variant	hormone replacement	Factor V Leiden 보인자는 외부적인 스테로이드 호르몬 치료를 받으면 venous thromboembolism의 위험성이 증대됨
UGT1A6	slow-metabolism SNPs	Aspirin	UGT1A6 유전자의 slow-metabolism 유전변이형을 지닌 보인자에서 아스피린을 사용하였을 때 건강에 좋은 효과를 보임
APOE	E4 allele	콜레스테롤 섭취	APOE 보인자에서 콜레스테롤 섭취를 바꾸었을 때 혈액의 콜레스테롤 농도가 더 크게 변화함
ADH1C	ɣ-2 alleles	알코올 섭취	알코올 섭취와 심근경색의 발생은 반대의 연관성을 보이고 slow-oxidizing ɣ-2 변이형의 보인자가 더 높은 위험성을 가짐
PPARG2	Pro12Ala	지방 섭취	PPARG2 유전자의 Pro12Ala 변이형의 보인자가 지방섭취와 간의 비만에 더 강한 관련성을 보임
HLA-DPB1	Glu69	직업적 beryllium 노출	Glu69 보인자가 chronic beryllium lung disease로 발전할 위험성이 더 높음
TPMT	Ala154Thr & Tyr240Cys	Thiopurine drugs	TPMT 유전자의 low-activity 변이형의 동형접합체는 thiopurine 약물에 노출되었을 때 보다 심각한 독성을 보임

ADRB2	Arg16Gly	Asthma drugs	Arg16Gly 동형접합체를 가진 사람이 albuterol 약물에 대해 반응성이 더 높음

ADH1C, alcohol dehydrogenase 1C (class Ⅰ), ɣ-polypeptide; ADRB2, adrenergic β2 receptor; CCR5, chemokine (C-C motif) receptor 5; APOE, apolipoprotein E; F5, coagulation factor V; HIV, human immunodeficiency virus; HLA-DPB1, major histocompatibility complex class Ⅱ, DPβ1; MC1R, melanocortin receptor 1; MTHFR, 5,10-methylenetetrahydrofolate reductase NADPH; NAT2, N-acetyltransferase 2; PPARG2, peroxisome proliferative activated receptor-ɣ; TPMT, thiopurine S-methyltransferase; UGT1A6, UDP glycosyltransferase 1 family, polypeptide A6. 출처: Hunter JD. (2005). Nature Reviews Genetics 6: 287-298.

3. 상호작용의 통계 분석 방법

유전자-유전자의 상호작용 또는 유전자-환경의 상호작용을 분석하기 위한 몇 가지 통계적 방법이 있다. 일반적인 상호작용에 대한 효과는 일반 통계 분석 방법(예, 회귀분석)을 사용하면 분석이 가능하다. 그리고 최근에는 유전자-유전자 상호작용을 위한 새로운 통계 분석기법도 개발되고 있다. 가장 대표적인 방법이 multifactor-dimensionality reduction (MDR) 방법이다. 이 방법은 다수의 변수(multiple variables) 간의 상호작용을 찾기 위해 필요한 test의 수를 감소시키기 위해 시도하는 분석방법이다. 상세한 내용은 관련 문헌을 참고하기 바란다(Hoh J and Ott J, 2003; Ritchie MD e t al., 2001). 또 다른 방법은 각 위험 요인들의 단순조합을 이용하는 방법이다. 이 방법은 질병의 감수성(disease susceptibility)에 영향을 미치는 additive 또는 synergistic 효과를 알아보기 위해 risk factors의 조합을 이용하여 오즈비(OR: odds ratio)의 변화를 조사하는 간단한 분석법이다.

4. 환경에 의한 유전변이의 선발

(1) 환경에 의한 유전변이 선발의 종류

현재의 인간 집단을 구성하고 있는 다양한 유전적 및 표현형적 차이는 많은 종류의 유전적 변이와 환경적 요인의 상호작용으로 주어진 환경에 가장 적합한 유전적 변이들이 계속적으로 선발된 결과일 것이다. 특히 돌연변이에 의해 새로운 유전변이형이 발생하면 외부의 조건(특히, 환경)에 의해 선발이 이루어진다. 만약 새로운 유전변이형이 환경에 잘 적응하면 보다 많은 유전형 빈도가 다음 세대에 전달될 것이다.

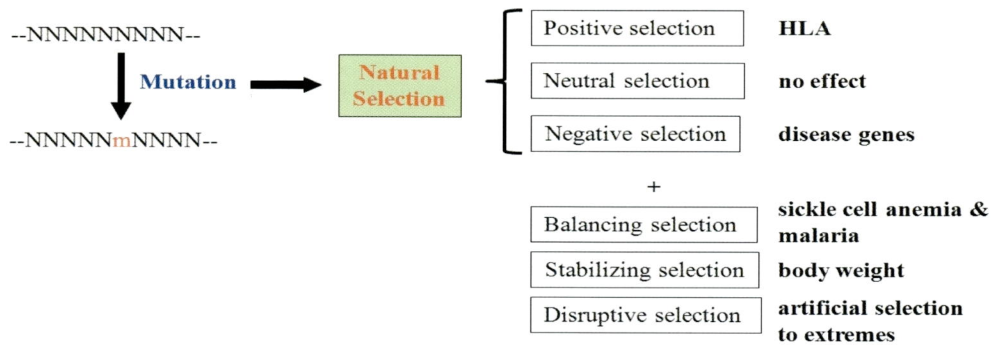

그림 15-7. 유전적 돌연변이의 선발 유형

선발에는 아래에 언급된 바와 같이 아주 다양한 형태가 있다(그림 15-7).

1) **<u>Positive (=diversifying) selection</u>**: 환경에 잘 적응할 수 있는 유전자형들의 빈도는 다음 세대에 더 많이 전달되도록 선발이 이루어진다. 예를 들면, 사람의 MHC 유전자들(HLA)은 다양한 외부의 항원을 면역세포에 전달하기 위하여 인간 집단에서 매우 다양한 변이형들이 존재하도록 계속적인 선발이 가해져 온 것으로 잘 알려져 있다.

2) **<u>Negative (=purifying) selection</u>**: 환경에 적응하기 불리한 새로운 유전형은 집단에서 빈도를 낮추거나 제거되도록 선발이 가해질 것이다. 고셔병(GBA 유전자 돌연변이), 크론병(NOD2 돌연변이), 가족성 hypertrophic cardiomyopathy병(CMH1, CMH2, CMH3 & CMH4 돌연변이)등 대부분의 질병 유전자들은 negative selection을 받게 된다.

3) **<u>Neutral selection</u>**: 돌연변이에 의해 새로운 유전변이형이 발생하였더라도 외부의 환경에 의해 영향을 전혀 받지 않고 선발도 전혀 가해지지 않은 경우를 말한다. 선발이 가해지지 않기 때문에 neutral selection이 가해지는 유전변이형은 유전적 변이가

크게 된다.

4) **Balancing selection**: 그 외에도 sickle cell anemia 원인 유전자의 경우에 이 질병에 대하여는 negative selection이 가해지지만 sickle cell anemia 원인 유전자형을 가진 보인자들(carriers)은 말라리아에 저항성을 보이는 경우와 같이 positive selection과 negative selection이 동시에 이루어져 일정한 빈도로 계속적으로 다음 세대에 전달하게 하는 balancing selection의 형태도 있다.

5) **Stabilizing selection**: 저체중과 과체중의 경우에는 출생시 사망률이 동시에 증가하고 적정 체중을 가진 태아만이 생존에 가장 적합하도록 하는 stabilizing selection이 가해진다.

6) **Disruptive selection**: 특수한 경우에는 체형이 아주 큰 경우와 아주 작은 경우로 양극단의 표현형이 선발되어 2 개의 아주 다른 표현형 집단으로 나누어지는 disruptive selection이 가해지는 경우도 발생한다.

이러한 다양한 종류의 선발들은 새로운 유전변이형이 돌연변이에 의하여 발생한 이후에 다양한 종류의 선발이 가해지고 유전자 빈도의 변화를 초래하는 선발에 가장 많은 영향을 미치는 요인이 바로 환경이다. 따라서 유전자 빈도를 변화시키는 선발은 유전자와 환경의 상호작용에 의한 결과인 것이다.

한편 인종 집단 간의 자연선발이 가해진 유전자를 찾는 방법은 다양한 분석 기법을 이용하며 주로 1) long-range haplotype, 2) high frequency of derived allele, 및 3) high Fst (differentiated) 값을 가지는 유전자를 규명함으로써 찾고 있다. 그리고 선발의 종류를 구분할 수 있는 또 다른 방법으로는 유전자를 코딩하는 부위의 유전변이형의 종류를 기준으로 분류하는 방법이 있다. 예를 들면, 유전자를 코딩하는 부위의 SNP(cSNP)은 아미노산의 변화를 초래하는 것(nonsynonymous SNP)과 초래하지 않는 것(synonymous SNP)으로 나눌 수 있다. Synonymous site당 유전 치환의 수를 Ks라 하고 nonsynonymous site당 유전 치환의 수를 Ka라고 하면 Ks와 Ka의 상대적 비율을 가지고 선발의 종류를 가늠할 수 있다. 예를 들면, negative selection을 받고 있는 유전자는 Ka보다 Ks의 비율이 훨씬 높을 것이지만 positive selection을 받고 있는 유전자의 경우는 그 비율이 약할 것이다.

cSNP= synonymous SNP + nonsynonymous SNP

Ks= No. of substitutions per synonymous site
Ka= No. of substitutions per nonsynonymous site
Median value of Ka/Ks (whole genome)=0.115

Genes under negative (purifying) selection: Ka << Ks
Genes under positive selection: Ka >> Ks

한편 nonsynonymous 돌연변이의 고정 가능성(fixation probability)을 측정할 수 있는 Ka/Ks의 비율은 선발의 강도와도 상관관계가 있다. 예를 들면, Ka/Ks 비율이 매우 높은 경우는 강한 positive selection이 일어나는 경우이고 Ka/Ks의 비율이 낮은 경우는 강한 negative selection이 있는 경우이다. 그리고 특정한 유전적 선발이 일어나지 않는 neutral selection의 경우는 Ka/Ks의 비율이 약 1의 값을 가질 것이다.

High Ka/Ks ratio: strong positive selection
Low Ka/Ks ratio: strong negative selection
Ka/Ks: ~1 (neutral selection)

평균적으로 다른 유전체 부위보다는 단백질을 코딩하는 부위에서 유전변이의 발생이 적고 유전변이형의 빈도(minor allele frequency)도 낮은 것으로 알려져 있다. 이러한 사실은 아미노산 서열의 변화를 유발하는 유전변이형에 대한 강한 선발이 가해지고 있음을 시사한다. 그러므로 만약 특정한 단백질을 코딩하는 부위에서 synonymous SNP의 발생보다는 nonsynonymous SNP의 발생 빈도가 상대적으로 높아지는 것은 positive selection의 표시로 받아들일 수 있다.

(2) 선발과 질병

질병을 유발하는 유전변이형은 선발에 의해 일반적으로 제거된다. 그러나 질환의 발생에 영향을 미치는 유전변이형(disease-predisposing allele)은 다음과 같은 경우에는 집단 내에서 계속 유지된다.

- 균형선발(**balancing selection**): 예를 들면, sickle cell anemia (β-globin gene)의 보인자(carriers)는 말라리아에 저항성을 보여 균형을 이루게 된다(heterozygote advantage).

- 나중에 질병이 발생하는 경우(**late-onset diseases**): 질병이 나중에 발생하기 때문에 선발강도(selection pressure)가 약하게 작용한다.

- 여러 원인이 복합적으로 관여하는 경우(**complex aetiology**): 질병 관련 유전변이형(allele)이 여러 다른 요인들 (다른 유전자, 환경 등)이 관여할 때만 제한적으로 불리하게 작용할 수 있다.

- 과거에는 유리한 대립 유전자형이였으나 최근에는 환경의 변화로 불리하게 작용한 경우 (**alleles that were neutral or advantageous became disadvantageous recently**): 과거에는 유리한 유전자형이였으나 최근에 환경의 변화로 불리한 유전자형으로 바뀐 경우이며 비만과 고혈압이 여기에 해당될 것이다. 예를 들면, 비만에 관련된 유전자(thrifty gene)가 과거에는 에너지 효율을 증진할 수 있는 매우 이로운 유전자였으나 최근에는 과다한 영양섭취로 당뇨병을 유발하게 됨으로써 불리하게 작용하는 것을 예로 들 수 있다. 또한 과거에 해안으로부터 먼 지역에 살고 있는 사람들은 소금을 접할 기회가 적어서 체내에 소금 이온을 많이 보유할 수 있는 체질이 생존에 유리하였으나 교통의 발달로 소금의 이동과 섭취가 자유롭게 됨에 따라 체내에 많은 소금 이온을 보유하는 유전자형은 고혈압을 유발하는 부작용을 초래하게 되는 경우가 이에 해당된다.

일반적으로 질병을 일으키는 유전변이형이 환자의 번식 및 생존에 영향을 미치게 되면 유전변이형의 빈도를 감소시키는 선발이 가해지게 된다. 그러나 일부의 유전질병들은 질병 유전형을 지니고 있는 개체(carriers)에게 유리하게 작용(fitness advantage)하여 집단에서 빈도가 증가하기도 한다. 가장 대표적인 보기가 β-globin 유전자와 glucose-6-phosphate dehydrogenase (G6PD) 유전자의 돌연변이이다. 질병을 일으키는 돌연변이 유전자 2 개를 가지고 있는 개체는 겸상 적혈구 빈혈증(sickle-cell anemia)을 유발하게 되지만 단지 1 개를 가지고 있는 보인자(carrier)는 말라리아에 대하여 부분적인 저항성을 보이게 된다. 유사한 경우가 낭포성 섬유증(cystic fibrosis)과 테이색스병(Tay-Sachs disease)을 유발하는 돌연변이로 1 개의 돌연변이 유전형을 가지고 있을 때(carrier) 각각 장티푸스(typhoid)와 결핵(tuberculosis)에 대한 저항성을 보이는 것으로 알려져 있다(Nielsen R et al., 2005).

5. 유전자-환경의 상호작용에 의한 선발로 인종간 차이를 보이는 표현형

인종 간에 관측되는 다양한 표현형 차이는 다양한 유전자와 환경의 상호작용에 의해 만들어진 양적 형질(quantitative traits) 및 질적 형질(qualitative traits)로써 자연선발(natural selection)에 의해 영향을 받는다. 또한 질병에 관련된 돌연변이는 지금까지 받은 선발에 의해 각 인종 집단에서 다른 빈도로 존재할 것이다. 가장 잘 알려진 대표적인 보기들을 나열해 보면 다음과 같다.

- 감염성 질환에 대한 저항성 (sickle cell anemia, G6PD 효소 결핍 및 cystic fibrosis)
- 피부색 (MC1R)
- 말라리아 저항성 (G6PD, Duffy (FY) & HBE1)
- 후천성 면역결핍 바이러스 (HIV) 저항성 (CCR5)
- 락토스 분해능력 (LCT)
- 약물 대사 (CYP1A2)
- 색 인식능력 (OPN1LW)
- 알코올 대사 (ADH1B & ALDH2)

위의 보기에서 인종간 차이를 유발하는 선발의 원인으로는 지역적으로 분포하는 기생충(geographically restricted parasites: G6PD, Duffy & HBE1), 영양학적 및 문화적 요인(nutritional and cultural factors: LCT) 그리고 알려지지 않은 요인들(unknown factors: ADH1B, ALDH2, CCR5, and CYP1A2)이 있다(Tishkoff SA and Kidd KK, 2004). 그 외에도 인간 집단에서는 다양한 진화적 요인들(예, 유전적 표류, 이동, 지역내 적응 등)에 의하여 집단 간에 큰 차이를 가지는 유전변이형들이 존재한다. 표 15-4에는 인간 집단 간에 빈도의 차이가 큰 유전자에서 아미노산의 변화를 초래하는 유전변이형에 대한 유전자 및 유전자형의 종류를 나열하였다. 이러한 유전자들은 인간 집단에서 지역 간의 다양한 표현형적 차이를 유전적으로 설명해 줄 수 있는 증거가 될 수 있을 것이다.

표 15-4. 인종간 큰 차이를 보이는 **non-synonymous SNPs**

Chrom.	Gene	rs#
1	THEA	rs1702003 (G202D)
	FY	rs12075 (G42D)
2	COLEC11	rs7567833 (H219R)
	ALMS1	rs3813227 (R393C), rs6546837 (G1416A), rs6724782 (S2113R), rs6546839 (R2286P), rs2056486 (R2828S), rs10193972 (N2858S)
	EDAR	rs3827760 (V370A)
3	FXR1	rs11499 (A529V)
	MCF2L2	rs7639705 (I359L)
4	SLC30A9	rs1047626 (M50V)
	ADH1B	rs1229984 (H48R)
8	RP1L1	rs6601495 (T112S)
	SLC39A4	rs1871534 (L347V)
10	ERCC6	rs4253047 (G446D)
	NEUROG3	rs4536103 (F119S)
11	F2	rs5896 (T165M)
15	SLC24A5	rs1426654 (T111A)
	HERC1	rs7162473 (E3722D)
16	ZNF646	rs749670 (G327E)
	ABCC11	rs17822931 (G180R)
17	RNF135	rs7225888 (H71Q)
18	RTTN	rs3911730 (S126A)
19	FUT6	rs364637 (Q230K)
	CEACAM1	rs8110904 (A83V)
22	GNB1L	rs2073770 (W239G)
X	EDA2R	rs1385699 (R57K)

출처: The International HapMap Consortium. (2005). Nature 437:1299-1320.

일반적으로 인간 유전변이의 약 85%는 집단 내에서 발견되고 약 15% 정도가 집단 간에서 발견되고 있다. 그러나 피부색에 관련된 유전변이(SLC24A5)는 약 88%가 집단 간에서 발견되고 있다. 이러한 높은 집단간 변이는 아마도 피부색은 다른 형질과는 달리 지역내 선발(local selection)이 강하게 가해진 결과로 추론된다(Myles S. et al., 2007). 그리고 다양한 유전자들이 인종 집단 간에 큰 차이로 존재하는 유전자형들이 많이 있다. 아래에 다른 인종 집단에서 아주 다른 빈도로 존재하고 있는 질병 유전자들(표 15-5)과 기능 유전자들(표 15-6)의 종류와 특성을 제시하였다.

표 15-5. 집단에 따라 다른 빈도로 존재하는 질병 유전자들

질병 (유전자형)	인종 집단 간 차이
β-globin 유전자의 β^s 대립유전자형 (sickle cell anemia)	아프리카에서는 빈도가 높으나 다른 지역에서는 매우 낮음
Cystic fibrosis	유럽에서는 빈도가 높지만 아시아나 아프리카 집단에서는 낮음
Tay-Sachs disease	일부 유대인에서는 빈도가 매우 높게 나타나지만 기타 다른 인종 집단에서는 매우 낮음
Choroideremia	핀란드에서는 매우 높은 빈도를 보이지만 다른 집단에서는 매우 희귀함
Myotonic dystrophy	대부분의 집단에서는 ~1/10,000-20,000의 빈도로 발생하지만 캐나다의 일부지역(Quebec)에서는 >1/1,000으로 발생함

출처: Thompson & Thompson. Genetics in Medicine. 5th edition.

표 15-6. 집단에 따라 다른 빈도로 존재하는 기능 유전자들

유전자	인종 집단 간 차이 (유전자형 변이)
ABO 혈액형	다양한 변이를 보이며 특히 B형은 아시아인에서는 매우 높은 빈도로 존재하지만 아메리카 원주민에서는 전혀 없음
Alpha1-antitrypsin	3 개의 주요 M 대립유전자의 빈도가 집단 간에 큰 차이를 보임 (예를 들면, M1: 0.51~0.98; M2: 0~0.20)
Alcohol dehydrogenase	3 개 유전자(ADH1, ADH2, ADH3)가 있음. ADH2 유전자의 변이형은 일본인에서는 매우 흔하지만(90%) 유럽인에서는 낮은 빈도(15%)로 관측되고 있음
Aldehyde dehydrogenase	약 50%의 아시아인에서는 ALDH1이 결핍되어있으나 미국 인디안에서는 5% 미만이 결핍되어 있음
HLA system	많은 유전자에서 다수의 대립유전자에 대하여 다양한 빈도로 분포하고 있음
Lactase activity	우유 속에 있는 유당(lactose)을 분해할 수 있는 효소로서 2 개의 주요 대립유전자가 존재함. 저효율의 대립유전자형은 아시아와 아프리카인에서 매우 높은 빈도(0.8-0.95)로 존재하고 유럽인에서는 낮은 빈도(0.17-0.48)로 분포하고 있음
Apolipoprotein A-I levels	혈장에서 매우 다양한 농도 (<10~>100 mg/dl)로 존재하고 심혈관계 질환의 발병 위험요인으로 작용함. 낮은 APOA-I 농도를 유도하는 유전자형은 중국인에서는 높은 빈도를 보이지만 다른 인종집단에서는 낮은 빈도로 분포하고 있음

출처: Thompson & Thompson. Genetics in Medicine. 5th edition.

■ 참고문헌

• Hunter DJ. (2005). Gene-environment interactions in human diseases. Nature Reviews Genetics 6:287-298.

• Ober C et al. (2008). Sex-specific genetic architecture of human disease. Nat Rev Genet. 2008; 9(12):911-22.

• Hoh J and Ott J. (2003). Mathematical multi-locus approaches to localizing complex human trait genes. Nature Reviews Genetics 4:701-709.

• Ritchie MD et al. (2001). Multifactor-dimentionality reduction reveals high-order interactions among estrogen-metabolism genes in sporadic breast cancer. American Journal of Human Genetics 69:138-147.

• Willett WC. (2004). Balancing life-style and genomics research for disease prevention. Science 296: 695-698.

• Nielsen R. (2005). Human genomics: disclosure of variation. Nature 434:288-289.

• Tishkoff SA and Kidd KK. (2004). Implications of biogeography of human populations for 'race' and medicine. Nature Genetics Supplement 36:S21-S27.

• The International HapMap Consortium. (2005). A haplotype map of the human genome. Nature 437:1299-1320.

• Bamshad M and Wooding SP. (2003). Signatures of natural selection in the human genome. Nature Reviews Genetics 4:99-111.

• Nielsen R. (2005). Molecular signatures of natural selection. Annu. Rev. Genet. 39:197-218.

- Rasmus Nielsen. (2005). Molecular signatures of natural selection. Annu. Rev. Genet. 39:197-218.

- Bustamante CD et al. (2005). Natural selection on protein-coding genes in the human genome. Nature 437:1153-1157.

- Biswas S and Akey JM. (2006). Genomic insights into positive selection. Trends in Genetics 22(8):437-446.

- Sabeti PC et al. (2006). Positive natural selection in the human lineage. Science 312:1614-1620.

- Sabeti PC et al. (2007). Genome-wide detection and characterization of positive selection in human populations. Nature 449:913-918.

- Myles S et al. (2007). Identifying genes underlying skin pigmentation differences among human populations . Human Genetics 120:613-621.

제 16장 유전변이형의 기능 연구

1. 유전변이형의 기능 연구에 대한 배경 설명

진핵세포(Eukaryotic cells)의 유전자 구조는 유전자의 발현을 조절하는 enhancer와 promoter 부위, 전사개시(transcriptional initiation)에 관여하는 조절인자가 결합하는 TATA box 또는 initiator, 그리고 mature RNA transcripts의 코딩 부위를 구성하는 exon, splicing에 의해 제거되는 intron, 그리고 RNA transcript의 안정성에 중요한 3′-untranslated region(UTR)로 구성되어 있다(그림 16-1). 특히 유전자의 기능에 중요한 영향을 미치는 부분은 유전자의 발현을 조절하는 프로모터 영역과 단백질을 코딩하는 exon 부위이다. 그러므로 프로모터 부위의 유전변이는 유전자 발현을 조절하고, 아미노산을 코딩하는 부위의 유전 변이는 단백질 기능의 변화를 유발할 수 있다. 한편 대부분의 중요한 전사조절인자의 결합부위(transcription factor binding region)는 전사개시부위(transcriptional start site)로부터 약 300 bp 안에 위치해 있는 것으로 알려져 있다. 그 외에도 intron이나 3′-UTR은 각각 splicing이나 전사체(transcripts)의 세포 내에서의 안정성에 영향을 줌으로써 유전자 생성물의 기능이나 발현을 조절하는 역할을 할 수 있다.

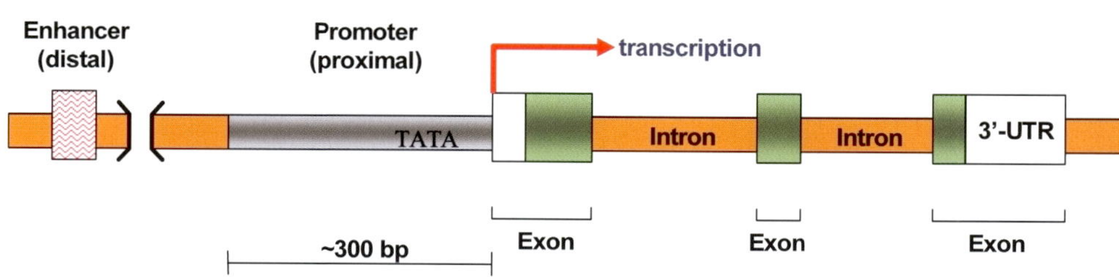

그림 16-1. 진핵세포의 전형적인 유전자 구조

위에서 언급된 바와 같이 프로모터에 위치하여 유전자의 발현을 조절하는 유전변이형(regulatory SNP; rSNP)과 exon에 위치하여 아미노산을 코딩하는 부위의 유전변이형(coding SNP; cSNP)은 기능적으로 중요한 역할을 수행하는데, 이들에 대한 대표적인 기능연구의 방법을 소개하면 표 16-1과 같은 것들이 있다.

표 16-1. 유전변이형의 종류에 따른 기능연구의 방법

SNP의 종류	분석 유형	분석 방법
rSNP (프로모터 부위)	• *In silico* TF binidng 분석 • 유전자 발현의 전사조절 연구 • *In vitro* TF binding 분석 • *In vivo* or *ex vivo* 기능분석 • 다른 분석법	• MATCH in TRANSFAC DB • Luciferase/β-lactamase 분석 • EMSA • 임상시료 분석 • siRNA 또는 과발현
cSNP (코딩 부위)	• 아미노산 변화의 *In silico* 분석 • *In vitro* 기능분석 • *In vivo* & *ex vivo* 기능분석	• PolyPhen 또는 SIFT • binding, cell signaling 등 • 임상시료 분석

TF: transcription factor, EMSA: electrophoretic mobility shift assay.

2. 유전자 발현을 조절하는 유전변이형의 기능 연구

유전자의 프로모터에 위치하면서 유전자의 발현을 조절하는 regulatory SNP (rSNP)에 대하여 유전자의 발현에 영향을 미치는 정도를 분석할 수 있는 방법으로는, 1) TRANSFAC database의 응용 프로그램인 MATCH를 이용하여 염기서열 변화에 따른 가상의 전사인자(transcription factor)의 결합 강도 및 결합 유무를 예측하거나, 2) rSNP를 포함하고 있는 프로모터 영역의 DNA를 유전자 발현 벡터에 넣어 유전자의 발현 정도를 정량적으로 측정할 수 있는 "reporter" 시스템을 사용하는 방법, 3) 가상의 전사인자 (transcription factors) 결합부위가 존재하는 경우에 특정 전사인자의 결합 유무 및 전사인자의 종류를 규명하기 위한 EMSA (electrophoretic mobility shift assay) 실험 방법 등이 있다.

(1) TRANSFAC & MATCH

TRANSFAC은 2000년도에 처음으로 보고된 이후로 꾸준히 개선되어 널리 사용되고 있는 전사인자(TF: transcription factors)와 consensus binding sequence에 관한 데이터베이스이다(Wingender E *et al.*, 2000). 이 시스템은 이미 기존에 알려진 여러 전사

인자들의 결합 부위에 대한 정보를 토대로 얻어진 'position-weighted matrices'를 기준으로 하여 분석하고자 하는 염기서열이 어느 정도 일치하는 가에 대해 점수(score)를 제공하게 된다. TRANSFAC 데이터베이스에서 제공하는 Match라는 응용 프로그램을 사용하면 단일염기서열의 차이를 제공했을 때 염기서열의 차이를 기준으로 어떤 전사인자가 결합하는지 또는 결합의 강도는 얼마나 되는지를 예측할 수 있다(그림 16-2).

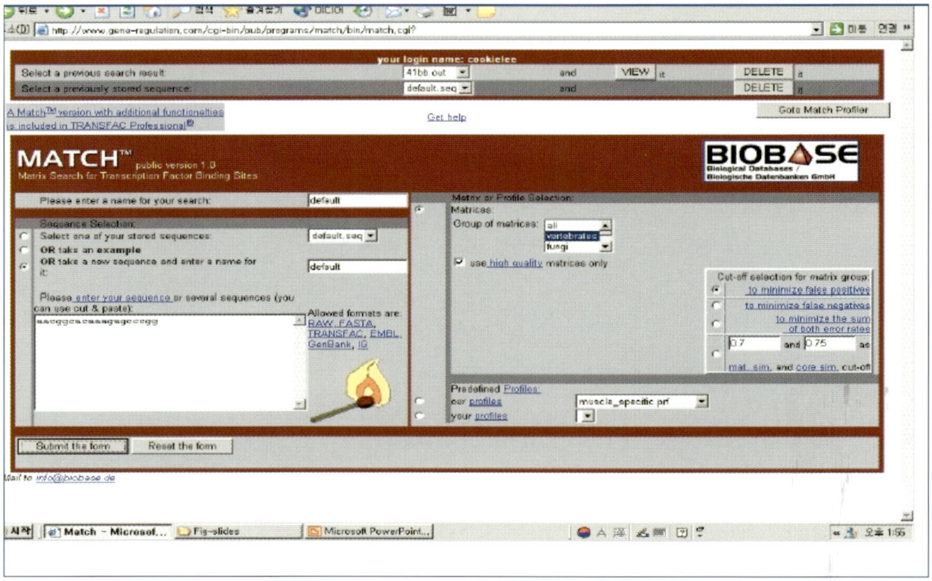

그림 16-2. **TRANSFAC의 Match 프로그램을 사용한 *in silico* 프로모터 분석.** 출처: http://www.gene-regulation.com/cgi-bin/pub/programs/match/bin/match.cgi/.

따라서 이 프로그램을 사용하여 프로모터에 존재하는 SNP의 2 가지 다른 유전자형에 대한 분석을 수행하여 특정 전사인자의 결합 여부를 예측한 후, 이 정보를 바탕으로 대상 유전변이가 유전자 발현에 차이를 유발할 수 있는지를 추정할 수 있다. 예를 들면, TNF-TNFR superfamily 유전자의 프로모터에서 발굴된 SNP에 대한 가상의 전사인자 결합 유무 및 결합 강도를 조사해본 결과, 일부는 결합 강도의 차이를 보이고 또 다른 일부는 SNP에 의해 특정 전사인자의 결합이 완전히 이루어지지 않는 것으로 예측되었다 (표 16-2). 특히 Death receptor 6 (DR6) 유전자의 경우에 프로모터 -64 위치에 존재하는 G/C SNP에서 G allele을 가진 경우에는 HNF-4 전사인자가 결합하지만 C allele을 가지고 있는 경우에는 HNF-4 전사인자가 결합하지 못하는 것으로 예측되었다(표 16-2). 따라서 만약 DR6 -64G/C 위치에서 HNF-4 전사인자의 결합에 의해 유전자의 발현이 조절된다면 기능적으로 매우 중요한 유전변이형이 될 것이다(Kim JY *et al.*, 2005). 그러므로 프로모터의 SNP에서 전사인자의 결합 강도 또는 결합의 유무 변화는 프로모터 부위의 단일염기서열 변화로 유전자의 발현량에 차이를 유발할 수 있을지를 예측할 수 있게 된다.

표 16-2. **MATCH** 프로그램을 이용한 **TNF-TNFR superfamily** 유전자의 프로모터 **SNP** 분석의 예

A. Partial effects of TF binding site by SNP

Gene	SNP location	Allele	TF binding	TF	Consensus sequences1)
BLYS	-247	T/C	+/+	LXR, PXR, CAR, COUP, RAR	ttagct(**t/c**)atcTGACCtt
BLYS	-86	G/C	+/+	COMP1	ccctt(**g/c**)actgtgcCAATCcaaact
CD40	-503	G/A	+/+ +/+	SRF NF-kB	cCCACAc(**g/a**)agggaatttc (**g/a**)aGGGAAtttcctt

B. Complete abolishment of TF binding site by SNP

Gene	SNP location	Allele	TF binding	Transcription Factor(s)	Consensus sequences1)
BLYS	+222 (5'-UTR)	G/T	+/-	AML1	TGT(**G/T**)GT
DR6	-64	C/G	-/+	HNF-4	aac(**c/g**)gcaCAAAGagcccgg
DCR1	-376	G/A	-/+ -/+ -/+	NERF1a c-Ets-2 Tel-2	ggcCAGGA(**g/a**)gagttcag gccAGGA(**G/A**)gtagtt cagGA(**G/A**)GTag
GITR	+57 (5'-UTR)	C/T	+/-	LXR,PXR,CAR,COUP,RAR	caGGTCAtgaa(**c/t**)ggtcc
LTA	-22	A/G	+/-	Muscle initiator sequence-20	caggggCTCC(**A/G**)cacagcaggt
TNFR1	-102	A/C	+/- +/-	SRF SRF	aaggcagccag(**a/c**)TCTGGg gCCAG(**A/C**)tctgggactcct

출처: Kim J-Y et al. (2005). Immunogenetics 57:297-303.

지금까지 전사인자의 결합 부위에 있는 consensus sequence 정보를 바탕으로 다수의 전사인자 결합 부위를 예측할 수 있는 프로그램들이 개발되어 실제로 활용되고 있으며 대표적인 프로그램으로는 다음과 같은 것이 있다.

- TESS: //www.cbil.upenn.edu/cgi-bin/tess/tess
- MatInspector: //anthea.gsf.de/biodv/matinspector.html
- cluster-buster: //zlab.bu.edu/cluster-buster/
- TFSearch: //molsun1.cbrc.aist.go.jp/research/db/TFSEARCH.html
- TRANSFAC database (>200 TFs): //www.gene-regulation.com/
- HMMER program was used to screen potential TFBS up to 5 kb upstream
- rVISTA: //pga.lbl.gov/rvista.html/

(2) 유전자 발현 reporter 시스템의 원리 및 활용

프로모터에 존재하는 SNP이 유전자 발현에 미치는 영향을 조사하기 위하여 일반적으로 유전자 발현 reporter 시스템을 이용하여 정량적으로 측정하는 방법을 사용하고 있다. 주로 사용되는 시스템으로는 luciferase, β-galactosidase 및 β-lactamase를 이용한 시스템 등이 있다. 이 시스템들은 유전자 발현량을 조절하는 프로모터 부위 대신에 유전자 변이를 포함하고 있는 DNA 조각을 reporter 벡터에 삽입하여 재조합 발현 벡터를 만들고 적절한 세포주에 주입하여 reporter 유전자의 생성물인 효소 단백질(luciferase, β-galactosidase, β-lactamase)의 활성을 측정함으로써 유전변이가 유전자 발현에 미치는 효과를 정량적으로 측정하게 된다. 가장 대표적인 유전자 발현 reporter 시스템의 원리를 아래에 간략히 설명하고자 한다.

① Luciferase reporter 시스템

흔히 사용되는 Fly luciferase는 ATP를 에너지원으로 사용하여 반응기질인 luciferin을 oxyluciferin으로 분해하며 동시에 빛을 생성한다(그림 16-3). 따라서 생성되는 빛의 양은 효소의 활성과 비례하므로 luminometer를 사용하여 빛의 양을 측정함으로써 유전변이에 의한 유전자 발현에 미치는 영향을 정량적으로 측정할 수 있다. 한편 transfection 효율의 차이에 의한 활성도의 차이는 Renilla luciferase를 발현하는 "control plasmids"를 세포에 함께 주입(co-transfection)하여 Fly luciferase 활성값을 Renilla luciferase의 활성값으로 나누어 주는 방법을 사용하여 보정하여 준다.

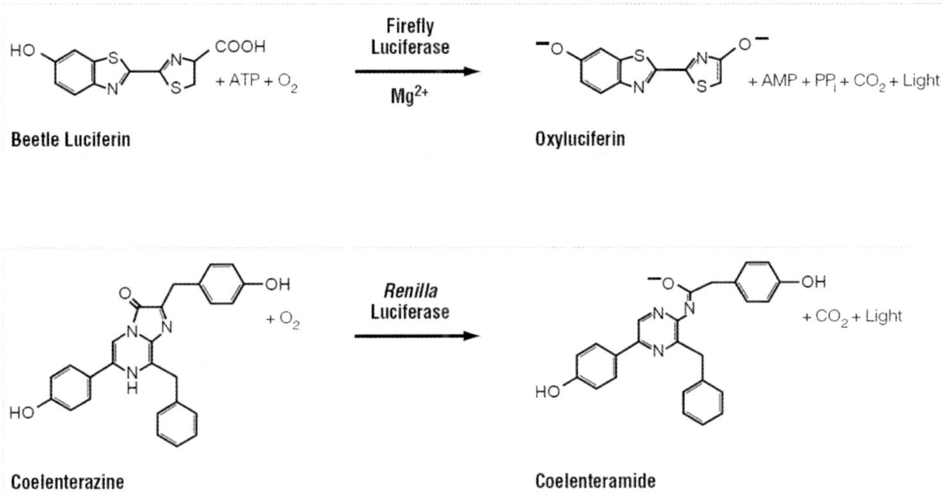

그림 16-3. **Firefly luciferase와 Renilla luciferase 효소에 의한 반응 기질과 생성물.** 출처: Promega 자료.

한 예를 들어보면, FCRL3 유전자의 프로모터 부위에 존재하는 2 개의 SNP sites (-169T/C 와 -110G/A)에서 각 SNP의 조합으로 구성된 haplotype 구조를 기준으로 3 개의 vector constructs를 만들어 luciferase assay를 수행하여 프로모터에 존재하는 SNP이 유전자 발현에 미치는 효과를 규명할 수 있었다(그림 16-4). 그리고 이따금 특정 프로모터가 1 copy SNP 만을 가지고 있을 때 *in vitro* 유전자 발현 실험에서 발현량의 변화가 미세하여 정량적으로 측정이 곤란한 경우에는 연구대상인 프로모터의 SNP을 가지고 있는 부위의 염기서열을 반복하여 연결한 "tandem repeat"를 삽입한 reporter 벡터를 제작하여 그 발현량을 분석함으로써 rSNP에 대한 기능적 변화를 증폭하는 실험적 전략이 사용되기도 한다(그림 16-4).

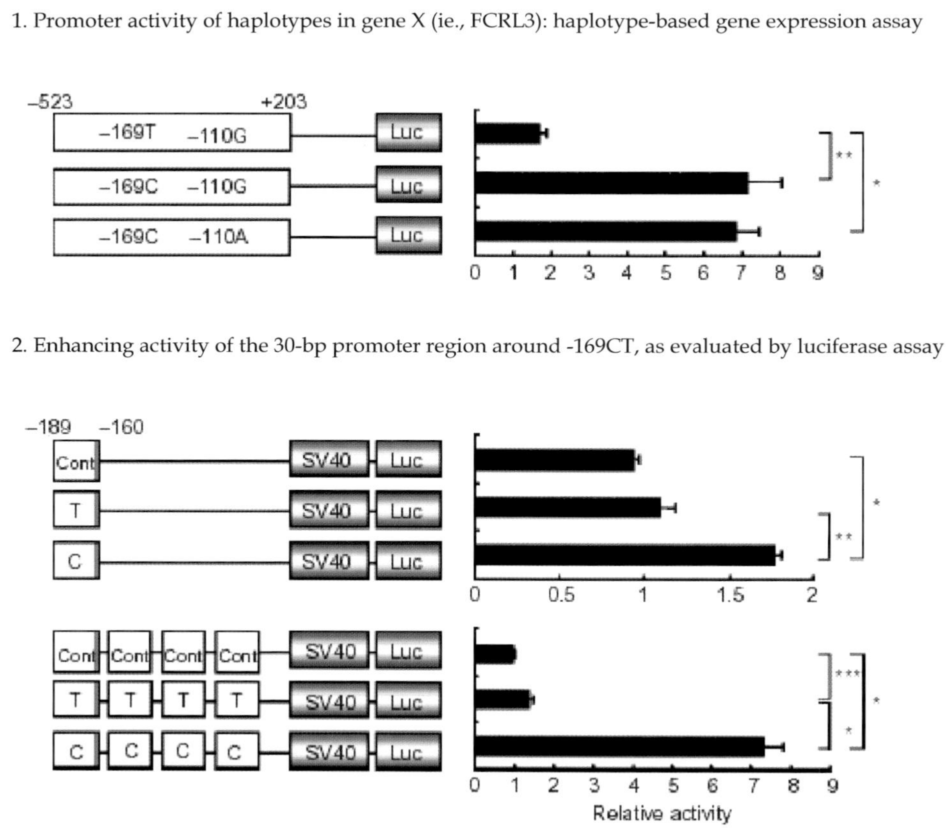

그림 16-4. **Luciferase 시스템을 이용한 유전자 발현 조절 기능 탐구의 예.** 출처: Kochi Y et al. (2005). Nature Genetics 37:478-485.

② β-lactamase reporter 시스템

이 reporter 시스템은 최근에 Invitrogen 회사에서 개발된 것으로, β-lactamase는 ampicillin 저항성 물질을 생성하는 *E. coli bla* 유전자로부터 유도된 유전자 (*bla*(M))에 의해 만들어지며 mammalian 세포에서도 발현되도록 상업적으로 개발되었다. 그림 16-5는 β-lactamase reporter 시스템에서 사용되는 벡터와 효소활성을 측정하는 원리를 설명한 것이다. 이 방법은 FRET(fluorescence resonance energy transfer)의 원리를 이용하는 것으로 2 개의 fluorophores를 가진 반응기질을 첨가한 후 fluorescence reader를 이용하여 405 nm에서 여기(excited)된 기질이 바닥상태로 안정화되며 발생하는 형광의 파장을 각각 460 nm와 530 nm에서 측정하여 계산한다. 즉 lactamase가 발현하지 않은 경우는

FRET 현상에 의해 한 쪽의 fluorophore가 한 분자 내에 인접해 위치한 다른 쪽의 fluorophore로 에너지를 전달하여 여기시킨 후 바닥상태로 되면서 530 nm에서 형광 peak가 나타나는 반면 (그림 16-5A의 윗 그림), β-lactamase가 발현한 경우에는 이 효소에 의해 2 개의 fluorophores가 분리되므로 더 이상 FRET이 일어나지 않아 더 짧은 파장인 460 nm에서의 형광 peak을 발생하게 되는 것이다(그림 16-5A의 아래 그림). 따라서 발생하는 형광의 파장 차이를 이용하여 reporter 유전자의 발현 여부를 가늠할 수 있다는 장점과 더불어 형광 기질의 특성상 세포 내로 들어간 기질만 형광을 발산하기 때문에 530 nm에서의 형광값은 lactamase의 발현량 측정에 사용된 세포의 수를 간접적으로 나타냄으로써 reporter constructs가 세포 내로 주입된 정도(즉, transfection 효율의 차이)에 의한 발현량의 차이를 보정하는데 사용될 수 있다. 다시 말하면, luciferase 시스템에서 사용되는 "control plasmid"의 cotransfection을 생략할 수 있다는 것이 이 시스템의 또 다른 장점이다.

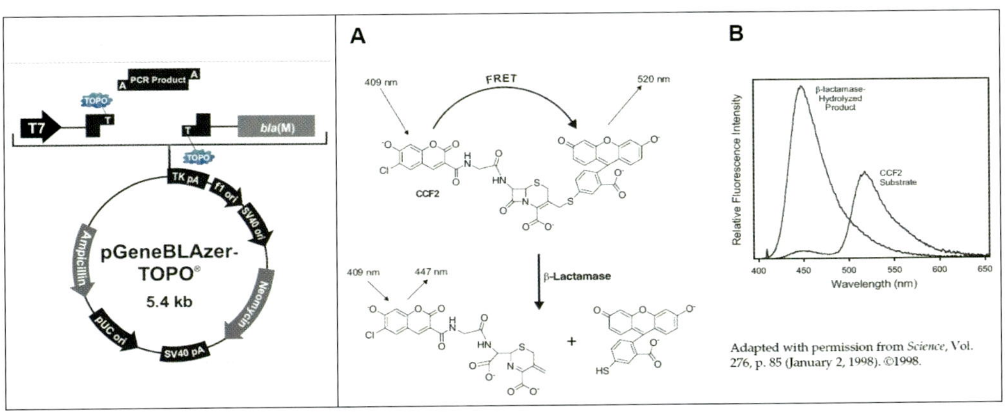

그림 16-5. **β-lactamase reporter 시스템의 벡터와 측정 원리.** 왼쪽은 reporter 시스템의 벡터 구조를 나타내고 오른쪽 (A와 B)은 β-lactamase 효소에 의한 반응을 도식화한 것임. 출처: Invitrogen 자료.

③ **β-galactosidase reporter** 시스템

세균 유전자인 *lacZ*에 의해 발현되는 이 효소는 mammalian 세포에서 reporter 시스템으로 널리 사용되어 왔다. X-gal이나 O-Nitrophenyl- β-D-galactopyranoside (ONPG)와 같은 반응기질을 가수분해할 때 생성되는 색소를 측정하여 그 활성을 정량하

게 된다. 따라서 이 효소는 세포 추출물(cell lysate)을 분석에 사용할 경우 흔히 문제가 되는 단백질 분해 활성(proteolytic activities)에 저항성이 있다는 장점이 있다.

(3) EMSA (Electrophoretic Mobility Shift Assay)

이 방법은 일반적으로 단백질의 binding site를 포함한 25-300 bp의 DNA probe를 ^{32}P[ATP] 등의 방사성 동위원소나, digoxigenin, fluorescein 등과 같은 비방사성 동위원소 방법을 사용하여 DNA의 끝부분을 labeling하여 해당 결합 단백질과 상온에서 결합 반응시킨 후 polyacrylamide gel에서 전기영동한 다음 필름에 노출시키는 과정을 거치게 된다. 이 때 단백질과 결합을 한 probe는 결합하지 않은 것에 비해 gel에서 이동하는 속도가 떨어지게 되므로 shift가 일어나며 이렇게 shift된 band의 세기 정도가 단백질과 DNA 조각의 결합 정도를 나타내게 된다(그림 16-6). 따라서 유전변이를 포함한 염기서열의 부근에 전사조절인자의 결합부위가 있다면 EMSA 실험을 통하여 전사인자의 결합을 정성적 및 정량적으로 측정할 수 있다.

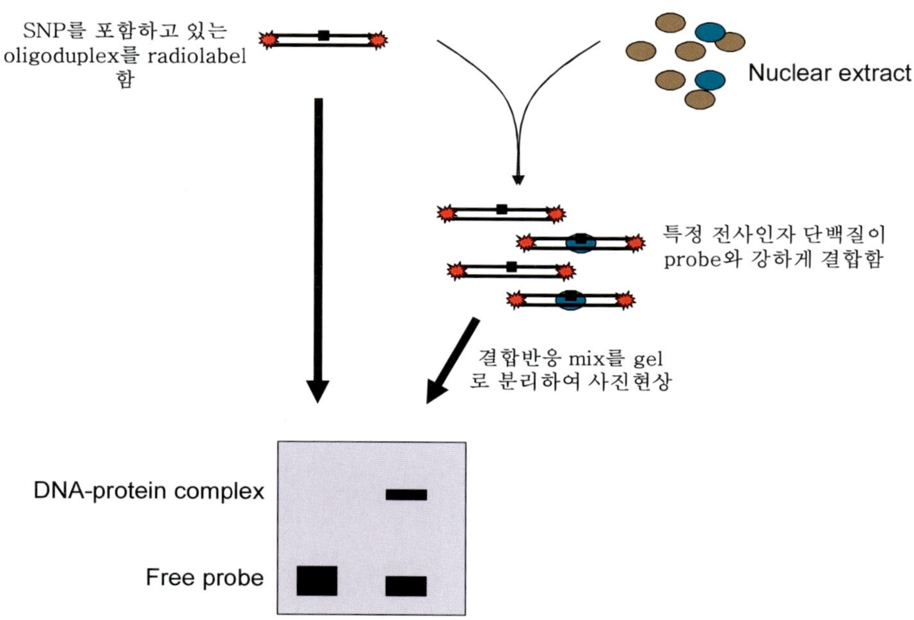

그림 16-6. EMSA의 실험 과정 모식도

그림 16-7에 제시된 예를 보면, 2 개의 다른 allele (T 또는 C)을 지닌 labeled oligo probe를 세포핵 추출물(nuclear extract)과 결합반응을 시켜 특정 전사인자가 결합하여 supershift가 일어나는지 확인(그림 16-7의 왼쪽 그림)이 가능하며, 전사인자 특이적인 항체를 사용하면 변이가 있는 allele에 결합하는 단백질의 band가 super-shift되는 것을 확인함으로써 결합하는 전사인자의 종류까지도 규명할 수 있다(그림 16-7의 오른쪽 그림).

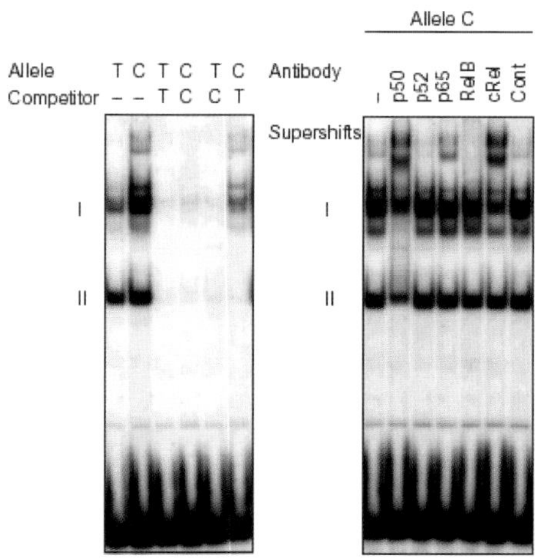

(left)
allelic difference and competition experiment

(right)
supershift experiment using Abs for NF-kB components

그림 16-7. **FCRL3** 유전자의 프로모터 **-169C/T SNP** 부위의 전사인자 결합 **EMSA** 실험**.** 출처: Kochi Y *et al.* (2005). Nature Genetics 37:478-485.

(4) 유전자 발현을 조절하는 유전변이형의 *in vivo* 연구

*In vitro*에서 생물학적 기능 변화를 유발할 수 있는 유전변이형의 경우에는 실제로 개인의 생체(*in vivo*)에서도 동일한 또는 유사한 생물학적 기능의 변화가 있는지를 조사할 수 있으며 만약 생체 내에서도 동일한 결과가 관측된다면 선별된 유전변이형이 실제적으로 질병 또는 생물학적 기능 변화를 유발하는 원인 유전변이형일 가능성이 매우 높다. 실제 예를 들어보면, FCRL3 유전자의 프로모터에 존재하는 유전변이형

(-169C/T)에 따라 각 개인의 생체에서 분리된 B 세포에서도 유의적인 유전자 발현의 차이를 확인할 수 있었다(그림 16-8).

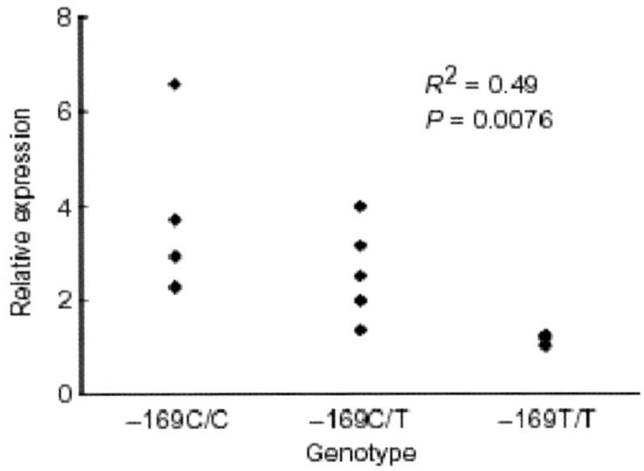

그림 16-8. 생체의 **B** 세포에서 각 개인이 가지고 있는 프로모터 **SNP**의 유전형에 따른 유전자 **(FCRL3)** 발현량의 차이 조사 **(quantitative real-time PCR** 기법 **이용).** 출처: Kochi Y *et al*. (2005). Nature Genetics 37:478-485.

또 다른 실험 방법으로는 2 개의 유전자형을 가지고(heterozygotes: -169C/T & +358C/G) 있는 개인의 특정 생체 세포에서 유전자의 발현량을 측정하기 위해 mRNA에서 cDNA를 만든 후에 2 개의 다른 유전자형의 양을 정량화함(allelic imbalance)으로써 프로모터에 있는 2 개의 다른 유전형에 따른 유전자 발현량을 측정할 수 있다. 그림 16-9에 제시된 예에서 122 bp와 85 bp 밴드는 +358C allele과 +358G allele의 발현량을 표시하고 있다. 위에서 언급된 몇 가지에서도 보듯이 실제로 유전자형의 차이에 따른 유전자 발현량의 차이를 *in vitro*뿐만 아니라 *in vivo*에서도 측정이 가능하며 특히 임상시료(clinical samples)를 이용하여 특정 유전변이형과 유전자의 기능변화 측정도 가능한 경우가 많이 있다.

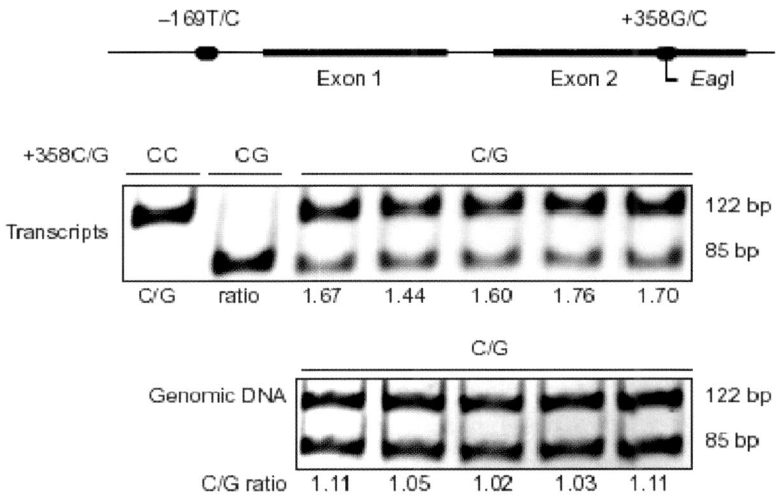

그림 16-9. **ASTQ (allele-specific transcript quantification)** 실험법**.** 출처: Kochi Y et al. (2005). Nature Genetics 37:478-485.

3. 아미노산 서열을 변화시키는 유전변이형의 기능 연구

(1) 아미노산 변화에 의한 기능 예측 프로그램

단백질을 코딩하는 아미노산의 변화는 단백질의 구조와 특성을 변화시키므로 단백질 기능의 변화가 예상된다. 아미노산 치환에 의한 단백질 기능의 변화를 예측하기 위한 프로그램들이 개발되어 이용되고 있으며 대표적인 것으로 PolyPhen, SIFT와 nsSNP Analyzer가 있다.

① **PolyPhen**: PolyPhen(***Poly***morphism ***Pheno***typing)은 아미노산 변화에 의한 인간 단백질의 구조와 기능에 미치는 영향을 예측하는 프로그램이다(Ramensky V *et al.*, 2002) (그림 16-10).

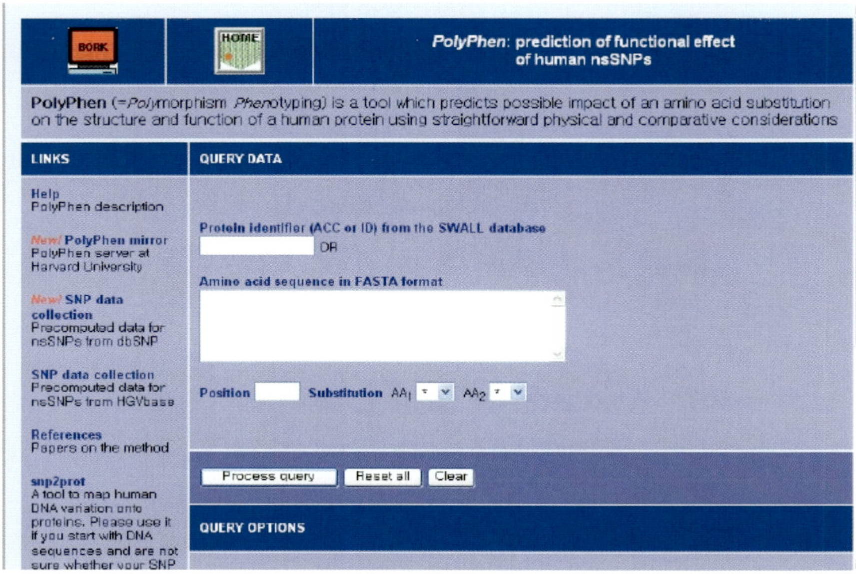

그림 16-10. **PolyPhen 프로그램의 창.** 출처: PolyPhen://coot.embl.de/PolyPhen/.

PolyPhen 프로그램에서 특정 아미노산의 치환 정보를 입력하면 아미노산의 변화에 따라 나타날 수 있는 기능 변화를 3 가지(probably damaging > possibly damaging > benign)로 구분하여 예측해 주고 있다.

probably damaging = 단백질의 기능과 구조에 유의적인 영향을 미칠 수 있음
possibly damaging = 단백질의 기능과 구조에 영향을 미칠 수도 있음
benign = 거의 표현형에 영향을 미치지 않음
* PolyPhen이 예측하기엔 데이터가 부족한 경우엔 unknown으로 표시됨

dbSNP(build 121)에 수록된 모든 rsSNP는 약 1,000만 개 (~10 million SNPs) 정도가 있으며 그 중에서 44,005 개의 unique nonsynonymous rsSNP을 PolyPhen으로 분석한 결과, probably damaging 5,521 개 (13.3%), possibly damaging 7,905 개 (19.1%), 그리고 benign 27,991 개 (67.6%)로 분류되었다(그림 16-11). 따라서 전체 nonsynonymous cSNP에서 약 32% 정도가 단백질의 기능과 구조에 영향을 미칠 것으로 예상되고 있다.

```
Statistics of PolyPhen predictions for dbSNP build 121

Total human refSNP entries in dbSNP...........9,856,125

44,005 unique ns rs entries in 16,746 sequences
50,919 entries in total
=======================

 9,502  unknown
27,991  benign................67.6%
 7,905  possibly damaging....19.1%
 5,521  probably damaging....13.3%
```

그림 16-11. **dbSNP에 수록된 모든 nonsynonymous SNP에 대한 PolyPhen 분석 결과**

② **SIFT**: SIFT(Sorting Intolerant From Tolerant) 프로그램도 인간의 nonsynonymous SNP에 의한 아미노산 변화가 단백질의 기능과 구조에 미칠 영향을 예측하는데 사용되고 있다(Ng PC & Henikoff S, 2003). 이 프로그램에서 아미노산 변화 정보를 입력하면 프로그램의 알고리즘을 사용하여 단백질의 변화가 예상되면 "damaging"으로 예측하고 특별한 기능의 변화가 예상되지 않으면 "tolerated"라고 예측하게 된다(그림 16-12). 데이터베이스에서 제공되는 질병과의 관련성이 보고된 "missense" 아미노산 치환을 SIFT 프로그램으로 분석한 결과, 총 69%의 치환이 "damaging"한 영향을 미치는 것으로 추정되었다 (Ng PC & Henikoff S, 2002).

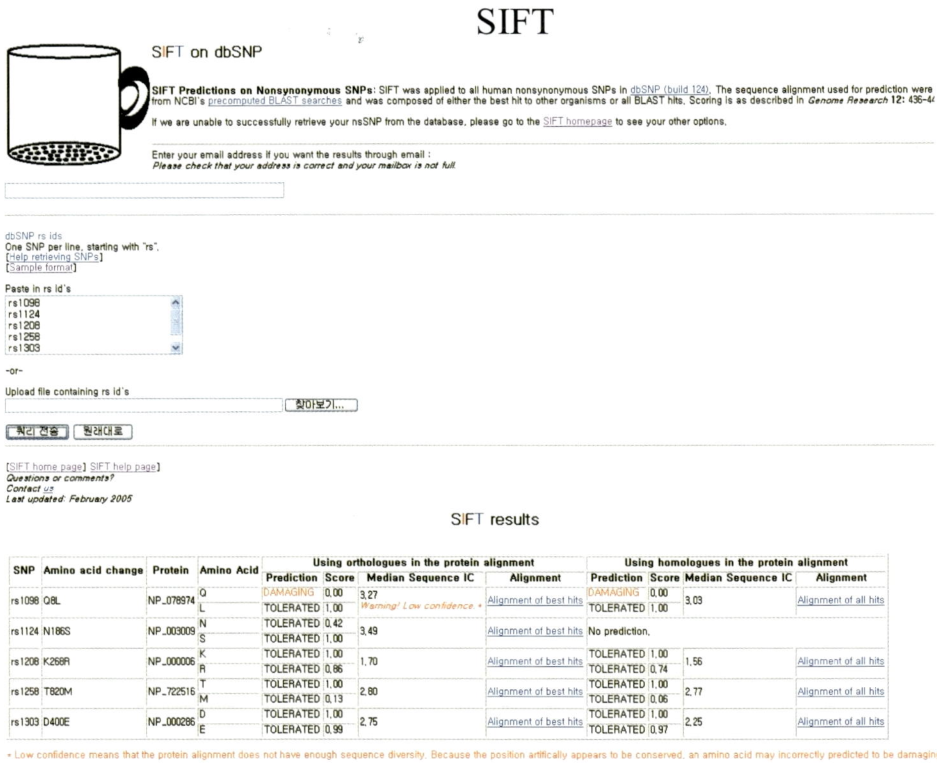

그림 16-12. **SIFT** 프로그램의 창. 출처: SIFT: http://blocks.fhcrc.org/sift/

③ **nsSNP Analyzer**: 본 프로그램도 동일하게 아미노산 변화에 의한 단백질의 기능을 예측해 주는 데 사용되는 프로그램이다(Bao L *et al.*, 2005). 이 프로그램에서 아미노산 변화 정보를 입력하면 단백질의 기능변화가 기대되지 않을 때에는 "neutral"이라고 예측하게 되고 단백질의 기능변화가 예측되면 "disease"라고 예측하게 된다(그림 16-13).

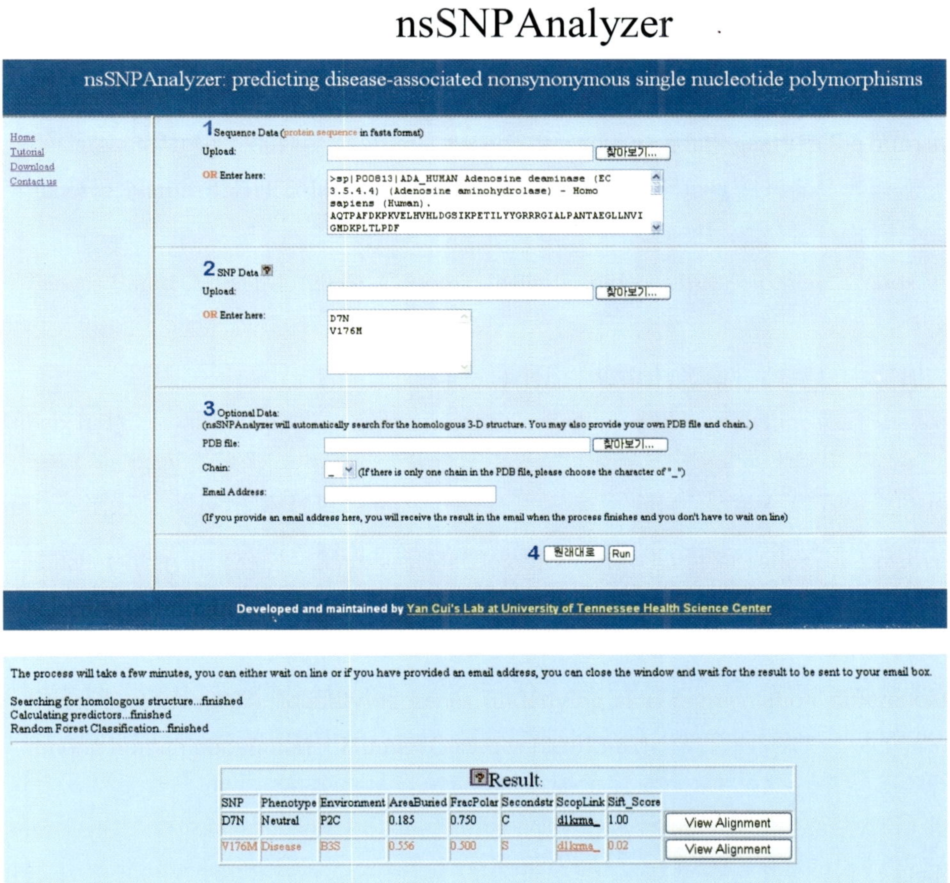

그림 16-13. **nsSNP Analyzer 프로그램의 창.** 출처: nsSNPAnalyzer: http://snpanalyzer.utmem.edu/.

(2) 아미노산 치환에 대한 *in vitro* 및 *in vivo* 기능 연구

특정한 유전자의 단백질 기능 연구는 각 단백질의 기능과 특성에 따라 각기 다른 실험기법과 방법을 사용해야 하기 때문에 각 유전자의 특성에 맞는 기능 변화를 조사하면 될 것이다. *In vitro*에서 가장 일반적으로 사용될 수 있는 실험 방법으로는 아미노산을 달리하는 단백질을 발현 벡터를 이용하여 특정 세포주에 과발현(overexpression)하여 단백질의 기능을 비교 분석함으로써 아미노산 치환이 각 유전자의 고유한 기능에 어떤 영향을 미칠 수 있는지를 조사하게 된다. 이 때 각 단백질의 기능을 분석하기 위해서는, 예를 들면, 수용체와 라이간드 간의 결합정도와 신호전달 기능 및 하위에 위치한 다른 유전자의 발현을 활성화시키는 기능 등과 같은 다양한 생물학적 반응을 탐색할 수 있다. 유전변이형이 실제로 생물학적 기능 변화 유발을 통하여 질병 발생의 차이를 유발하였다면 유전변이형의 차이에 의하여 *in vitro*에서의 생물학적 기능의 차이와 더불어 *in vivo* 상에서도 유의적인 기능의 변화가 관측될 것이다. 앞으로는 단지 유전변이형의 발굴과 질병에 대한 통계적 연관성뿐만 아니라 *in vitro* 및 *in vivo*에서의 생물학적 기능 변화 데이터도 더 많이 요구될 전망이다.

4. 빈도가 낮은 희귀 유전변이형에 대한 유전분석

인간유전체사업 이후에 인간의 복합질병에 대한 유전적 원인 유전자를 발굴하기 위한 연구가 활발히 추진되었다. 앞에서 설명한 바와 같이 복합 질병의 원인 유전자 발굴을 위한 가설은 common disease-common variant (CDCV)이었다. 즉 많이 발생하는 질병은 빈번한 빈도로 존재하는 유전변이형에 의해 질병이 발생할 것이라는 가설이다. 이 가설이 맞다면 htSNPs이나 LD mapping 등의 기술이 원인 유전자를 규명하는데 매우 유용하게 사용될 수 있을 것이다. 그러나 많은 연구가 진행되고 결과가 나오면서 common disease-common variant 가설뿐만 아니라 common disease-multiple rare variant 가설도 가능함을 확인할 수 있었다. 일반적으로 common allele 들은 단백질 기능에 미치는 효과가 매우 작아서 질병에 기여하는 효과가 매우 제한적이다. 그러나 rare allele 들은 발생 빈도는 낮지만 단백질의 기능 변화에 영향이 커서 질병의 발생에 기여하는 효과가 클 것으로 예상된다(그림 16-14).

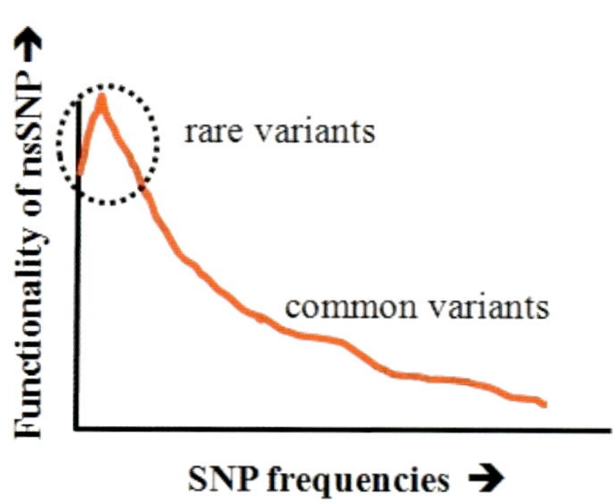

그림 16-14. 유전변이형의 빈도와 기능 간의 연관성

따라서 htSNPs 또는 LD mapping 등의 기법이 common disease-common variant를 위해서는 매우 유용하게 이용될 수 있지만 common disease-multiple rare variant의 경우에는 적합한 분석 방법이 될 수 없다. 따라서 multiple rare variants에 대한 연구 방법으로는 rare allele을 용이하게 발굴할 수 있는 resequencing 방법이 매우 적합한 방법 중의 하나로 여겨지고 있다. 그러나 rare allele의 경우 빈도가 낮아 나온 결과에 대한 통계분석이 어려운 단점이 있다. 이러한 단점을 극복하고 rare allele을 효율적으로 연구하기 위한 일반적인 방법을 제시하면 다음과 같다(그림 16-15).

- 매우 극단적인 표현형을 보이는 두 시료그룹에서 후보 유전자에 대한 resequencing을 통하여 rare allele을 발굴함.
- 발굴된 rare allele을 집단 내의 보다 많은 시료에서 연관성 연구를 수행함.
- Rare allele과 표현형 간의 유전 양상을 가계 내에서 분석함.
- 임상시료를 사용하여 *in vivo* 또는 *ex vivo*에서 rare allele과 표현형 간의 연관성을 검증함.

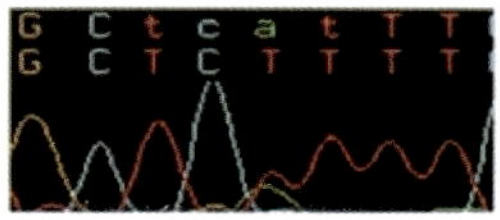

Rare allele discovery by sequencing samples with highly skewed target phenotype (N=100)

Association study of rare allele in large samples: (test genetic mode) (N= 1000~3000)

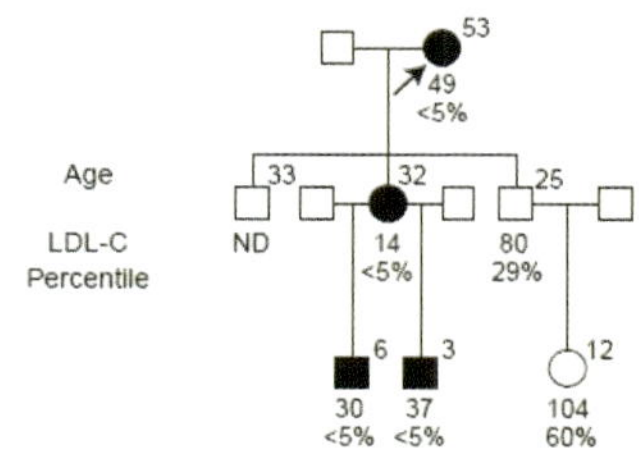

Genetic transmission test of rare allele with target phenotype in (trio) family (N= 2~5)

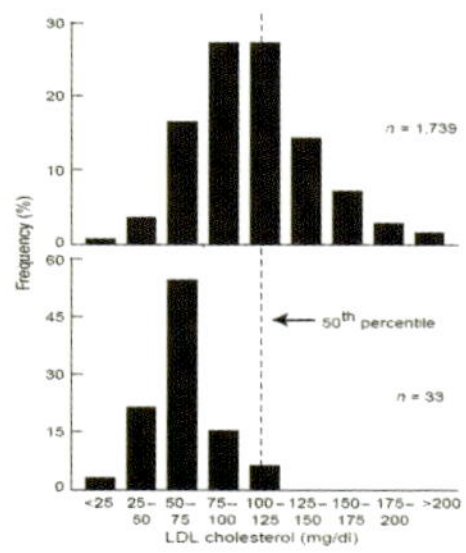

In vivo or ex vivo functional study of rare allele (N= 10~50)

그림 16-15. **Resequencing**을 통한 **rare allele** 연구를 위한 유전체 분석 방법

Resequencing에 의한 rare allele 연구의 대표적인 경우를 소개해 보고자 한다. 콜레스테롤 농도가 매우 높은 hypercholesterolemia는 PCSK9 유전자의 missense 돌연변이에 의하여 발생하는 것으로 기존에 알려져 있었다. 한편 콜레스테롤의 농도가 매우 낮은 hypocholesterolemia 32 명의 시료를 사용하여 PCSK9 유전자를 resequencing한 결과, 2개의 nonsense mutation (Y142X & C679X)이 추가로 발견되었다(그림 16-16). 새롭게 발견된 돌연변이는 아프리카인에서 약 2%의 빈도로 존재하고 있었다. 본 연구를 통하여 흥미롭게도 PCSK9 유전자의 missense mutations (S127R, F216L, D374Y)는 hypercholesterolemia를 유발하였으나 nonsense mutations (Y142X & C679X)는 hypocholesterolemia를 유발함을 확인하게 되었다(그림 16-16). 본 연구 결과는 rare alleles과 질병 간의 연관성을 규명하기 위해 반대의 표현 형질을 보이는 시료군을 이용하여 resequecning 방법을 사용하였다는 것 이외에도 한 유전자의 nonsynonymous SNP의 종류에 따라 전혀 다른 형질이 나타날 수 있다는 것을 밝혔다는 점에서 그 중요성을 찾을 수 있을 것이다.

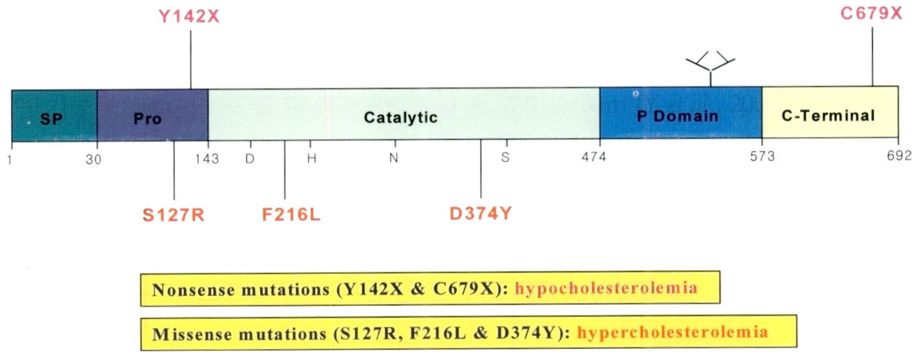

그림 16-16. **PCSK9** 유전자의 **rare alleles**과 **LDL** 농도의 연관성. 출처: Cohen et al. (2005). Nature Genetics 37:161-165.

Resequencing에 의한 rare allele의 질병 연관성 연구는 단일 유전변이형의 빈도가 낮기 때문에 질병 연관성을 증명하기 위해서는 몇 가지 추가적인 과정이 요구된다. 예를 들면, synonynmous SNP과 nonsynonymous SNP 간의 비율에 대한 정보와 *in vitro*에서 생물학적 기능 차이 규명 및 컴퓨터 프로그램을 사용하여 기능 차이를 예측하는 것이 한 가지 방법이 될 수 있다. 표 16-3에 제시된 바와 같이 rare allele에 대한 기능적 변화에 대한 예측정보 (probably damaging > possibly damaging> benign)는 그 자체로써 생물학적 의미를 지닐 뿐만 아니라 *in vitro*에서 기능 연구를 위한 후보 유전변이형 선별에도 매우 유용하게 활용될 수 있다.

표 16-3. 콜레스테롤 농도에 대한 연관성 연구를 위한 **ABCA1, APOA1, LCAT** 유전자의 **nonsynonymous SNP**에 대한 기능적 차이 예측

Nucleotide change	Amino acid change	n	Race	Predicted effect
		Low HDL-C ABCA1		
C.593C>A	S198X	1	Black	NA
C.742G>A	P248A	1	Black	Benign
C.1201A>C	K401Q	1	White	Benign
C.1769G>C	W590S*	1	Black	Probably damaging
C.1913G>A	R638Q	1	Black	Possibly damaging
C.2320A>T	T774S*	4	Black	Benign
C.2320A>T	E815G	1	White	Probably damaging
C.2444A>G	S1181F	1	White	Possibly damaging
C.3542C>T	R1341T	1	Black	Possibly damaging
C.4022G>C	S1376G	1	Black	Benign
C.4126A>G	R1615Q	1	Black	Possibly damaging
C.4844G>A	A1670T	1	Black	Possibly damaging
C.5008G>A	N1800H*	1	White	Possibly damaging
C.5398A>C	D2243E	4	Black	Benign
		Low HDL-C APOA1		
C.152G>C	R51T	1	Black	Possibly damaging
		Low HDL-C LCAT		
		None		
		High HDL-C ABCA1		
C.1486C>T	R496W	1	White	Probably damaging
C.5039C>T	R1680Q	1	White	Possibly damaging
		High HDL-C APOA1		
		None		
		High HDL-C LCAT		
C.340G>A	V114M	1	Black	Benign

출처: Cohen *et al*. (2004). Science 305:869-872.

■ 참고문헌

- Cohen J et al. (2005). Low LDL cholesterol in individuals of African descent resulting from frequent nonsense mutations in PCSK9. Nature Genetics 37:161-165.
- Cohen JC et al. (2004). Multiple rare alleles contribute to low plasma levels of HDL cholesterol. Science 305:869-872.
- Kel AE et al. (2003). MATCH: A tool for searching transcription factor binding sites in DNA sequences. Nucleic Acids Research 31:3576-3579.
- Wingender E et al. (2000). TRANSFAC: an integrated system for gene expression regulation. Nucleic Acids Research 28:316-319.
- Kim JY et al. (2005). Identification of regulatory polymorphisms in the TNF-TNF receptor superfamily. Immunogenetics 57:297-303.
- Kochi Y et al. (2005). A functional variant in FCRL3, encoding Fc receptor-like 3, is associated with rheumatoid arthritis and several autoimmunities. Nature Genetics 31:478-485.
- Odom DT et al. (2004). Control of pancreas and liver gene expression by HNF transcription factors. Science 303:1378-1381.
- Ramensky V, Bork P and Sunyaev S. (2002). Human non-synonymous SNPs: server and survey. Nucleic Acids Research 30:3894-3900.
- Ng PC and Henikoff S. (2002). Accounting for human polymorphisms predicted to affect protein function. Genome Research 12:436-446.
- Ng PC and Henikoff S. (2003). SIFT: predicting amino acid changes that affect protein function. Nucleic Acids Research 31:3812-3814.
- Bao L, Zhou M and Cui Y. (2005). nsSNP Analyzer: Identifying disease-associated nonsynonymous single nucleotide polymorphisms. Nucleic Acids Research

33:W480-W482.

- Match: //www.gene-regulation.com/cgi-bin/pub/programs/match/bin/match.cgi/
- PolyPhen: //www.bork.embl-heidelberg.de/PolyPhen/
- SIFT: //blocks.fhcrc.org/sift/
- nsSNPAnalyzer: //snpanalyzer.utmem.edu/

제 4부 질병 유전체 분석법의 활용

제 17장 질병 유전자 발굴

1. 질병 유전자와 질병 원인 유전변이형의 종류

사람에서 질병 발생의 차이는 각 개인이 가지고 있는 질병에 대한 감수성 원인 유전자의 유전변이형의 종류에 따라 결정될 수 있다. 우선 단일 유전자 질병(monogenic/mendelian diseases)의 원인 유전변이형의 종류와 분포를 조사해 보면 어떠한 종류의 유전변이형이 질병의 발생에 영향을 미치는지를 파악할 수 있을 것이다(표 17-1). 질병의 유전적 원인으로 가장 많은 부분을 차지하는 것이 아미노산을 코딩하는 부위의 missense 또는 nonsense 돌연변이로 단백질의 아미노산 조성의 변화를 초래하여(전체 유전질병의 59%) 비정상적인 단백질이 생기기 때문으로 알려져 있다. 다음으로는 유전자 결손(deletion)과 삽입(insertion)이 각각 21.8%와 6.8%를 차지하고 splicing 돌연변이도 9.8%를 차지하고 있다. 따라서 단일 유전자의 돌연변이형은 대부분 질병 유전자의 단백질 서열 변화를 통해 정상적인 단백질 기능이 저해됨으로써 질병이 발생함을 알 수 있다.

표 17-1. 단일 유전자 질병(**monogenic diseases**)을 일으키는 돌연변이의 종류

변화의 종류	숫자	%
Deletion	6,085	21.8%
Insertion/Duplication	1,911	6.8%
Complex Rearrangement	512	1.8%
Repeat Variations	38	0.1%
Missense/Nonsense	16,441	58.9%
Splicing	2,727	9.8%
Regulatory	213	0.8%
Total	27,027	100%

출처: Botstein D and Risch N. (2003). Nature Genetics Supplement 33:228-237.

복합 질병의 경우에도 단일 유전자 질병의 경우와 같이 단백질의 아미노산 서열의 변화가 복합 질병의 주요한 원인으로 작용하고 있다(표 17-2). 거의 모든 복합 질병의 원인 유전변이형이 아미노산의 변화를 초래하고 각 유전변이형의 빈도도 매우 다양하게 분포하고 있다. 따라서 기존의 common disease-common variant 가설이 일부의 질병에 적용되지만 모든 질병에는 적합하지 않은 가설이다. 그래서 common disease-common variant 가설보다는 common disease-multiple rare variants가 실제로 복합 질병을 설명하는데 더 바람직한 가설로 받아들여지고 있다. 그리고 대부분의 복합 질병의 상대적 위험도(relative risk)는 매우 낮다. 위에서 언급된 단일 유전자 질병과 복합 질병의 원인 유전자형에 대한 분석을 통하여 거의 모든 질병의 발생은 정상적인 유전자의 단백질 서열 변화가 질병의 주요한 원인으로 작용하고 원인 유전변이형의 빈도는 다양한 형태로 구성되어 있음을 알게 되었다.

표 17-2. 복합 질병을 일으키는 유전 변이형의 종류

Disease	Locus	Change	Frequency	Relative Risk
Alzheimer's disease	APOE-APOE4	C112R	0.09-0.22	4.0-15.0
	APOE-APOE2	C158R	0.04-0.08	0.5
Thrombosis	Factor V Leiden	R506Q	0.00-0.08 (Eur)	5.0-10.0
Hemochromatosis	Hfe	H63D	0.02-0.22	4.0
NIDDM	PPARg	P12A	0.85 (Eur)	1.25
IDDM	INS	VNTR(promoter)	0.85 (Eur)	1.5-2.5
HIV	CCR5	D32	0.01-0.14	high-moderate
Crohn's disease	NOD2/CARD15	1007fs	0.02 (Eur)	6.0
		G908R	0.01 (Eur)	6.0
		R702W	0.04 (Eur)	3.0
Breast cancer	BRCA2	N372H	0.25 (Eur)	1.3
Colon Cancer	APC	I1307K	0.03 (AJ)	2.0
Neural tube defects	MTHFR	C677T (A→V)	0.30 (Eur)	2.0
		A1298C (E→A)	0.30 (Eur)	2.0
FMF	MEFV	P3695	0.02 (AJ)	7.0
		E148Q	0.06 (AJ)	3.0
Graves disease	CTLA-4	T17A	0.35 (Eur)	1.5-2.0
Creutzfeld-Kakob	PRNP	M129V	0.65 (Eur)	3.0
Autoimune diseases	HLA-B, DR, DQ	numerous amino acid substitutions	polymorphic	low to moderate

*AJ, Ashkenazi Jews; Eur, European; FMF, Familial Mediterranean Fever; IDDM, Insulin-Dependent Diabetes Mellitus; NIDDM, non-insulin-dependent diabetes mellitus. 출처: Botstein D and Risch N. (2003). Nature Genetics Supplement 33: 228-237.

표 17-2에 제시된 자료뿐만 아니라 최근에 더 많은 질병의 원인 유전자 및 유전변이형들이 밝혀지고 있다. 몇 가지 예를 들어보면, 고혈압(ACE & AGT), colon cancer(APC & HNPCC), 당뇨병(Calpain-10, PPARg, KCNJ11 & HNF), 심근경색(TNF-α), 파킨슨병(α-synuclein), Hirschsprung disease(RET), 류마티스 관절염과 제1 형 당뇨병(PTPN22) 및 age-related macular degeneration 질병(complement factor H)의 원인 유전자들이 추가로 밝혀졌다. 앞으로도 더 많은 질병 원인 유전자와 유전변이형의 발굴이 이어질 것으로 예상된다.

한편 인간의 질병에 관련된 많은 원인 유전자에 대한 정보가 밝혀지면서 이를 체계적으로 수집-관리하는 데이터베이스들이 만들어져 운영되고 있다. 가장 대표적인 것으로는 OMIM, GeneTest, Gene Card, Human Gene Mutation Database 등이 있다(표 17-3).

표 17-3. 질병 유전자 정보 데이터베이스

Database Name	Website
OMIM	www.ncbi.nlm.gov/omim
GeneTests	www.genetests.org
Gene Card	www.genecards.org
Human Gene Mutation Database (HGMD)	www.hgmd.cf.ac.uk
Locus-specific mendelian mutation DBs (~700 DBs)	www.hgvs.org/dblist/glsdb.html

2. 질병 유전체의 탐색

과거에는 한 유전자에 대한 유전 분석을 통하여 질병 연관성 연구가 수행되었으나 인간유전체사업 이후에는 다양한 유전체 정보를 통하여 질병 유전자 발굴을 촉진할 수 있는 방법들이 개발되고 있다. 많이 사용되고 있는 방법 중에는 기존의 linkage 연구를 통하여 얻어진 특정 질병에 관련된 유전체 위치 정보와 질병 특이적으로 발현되는 유전자 발현 정보를 접목하여 분석하는 방법이 있다(그림 17-1). 이 방법은 유전체의 위치 후보유전자와 생물학적 기능 후보유전자가 공유하는 유전체 영역을 선별함으로써 질병 연관성 연구를 통한 질병 유전자 발굴의 가능성을 극대화할 수 있는 전략이다.

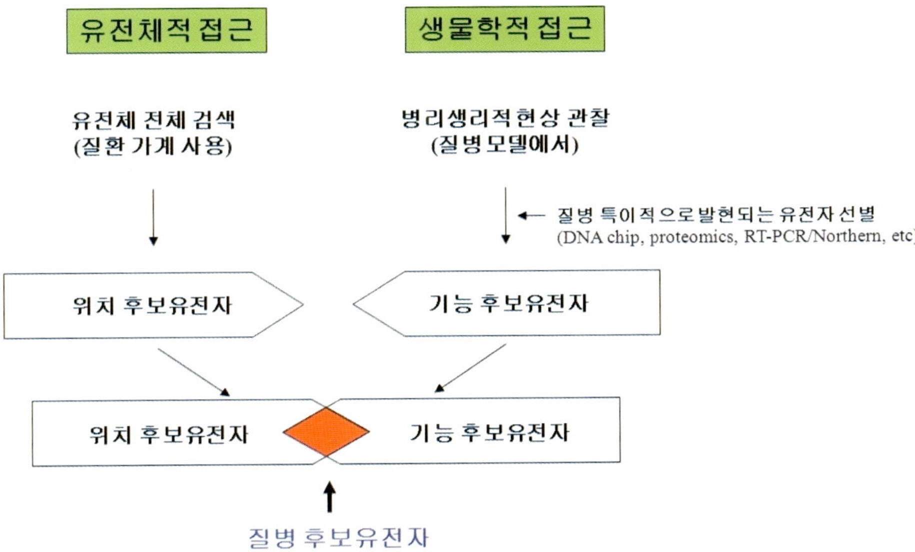

그림 17-1. 복합질병의 유전자 발굴을 위한 새로운 전략

한편 전체 유전체에 존재하는 다양한 복합 질병의 염색체 위치 정보를 그림으로 표시하여 어떤 유전체 위치가 질병의 발생에 크게 작용하는지를 알 수 있다면 매우 유용한 정보로 질병 유전자 발굴 및 유전체 분석에 중요한 자료로 활용될 수 있을 것이다. 따라서 만약 기존에 알려진 다양한 질병의 유전체 위치를 각 염색체에 표시해 보면 그림 17-2와 같은 결과를 얻게 된다. 이 결과를 정리해 보면 전체 인간 염색체 24 개에서 약 8 개의 유전체 부위가 다양한 질병의 발생과 중복되어 연관되어 있음을 알 수 있다. 다수의 질병 발생에 연관된 유전체 부위는 1p36.2-.3, 1q21, 2q33, 5q31-33, 6p21, 6q24-27, 11q13, 22q13 영역으로 밝혀졌으며 각 유전체 부위의 크기 및 관련된 질병의 종류 등을 그림 17-3에 다시 정리하였다.

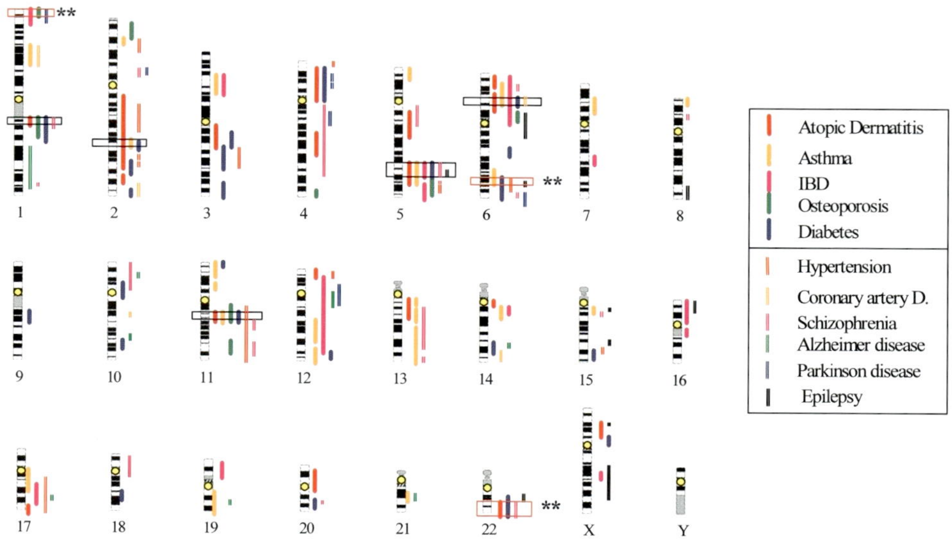

그림 17-2. 인간 복합질병에 관련된 유전체의 위치 정보

Locus 1	Locus 2	Locus 3	Locus 4	Locus 5	Locus6	Locus 7	Locus 8
1p36.2-.3	1q21	2q33	5q31-33	6p21	6q24-27	11q13	22q13
14 Mb	13 Mb	13 Mb	30 Mb	22 Mb	30 Mb	22 Mb	15 Mb
364 gene	385 gene	168 gene	316 gene	627 gene	311 gene	443 gene	375 gene

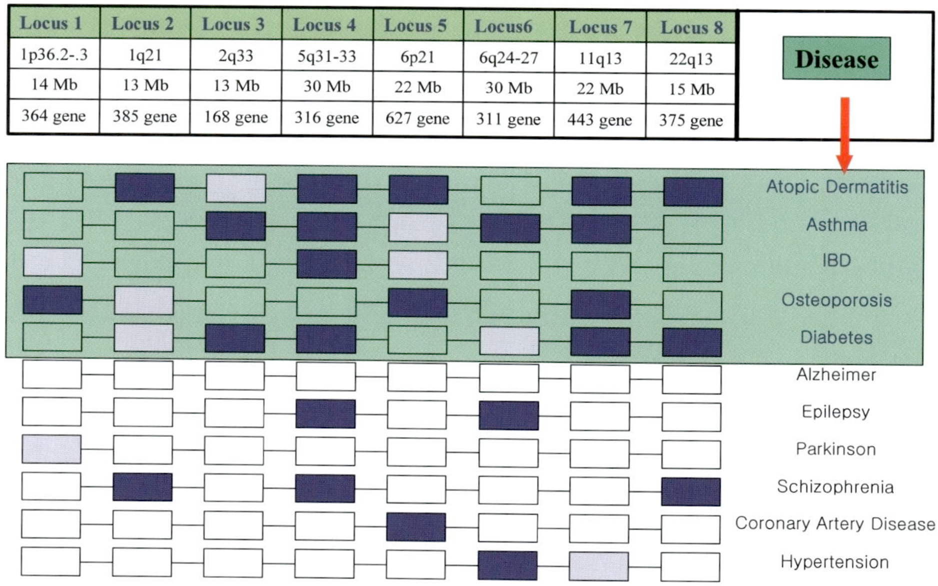

그림 17-3. 유전체 위치별 관련된 질병 정보

위의 그림 17-2와 그림 17-3에 제시된 바와 같이 하나의 유전체 부위가 다양한 질병의 발생에 관련되어 있으며 또한 한 질병의 발생에 다수의 다른 유전체 부위가 관여함을 알 수 있다. 면역 반응이 관련된 질병을 예를 들어보면, 염색체 5q31-33 영역이 다수의 질병(아토피 피부병, 천식, 장염, 당뇨병) 발생에 연관된 유전체 부위로 밝혀져 있다. 또한 아토피 피부병은 5 개 유전체 부위(1q21, 2q33, 5q31-33, 6p21 & 11q13)가 모두 관련되어 있으나, 천식은 4 개 유전체 부위(2q33, 5q31-33, 6p21 & 11q13), 그리고 장염은 2 개의 유전체 부위(5q31-33 & 6p21)가 질병의 발생에 연관된 염색체 부위로 밝혀져 있다(그림 17-4). 따라서 다수의 유전자가 관련된 복합 질병의 유전 분석을 위해서는 많은 유전체 부위를 동시에 고려해야 한다. 또 다른 흥미로운 궁금증은 한 유전체 부위가 다수의 유사 질병 또는 다른 질병의 발생에 어떻게 영향을 미치는지를 이해하는 것이다. 아마도 같은 유전체 부위에 존재하는 동일한 유전자가 다수의 다른 질병의 원인이 될 수도 있고 혹은 같은 유전체 부위에 존재하는 다른 유전자가 다른 질병의 원인이 될 수도 있을 것이다. 따라서 앞으로는 단순히 질병의 원인 유전자 부위를 규명하는 것뿐만 아니라 어떻게 다수의 원인 유전체 부위가 상호작용하여 질병의 발생과 진행에 영향을 미치는지를 이해하려는 연구가 필요할 것이다.

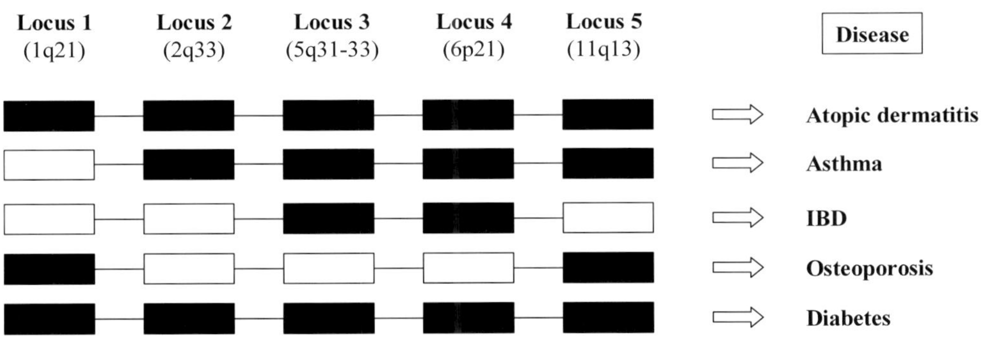

그림 17-4. 면역질환에 대한 **genome-wide multilocus** 분석. 출처: Lee JK et al. (2002). BBRC 295:771-773.

3. 질병 유전자 발굴 기법

(1) 유전성 가계 시료를 이용한 질병 유전자 발굴

전통적으로 가계 시료를 이용한 유전 연구는 많은 장점을 가지고 있다. 우선 유전모형 정보를 이용한 통계적 파워를 높일 수 있고 아주 희귀하게 발생하는 유전변이형도 가계 내에서는 높은 빈도로 관측되기 때문에 빈도가 아주 낮은 대립 유전자형 연구에도 매우 적합한 형태라 할 수 있다. 또한 가계 내에서는 유사한 유전적 배경을 가지고 있어서 유전적으로 동질적인 시료를 사용하게 됨으로써 통계적 파워를 높일 수 있는 장점이 있다. 그리고 유전 연구에 사용되는 가계(pedigree)는 기본적으로 자식-부모-조부모에 걸쳐 3 세대에 대한 유전 정보와 임상 정보가 확보되어야 한다(그림 17-5).

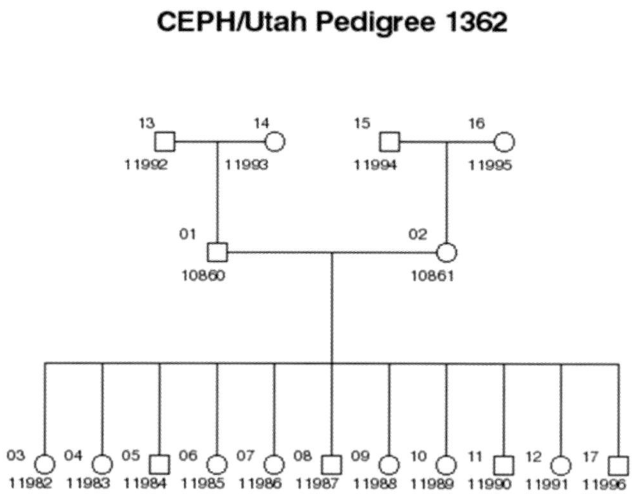

그림 17-5. 유전연구에 사용되는 가계도의 기본 구조: **CEPH family**의 예

그리고 특정 질병에 대한 가계도 분석은 질병의 유전적 모형을 이해하고 적합한 통계적 분석 방법을 선택하는데 매우 중요한 정보를 제공한다. 예를 들면, 환자의 가계도를 분석하면 질병의 발생이 어떠한 유전모형에 의하여 일어나는지 파악할 수 있다(그림 17-6). 질병의 유전 정보는 질병 유전자의 위치를 파악하고 질병 발생에서 돌연변이형의 조합이 어떻게 질병에 영향을 미치는 지를 이해하는데 매우 중요한 정보가 된다.

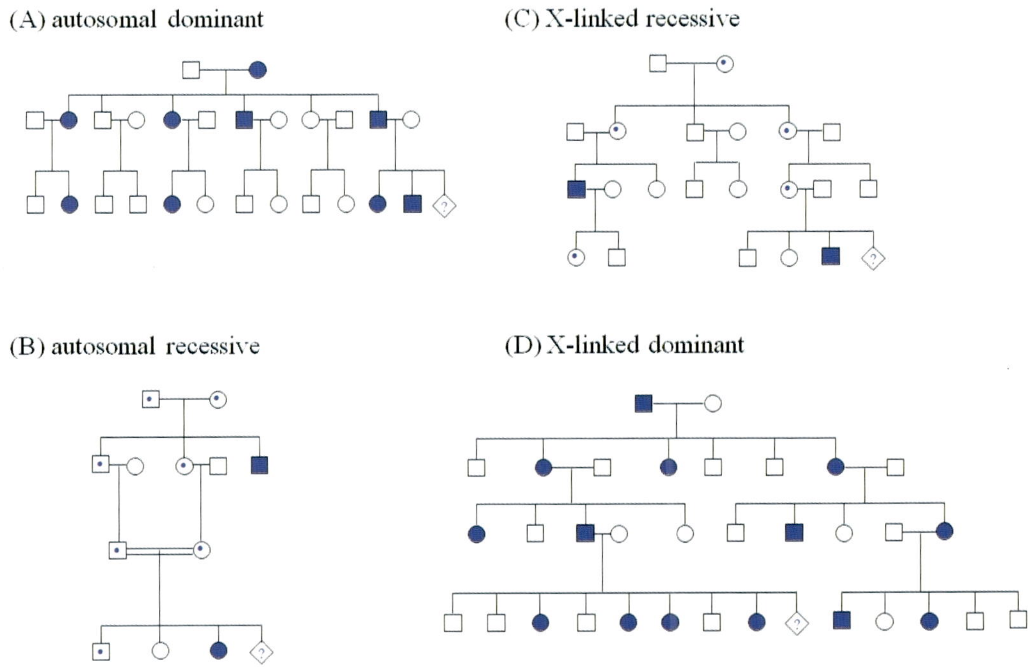

그림 17-6. 가계도를 이용한 질병의 유전모형 분석

최근에는 가족성 유전 질병의 원인 유전자 규명 작업이 고집적 SNP chip을 이용하여 소수의 가족성 질병 시료에서도 매우 쉽게 이루어지고 있다. 예를 들면, familial glucocorticoid deficiency (FGD) type 2 질병이 가계 분석을 통해서 상염색체 열성 질병(autosomal recessive disorder)임을 확인하고 수집된 소수의 가계 시료에서 Affymetrix 10K SNP chip을 사용하여 homozygosity 영역을 지니고 있는 유전체 부위(약 2.2 Mb)를 확인하고 그 부위에 약 30 개의 유전자가 존재함을 확인하였다(그림 17-7). 30 개의 후보 유전자 중에서 질병 특이적인 유전자 발현 정보(adrenal-specific gene expression)와 기능적 연관성 등을 고려하여 후보 유전자를 선별하고 돌연변이를 검색하여 아주 짧은 시간 내에 MRAP라는 유전자의 돌연변이에 의하여 이 질병이 발생함을 규명하였다. 위의 예에서 설명한 바와 같이 유전성을 보이는 가계 시료에서 고집적 SNP chip genotyping 기술을 활용하면 단일 유전자에 기인된 질병 원인 유전자 발굴이 아주 쉽게 진행될 수 있음을 확인하였다.

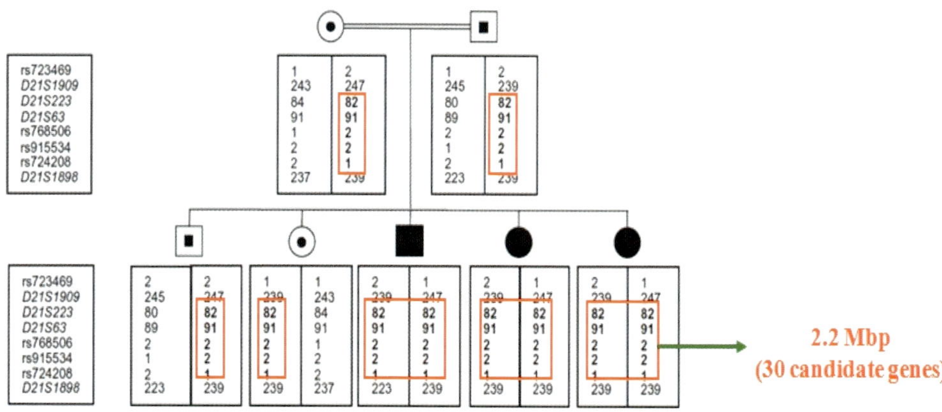

그림 17-7. 가족성 유전 질병의 원인 유전자 발굴을 위한 **homozygosity mapping 기법.**
출처: Metherell LA et al. (2005) Nature Genetics 37: 166-170.

(2) 전장 유전체 연관성 연구

최근에는 고집적 SNP chip (예, 500K 또는 1M SNP chip)이 상용화되어 다수의 유전자에 의해 발생하는 복합 질병의 원인 유전자 발굴에 이용되고 있다. 전장 유전체 연관성 연구 방법(genome-wide association study; GWAS)은 고집적 SNP chip을 이용하여 인간 유전체 전체에서 특정 유전자의 유전변이형과 질병 간의 연관성을 분석하여 질병 원인 유전자를 발굴하는 유전 분석 방법이다. 복합 질병의 원인 유전자 발굴에 이 방법이 매우 효율적이라는 사실은 100K SNP chip을 이용하여 complement factor H (CFH)가 age-related macular degeneration (AMD) 질병의 원인 유전자임을 밝힘으로써 입증되었다. 이 연구는 96 명의 환자와 정상인 50 명을 사용하여 100K SNP chip data로 전장 유전체 연관성 분석을 수행하여 complement factor H 유전자가 연관되었음을 확인하고 96 명의 환자에서 complement factor H 유전자의 모든 exon을 sequencing하여 CFH 유전자의 exon 9에 위치한 Tyr402His 유전변이형이 AMD의 원인임을 최종적으로 규명하였다(그림 17-8).

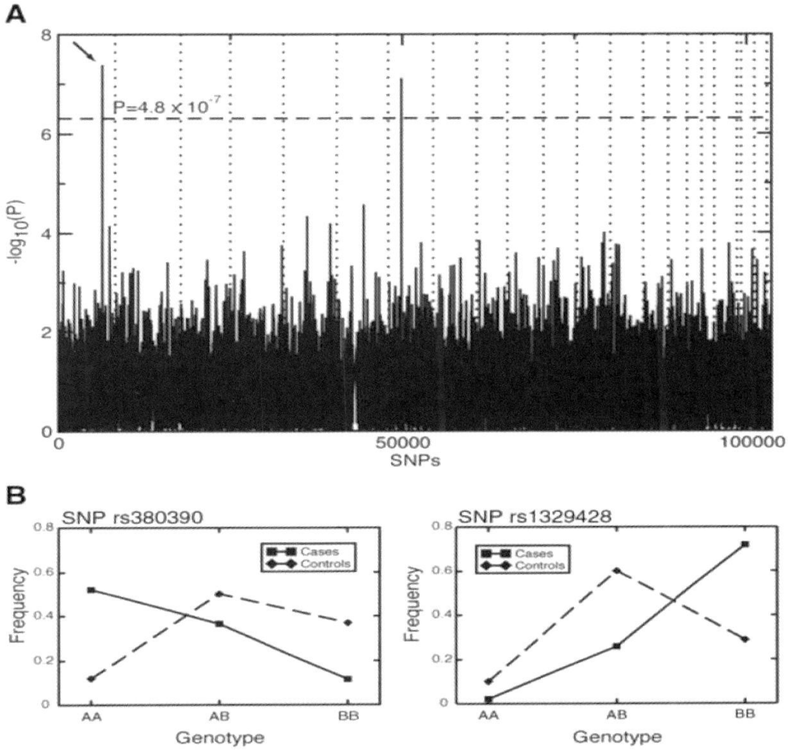

그림 17-8. **100K SNP chip을 이용한 전장 유전체 연관성 분석(GWAS)의 예.** 96 명의 환자와 50 명의 정상인 시료를 이용한 100K SNP chip data를 이용한 전장 유전체 연관성 분석 결과(A)와 유의적인 complement factor H (CFH) 유전자에서 고도로 유의적인 2 개의 intronic SNP 분석 결과(B). 출처: Klein RJ et al. (2005). Science 308:385-389.

다수의 유전자에 의해 발생하는 복합 질병의 원인 유전자 발굴을 위한 통계 분석에는 매우 많은 수의 시료가 요구된다. 이를 위해서는 정상인 또는 환자군 시료를 대규모로 수집할 수 있는 질병 컨소시엄을 구성하기도 한다. 가장 대표적인 경우가 영국의 Wellcome Trust Case Control Consortium으로 전국적인 규모로 정상인 3,000 명 시료와 7 개 질병군에서 질병별로 각각 2,000 명의 질병 시료를 수집하여 총 14,000 명의 시료로 500K SNP data를 비교 분석하여 질병에 관련된 다수의 원인 유전자를 발굴하였다(그림 17-9; 그림 17-10). 또한 최근에는 국제간의 컨소시엄도 활발히 진행되고 있으며 개별 컨소시엄에서 얻어진 전장 유전체 연관성 연구 분석 data를 함께 통합하여 분석하는 방법(meta 분석)도 많이 활용되고 있다.

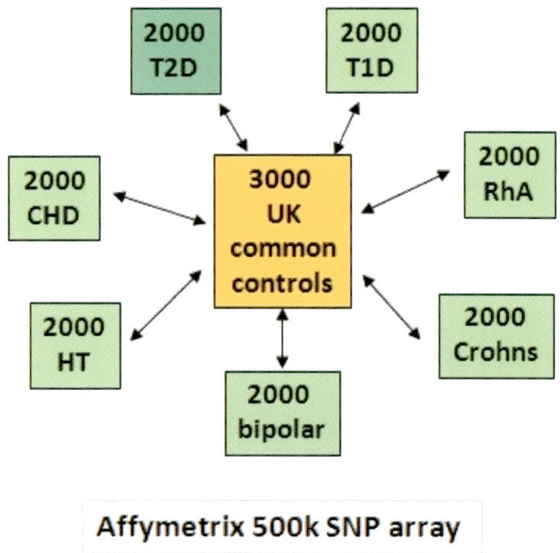

그림 17-9. 질병 유전자 발굴을 위한 질병 컨소시엄 연구**: Wellcome Trust Case Control Consortium**의 전략 및 **7** 개 분석 대상 질병**.** 출처: Wellcome Trust Case Control Consortium (2007) Nature 447:661-678.

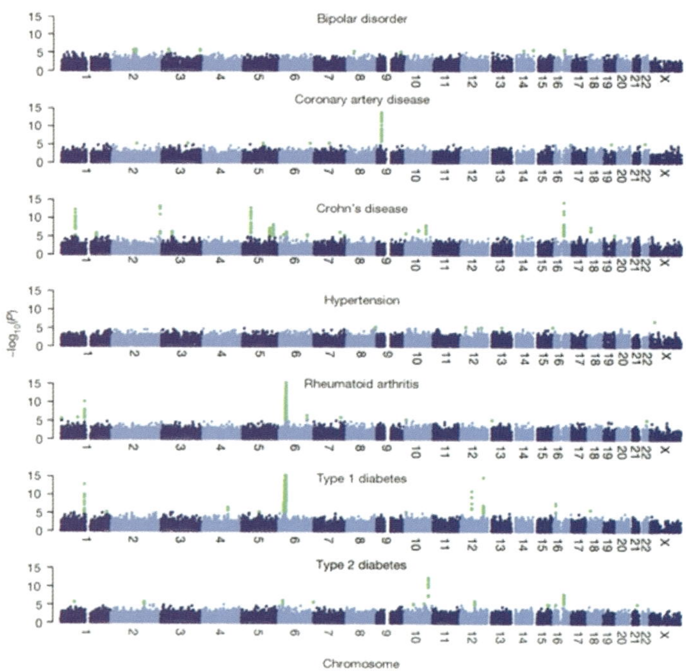

그림 17-10. 질병 유전자 발굴을 위한 질병 컨소시엄 연구**: Wellcome Trust Case Control Consortium**의 **7** 개 질병에 대한 **GWAS** 분석결과**.** 출처: Wellcome Trust Case Control Consortium. (2007). Nature 447:661-678.

전장 유전체 연관성 연구 방법은 다수의 유전자에 의해 발생하는 질병의 원인 유전자 발굴에 매우 효과적인 방법이며 이 방법으로 다수의 만성 질병의 원인 유전자가 밝혀졌다 (그림 17-11; 그림 17-12).

- **Macular Degeneration**
- **Exfoliation Glaucoma**
- **Lung Cancer**
- **Prostate Cancer**
- **Breast Cancer**
- **Colorectal Cancer**
- **Bladder Cancer**
- **Neuroblastoma**
- **Melanoma**
- ***TP53* Cancer Predispos'n**
- **Chr. Lymph. Leukemia**
- **Inflamm. Bowel Disease**
- **Celiac Disease**
- **Gallstones**
- **Irritable Bowel Syndrome**
- **QT Prolongation**
- **Coronary Disease**
- **Coronary Spasm**
- **Atrial Fibrillation/Flutter**
- **Stroke**
- **Subarachnoid Hemorrhage**
- **Intracranial Aneurysm**
- **Hypertension**
- **Hypt. Diuretic Response**
- **Peripheral Artery Disease**
- **Lipids and Lipoproteins**
- **Warfarin Dosing**
- **Ximelegatran Adv. Resp.**
- **Parkinson Disease**
- **Amyotrophic Lat. Sclerosis**
- **Multiple Sclerosis**
- **MS Interferon-β Response**
- **Prog. Supranuclear Palsy**
- **Alzheimer's Disease in ε4+**
- **Cognitive Ability**
- **Memory**
- **Hearing**
- **Restless Legs Syndrome**
- **Nicotine Dependence**
- **Methamphetamine Depend.**
- **Neuroticism**
- **Schizophrenia**
- **Sz. Iloperidone Response**
- **Bipolar Disorder**
- **Family Chaos**
- **Narcolepsy**
- **Attention Deficit Hyperactivity**
- **Personality Traits**
- **Rheumatoid Arthritis**
- **RA Anti-TNF Response**
- **Syst. Lupus Erythematosus**
- **Sarcoidosis**
- **Pulmonary Fibrosis**
- **Psoriasis**
- **HIV Viral Setpoint**
- **Childhood Asthma**
- **Type 1 Diabetes**
- **Type 2 Diabetes**
- **Diabetic Nephropathy**
- **End-St. Renal Disease**
- **Obesity, BMI, Waist, IR**
- **Height**
- **Osteoporosis**
- **Osteoarthritis**
- **Male Pattern Baldness**
- **F-Cell Distribution**
- **Fetal Hgb Levels**
- **C-Reactive Protein**
- **ICAM-1**
- **Total IgE Levels**
- **Uric Acid Levels, Gout**
- **Protein Levels**
- **Vitamin B12 Levels**
- **Recombination Rate**
- **Pigmentation**

그림 17-11. **GWAS 연구에 의하여 발굴된 질병 유전자 목록(2008년 11월 기준).** 출처: NHGRI GWA Catalog (www.genome.gov/GWAStudies)

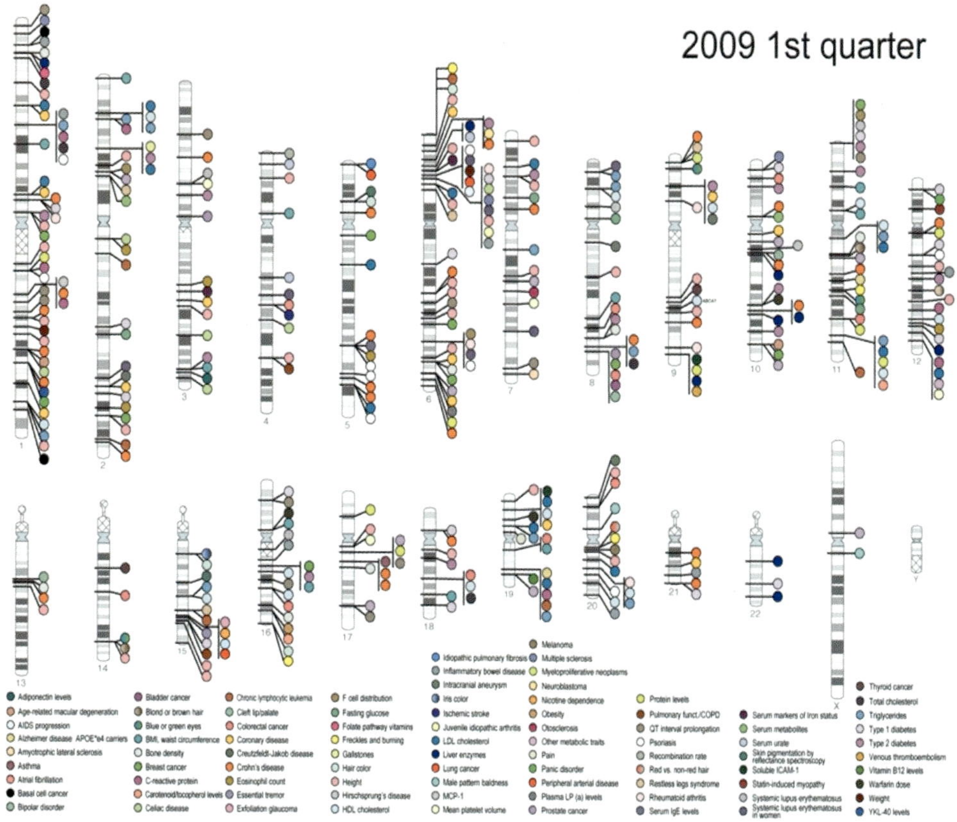

그림 17-12. **GWAS** 연구에 의하여 발굴된 질병 유전자 목록**(2009**년 **3**월 기준**).** 출처: NHGRI의 GWA Catalog (www.genome.gov/GWAStudies)

전장 유전체 연관성 연구 방법으로 규명된 질병 원인 유전자들에 대한 정보는 database화되어 일반 연구자도 쉽게 검색할 수 있도록 되어 있다. 가장 대표적인 것으로는 NHGRI의 catalog of GWA Studies(www.genome.gov/gwastudies/)가 있으며 그 외에도 다양한 종류의 database가 구축되어 있으니 참고하면 많은 도움을 얻을 수 있다(표 17-4).

표 17-4. **GWAS Databases**

Database	website
NHGRI Catalog of GWA Studies	www.genome.gov/gwastudies/
dbGAP	www.ncbi.nlm.nih.gov/gap
EGA (European Genotype Archive)	www.ebi.ac.uk/ega/
GWAS Database of Japan	gwas.lifesciencedb.jp/cgi-bin/gwasdb/gwas_top.cgi
HGVbaseG2P	www.hgvbaseg2p.org/index
GAD (Genetic Association Database)	geneticassociationdb.nih.gov
Type 1 Diabetes Genetics Consortium	www.t1dgc.org
AlzGene (for Alzheimer disease)	www.alzforum.org/res/com/gen/alzgene/
PDGene (for Parkinson disease)	www.pdgene.org
SZGene (for schizophrenia)	www.schizophreniaforum.org/res/sczgene/

출처: Thorisson GA et al., (2009). Nature Reviews Genetics 10:9-18.

한편 지금까지 전장 유전체 연관성 연구 방법으로 발굴된 유의적인 SNP들을 분석해 보면 대부분이 intronic SNP (~44%) 또는 intergenic SNP (~45%)에서 가장 높은 유의성을 보이고 있어서 실제적으로 질병의 원인 유전변이형에 대한 정보는 대부분 아직 밝혀지지 않은 것으로 판단된다(그림 17-13).그리고 유의적으로 표현형에 연관된 SNP 마커들에 대하여 유전자내 위치에 따른 질병의 연관성을 분석한 결과에 따르면 nonsynonymous SNP과 promoter SNP이 표현형에 가장 많이 영향을 미치고 있음을 확인하였다. 한편 전장 유전체 연관성 연구 방법은 특정 질병의 원인 유전자 발굴을 위한 매우 유용한 방법이기는 하나 아직도 질병의 직접적인 원인 유전변이형에 대한 정보는 거의 모르는 단계이다. 그래서 향후에는 whole genome sequencing과 같은 새로운 접근 방법이 필요할 것으로 예상된다.

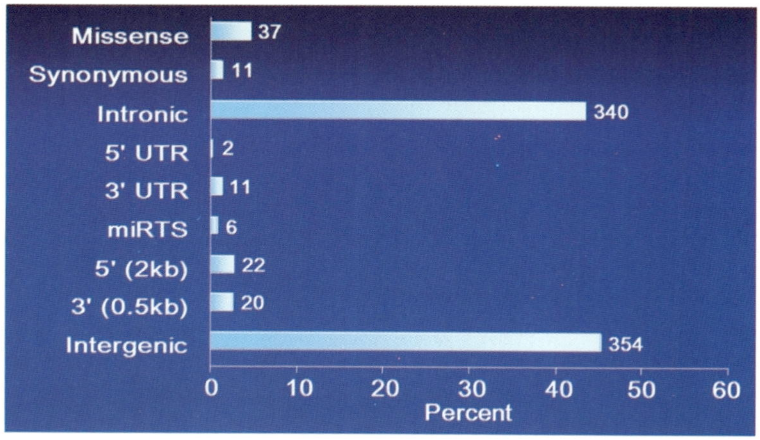

그림 17-13. 복합형질에 연관된 **782** 개의 **index SNP**에 대한 기능적 분류

그리고 전장 유전체 연관성 연구에 의해 유의성을 보인 SNP들에 대한 질병의 상대적 위험도를 나타내는 오즈비(odds ratio; OR) 값을 조사해 보면 평균치는 약 1.28로 매우 낮은 효과를 보이고 있다(그림 17-14). 그러나 일부의 질병에서는 오즈비(OR)가 4.5 이상에서 많게는 수십 배의 질병 발생 위험도를 보이는 경우도 있다. 예를 들면, exfoliation glaucoma (OR= 20.10), osteonecrosis (OR= 12.75), type 1 diabetes (OR= 8.30), Celiac disease (OR= 7.04) 등이 오즈비가 아주 높게 나타난 질병들이다.

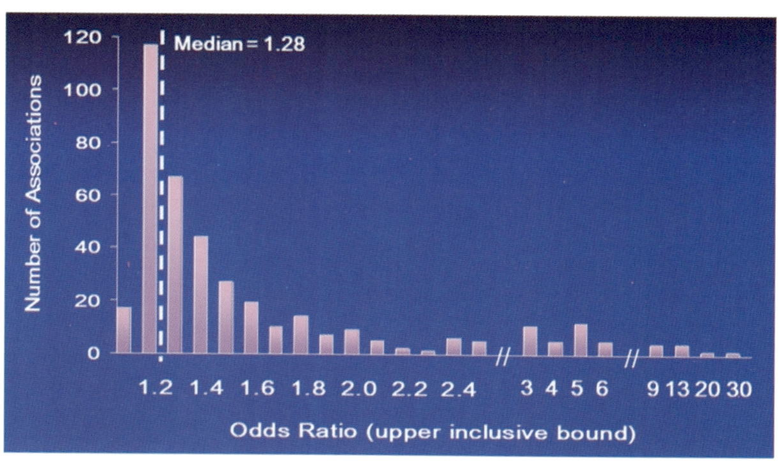

그림 17-14. 복합형질에 유의적인 **SNP**들의 **odds ratio(OR)** 분포도

그리고 특정 질병이나 표현형에서 인종 간의 차이가 매우 크게 나타나는 경우도 있는데 특히 면역, 피부색 또는 비만 관련 형질이 집단 간에 매우 큰 차이($F_{st} > 0.69$)를 보였다. 이러한 결과는 면역, 피부색 및 비만도는 지역이나 인종에 따라 환경에 의한 선발이 강하게 가해진 결과로 추정할 수 있다.

한편 전장 유전체 연관성 연구를 통해서 복합 질병의 여러 원인 유전자가 발굴되었다. 가장 대표적인 예를 들어보면, 제 2 형 당뇨병의 경우에는 유럽인에서 전체 유전체에 걸쳐서 총 18 개의 유전자들이 발굴되었으며 주로 혈당 조절에 관련된 유전자들이 포함되어 있다(그림 17-15). 이러한 연구 결과는 복합 질병의 원인 유전자 발굴을 통해 질병의 기전을 이해하고 새로운 질병 치료 기술 개발에 크게 기여할 것이다.

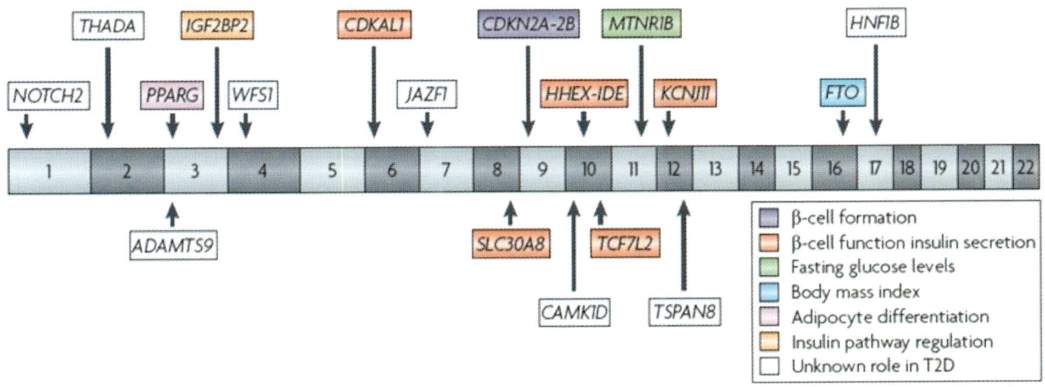

그림 17-15. 제2형 당뇨병의 유전적 요인: 서양인에서 전장 유전체 연관성 연구로 발굴된 18 개의 원인 유전자. 출처: Frazer KA et al. (2009). Nat Rev Genet 10:241-251.

전장 유전체 연관성 연구로 발굴된 만성 질병들의 원인 유전자들에 대한 분석에서 다수의 유전자들이 한 질병에만 원인 유전자로 작용하는 것이 아니라 다수의 다른 질병의 발생에도 동시에 기여하고 있음을 확인할 수 있었다(그림 17-16). 이러한 결과는 질병의 발생에 관련된 다양한 유전자를 동시에 고려하고 유전자들 간의 상호작용을 이해할 필요가 있음을 의미한다.

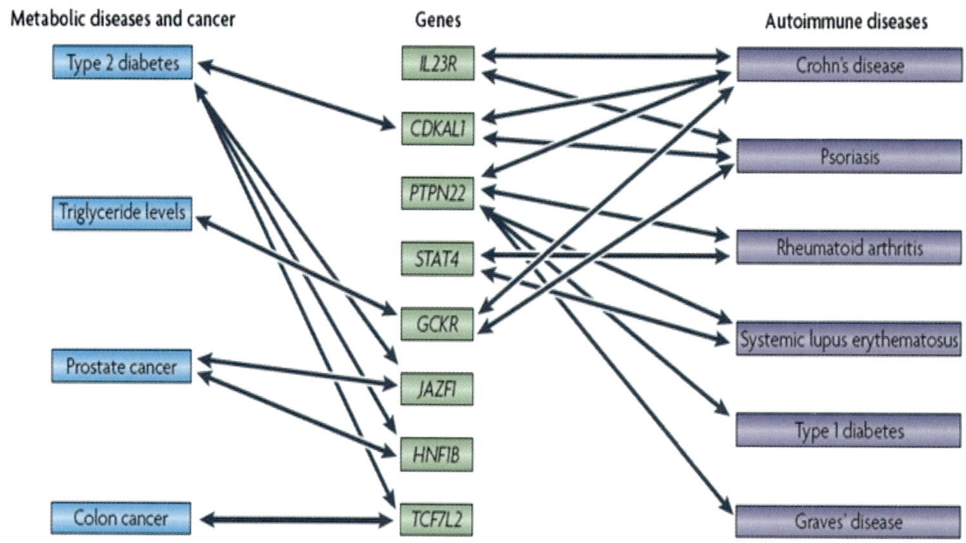

그림 17-16. 만성질병의 유전적 원인 유전자의 중첩성. 출처: Frazer KA et al. (2009). Nat Rev Genet 10:241-251.

또한 전장 유전체 연관성 분석을 통해 밝혀진 다수의 SNP 마커들은 2 개 이상의 표현형 또는 질병에 공통적으로 관련된 것으로 조사되었다(표 17-5). 이는 한 유전자가 유사한 질병에 공통적으로 작용하고 있음을 의미한다.

표 17-5. **GWAS** 분석에서 **2**개 이상의 표현형 또는 질병에 연관된 **SNP** 마커를 지닌 유전자 목록

Cytomap	Genes	Associated Traits
1p13.2	*PTPN22*	Crohn's disease, T1DM, RA
1q23.2	*FCER1A*	Serum IgE levels, select biomarker traits (MCP1)
2p15	*BCL11A*	Fetal hemoglobin, F-cell distribution
2p23.3	*GCKR*	CRP, lipids, waist circumference
6p21.33	*HLA region*	SLE, lung cancer, psoriasis, IBD, ulcerative colitis, celiac disease, RA, juvenile idiopathic arthritis, multiple sclerosis, T1DM

6p22.3	*CDKAL1*	Crohn's disease, T2DM
6p25.3	*IRF4*	Freckles, hair color, chronic lymphocytic leukemia
6q23.3	*TNFAIP3*	SLE, RA
7p15.1	*JAZF1*	Height, T2DM
8q24.21	*Intergenic*	Prostate or colorectal cancer, breast cancer
9p21.3	*CDKN2A, CDKN2B*	T2DM, intracranial aneurysm, myocardial infarction
9q34.2	*ABO*	TNF-a, soluble ICAM-1, alkaline phosphatase
12q24	*HNF1A*	Plasma levels of liver enzyme (GGT), CRP, LDL cholesterol
16q12.2	*FTO*	T2DM, BMI or weight
17q12	*ORMDL3*	Asthma, Crohn's disease
17q12	*TCF2*	Prostate cancer, T2DM
18p11.21	*PTPN2*	T1DM, Crohn's disease
19q13.32	*APOE, APOC1, APOC4*	Alzheimer's disease, lipids

T1DM, type 1 diabetes mellitus; T2DM, type 2 diabetes mellitus; RA, rheumatoid arthritis; SLE, systemic lupus erythematosus; IBD, inflammatory bowel disease; BMI, body mass index. 출처: Hindorff LA et al. (2009). PNAS 106(23):9362-9367.

지금까지 많은 전장 유전체 연관성 연구 방법을 이용하여 질병의 원인 유전자를 발굴하고 질병의 발병 기전을 이해할 수 있는 단서를 제공하게 되었다. 이러한 연구 결과는 향후에 각 개인이 가지고 있는 질병의 감수성 정보를 이용하여 질병의 진단, 예후 판정, 치료 및 예방법 개발을 위한 귀중한 정보로 활용될 것이다(그림 17-17). 또한 새로운 감수성 원인 유전자는 약물을 개발하기 위한 대상 물질로 이용되어 새로운 약물의 개발을 앞당길 수 있을 것이다.

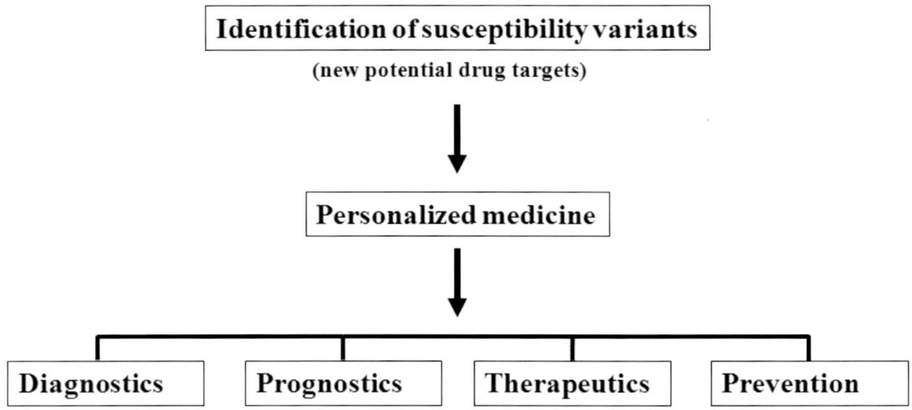

그림 17-17. GWAS 결과로부터 임상 적용을 위한 방안

그러나 실제적으로 개인 맞춤의학을 위한 유용성을 가지기 위해서는 아직도 직접적인 원인 유전변이형 발굴과 검정 작업이 추가적으로 이루어져야 한다. 실제로 전장 유전체 연관성 연구로 복합 질병에 대한 다수의 유전자를 발굴하였으나 개별 질병에 관련된 유전 요인의 극히 제한된 부분만이 설명 가능한 실정이다. 예를 들면, age-related macular degeneration 질병의 경우에는 약 5 개의 유전자가 관련된 것으로 밝혀졌으나 이들 유전자들은 유전적인 요인의 50%만을 설명하고 있다. 그리고 클론병의 경우에는 약 32 개의 유전자가 밝혀졌지만 실제로는 유전적 원인의 20%만을 설명하고 있다. 또한 유전력이 약 80% 정도로 매우 높은 사람의 키도 약 40 개 정도의 유전자가 관련된 것으로 전장 유전체 연관성 분석에서 나타났지만 실제 유전적 요인의 약 5% 정도 밖에 설명을 못하고 있는 실정이다(표 17-4). 따라서 여전히 설명되지 못하는 많은 부분의 유전적 요인에 대한 원인 규명과 추가 분석이 필요하다. 한편 전장유전체 연관성 분석에 의하여 특정 표현형 또는 질병의 유전적 원인 변이형을 발견하지 못한 것은 아마도 질병의 원인 유전변이형의 빈도가 아주 낮거나(multiple rare variants) 또는 CNV와 같은 구조적 변이형들(structural variants)이 원인이 될 수 있을 것이다. 이러한 경우에는 차세대 염기서열 분석기술을 이용하여 빈도가 낮은 유전변이형을 발굴하거나 또는 질병의 원인 유전변이형 빈도가 상대적으로 많이 존재하는 가계 시료를 이용한 연구가 좋은 연구 방법이 될 수 있을 것이다. 그 외에도 다수의 유전자가 특정 질병의 발생에 관여하는 경우(genetic heterogeneity)가 있거나 유전자-환경, 유전자-유전자 상호작용 등이 관여할 수 있을 것이다.

표 17-4. 복합질병의 추정 유전력 및 원인 유전자의 수

Disease	No. of loci	Proportion of heritability explained
Age-related macular degeneration	5	50%
Crohn's disease	32	20%
Systemic lupus erythematosus	6	15%
Type 2 diabestes	18	6%
HDL cholesterol	7	5.2%
Height	40	5%
Early onset myocardial infarction	9	2.8%
Fasting glucose	4	1.5%

출처: Manolio TA et al. (2009). Nature 461:747-753.

(3) 개인 유전체 염기서열 분석

염기서열 분석 기술의 발전으로 최근에는 몇 개월 만에 개인 유전체 정보 전체에 대한 염기서열 분석(personal genome sequencing)이 가능하게 되었다. 지금까지 밝혀진 가장 대표적인 개인 유전체 염기서열 정보로는 Craig Venter 박사와 James Watson 박사의 개인 유전체 염기서열 정보, 그리고 아시아인, 아프리카인, 한국인의 개인 유전체 염기서열 정보 등이 있다(표 17-5). 개인 유전체 염기서열 분석에서 밝혀진 유전변이형 정보를 살펴보면 개인별로 약 3백만 내지 4백만 개의 SNP를 가지고 있으며 대부분의 SNP(약 73%~91%)은 이미 기존의 dbSNP에 기록되어 있음을 확인할 수 있었다. 또한 SNP뿐만 아니라 다양한 종류의 구조적 유전변이형(structural variants)도 발견되었는데 가장 많은 부분을 차지하는 구조적 유전변이형은 Indel이고 최근 많은 관심을 가지는 복제수 변이형(copy number variation; CNV)은 개인별로 아주 제한된 수만을 식별할 수 있었다. 개인 유전체 염기서열 분석 기술은 더욱 발전하여 조만간 질병의 원인 유전자 분석을 위

한 기본 방법으로 자리매김할 것으로 예상된다.

표 17-5. 개인 유전체 염기서열 분석에 의해 검색된 유전변이형 정보

A. SNPs in 4 human genomes

	No. of SNP (n)	In dbSNP (%)
Craig Venter's genome	3,213,401	91.1
James Watson's genome	3,322,093	81.7
Asian genome	3,074,097	86.4
Yoruban genome	4,139,196	73.6
Korean (AK1) genome	3,453,653	82.9
Korean (SJK) genome	3,439,107	87.8

B. Structural variants in the Venter genome

	No. (n)	Length (bp)
Block substitutions	53,823	2-206
Indels (heterozygous)	851,575	1-82,711
Inversions	90	7-670,345
Copy number variants	62	8,855-1,925,949

출처: Frazer KA et al. (2009) Nature Reviews Genetics 10:241-251.

개인 유전체 염기서열 분석 기술은 질병의 원인 유전자를 발굴하는 방법으로 새롭게 인식되고 있다. 일반적으로 단일 유전자의 돌연변이에 의하여 발생하는 유전 질병의 경우에 이용 가능한 시료의 수가 매우 제한적이라서 유전 연구에 많은 어려움이 있다. 그러나 이 경우에 제한된 시료의 질병 유전체 시료를 이용하여 환자의 모든 유전자 부위(exome)에 대하여 염기서열 분석을 수행하여 돌연변이를 발굴함으로써 아주 빠른 시간 내에 질병의 원인 유전자 및 원인 유전변이형 발굴이 가능하게 되었다(그림 17-18).

그림 17-18. **Exome sequencing** 방법을 이용한 질병 원인 유전자 발굴

Exome sequencing 실험 방법을 간략히 소개하면 다음과 같다. 우선 환자의 genomic DNA (3 ug)를 사용하여 인간의 모든 exon 부위를 capture할 수 있는 kit (Agilent 또는 NimbleGen제품)을 사용하여 약 150 bp 정도로 조각난 exon 부위를 모아서 Illumina Genome Analyzer와 같은 차세대 염기서열 분석기를 이용하여 exon 부위에 대한 염기서열을 분석한다. 만약 Agilent human all exon capturing kit과 Illumina Genome Analyzer를 이용하는 경우에는 한번 실험으로 약 124X coverage를 지닌 exome sequence를 얻을 수 있다(그림 17-19).

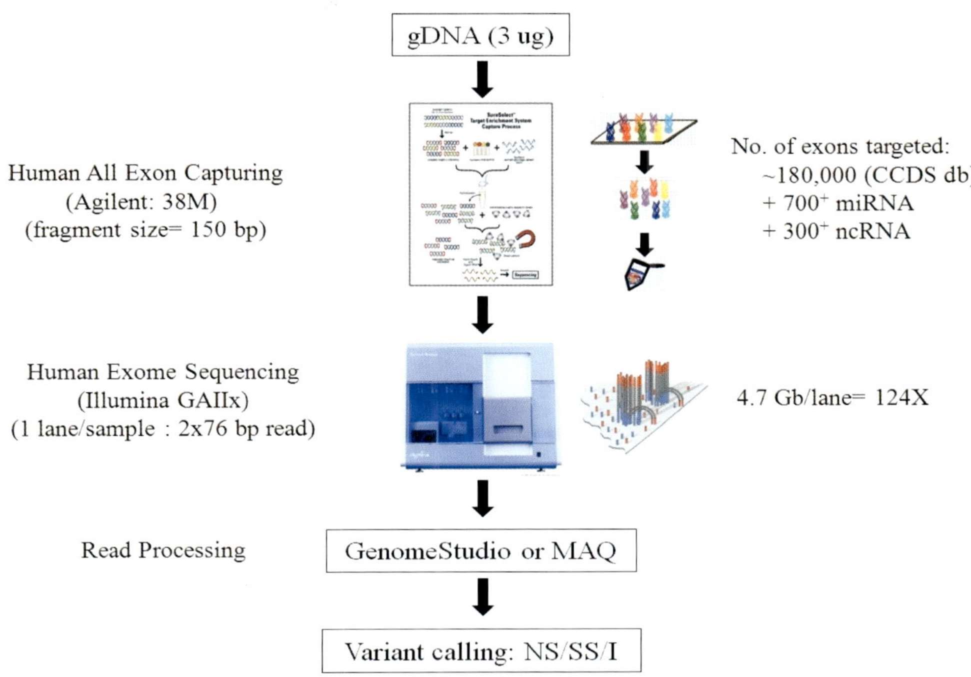

그림 17-19. **Exome sequencing** 방법의 작업 순서도

Exome sequencing에 의하여 생산된 개인별 대량의 DNA 염기서열 data는 일련의 data filtering 과정을 통해 질병 특이적인 원인 유전자를 발굴하게 된다. 예를 들면, 최근에 4명의 Freeman-Sheldon syndrome (FSS) 환자의 시료를 이용하여 whole exome sequencing을 수행하여 정상인에서 발견된 유전변이형과 기존에 보고된 dbSNP에 존재하는 것을 제거한 후에 질병의 원인 유전변이형(돌연변이)을 찾아냄으로써 단일 유전자 질병에서 exome sequencing 방법은 질병의 원인 유전변이형 발굴에 매우 유용한 방법임을 증명하였다(Ng SB et al., 2009a) (그림 17-20).

	Ind. 1	Ind. 1 Ind. 2	Ind. 1 Ind. 2 Ind. 3	Ind. 1 Ind. 2 Ind. 3 Ind. 4	**Any 3 of 4:** Ind. 1 Ind. 2 Ind. 3 Ind. 4
cSNPs	~17,000				
NS/SS/I	~4,500	~3,300	~2,800	~2,500	~3800
NS/SS/I not in dbSNP	~500	~130	~70	~50	~120
NS/SS/I not in controls	~800	~170	~50	~20	~160
NS/SS/I Neither in dbSNP nor control exomes	~350	~40	~8	1	**~20**
and Predicted to be damaging	~160	~10	~2	1	**~3**

그림 17-20. **Exome sequencing에 의한 단일 유전 질병의 원인 유전자 발굴 전략.** NS, nonsynonymous mutation; SS, splicing site mutation; I, indels in coding regions. 출처: Ng SB et al. (2009). Nature 461:272-276.

그 이외에도 exome sequencing 방법으로 Miller syndrome의 DHODH 원인 유전자를 발굴한 것(Ng SB et al., 2009b)을 비롯하여 Bartter syndrome, Pancreatic cancer, CMT, Cleft palate의 원인 유전자와 유전변이형을 발굴하는 성과를 거두게 되었다(표 17-6). 따라서 향후에는 단일 유전자 질병의 원인 유전자 발굴에 exome sequencing 방법이 더욱 많이 이용될 것이며 더 나아가서는 다수의 유전자가 관련하는 복합 질병의 원인 유전자 발굴에도 활용될 수 있을 것이다.

표 17-6. 개인 **Exome sequencing** 방법으로 발굴된 질병의 원인 유전자 목록

Target disease	Genetic mode	Causal gene identified	No. of samples sequenced	Reference
Freeman-Sheldon syndrome (FSS)	autosomal dominant	MYH3	4	Nature 461:272-276, 2009
Miller syndrome	autosomal recessive	DHODH	4	Nature Genetics 42:30-36, 2009
Bartter syndrome	congenital (germline)	SLC26A3	5	PNAS 106:19096-19101, 2009
Pancreatic cancer	familial (germline)	PALB2	1	Science 324:217, 2009
Charcot-Marie-Tooth *	autosomal recessive	SH3TC2	1	N Engl J Med. 362:1181-91, 2010
Cleft palate	X-linked	RBM10	2	Am J. Hum Genet 86:743-748, 2010

한편 개인 유전체 염기서열 분석 기술의 발전으로 염기서열 분석을 통한 유전자 발굴(sequencing-based gene identification) 작업이 가속화될 것이며 다양한 분야에 적용이 가능할 것이다. 예를 들면, 단일 유전자 질병의 원인 규명을 위한 exome sequencing, 다수의 유전자가 관련된 복합 질병 및 표현형에 대한 whole genome sequencing, 그리고 somatic mutation이 주로 일어나는 암에서의 유전변이 연구 등에 활용될 것이다. 따라서 개인별 유전체 염기서열 분석 연구는 아주 상세한 유전체 염기서열 정보를 생산함으로써 향후에 질병에 대한 유전적 원인을 규명하고 발병의 기전을 이해하는데 크게 기여할 것으로 예상된다. 따라서 개인의 모든 유전체 염기서열 정보를 이용한 맞춤 의학 유전체 의학(personalized genomic medicine)의 구현이 조만간 실현 가능하게 될 전망이다(그림 17-21).

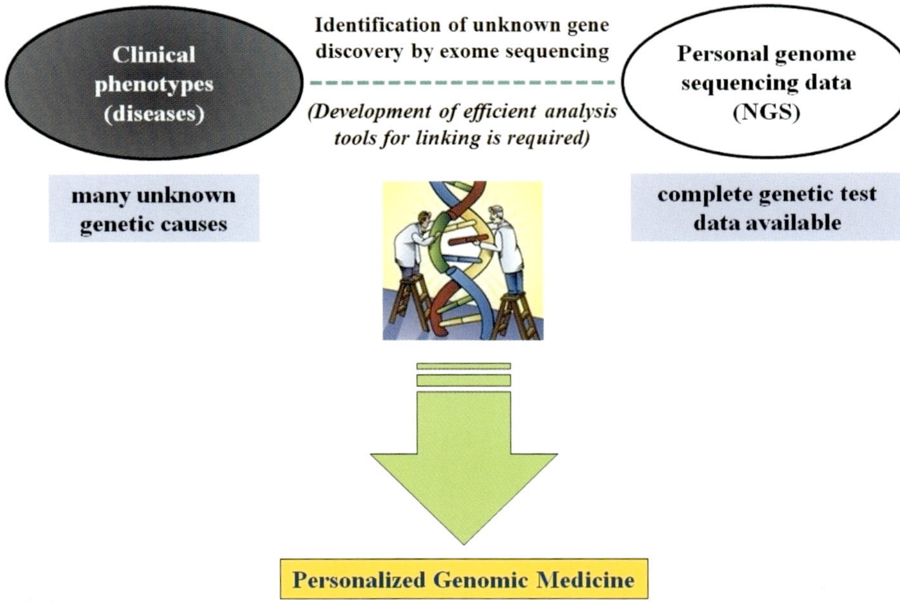

그림 17-21. 개인 유전체 염기서열 정보를 이용한 맞춤 유전체 의학(personalized genomic medicien)의 구현

■ 참고문헌

- Botstein D and Risch N. (2003). Discovering genotypes underlying human phenotypes: past successes for mendelian disease, future approaches for complex disease. Nature Genetics Supplement 33:228-237.

- Lee JK et al. (2002). Genome-wide multilocus analysis for immune-mediated complex diseases. BBRC 295:771-773.

- Metherell LA et al. (2005). Mutations in MRAP, encoding a new interacting partner of the ACTH receptor, cause familial glucocorticoid deficiency type 2. Nature Genetics 37: 166-170.

- Klein RJ et al., (2005). Complement factor H polymorphism in age-related macular degeneration. Science 308:385-389.

- Wellcome Trust Case Control Consortium. (2007). Genome-wide association study of 14,000 cases of seven common diseases and 3,000 shared controls. Nature 447:661-678.

- Thorisson GA, Muilu J, Brookes AJ. (2009). Genotype-phenotype databases: challenges and solutions for the post-genomic era. Nature Reviews Genetics 10:9-18.

- Frazer KA, Murray SS, Schork NJ, Topol EJ. (2009). Human genetic variation and its contribution to complex traits. Nature Reviews Genetics 10:241-251.

- Hindorff LA et al. (2009). Potential etiologic and functional implications of genome-wide association loci for human diseases and traits. PNAS 106(23):9362-7.

- Dermitzakis ET and Clark AG. (2009). Genetics: Life after GWA studies. Science 326:239-240.

• Manolio TA et al. (2009). Finding the missing heritability of complex diseases. Nature 461:747-753.

• Ng SB et al. (2009a). Targeted capture and massively parallel sequencing of 12 human exomes. Nature 461:272-276.

• Ng SB et al. (2009b). Exome sequencing identifies the cause of a mendelian disorder. Nature Genetics 42:30-36.

제 18장 약물 반응성 유전자 발굴

1. 약물 반응성과 유전

(1) 약물 반응성에 대한 개인 차이

약물에 대한 반응성은 개인 간에 큰 차이를 보이고 있다. 일반적으로 약물의 종류에 따라 다르지만 대부분의 약들이 약 40~60%의 평균 반응율(average response rate)을 보인다. 특히 항암제의 경우에는 개인간 차이가 매우 많고 약물에 반응하는 정도도 약 20% 내외로 매우 낮은 수치를 보이고 있다(그림 18-1). 약물 반응에 대한 개체 간의 차이는 주로 유전적 요인에 의한 경우가 큰 부분을 차지하고 있으며 이러한 유전적 차이에 기인된 약물 반응성을 연구하는 학문이 약물유전(체)학이다. 따라서 약물유전(체)학은 각 개인의 유전적 변이와 약물 반응성 간의 상관성을 이해하는 학문이다. 예를 들면, 어떤 약은 특정 환자 그룹에서 효과를 보이지만 다른 환자 그룹에서는 전혀 효능을 보이지 않을 수 있다. 따라서 약물 반응성에 대한 유전 변이 정보는 특정 약물에 대한 부작용을 보이는 환자를 식별하거나 특수한 치료에 더 잘 반응하는 환자를 구분하는 기술 개발로 이어질 수 있다. 또한 약물 치료에 대한 환자 반응에 대한 유전 연구는 약 개발자들이 보다 더 효과적으로 치료할 수 있는 방법을 찾는데도 기여할 것이다.

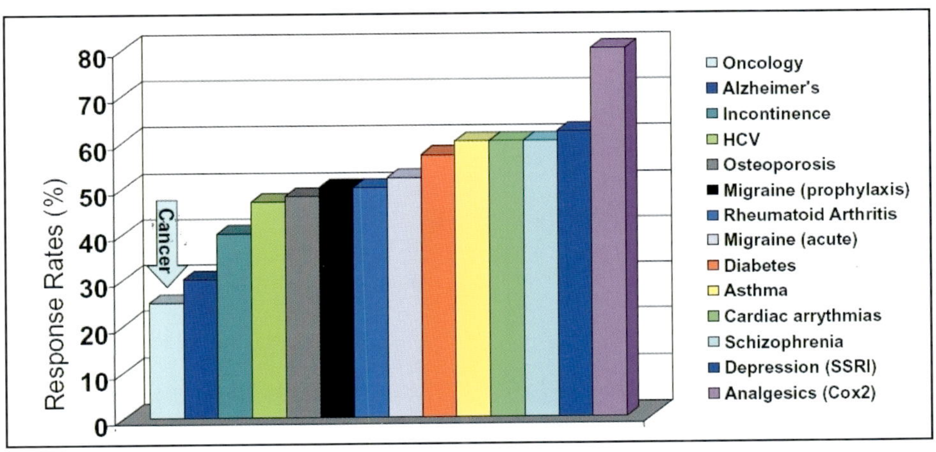

그림 18-1. 질병별 약물의 평균 반응율

한편 과거에는 약물 반응에 대한 효과 및 안전성 판별은 성별, 나이 및 인종에 따라 어떤 반응을 보이는가와 같이 집단별 약물 반응성에 초점을 맞추어 약물이 개발되었다. 그러나 현재에는 개인의 유전적 차이에 근거하여 개별 약물의 반응성을 예측하고 처방하는 개인 맞춤약의 관점으로 바뀌어 가고 있다. 개인별로 약물에 대한 반응성의 차이를 유발하는 유전적 요인을 연구하는 약물유전체 연구는 우리에게 많은 혜택을 가져다 줄 것이다. 예를 들면, 분자 진단 기술을 이용하여 보다 우수하고 안전한 약물을 선택할 수 있으며 가장 적합한 용량을 결정하고 약물의 개발과 승인 과정을 개선하여 전체 의료 비용을 절감할 수 있을 것이다.

(2) 유전적 변이를 보이는 약물 대사 효소들

약물 대사 효소(drug metabolizing enzymes) 유전자의 유전 변이는 약물에 대한 효소의 반응에 영향을 미쳐 개인 간의 약물 반응성 차이를 보이는 원인이 될 수 있다. 만약에 유전적으로 약물 대사를 매우 빠르게 처리하는 사람은 평균 용량의 약물에 대하여 너무 빨리 대사 처리함으로써 약물 용량이 부족하여 보다 많은 용량의 약을 처방해야 하고, 반대로 약물 대사가 느린 사람은 대사체(metabolites)의 축적으로 인하여 독성을 보일 수도 있어 이러한 경우에는 약물의 용량을 줄여야 한다. 따라서 약물 유전체 연구는 의사가 개인의 유전적 차이에 따라 최적의 용량을 투여할 수 있게 함으로써 특정 약물의 부작용 없이 가장 효과적으로 사용할 수 있도록 할 것이다. 약물 대사에 관여하는 효소로는 esterases, transferases, reductases, oxidases와 cytochromes P450 등이 있다(표 18-1).

표 18-1. 유전적 변이를 보이는 약물 대사 효소들

Esterases:	**Reductases:**
- Butyrylcholinesterase	- NAD(P)H:quinone oxidoreductase
- Paraoxonase/arylesterase	- Glucose-6-phosphate dehydrogenase
Transferases:	**Oxidases:**
- N-Acetylransferases (Nat1)	- Alcohol dehydrogase

- N-Acetyltransferases (Nat2)	- Aldehyde dehydrogenase
- Catechol O-mehyltransferase	- Monoamine oxidase B
- Histamine methyltransferase	- Catalase
- Thiopurine methyltransferase	- Superoxide dismutase
- Platelet phenolsulfotransferase	- Trimethylamine N-oxidase
- Glutathione-S-transferases (GSTM1)	- Dihydropyrimidine dehydrogenase
- Glucuronosyltransferases (UGT1A1)	
- Glucuronosyltransferases (UGT2B4)	**Cytochromes P-450:**
- Glucuronosyltransferases (UGT2B7)	- CYP1A1, CYP2A6, CYP2C9
- Glucuronosyltransferases (UGT2B15)	- CYP2C19, CYP2D6, CYP2E1
- Amobarbital-glucosyltransferase	- CTP3A5

출처: Werner Kalow. Chapter 55. Pharmacogenetics, Excogenetics, and Pharmacogenomics. In "The Genetic Basis of Common Diseases". Edited by RA King, JI Rotter and AG Motulsky (2nd edition). 2002. Oxford University Press

(3) 약물 반응성에 관련된 유전자의 유전변이형

지금까지 많은 종류의 약물에 대하여 개체 간의 유전적 요인에 의하여 발생하는 다양한 종류의 약물 유전체 정보가 축적되었다(표 18-2). 이러한 개인별 유전적 차이에 기인된 약물 반응성에 대한 정보는 개인별 맞춤의약의 개발로 연결되어 실제 약물 사용시 매우 유용하게 활용될 것이다.

표 18-2. 약물 반응에 유의적으로 관련된 약물 유전변이형들

유전자	유전자명	**Allele**	연관된 표현형
ABCB1	MDR1, P-glycoprotein 1	C3435T	CC 유전형보다는 TT 유전형을 가진 환자가 drug-resistance epilepsy를 거의 일으키지 않으며 anti-retroviral 치료 후에 면역회복이 훨씬 우수함
ACE	Angiotensin- I converting enzyme	Ins/del	신장병의 ACE Inhibitor 처리시 Del/Del 유전형이 proteinurea가 감소함
ADD1	Adducin 1(α)	Gly460Trp	고혈압 환자에서 Trp유전형을 가진 사람이 diuretics에 대한 반응이 더 우수함
ADRB1	β-1 adrenergic receptor	Arg389Gly	Arg/Arg 유전형을 가진 사람이 β-adrenergic receptor antagonists에 더 좋은 반응을 보임
ADRB2	β-2 adrenergic receptor	Arg16Gly	Gly allele이 albuterol과 salbutamol에 반응성이 떨어짐
AGT	Angiotensinogen	Met235Thr	Thr 유전자형이 혈압치료제 사용시 혈압강하 효과가 더 우수하고 left ventricular mass가 더 크게 감소함
AGTR1	Angiotensin-II receptor type 1	A1166C	C 유전자형이 angiotensin-II receptor antagonists에 더 좋은 반응을 보임
ALOX5	Arachidonate 5-lipoxygenase	Promoter VNTR (wt=5; non-wt= 3, 4 or 6)	Non-wt 동형접합체가 5-lipoxygenase inhibitor와 leukotriene receptor antagonist에 대한 반응성이 낮음
APOE	Apolipoprotein E	E4	E4 유전자형이 statins에 대한 반응성이 낮음
BCHE	Butyrylcholinesterase	Asp70Gly & Ala 539Thr	Succinylcholine에 대한 반응에서 부작용을 유발하는 변이형이 존재함
BDKRB2	Bradykinin receptor B2	C-58T	T allele이 ACE inhibitor에 의한 기침유발과 연관됨
CETP	Cholesteryl ester transfer protein	TaqlB polymorphism B1/B2	B1/B1유전형이 pravastatin과 atorvastatin에 대한 반응성이 높음
COMT	Catechol O-methyltransferase	Val108/135Met	Met유전형이 neuroleptic에 대한 높은 용량이 필요하고 반응성도 나쁨
CYP2C19	Cytochrome p450 2C19	*2, *3	Extensive metabolizers가 Helicobacter pylori 감염시 omeprazole 치료에 대한 효과가 낮음

CYP2C9	Cytochrome p450 2C9	*2, *3	Non-wt alleles이 Warfarin 하루 사용 요구량이 낮음
CYP2D6	Cytochrome p450 2D6	inactive alleles (*3,*4 & *5)	Non-wt alleles이 antipsychotics에 반응하여 tardive dyskinesia의 감수성과 관련됨
DPYD	Dihydropyrimidine dehydrogenase (DPD)	DPYD*2A (IVS14+1G>A)	*2A형이 5-fluorouracil 치료에서 심각한 독성과 치명적인 반응을 유도함
DRD2	Dopamine D2 receptor	3'UTR Taq1A A1/A2	A1형이 antipsychotics haloperidol과 nemonapride에 대해 더 우수한 반응을 보임
DRD3	Dopamine D3 receptor	Ser9Gly	Gly이 clozapine에 반응성을 보이나 Ser/Ser은 반응성이 없음
DRD4	Dopamine D4 receptor	Exon3 VNTR (twofold to sevenfold repeat)	전형적인 neuroleptics에 반응하는 환자에서 7 allele이 4 allele보다는 유의적으로 적게 분포함 (clozapine에 반응하는 환자에 비교하여);그리고 4/4 homozygotes가 neuroleptics에 잘 반응하는 비율이 높음
FCGR3A	FcγRIIIa receptor	Phe158Val	Val/Val형을 지닌 non-Hodgkin lymphoma 환자가 rituximab에 더 좋은 반응을 보이고 idiopathic thrombocytopenic purpura 질병에서는 면역억제 치료에 더 높은 완치율을 보임
GNB3	Guanine nucleotide-binding protein, β-polypeptide 3	Exon10 C825T	CC 유전형이 antidepressants의 반응성과 연관됨
GRIN2B	Glutamate receptor, ionotropic, N-methyl D-Aspartate 2B	C2664T	CC 유전형을 가진 경우 정신분열증 치료에서 clozapine 용량을 높여야 함
GSTM1	Glutathione S-transferase M1	GSTM1-null	Null carriers는 난소암에 대한 paclitaxel과 cisplatinum 치료 후 생존율이 증가하고 백혈병에서는 항암치료에 대한 재발 위험성이 낮음
GSTM3	Glutathione S-transferase M3 (brain)	GSTM3*A/GSTM3*B	GSTM1*0/GSTM3*A haplotype은 류마티스관절염에서 D-penicillamine의 유용한 효과가 낮으며 *3A 유전형은 cisplatin cytotoxicity 위험성이 증대함

GSTP1	Glutathione S-transferase-pi	Ile105Val	Val 유전형은 대장암의 5-fluorouracil과 oxaloplatin therapy 그리고 multiple myeloma의 치료에서 생존율이 더 증가하는 효과를 보임
GSTT1	Glutathione S-transferase-theta 1	GSTT1-null (homozygote frequent; deletion)	GSTT1-null 유전형은 tacrine hepatotoxicity와 troglitazone hepatotoxicity와 연관되어 있음
HLA-B	Major histocompatibility complex class Ⅰ-B	HLA-B*5701	Abacavir에 대한 민감성(hypersensitivity)에 영향을 미침
HTR2A	5-hydroxytryptamine (serotonin) receptor 2A	T102C	CC or C 유전형은 antipsychotic drugs에 대해 tardive dyskinesia 감수성과 연관되어 있음
HTR2A	5-hydroxytryptamine (serotonin) receptor 2A	His452Tyr	Tyr 유전형은 antipsychotic clozapine에 대한 반응성이 떨어짐
IL 10	Interleukin 10	A-1082G	GG 유전형이 백혈병 환자에서 prednisone에 더 좋은 반응을 보이고 chronic hepatitis C 감염에서는 항바이러스 치료에 지속 효과가 높음
LIPC	Hepatic lipase	C-514T	CC 유전형은 stains에 대한 반응성이 높음
MTHFR	5,10-methylene-tetrahydrofolate reductase	C677T	TT 유전형을 가진 환자는 methotrexate 치료에 대해 독성이 더 높음
NAT2	N-acetyltransferase 2	slow acetylator alleles (NAT2*5B, NAT2*6A, NAT2*7A or B, NAT2*14A or B)	NAT2 유전자의 slow-acetylator 유전형은 항결핵 약제 치료에 의해 간 독성의 발생 위험성이 더 높음
SLC6A3	Dopamine transporter	3′-VNTR 10-repeat allele	10/10 유전형은 attention deficit/hyperactivity disorder의 치료에서 methyphenidate에 대해 치료 효과가 낮음
SLC6A4	Serotonin transporter (5-HTT)	Promoter ins/del (long/short)	long/long 유전형이 short/short 유전형보다 fluoxetine 또는 paroxetine에 반응성이 높음

TNF	Tumor-necrosis factor (TNF superfamily, member2)	G-308A	A 유전형은 aplastic anemia 및 carbamazepine hypersensitivity 환자에서 면역 억제 치료에 반응성이 좋음
TPH1	Tryptophan hydroxylase 1	A218C	A218C polymorphism는 anti-depressants 반응성에 영향을 미침
TPMT	Thiopurine methyltransferase	TPMT★2, TPMT★3A, TPMT★3C	Non-wt homozygotes는 thiopurine 치료후 심각한 hematopoietic toxicity를 보일 확률이 더 높고 heterozygotes는 중간의 위험도를 보임
TYMS	Thymidylate synthase	TSER★2/★3	★3 유전형은 ★2 유전형에 비하여 5-fluorouracil 치료에 대한 반응성이 낮음. 그래서 ★3/★3 유전형은 고용량을 사용해야 함
UGT1A1	UDP-glucuronosyltransferase 1A1	UGT1A1★28	★28 유전형은 irinotecan 치료 중에 설사와 leukopaenia가 생길 가능성이 높음
XRCC1	DNA-repair protein XRCC1	Arg399Gln	Gln 유전형이 5-fluorouracil과 oxaliplatin 항암치료의 저항성과 관련됨. Gln/Gln 형을 가진 사람은 항암치료에 의해 발생하는 acute myeloblastic leukaemia로 발전할 가능성이 낮음

VNTR, variable number of tandem repeats; wt, wild type.

2. 약물 반응성에 관련된 유전자 분석 기법

약물 유전체 연구는 약물의 효능과 독성 등에 영향을 미치는 유전 변이(DNA 또는 RNA의 변이)를 규명하기 위하여 후보 유전자 또는 전체 유전체 부위에 대하여 유전 변이를 분석하게 된다. 약물 반응성에 대한 유전체 연구도 질병을 대상으로 하는 유전 연관성 연구와 동일한 방법으로 진행되며 다음과 같이 간략히 요약할 수 있다.

- 연구하고자 하는 약물과 약물 반응 선정: 약물 임상 정보 수집
- 환자나 가족의 DNA 수집: 환자의 유전체 시료 수집
- 약물 반응성을 결정하는 유전자 발굴: 유전 연관성 연구 (후보유전자 또는 전장 유

전체 분석)

- 약물 반응을 결정하는 후보 유전자의 유전변이형 규명
- 약물 반응을 결정하는 유전자의 변이형과 표현형 간의 생물학적 작용 기전 규명

약물유전체 연구는 주로 후보유전자 연구와 전장 유전체 연관성 연구를 통해 약물반응성에 관련된 원인 유전자를 발굴하고 있다. 대표적인 몇 가지 예를 표 18-3에 제시하였다.

표 18-3. 약물 반응에 유의적으로 관련된 약물 유전변이형들

Approach	Drug	Phenotype (drug response)	Causal Gene(s)
Candidate gene studies	Azathioprine	Bone-marrow suppression	TPMT
	Irinotecan	Neutropenia	UGT1A1*28
	Abacavir (anti-HIV drug)	Hypersensitivity reactions	HLA-B*5701
	Anti-depressant drugs	Adverse reactions	CYP2D6
	Clopidogrel	Drug response	CYP2C19
	Tamoxifen	Drug response	CYP2D6
Genome-wide association studies (GWAS)	Warfarin	Maintenance dose	VKORC1, CYP2C9, CYP4F2
	Acenocoumarol	Maintenance dose	VKORC1, CYP2C9, CYP4F2, CYP2C18
	IFN-a	Response in hepatitis C infection	IL28B
	Clopidogrel	Antiplatelet effect	CYP2C19
	Methotrexate	Drug clearance & gastrointestinal toxicity	SLCO1B1
	Simvastatin	Myopathy	SLCO1B1
	Flucloxacillin	Liver injury	HLA-B*5701

출처: Daly AK. (2010). Nature Reviews Genetics 11:241-246

3. 약물 반응성에 대한 인종간 차이

약물 반응성에 대한 인종적 차이는 아주 오래전부터 잘 알려진 사실이다. 그리고 많은 약물들에 대하여 인종 집단에 따른 약물 반응성 차이가 보고되어 있다. 그러나 인종 집단 간의 약물 반응성 차이는 대부분 인종 집단 간에 약물 반응성 차이를 유발하는 원인 유전변이형의 빈도 차이에 기인된 것으로 밝혀지고 있다. 예를 들면, angiotensin-converting enzyme (ACE) inhibitor 약물을 투여하면 혈압이 감소하게 되는데 감소하는 반응의 정도가 인종 집단 간에 차이를 보이고 있다(그림 18-2). 특히 아프리카 사람들은 백인에 비하여 ACE inhibitor나 beta-blocker에 의한 혈압의 감소 능력이 낮게 나타나고 있다. 그런데 이러한 인종 집단 간의 차이는 유전자의 차이에 의한 것이 아니라 약물 반응에 관여하는 유전변이형의 빈도(frequency)의 차이에 기인된 것으로 밝혀졌다.

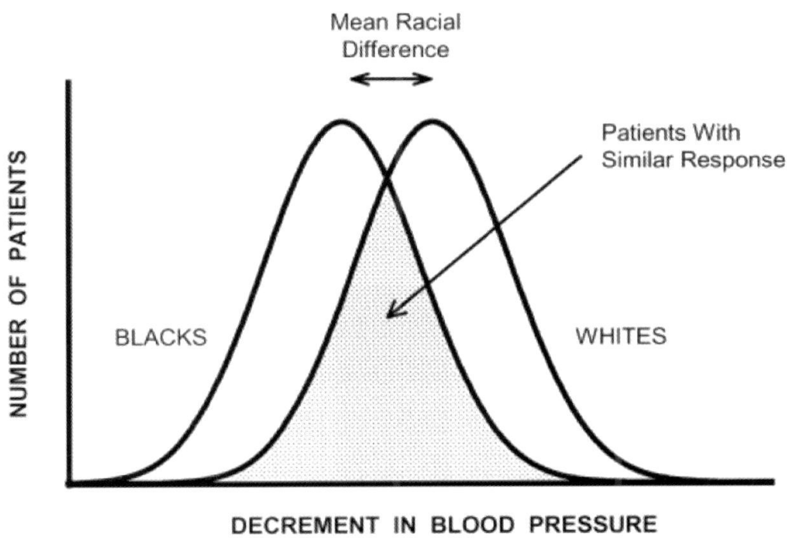

그림 18-2. **Angiotensin-converting enzyme (ACE) inhibitor**에 의한 혈압 반응의 인종간 차이. 출처: Sehgal AR. (2004). Hypertension. 43:566-572.

또 다른 인종 간의 차이를 보이는 대표적인 약물의 예가 폐암 치료제인 Iressa(=Gefitinib)이다. Iressa는 epidermal growth factor receptor (EGFR)의 kinase 활성을 저해하는 약인데 서양인에서는 10%만 효과를 보이고 아시아인(일본인, 중국인, 한국인)에서는 30%가 효과를 나타내고 있다. 그런데 이러한 인종 간의 차이는 서양인 폐암 환자의 10%에서 EGFR 유전자의 체세포 돌연변이(somatic mutation)가 발견되지만 아시아인 폐암 환자에서는 30%에서 체세포 돌연변이가 관측되었다(Johnson BE and Janne PA, 2005). 다시 말하면, 폐암 환자에서 인종간 EGFR 유전자의 체세포 돌연변이 발생율의 차이가 Iressa 약물에 대한 인종간 반응의 차이에 대한 유전적 원인으로 작용한 것이다. 또한 EGFR 유전자의 체세포 돌연변이를 보인 환자의 80%에서 Iressa 약이 효과를 보였으나 돌연변이가 관측되지 않은 폐암 환자에서는 10%만이 Iressa 약물에 효과를 보였다. 이러한 인종 집단간 Iressa 약물에 대한 반응의 차이는 인종 집단 간에 발생하는 돌연변이율의 차이에 기인됨을 확인할 수 있다.

4. 약물 유전체학의 임상 적용

항혈액응고제인 와파린(warfarin; 상품명 Coumadin)은 약물의 용량을 개선하기 위한 약물유전체학의 임상 적용의 좋은 예가 된다. 와파린은 개인 간의 반응성 차이가 커서 개별 환자에 대하여 아주 주의하여 적정 용량을 사용하여야 한다. 과다 용량이나 부적정 용량은 심각한 출혈을 유발할 수 있다. 와파린 약물 대사에 관여하는 유전자로는 vitamin K epoxide reductase (VKORC1)와 cytochrome P450 2C9 (CYP2C9)가 있으며 이 유전자의 유전변이형들이 환자의 약물 반응성 차이를 유발한다(Gage BF and Lesko LJ, 2007). 특히 CYP2C9*2, CYP2C9*3, 또는 VKORC1 -1639A 유전자형을 가지고 있는 환자들은 보다 적은 양의 와파린을 투여해야 하는 것으로 알려져 있다. 그리고 와파린에 관련된 유전자형 정보와 임상적 요인들이 서양인과 아시아인에서는 와파린 정량을 결정하는 것의 약 50~60%를 설명할 수 있으나 아프리카인에서는 25~40%만이 설명 가능하다. 이러한 인종간 차이는 인종간 원인 유전형의 빈도 차이 또는 비유전적 요인 때문인 것으로 알려져 있다(Cavallari LH and Limdi NA, 2009). 또 다른 예는 마취제인 코데인(codeine)이다. 코데인(codeine)을 몰핀(morphine)으로 전환해 주는 효소인 cytochrome P450 2D6 (CYP2D6) 유전자는 사람에 따라 다양한 수의 유전자를 가지고 있는데 많은 수의 유전자를 가지고 있는 경우에는 코데인 대사를 촉진하게 된다. 따라서 이러한 유전형을 가지고 있는 사람이 어린 아기에게 모유를 주는 경우에는 수유를 받는 유아는 몰핀 과다 위험에 노출되기 때문에 각별한 주의가 요구된다(Koren G et al., 2007). 이 외에도 human leukocyte antigen (HLA) 유전자 중에서 HLA-B*1502 유전자형을 가지고 있는 사람은 항경련제(antiepileptic drug)인 carbamazepine을 투약한 경우에 Stevens- Johnson syndrome과 toxic epidermal necrolysis라는 매우 위험하고 심각한 피부 반응을 유발하게 된다(Chung WH, 2004). 그리고 HLA-B*1502 유전자형은 아시아 전역에 걸쳐 존재함으로 의사는 carbamazepine을 처방하기 전에 위험 인종 집단에서는 꼭 HLA-B*1502 유전자형 검사를 해야 한다. 위에서 언급된 와파린, 코데인, carbamazepine에 대한 유전형 조사를 위한 검사법이 개발되어 상업적으로 이용되고 있으며 그 외에도 다양한 종류의 약물에 대한 임상 유전형 검사 기법이 개발되어 실제 임상에서 사용되고 있다(표 18-4).

표 18-4. 임상에서 약물 유전체 검사가 필요한 약물

Drug name	Pharmacogenetic test	Test name
Abacavir	HLA-B*5701	HLA-B5701 test
5-FU	DPYD	TheraGuide 5-FU
Irinotecan	UGR1A1*28	Invader UGT1A1 molecular assay
Azathioprine & 6-mercaptopurine	TPMT	Prometheus TPMT Genetics
Warfarin	CYP2C9 & VKORC1	Cytochrome P450 2C9 & VKORC1 warfarin genotyping
Tamoxifen	CYP2D6	Tamoxifen response
Carbamazepine & Phenytoin	HLA-B*1502	HLA-B*1502 carbamazepine sensitivity
Clozapine	HLA-DQB1	Clozapine
Trastuzumab	HER2	PathVysion HER2 DNA probe kit
Dasatinib & Imatinib	BCR-ABL	BCR-ABL quantitation in CML; BCR-ABL mutations in CML
Tetrabenazine & Codeine	CYP2D6	AmpliChip CYP450 test

출처: Flockhart DA et al. (2009). Clinical Pharmacology & Therapeutics 86:109-113.

약물유전체 연구는 보다 효과적인 치료 환자군을 선별(targeted therapy)하는

데도 유용하게 사용되고 있다. 항암제의 전임상 및 임상 연구 단계에서 유전체 분석 기술을 접목하여 새로운 약물의 개발에 상당한 진전을 이루고 있다. 특히 targeted therapy는 정상 세포와 다른 암 세포 특이적인 단백질을 타겟으로 하며 암 세포만을 타겟으로 하는 약물은 정상 세포에게는 독성을 줄일 수 있게 된다. 일부의 targeted therapy의 경우에는 약물의 개발과 더불어 치료에 반응하는 암을 식별하는 진단용 유전자 검사 기술도 함께 개발되어 사용되고 있다. 몇 가지 예를 들어보면 다음과 같은 것들이 있다.

- 다양한 암에서 bcr-abl tyrosine kinase를 타겟으로 하는 Imatinib (=Gleevec)

- 두경부암과 대장암에서 epidermal growth factor receptor (EGFR)를 타겟으로 하는 Cetuximab (=Erbitux)

- 유방암에서 Her2 수용체의 변이형을 타겟으로 하는 Trastuzumab (=Herceptin)

그리고 약물유전체 정보는 바이러스에서 약물 저항성을 검색하는데도 이용되고 있다. 예를 들면, HIV 유전체는 일정한 속도로 아주 빠르게 진화하고 있다. 따라서 항바이러스 약물이 타겟으로 하는 바이러스 단백질의 유전 변화는 항바이러스 제제나 백신에 대하여 저항성을 띠게 된다. HIV 환자에서 바이러스가 특정 약물에 대하여 저항성을 띠게 되면 다른 조합의 약물 치료를 받게 된다. 그래서 상업적으로 현재 미국 FDA가 승인한 TRUGENE HIV-1 Genotyping Kit이라는 제품이 시판되고 있는데 이 진단 kit은 HIV 바이러스의 protease와 reverse transcriptase 유전자 부위의 다양한 약물 저항성 유전변이를 검색하는데 사용되고 있다. 만약 위의 두 유전자 부위에서 유전변이형이 발견되면 의사는 치료 방법을 달리할 수 있게 되는 것이다.

한편 미국 FDA에 따르면 승인된 약물의 약 10%에 대하여 약물 반응성 검사용 약물유전체 바이오마커 정보가 있다고 한다. 약물 반응성에 대한 유전체 바이오마커는 독성과 부작용을 제거하면서 최적의 효과와 안전성을 보이는 약물의 용량을 찾아 약물의 반응성을 가진 사람과 가지지 않은 사람을 구분하게 된다. 이러한 정보는 많은 약물들이 개인 간에 약물에 대한 반응의 차이를 보이고 있음을 의미한다. 현재 미국 FDA에서는 FDA에서 승인된 약물 중에서 약물 사용에 관련된 유전체 바이오마커 정보를 정규적으로 업데이트해서 제공하고 있다(Table of Valid Genomic Biomarkers in the Context of Approved Drug Labels : /www.fda.gov/Drugs/ScienceResearch/ResearchAreas/

Pharmacogenetics/ucm083378.htm)(표 18-5).

표 18-5. 승인된 약물에 대한 유전체 바이오마커 정보들

바이오마커의 종류	약물	바이오마커와 연관된 다른 약물
C-KIT expression	Imatinib mesylate	
CCR5	Maraviroc	
CYP2C19 Variants	Clopidogrel	
CYP2C19 Variants with alternate context	Voriconazole	Omeprazole; Pantoprazole; Esomeprazole; diazepam; Nelfinavir; Rabeprazole
CYP2C19 Variants with alternate context (no effect of Variants)	Prasugrel	
CYP2C9 Variants	Celecoxib	
CYP2C9 Variants with alternate context	Warfarin	
CYP2D6 Variants	Atomoxetine	Venlafaxine; Risperidone; Tiotropium bromide inhalation; Tamoxifen; Timolol Maleate
CYP2D6 with alternate context	Fluoxetine HCL	Fluoxetine HCL and Olanzapine; Cevimeline hydrochloride; Tolterodine; Terbinafine; Tramadol + Acetamophen; Clozapine; Aripiprazole; Metoprolol; Propranolol; Carvedilol; Propafenone; Thioridazine; Protriptyline HCl; Tetrabenazine
CYP2D6 (UM) with alternate context	Codeine sulfate	Fiorinal with Codeine (butalbital, aspirin, caffeine, and codeine phosphate) Fioricet with Codeine(butalbital, acetaminophen, caffeine, and codeine phosphate)
Deletion of Chromosome 5q(del(5q))	Lenalidomide	

DPD Deficiency	Capecitabine	Fluorouracil Cream; Fluorouracil Topical Solution &Cream
EGFR expression	Erlotinib	
EGFR expression with alternate Context	Cetuximab	Gefitinib
EGFR expression with alternate Context	Cetuximab	Panitumab; Gefitinib
Familial Hypercholestremia (deficiency, and/or mutation, of LDLR)	Atorvastatin	
G6PD Deficiency	Rasburicase	Dapsone
G6PD Deficiency with alternate Context	Primaquine	Chloroquine
Her2/neu Over-expression	Trastuzumab	Lapatinib
HLA-B*1502 allele presence	Carbamazepine	
HLA-B*5701 allele presence	Abacavir	
KRAS mutation	Panitumumab	Cetuximab
NAT Variants	Rifampin, isoniazid, and pyrazinamide	Isosorbide dinitrate and Hydralazine hydrochloride
Philadelphia Chromosome-positive responders	Busulfan	
Philadelphia Chromosome-positive responders with alternate context	Dasatinib	Nilotinib
PML/RAR alpha gene expression (Retinoic acid receptor responder and non-responders)	Tretinoin	Arsenic Oxide
Protein C deficiencies (hereditary or acquired)	Warfarin	
TPMT Variants	Azathioprine	Thioguanine; Mercaptopurine
UGT1A1 Variants	Irinotecan	

UGT1A1 variants with alternate context	Nilotinib	
Urea Cycle Disorder (UCD) Deficiency	Valproic acid	Sodium Phenylacetate and Sodium Benzoate; sodium phenyl butyrate
VKORC1 Variants	Warfarin	

출처:/www.fda.gov/Drugs/ScienceResearch/ResearchAreas/Pharmacogenetics/ucm083378.htm

■ 참고문헌

• Daly AK. (2010). Genome-wide association studies in pharmacogenomics. Nat Rev Genet 11:241-246.

• Flockhart DA et al. (2009). Clinically available pharmacogenomics tests. Clinical Pharmacology & Therapeutics 86:109-113.

• Sehgal AR. (2004). Overlap between whites and blacks in response to antihypertensive drugs. Hypertension 43:566-572.

• Johnson BE, Jänne PA. (2005). Epidermal growth factor receptor mutations in patients with non-small cell lung cancer. Cancer Research 65:7525-7529.

• Cavallari LH and Limdi NA. (2009). Warfarin pharmacogenomics. Current Opinion in Molecular Therapy 11:243-251.

• Werner Kalow. Chapter 55. Pharmacogenetics, Excogenetics, and Pharmacogenomics. In "The Genetic Basis of Common Diseases". Edited by RA King, JI Rotter and AG Motulsky (2nd edition). 2002. Oxford University Press

• Table of Valid Genomic Biomarkers in the Context of Approved Drug Labels, available at : /www.fda.gov/Drugs/ScienceResearch/ResearchAreas/Pharmacogenetics/ucm083378.htm , Accessed on January 6, 2010.

• Gage BF, Lesko LJ. (2007). Pharmacogenetics of warfarin: regulatory, scientific, and clinical issues. J Thromb Thrombolysis 25:45-51.

• Koren G et al. (2007). Pharmacogenetics of morphine poisoning in a breastfed neonate of a codeine-prescribed mother. Lancet 368:704.

• Chung WH et al. (2004). Medical genetics: a marker for Stevens-Johnson syndrome. Nature 428:486.

제 19장 유전자 발현 조절의 유전분석

1. 유전자 발현의 유전 분석 필요성

유전자의 발현을 조절하는 기전은 매우 다양한 요인에 의해 결정된다. 그리고 유전자의 발현도 유전적 요인과 환경적 요인에 의하여 조절되며 특히 개인 간의 유전적 차이에 의한 유전자 발현의 차이는 다양한 표현형적 변이를 보이는 원인이 되고 있다. 최근 유전체 분석기술의 발전으로 대량의 유전자 발현 정보와 유전체 변이정보를 통합한 분석이 시도되고 있다. 유전자 발현을 조절하는 유전좌위(locus)와 원인 대립 유전형을 규명하기 위해서는 유전자 발현 데이터와 유전변이형 정보를 통합하여 분석하여야 한다. 이렇게 유전자 발현을 조절하는 유전좌위와 원인 대립 유전형을 찾는 연구를 유전체 데이터의 유전 분석(genetical genomics)이라고 한다(그림 19-1). 따라서 이 연구 방법은 유전자 발현의 차이를 조절하는 유전좌위의 위치(eQTLs)를 규명하는 연구이다.

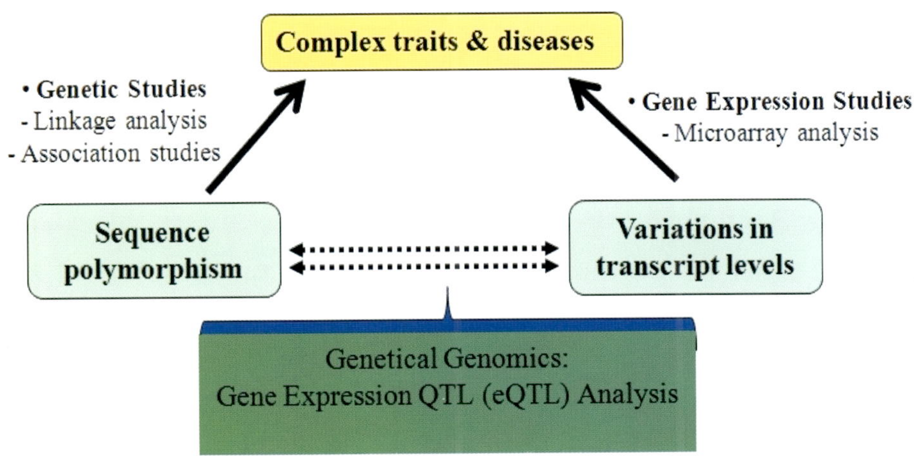

그림 19-1. 유전자 발현의 유전 분석. 유전자 발현과 유전학의 접목을 통한 유전자 발현 조절 유전좌위(loci)의 위치를 규명하기 위한 새로운 시도로 genetical genomics라고 부르고 있다. 출처: Li J and Burmeister M. (2005). Hum Mol Genet 14:R163-R169.

최근에는 대량의 유전자 발현을 조사할 수 있는 cDNA Microarray 기술의 개발과 대량의 유전변이형을 조사할 수 있는 SNP chip 기술의 접목으로 유전자의 발현량을 조절하는 유전변이형에 대한 유전체 연구가 활발히 시도되고 있다(그림 19-2). 따라서 이러한 통합 접근은 유전자의 발현을 조절하는 대량의 조절 유전변이형 정보를 많이 밝혀낼 수 있을 것으로 기대된다.

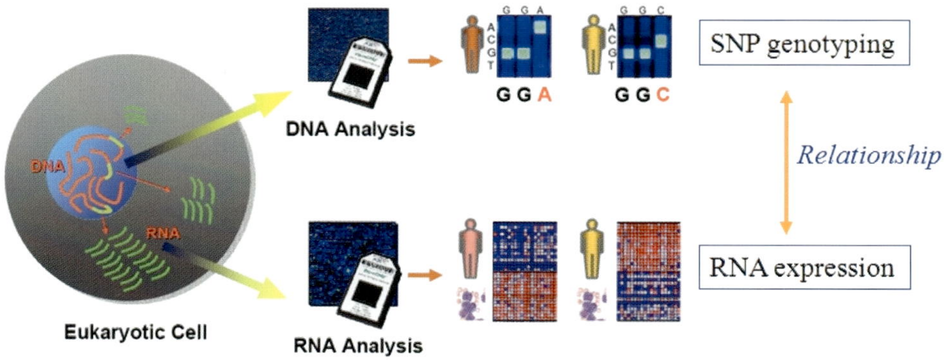

그림 19-2. **SNP형과 유전자(mRNA) 발현 간의 상관성 연구**

유전자 발현에 영향을 미치는 유전적 요인을 규명하기 위한 방법에는 크게 2 가지가 있다. 첫 번째는 유전자 발현에 대한 가계를 이용한 유전 분석법을 적용하는 것이다. 이 방법은 유전자 발현의 정도(expression level)를 하나의 표현형으로 보고 가계 내에서 유전적으로 전달되는 유형을 조사하는 방법이다. 두 번째 방법은 집단(population)을 사용하여 유전자 발현에 대한 유전 분석을 수행하는 것이다. 집단의 시료를 대상으로 각 개체 간의 유전자 발현량과 발현 패턴을 조사하여 유전자 발현과 유전형 간의 연관성을 조사하게 된다. 유전자 발현에 대한 유전 연구는 질병이라는 복잡한 여러 요인이 관여하는 대상에 비해 더 직접적인 연관성이 존재할 가능성이 높기 때문에 매우 유의적인 결과가 나올 수 있다.

유전자의 발현량을 결정하는 2 가지 기전으로 특정 유전자의 프로모터 부위의 유전변이형이 유전자 발현에 필수적인 전사인자의 결합에 영향을 미쳐 발현량의 차이를 유발하는 기전(cis-acting regulation of gene expression)과 다른 유전자의 발현에 의해 특정 유전자의 발현을 조절하는 기전(trans-acting regulation of gene expression)이 있다

(Morley M et al., 2004)(그림 19-3). 대부분의 유전자 발현 조절은 유전자의 프로모터에 존재하는 유전변이형에 의해 직접적으로 영향을 받게 된다. 그러나 일부의 경우에는 다른 염색체 또는 다른 유전체에 존재하는 독립된 유전자의 발현에 의해 특정 유전자의 발현이 영향을 받을 수 있으며 대부분의 전사인자에 의한 유전자 발현 조절 기전이 여기에 해당된다. MHC class II transactivator (MHC2TA) 유전자에 의한 MHC class II 유전자의 발현 조절이 trans-acting하게 유전자 발현을 조절하는 기전의 좋은 예가 된다(Swanberg M *et al.*, 2005)(그림 19-3).

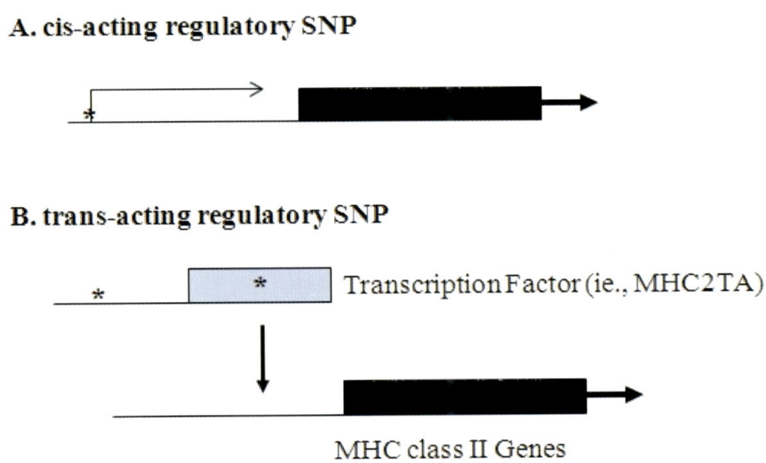

그림 19-3. **rSNP**에 의한 유전자 발현의 조절 기전

한편 유전자의 발현 조절은 유전자 전사 과정에 관련하는 다양한 작용 기전에 의하여 조절된다. 예를 들면, 유전자의 프로모터 부위에서 DNA methylation이나 전사인자의 결합 능력에 의하여 조절되거나 DNA와 결합하고 있는 histone의 acetylation이나 두 대립 유전자가 복제되는 시간적 차이에 따라 두 대립 유전자의 유전자 발현 차이를 유발할 수 있다(그림 19-4).

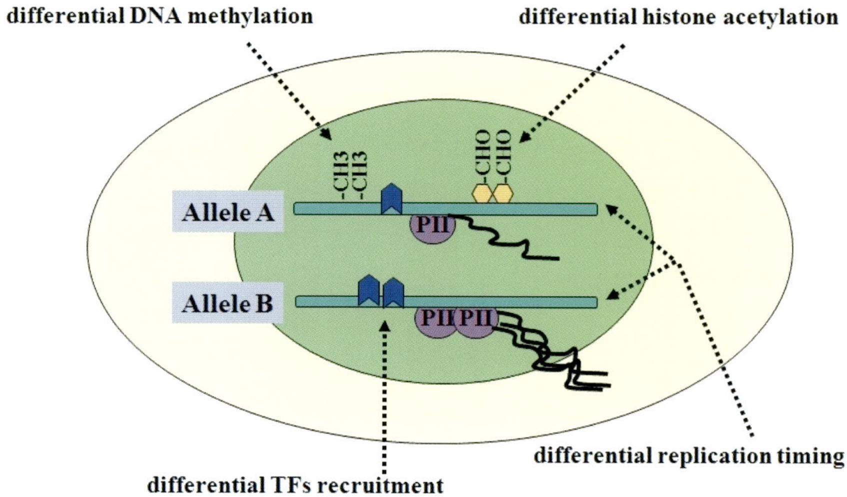

그림 19-4. 대립 유전자 발현의 세포적 원인 조절 기전

2. 대립 유전자 발현의 유형 분류

이배체로 구성된 한 개의 세포는 엄마에게서 받은 유전자 1 개와 아빠에게서 받은 유전자 1 개로 구성된 2 개의 다른 유전자형(alleles)이 존재한다. 따라서 2 개의 대립 유전자가 발현되는 유형은 동일한 조건에서는 2 개의 대립 유전자가 동일한 양(equal allelic expression)으로 발현될 것이다. 그러나 많은 경우에 2 개의 대립 유전자 발현에 차이가 존재한다. 가장 극단적인 경우에는 한 쪽 대립 유전자가 전혀 발현되지 못하는 단일 대립유전자 발현(monoallelic expression) 유형이 관측되기도 한다. 대표적인 예로는 genomic imprinting에 관련된 유전자에서 부모의 기원에 따라 한쪽 대립 유전자만이 발현되거나 X 염색체에 존재하는 유전자의 random X chromosome inactivation 기전에 의하여 한쪽 대립 유전자만 발현되는 유전자들이 있다. 그리고 유전자의 발현을 조절하는 프로모터 부위에 유전변이형이 존재하는 경우에는 특정 전사인자의 결합에 영향을 미쳐서 2 개의 대립 유전자 발현의 차이를 만들게 된다. 이 경우에는 전사인자의 결합 능력에 따라 2 개의 대립 유전자 발현의 차이는 매우 다양한 형태의 불균형 대립 유전자 발현(allelic imbalance) 패턴을 보이게 된다. 위에서 언급된 경우 이외에도 RNA editing이라

는 기전에 의하여 DNA에서 코딩하는 염기서열이 mRNA 상태에서는 다른 염기로 치환되는 현상이 발생하기도 한다. 따라서 2 개의 다른 대립 유전자를 가지고 있는 1 개의 세포에서 발생하는 대립 유전자 발현의 유형은 4 가지의 유형(equal expression, monoallelic expression, imbalanced expression & RNA editing)으로 분류가 가능하다 (그림 19-5).

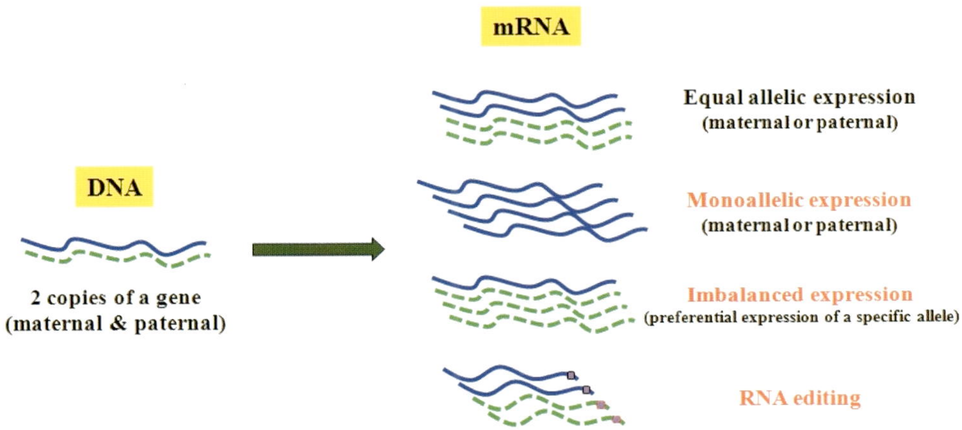

그림 19-5. 대립 유전자 발현의 4 가지 유형

대립 유전자 발현 유형을 조사하기 위해서는 *in vitro* 방법과 *in vivo* 방법이 사용될 수 있다. 가장 많이 사용하는 방법으로는 특정 유전자의 비교적 짧은 크기의 프로모터 부위(< 1 kb)를 사용하여 *in vitro*에서 gene expression reporter assay를 수행하여 유전자 발현의 차이를 규명하는 것이다. 또한 *in vivo* 대립 유전자 발현을 조사하는 방법으로는 조사하고자 하는 유전자의 코딩 부위에 heterozygote의 형태로 존재하는 마커를 가진 개체의 조직이나 세포를 조사하여 2 대립 유전자의 상대적 발현 정도를 조사한다. 2 개의 대립 유전자 간의 유전자 발현 유형 조사는 genomic DNA에 존재하는 heterozygote의 유전자형이 cDNA에서 관측되는 유전자형의 정도와 비교함으로써 대립 유전자 발현의 유형을 파악한다. 예를 들면, genomic DNA에서는 heterozygote 유전자형을 가지고 있지만 cDNA 상태에서는 하나의 유전자형만 관측된다면 이 유전자는 monoallelic gene expression을 보이는 유전자일 것이다. 그러나 만약에 genomic DNA에서는 정확히 1:1의 비율로 heterozygote의 형태로 존재하는 대립 유전자가 cDNA 상태에서는 다른 비율

로 한쪽 대립 유전자형에 치우쳐 관측된다면 이 유전자는 불균형 상태의 유전자 발현 (allelic imbalance)을 보이는 유전자일 것이다.

최근에는 SNP genotyping 기술을 활용하여 genomic DNA와 cDNA를 동시에 genotyping 함으로써 대립 유전자의 발현 유형 분석이 가능하게 되었다. 예를 들면, 그림 19-6에 제시한 바와 같이 genomic DNA와 cDNA의 genotype을 분석하여 비교함으로써 monoallelic expression, imbalanced expression 및 RNA editing에 의한 대립 유전자 발현 변화를 동시에 대량으로 조사할 수 있다.

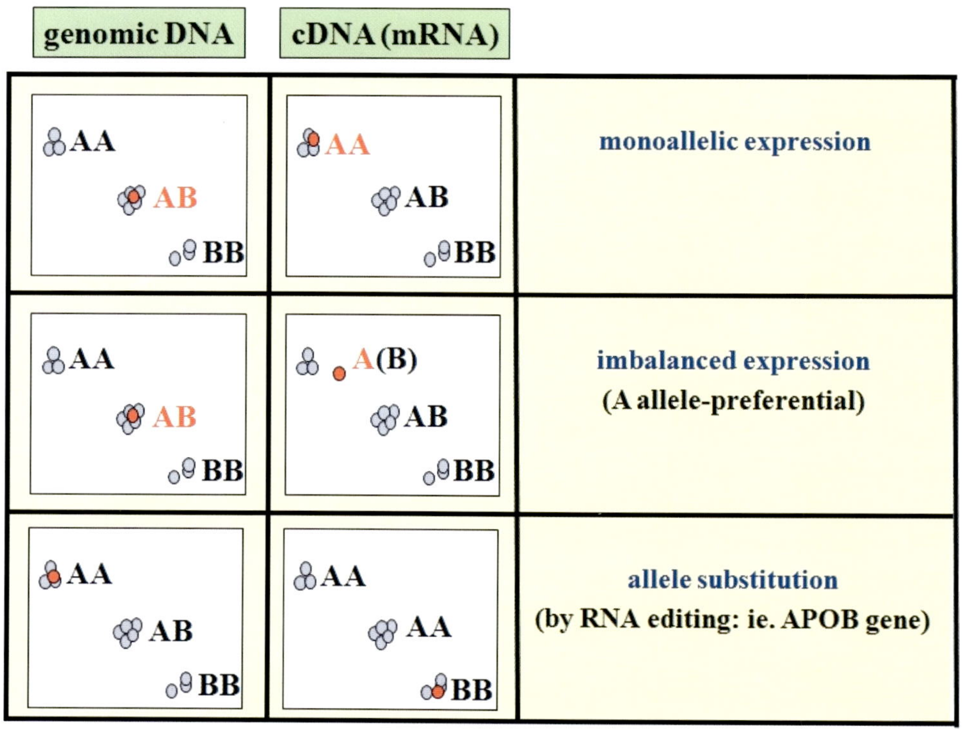

그림 19-6. **SNP genotyping** 기술을 이용한 대립 유전자 발현 유형 분석

(1) **단일 대립 유전자 발현** (monoallelic expression)

2 개의 유전 정보(diploid)를 지닌 개체에서는 대부분 2 개의 대립 유전자형이

모두 발현된다. 그러나 일부의 유전자에서는 2 개의 대립 유전자형에서 단지 한 개의 유전자형만이 발현된다. 단일 대립 유전자 발현(monoallelic gene expression)의 전형적인 예로는 포유류에서 발생하는 X 염색체의 불활성 기전(mammalian X inactivation), B 세포의 항체 유전자에서처럼 한 대립 유전자가 발현되면 다른 대립 유전자의 발현을 억제하는 현상(allelic exclusion)과 유전적 각인(genomic imprinting)에 의해 발현되는 유전자들이 있다(표 19-1).

표 19-1. 단일 대립 유전자형 발현(**monoallelic gene expression**) 유전자의 유형

Group	Target Regions or Genes
Mammalian X inactivation	Random X chromosome inactivation
Allelic exclusion	Immunoglobulin genes in B cells
	T cell receptor (TCR) genes
	Olfactory receptor genes in neurons
	Pheromone receptor genes
	Interleukins
	Odorant receptors
	Protocadherin genes
Genomic imprinting	IGF2R (+ H19)
	KCNQ1
	GNAS
	PWS (Prader-Willi & Angelman syndrome) region

단일 대립 유전자형 발현은 아마도 발달 단계에서 특정 유전자의 발현을 감소시키기 위한 한 가지 방법으로 작용할 수 있거나 genomic imprinting 유전자의 근처에 존재하여서 동일한 기전으로 단일 대립 유전자형 발현이 가능할 것으로 추측된다. 한편 이러한 단일 대립 유전자형 발현은 매우 중요한 유전자에서 특정 유전자 수의 결핍(haplodeficiency)

또는 결손(deletion)이 있는 유전자와 조합을 이루는 경우에는 매우 심각한 유전 증상(deletion syndrome)을 유발할 가능성이 있다. 그리고 단일 대립 유전자형 발현은 DNA methylation, replication timing, chromatin structure, noncoding RNAs 및 nuclear positioning과 같은 비유전적 요인(epigenetic)에 의하여 조절되는 것으로 알려져 있다(Yang PK & Kuroda MI, 2007). 아래에 단일 대립 유전자 발현의 3 가지 대표적인 기전(Mammalian X inactivation, Allelic exclusion, Genomic imprinting)에 대하여 간략히 소개하고자 한다.

① Mammalian X inactivation

남성(XY)의 경우에는 X-염색체를 1 개 가지고 있지만 여성(XX)의 경우에는 2 개의 X-염색체를 가지고 있다. 따라서 X-염색체 불활성화는 여성에게 남자와 여자 사이의 X-linked 유전자의 양을 동일하게 맞추기 위한 과정이다. 그래서 여성의 개별 세포에서는 2 개의 X-염색체 유전자 중에서 1 개의 유전자가 임의로 선별되어 불활성화되고 다른 1 개의 유전자만이 발현(monoallelic expression)된다(물론 일부의 유전자는 이 과정을 벗어나는 예외의 경우도 존재함). 그리고 X-염색체 불활성화는 세포별로 각자 임의로 선별되어 진행되기 때문에 여성의 조직에서 X-염색체 유전자의 발현은 모자이크 형태를 띠게 된다. 한편 X-염색체 불활성화는 X-염색체에 존재하는 Xic (X-inactivation center) locus에 의하여 전사되는 Xist (X-inactivation-specific transcript) RNA에 의하여 유지되는 것으로 알려져 있다. 이 RNA는 불활성화된 염색체에서 존재하는 대립 유전자에서만 발현됨으로써 X-염색체 불활성화를 유지한다.

② Allelic exclusion

면역세포인 B 세포의 immunoglobulin 유전자와 T 세포의 T cell receptor 유전자는 2 개의 대립 유전자에서 단지 1 개만이 발현된다. 이 발현 기전은 항원 수용체(antigen receptor) 유전자인 immunoglobulin 유전자와 T cell receptor 유전자에서 한 염색체에 존재하는 하나의 대립 유전자가 다수의 유전체 조각의 조합(recombination)에 의하여 발현되면 다른 염색체에 존재하는 유전자의 유전자 재조합을 억제함으로써 이루어진다. 따라서 B 세포 또는 T 세포에서 발현되는 항체 수용체는 한 종류만 발현되어 오직 한 종류의 항원과 결합할 수 있는 특성을 가지게 된다. 통상 monoclonal antibody가 만들어 지는 것도 B 세포에서 allelic exclusion에 의하여 항체가 생성되기 때문에 가능하다.

③ **Genomic imprinting**

엄마로부터 받은 대립 유전자인지 아빠로부터 받은 대립 유전자인지에 따라 단지 한 쪽에서 받은 유전자만이 발현되는 현상을 유전적 각인(genomic imprinting)이라고 한다. 포유류(사람과 마우스)에서는 약 70 개 정도의 각인된 유전자(imprinted genes)가 있는 것으로 밝혀져 있으며 이 유전자들의 발현 이상은 태아의 발생 또는 태반의 기능에 영향을 미치는 것으로 알려져 있다. 그리고 엄마로부터 전달받은 유전자가 발현되거나 아빠로부터 전달받은 유전자가 발현되는 유전자들은 다수의 염색체에서 imprinted regions으로 구성된 유전자 군락(gene cluster)을 이루어 존재한다. 유전적 각인은 각인이 일어나는 부위의 methylation에 의하여 유전자 발현을 조절한다. 한편 유전적 각인은 다음 세대에 전달되기 전에 정자와 난자를 생성하는 과정에서 제거되고 다시 설정되어 다음 세대에 전달된다. 특히 유전적 각인이 일어나는 유전자 부위에 다른 1 개의 유전자가 결손된 경우에는 유전자 발현이 완전히 소멸될 수 있어 유전자의 기능에 지대한 영향을 미칠 수 있다. 유전적 각인에 의한 가장 잘 알려진 질병으로는 Prader-Willi syndrome과 Angelman's syndrome이 있다. 이 두 질병은 유전체 15q11-13 영역에서 아빠에게서 받은 유전자가 결손된 경우에는 Prader-Willi syndrome이 발생하고 엄마에게서 받은 유전자가 결손된 경우에는 Angelman's syndrome이라는 2 개의 다른 임상적 표현형으로 나타난다. 또 다른 예로는 염색체 11p15 부위의 유전적 각인에 의하여 Beckwith-Wiedemann syndrome이 발생하는 것으로 알려져 있다. 사람에게서 유전적 각인으로 발현되는 유전자로는 약 50 개 정도가 있는 것으로 밝혀져 있다(hppt://igc.otago.ac.nz/home.html). 그리고 마우스의 각인 유전자 정보도 website (http://www.mgu.har.nrc.ac.uk/research/imprinting/)에서 얻을 수 있다. 유전적 각인을 검색하는 방법은 적어도 3 세대 이상으로 구성된 대가계에서 엄마 또는 아빠에게서 물려받은 대립 유전자형이 다음 세대에 어떻게 발현되는지를 조사해야 한다. 일반적으로 유전적 각인은 엄마 또는 아빠에게서 물려받은 대립 유전자형 판별(paternal vs maternal), 조직 특이성, 발생단계 특이성 및 이웃한 유전자의 유전적 각인 구역(clustering) 등을 조사하게 된다.

(2) 불균형적 대립 유전자 발현 (Allelic imbalance in gene expression)

유전자의 발현은 유전적 차이 또는 외부의 환경적 차이에 의하여 영향을 받고 있다. 특히 유전자 발현량은 연속적인 값으로 다양한 발현량으로 측정된다. 최근에는 유전자 발현의 유전적 특성을 규명하기 위하여 유전자 발현량을 정량적 형질(quantitative trait)로 설정하고 특정 유전자 발현을 조절하는 유전적 위치(eQTL: Expression Quantitative Trait Loci)를 찾는 연구가 활발히 추진되고 있다. eQTL 분석은 유전체와 유전자 발현 전사체(transcriptome) 간의 관계를 연구한다. 따라서 eQTL mapping은 수천 개의 유전자 발현을 분석하여 유전자 발현 형질(gene expression traits)을 설명할 수 있는 유전체의 원인 변이를 찾는 작업이다. 대립 유전자 발현의 차이는 cis-acting factors 또는 trans-acting modulators에 의하여 조절될 수 있다. Cis-acting factor로 작용하는 대표적인 예로는 특정 유전자의 프로모터 부위에 존재하는 유전변이형(예, regulatory SNP)이나 프로모터 부위의 methylation에 의하여 두 대립 유전자형의 발현 차이가 발생할 수 있다. 그리고 trans-acting modulator로 작용하는 대표적인 것으로는 전사인자 또는 enhancer 등에 의한 유전자 발현 조절 기전이 있다.

그리고 대립 유전자 발현의 불균형은 유전적 요인(genetic)과 비유전적 요인(epigenetic)에 의하여 결정된다. 유전적 요인에 의한 대립 유전자 발현의 불균형 현상은 가계 시료를 사용하여 발현되는 대립 유전자의 불균형(allelic imbalance) 정도를 조사함으로써 알 수 있다. 또한 다수의 시료를 이용한 집단간 또는 집단내 유전자 발현의 차이를 보이는 유전자와 유전변이형 간의 연관성을 조사함으로써 찾을 수 있다. 한편 유전적 요인에 의한 것이 아니라면 아마도 비유전적 요인에 의해 대립 유전자 발현의 불균형이 초래될 것이다. 이 경우에는 한 세포에 존재하는 2 개의 다른 유전체 복제의 시간적 차이(replication asynchrony) 또는 methylation의 차이(differential methylation) 또는 대립 유전자형 특이적으로 발생하는 histone 상태의 변화 등이 관여할 것이다. 한편 유전자의 발현은 집단 내 및 집단 간에 매우 다양한 형태로 관측되고 있다. 한 연구에 의하면 약 83%의 유전자가 사람 간에 유전자 발현의 차이를 보였으며 그리고 약 17%의 유전자는 인종 간에 유전자 발현의 차이가 있는 것으로 조사되었다(Storey JD et al., 2007). 특히 집단 간의 유전자 발현의 차이는 주로 유전자 발현에 관련하는 유전자형 빈도의 차이에 기인된 것으로 알려지고 있다(Spielman RS et al., 2007).

(3) RNA 염기서열 편집 (RNA editing)

일부의 유전자에서는 RNA editing에 의하여 DNA로부터 mRNA가 만들어진 이후에 mRNA의 염기서열이 다른 염기서열로 치환된다. 그리고 RNA editing은 염기 치환(substitution) 또는 삽입/결손(insertion/deletion editing)의 2 가지 다른 기전으로 진행된다(표 19-2). 주로 포유류에서 일어나는 염기 치환은 cytidine deaminase에 의하여 mRNA에 존재하는 cytosine(C)이 urasil(U)로 변형되어 만들어진다. 또 adenosine deaminase의 경우에는 mRNA에 존재하는 adenosine(A)을 inosine(I)로 치환하고 치환된 inosine은 ribosome에서 guanosine (G)으로 인식하게 된다. 그리고 일부 기생충의 미토콘드리아 유전자나 홍역 바이러스(measles virus) 유전자들에서는 guide RNA에 의하여 염기서열 삽입 또는 결손에 의한 RNA editing 현상이 일어나기도 한다.

표 19-2. **RNA Editing** 발생 기전

Group	Mechanism	Examples
Substitution	C → U substitution (cytidine deaminase)	APOB
	A → I(=G) substitution (adenosine deaminase)	Neuronal glutamate & serotonin receptor subunits
Insertion/deletion editing	insertion or deletion by guide RNA (gRNA)	genes in the mitochondria of some parasites & genes in Measles virus

염기 치환에 의하여 발생하는 RNA editing의 대표적인 것으로는 조직 특이적으로 발생하는 인간 Apolipoprotein B (APOB) 유전자가 있다. APOB 유전자는 29 개의 exon으로 구성되어 있으며 총 4,564 개의 코돈을 가지고 있다. 이 유전자는 간(liver) 세포와 장(intestine) 세포에서 발현되고 있는데 간 세포에서는 정상적으로 총 4,563 개의 아미노산을 코딩하는 단백질이 만들어지지만 장 세포에서는 2,153번 코돈인 CAA가 cytidine deaminase 효소의 작용으로 UAA로 변경되어 stop 코돈으로 바뀌게 된다. 따라서 코돈 2,153 번에서 RNA editing으로 아미노산 코딩이 중단됨에 따라 2,153 개의 아미노산을 가진 짧은 단백질을 만든다(그림 19-7).

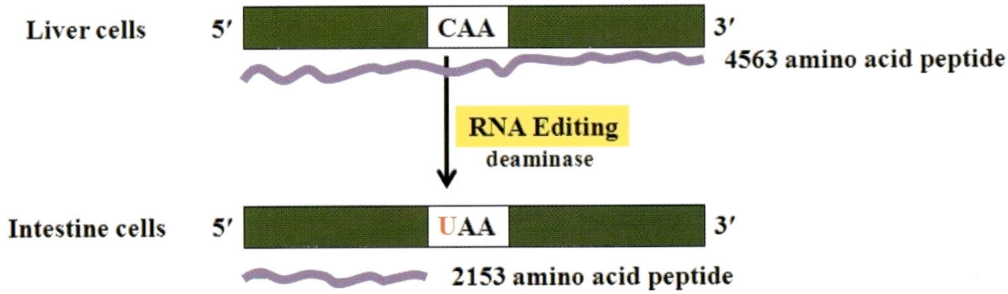

그림 19-7. 인간 **APOB** 유전자에서 조직 특이적인 **RNA editing** 현상

사람의 APOB 유전자 이외에도 다수의 유전자들이 RNA editing에 의하여 단백질의 아미노산 서열이 변화한다. 표 19-3에는 RNA editing이 일어나는 대표적인 유전자와 RNA editing의 종류를 보여주고 있다.

표 19-3. 포유류의 **RNA editing** 유전자의 보기

Tissue	Target RNA	Change	Effects
Intestine	Apolipoprotein B	C→U	Glutamine - Stop
Muscle	A-galactosidae	U→A	Phe - Tyr
Testis, tumors	Wilms tumor-1	U→C	Leu - Pro
Tumors	Neurofibromatosis T-1	C→U	Arg - Stop
B lymphocytes	Immunoglobulin	Various	Generating Ab diversity
Brain	Glutamate receptor	A→I	Various codon changes

3. 대립 유전자 발현 조절 분석 기술

(1) 유전자 칩(DNA microarray)을 이용한 정량적 유전자 발현 차이 분석

대량의 유전자에 대한 유전자 발현 패턴을 조사하는 방법으로 DNA microarray chip 분석 방법을 많이 사용하고 있다. 이 분석은 많은 수의 유전자가 올려진 DNA 칩을 사용하여 mRNA의 발현 정도를 정량화함으로써 두 그룹 간의 유전자 발현 차이를 비교하게 된다. 이 분석 기술에 대한 상세한 내용은 이 책의 제 5장을 참고하면 된다. 한편 DNA microarray 기술을 이용한 유전자 발현 분석은 특정 유전자의 발현량만을 조사할 수 있지 2 개의 대립 유전자형에 대한 직접적 발현 분석은 조사가 어렵다. 한 가지 가능한 방법은 많은 수의 집단 시료를 이용하여 집단간 또는 집단내 유전자 발현의 차이를 보이는 유전자에 대하여 그 원인을 추가적으로 추적 조사하면 부분적으로 가능하다. 따라서 유전자 칩을 이용한 유전자 발현 분석은 대량의 유전자들에 대한 정량적 발현량을 조사하고 gene ontology 또는 pathway 분석 등을 통하여 특정 조건에서 발현되는 유전자 그룹에 대한 정보를 분석하게 된다.

(2) SNP chip을 이용한 대립 유전자형의 발현 차이 분석

인간의 유전체에 존재하는 많은 수의 SNP 마커를 genotyping할 수 있는 SNP chip 기술은 유전변이형 정보만을 제공하는 것이 아니라 사용하는 시료의 종류와 연구 방법에 따라서 유전자 발현 조절의 기전 연구도 가능하다. 예를 들면, 최근에 SNP chip을 이용하여 genomic DNA에 존재하는 대립 유전자형과 mRNA에서 만들어진 cDNA에 존재하는 대립 유전자형을 비교하여 대립 유전자의 발현 유형을 조사하는 방법이 여러 연구자에 의해 시도되었다. 한 가지 예로서 SNP chip을 사용하여 EBV-transformed B 세포에서 분리된 genomic DNA와 cDNA에 존재하는 유전자형을 비교함으로써 다양한 종류의 대립 유전자형 발현 유형을 조사할 수 있다(그림 19-8).

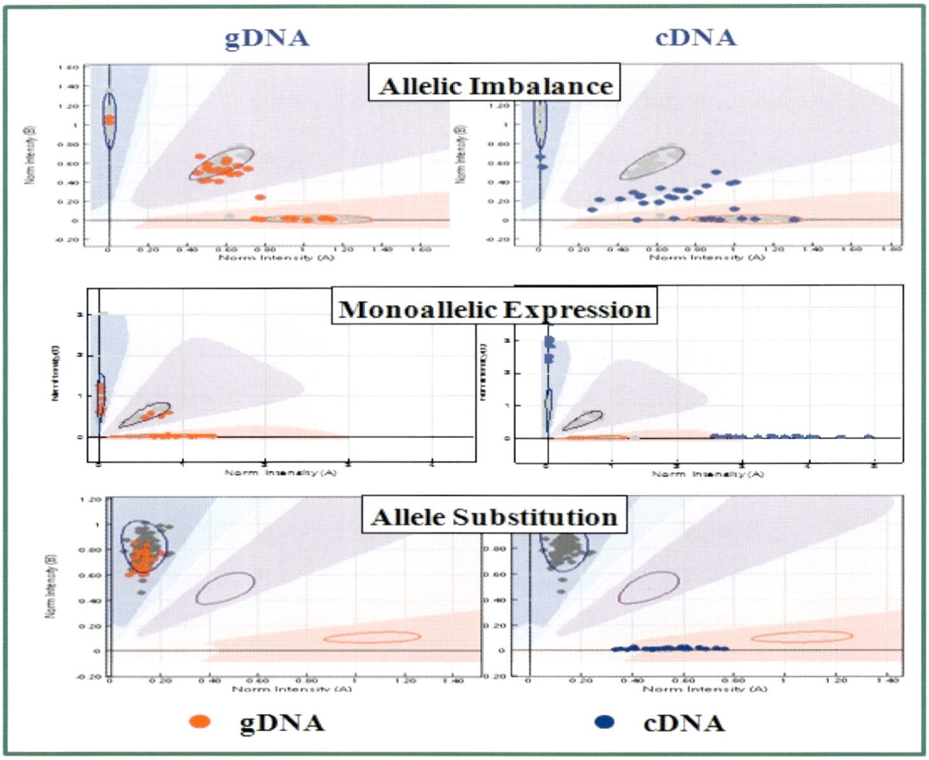

그림 19-8. **Illumina NS-12K SNP chip을 이용한 대립 유전자 발현 유형 검색.** 다수의 세포주를 이용하여 genomic DNA와 mRNA에서 만들어진 cDNA를 template로 사용하여 Illumina 회사의 coding SNP으로 구성된 NS-12K SNP chip을 이용하여 SNP genotyping을 수행한 이후에 genomic DNA와 cDNA에서 발현되는 3 가지 주요 대립 유전자형 발현 패턴을 조사함. 위의 그림에서 genomic DNA의 유전자형은 붉은색으로 표시하고 cDNA의 유전자형은 푸른색으로 표시함.

그리고 백혈구 세포에서 SNP chip을 이용하여 대립 유전자의 발현 유형을 조사해 보니 약 5%의 유전자가 단일 대립 유전자형 발현 (monoallelic expression) 유형을 보이고, 약 53% 정도의 유전자가 대립 유전자의 발현이 불균형 (allelic imbalance; 대립유전자형 발현이 1.5 fold 이상 차이를 보이는 유전자의 비율) 상태를 보이는 것으로 나타났다(Pant PV et al., 2006). 이러한 결과는 매우 많은 수의 유전자들이 실제로 2 개의 다른 대립 유전자 발현에 차이를 보이고 있음을 나타낸다. 그리고 대립 유전자 불균형 발현 (allelic imbalance in gene expression) 유형은 가계도를 가진 시료에서 관측해 본 결과, genomic DNA 상태의 유전자형과 발현되는 cDNA 상태의 유전자형 간에 발생한 불균형 유전자 발현 현상은 부모 세대로부터 다음 세대로 동일한 유형으로 전달됨을 알 수 있었다(그림 19-9). 이는 두 대립 유전자의 발현이 유전적으로 전달되고 있음을 의미한다. 따라서 SNP chip을 이용한 유전자 발현 연구는 다양한 종류의 유전자 발현 유형을 분석하고 그 기전을 이해하는데 많은 도움을 줄 수 있을 것이다.

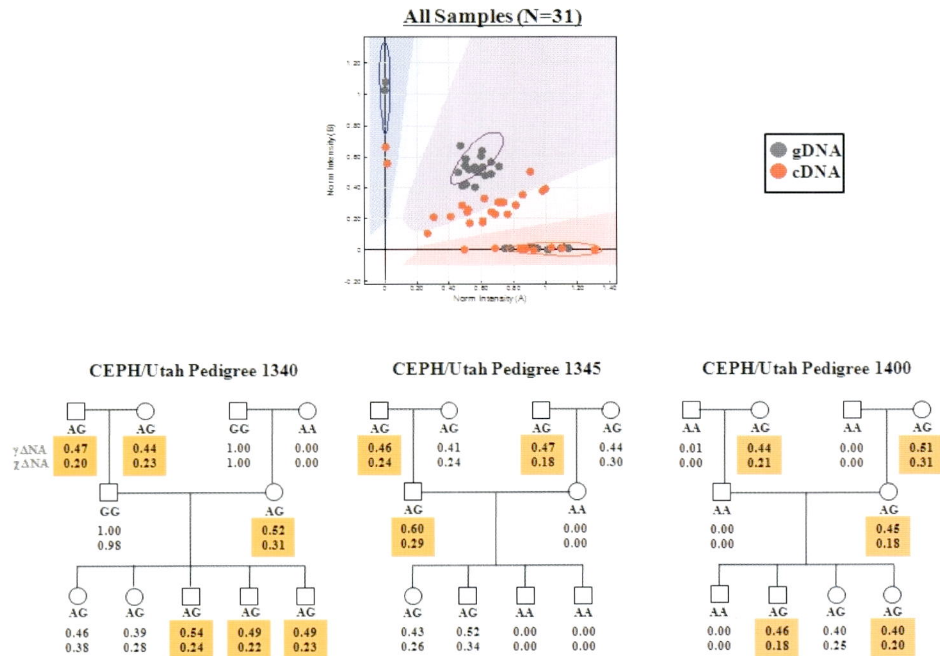

그림 19-9. **Illumina** 회사의 **NS-12KSNP chip**을 이용하여 **CEPH** 가계의 **B** 세포주를 이용한 분석에서 관측된 대립 유전자 불균형 발현**(allelic imbalance in gene expresssion)**의 유전적 전달 상태 검정. 위의 그림에서 genomic DNA시료에서 heterozygote 상태의 유전형이 모두 동일한 비율로 관측되지만 cDNA 에서는 한쪽 대립 유전자형이 더 많이 발현됨을 확인할 수 있다.

(3) 차세대 염기서열 분석기술을 이용한 유전자 발현 분석

최근 유전체 염기서열 분석 기술의 혁신적인 발전으로 유전자 발현 연구에도 새로운 방법이 적용되고 있다. 예를 들면, 차세대 염기서열 분석 기술을 이용하여 발현되는 모든 유전자(cDNA library)를 대량으로 염기서열을 분석하여 유전자 발현량을 정량화하고 두 대립 유전자형의 발현 차이를 조사하며 새로운 splicing 변이형들도 찾아낼 수 있게 되었다. 이러한 유전자 발현에 대한 대량의 정보는 인간 유전체에 존재하는 유전변이형 정보와 통합적으로 분석함으로써 유전체의 DNA 정보로부터 mRNA 발현의 경로와 기전을 이해할 수 있는 새로운 정보를 제공하게 될 것이다. 또한 차세대 대용량 염기서열 분석 방법은 chromatin immunoprecipitation (ChIP) sequencing과 genome-wide methylation profiling을 통하여 유전체 전체에 걸친 DNA-protein 상호작용 정보를 파악함으로써 광범위한 유전자 발현의 조절 기전을 이해할 수 있는 길을 열어 주었다(Mardis ER, 2008). 따라서 차세대 염기서열 분석 기술은 다양한 분야에서 더 많은 새로운 유전체 정보를 제공해 줄 매우 중요한 수단으로 활용될 전망이다.

4. 통합 유전체 정보 분석을 통한 유전자 발현 조절 기전 연구

유전자의 발현 기전을 이해하는 것은 생물학 분야의 가장 핵심적인 연구 주제 중의 하나이다. 그런데 최근의 새로운 유전체 분석 기술들은 유전자 발현의 기전을 이해할 수 있는 새로운 방법을 제공해 주고 있다. 이러한 기술의 발전과 더불어 다양한 분석 방법과 data를 통합적으로 이해하려는 노력이 더욱 확대될 전망이다. 그래서 유전자 발현 기전을 연구하기 위해서는 인간 유전체 전반에 대한 DNA 변이 정보 분석, DNA-protein interaction 분석, methylation profiling과 같은 epigenetic data의 분석, mRNA expression profiling과 allelic gene expression에 대한 이해 등을 종합적으로 분석하고 이해하려는 노력이 요구된다. 이를 위해서는 SNP chip, DNA microarray chip, SAGE data, ChIP-chip 또는 CHIP-sequencing, epigenomics profiling data 등을 통합적으로 분석하고 이해하는 작업으로 진행될 것이다. 이러한 통합적 접근은 systems biology 분야의 발전을 수반하고 유전자 발현의 상세한 조절 기전을 이해할 수 있는 새로운 지식을 넓히게 될 것이다.

■ 참고문헌

- Li J and Burmeister. (2005). Genetic genomics: combining genetics with gene expression analysis. Human Molecular Genetics 14:R163-R169.

- Stamatoyannopoulos JA. (2004). The genomics of gene expression. Genomics 84:449-457.

- Morley M et al. (2004). Genetic analysis of genome-wide variation in human gene expression. Nature 430:743-747.

- Swanberg M et al. (2005). MHC2TA is associated with differential MHC molecule expression and susceptibility to rheumatoidarthritis, multiple sclerosis amd myocardial infarction. Nature Genetics 37:486-494.

- Yang PK and Kuroda MI. (2007). Noncoding RNAs and intranuclear positioning in monoallelic gene expression. Cell 128:777-786.

- Pant PV et al. (2006). Analysis of allelic differential expression in human white blood cells. Genome Research 16:331-339.

- Storey JD et al. (2007). Gene-Expression Variation Within and Among Human Populations. American Journal of Human Genetics 80:502-509.

- Spielman RS et al. (2007). Common genetic variants account for differences in gene expression among ethnic groups. Nature Genetics 39:226-231.

- Mardis ER. (2008). Next-generation DNA sequencing methods. Annu. Rev. Genomics Hum. Genet. 9:387-402.

제 20장 유전체 복제수 변이형(CNV) 분석

1. 유전체의 구조적 변이형의 종류

유전체에는 매우 다양한 종류의 구조적 변이형(structural variants)들이 널리 분포하고 있다. 구조적 변이형이라 함은 유전체에서 약 1 kb 이상 되는 DNA 조각에 생긴 유전체의 변화를 일컫는다. 일반적으로 구조적 변이형은 아주 다양한 형태로 존재하고 있으며(표 20-1) 특히 유전체 복제수 변이(copy number variation; CNV)는 2 개 이상의 유전체를 비교하여 발견된 복제수의 차이를 보이는 DNA 조각을 말한다. 복제수의 차이를 보이는 DNA 조각은 1 kb에서 수 Mb의 크기로 존재한다. 이배체의 유전체로 구성된 사람은 상염색체(autosome) 부위에서는 일반적으로 2 개의 유전자(염색체당 1 개)를 가지고 있다. 그러나 특정한 유전체 영역에서는 유전체상의 deletion이나 duplication에 의하여 복제수의 차이를 보이게 된다. 그리고 유전체 복제수 변이(CNV)는 부모로부터 다음 세대에 전달되기도 하며 때로는 없던 것이 새로 생기기(*de novo*)도 한다.

표 20-1. 유전체에 존재하는 구조적 변이형의 종류

종류	설명
Copy number variant (CNV)	1 kb 이상의 DNA 조각 (예, 삽입, 결손, 증폭 등).
Copy number polymorphism (CNP)	집단에서 1% 이상의 빈도로 존재하는 CNV.
Segmental duplication (SD)	각각의 DNA 조각이 90% 이상의 염기서열이 일치하면서 한 개의 유전체(haploid genome)당 2 개 또는 그 이상의 숫자로 존재하는 1kb 이상의 DNA 조각.
Inversion	염색체 속에서 그 방향성이 거꾸로 배열되어 있는 DNA 조각.
Translocation	유전체 내에서 유전자 숫자의 변화없이 염색체 내에서 또는 염색체 간에 위치가 변경된 경우.
Segmental uniparental disomy	이배체를 가진 개인의 상동염색체가 모두 한 부모에게서 전달받은 경우.

유전체에는 가장 단순한 형태인 단일염기다형성 변이형(SNP)으로부터 특정 염색체 개수의 변이에 이르기까지 매우 다양한 종류의 유전적 변이형들이 존재하고 있다. SNP, microsatellite 및 VNTR과 같은 작은 크기의 유전변이형들은 분자유전학 방법을 이용하여 잘 연구되었으며 염색체 이상과 같은 큰 규모의 유전체 이상은 세포유전학 방법으로 분석이 가능하였다(그림 20-1). 그러나 약 1 kb 이상이면서 미세 염색체 이상에 해당하는 크기의 유전체 이상을 조사할 수 있는 방법이 마땅하지 않아 오랫동안 그 정보가 잘 알려지지 못하고 있었다. 그러나 최근 array CGH 기술이나 SNP chip을 이용한 유전체 구조 이상을 조사할 수 있는 새로운 방법들이 개발되어 기존에 밝혀지지 않은 새로운 유전변이형들에 대한 정보 분석이 가능하게 되었다.

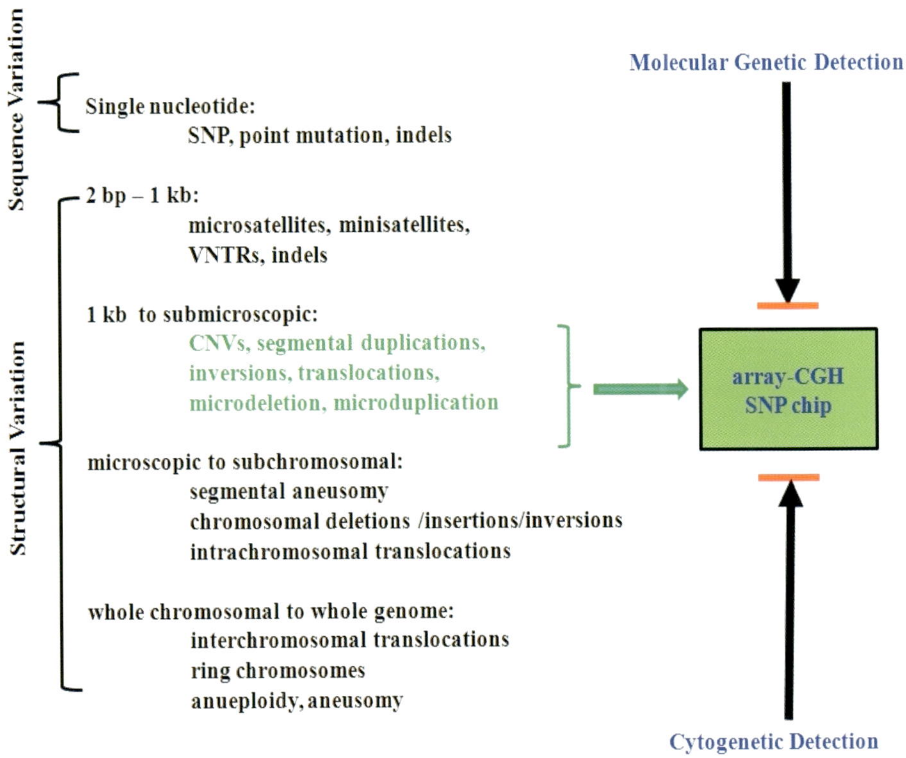

그림 20-1. 유전체의 구조적 변이형의 종류와 분석 방법. 출처: Feuk L et al. (2006). Nature Reviews Genetics 7:85-97.

2. 유전체의 구조적 변이형의 분석 방법

유전체의 구조적 변이형을 찾아내기 위한 다수의 방법이 개발되어 사용되고 있다(표 20-2). 크게 나누면 유전체 전체를 검색하여 유전체에 존재하는 구조적 변이형을 찾아내는 방법과 특정 영역이나 유전자를 대상으로 구조적 변이형을 찾아내는 두 가지 방법으로 나눌 수 있다. 첫 번째로 유전체 전체에서 찾는 방법으로는 karyotyping, array-CGH, SNP chip, sequencing-based 방법 등이 있다. 이 중에서 oligo-based array CGH 방법과 SNP chip 방법이 주로 사용되고 있다. 그리고 특정 지역을 대상으로 조사하는 방법으로는 microsatellite genotyping, MAPH, MLPA, QMPSF, real-time qPCR, FISH 및 Southern blotting 방법 등이 있다(표 20-2).

표 20-2. 유전체에 존재하는 구조적 변이형을 탐색하는 방법들

Method	Translocation	Inversion	LCV (>50kb)	CNV indel (1-50kb)	Small seq variants (<1kb)
Genome-wide scans					
• Karyotyping	Yes (>3Mb)	Yes (>3Mb)	Yes (>3Mb)	No	No
• Clone-based array-CGH	No	No	Yes (>50kb)	No	No
• Oligo-based array CGH	No	No	Yes (>35 kb)	Yes (>35 kb)	No
• SNP array	No	No	Yes (>35kb)	Yes (>35kb)	Yes (SNPs)
• Seq-assembly comparison	Yes	Yes	Yes	Yes	Yes
• Clone paired-end sequencing (fosmid)	Yes	Yes (breakpoints)	Yes (>8 kb del)	Yes (>8kb del; <40 kb ins)	No
Targeted scans					
• Microsatellite genotyping	No	No	Yes (deletions)	Yes(deletions)	Yes
• MAPH	No	No	Yes	Yes	Yes
• MLPA	No	No	Yes	Yes	Yes
• QMPSF	No	No	Yes	Yes	Yes
• Real-time qPCR	No	No	Yes	Yes	Yes
• FISH	Yes	Yes	Yes	Yes	No
• Southern blotting	Yes	Yes	Yes	Yes	Yes

CGH: comparative genome hybridization, CNV: copy-number variant, FISH: fluorescence in situ hybridization, Indel: insertion or deletion, LCV: large-scale CNV, MAPH: multiplex amplifiable probe hybridization, MLPA: multiplex ligation-dependent probe amplification, QMPSF: quantitative multiplex PCR of short fluorecent fragments, qPCR: quantitative PCR. 출처: Feuk L et al. (2006). Nature Reviews Genetics 7:85-97.

유전체의 구조적 변이형 중에서 변이형의 크기가 큰 경우에는 주로 세포유전학 방법인 chromosome banding, karyotyping 및 FISH 방법들이 사용된다. 그리고 유전체에 존재하는 다양한 종류의 구조적 유전변이 - 특히 복제수 변이형(CNV) - 검색을 위해서는 array-based 구조적 유전변이형 탐색 방법 (예를 들면, array CGH 또는 SNP chip) 이 많이 사용되고 있다(그림 20-2).

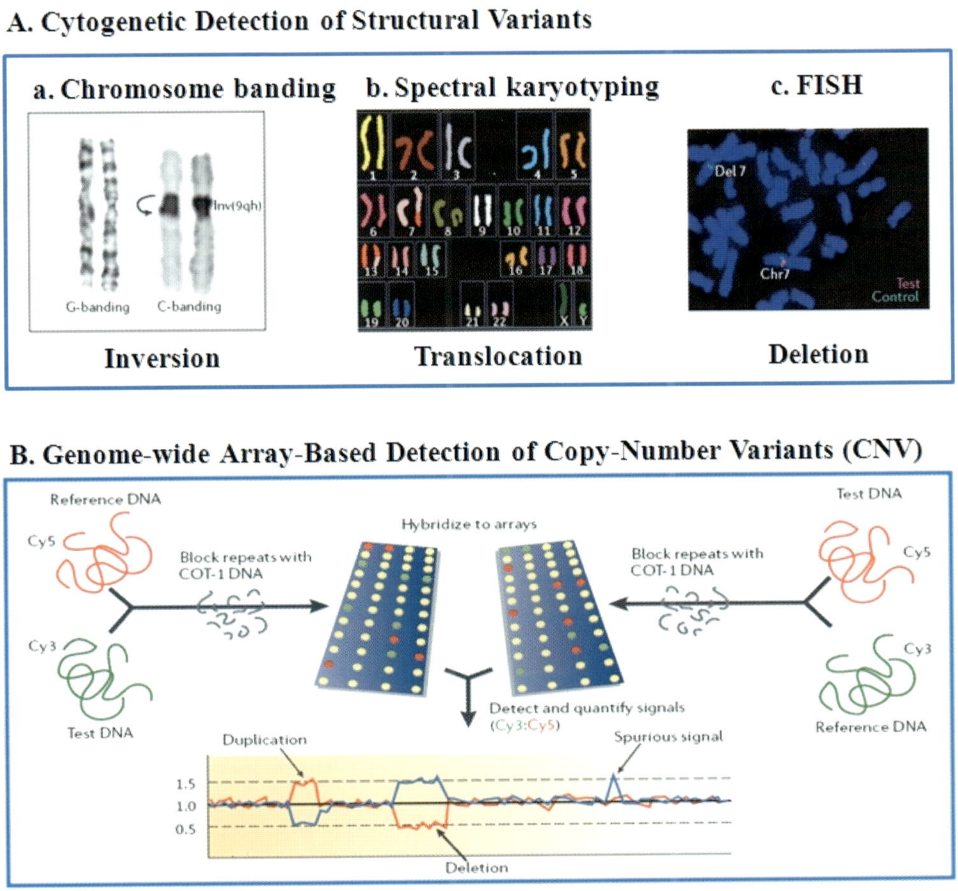

그림 20-2. 유전체의 구조적 변이형 탐색 방법의 대표적 보기. 출처: Feuk L et al., (2006). Nature Reviews Genetics 7:85-97.

3. 유전체 복제수 변이형(CNV)의 분석 방법 비교: array CGH vs SNP chip

유전체에 존재하는 구조적 유전변이형인 복제수 변이형 (CNV) 조사는 array CGH 방법과 SNP chip을 이용한 방법이 주로 사용되고 있다. 우선 array CGH 방법은 전체 유전체를 커버하는 BAC clone을 사용하거나 oligo probe를 이용하여 tiling array chip을 제작하고 표준 유전체(reference genome) 시료와 조사하려는 유전체(testing genome) 시료를 사용하여 두 유전체의 상대적인 양을 측정하게 된다. 이에 비하여 SNP chip 방법은 단일염기다형성(SNP)을 조사할 수 있는 SNP genotyping 기술을 이용하여 표준 유전체 시료와 조사 유전체 시료 간의 상대적인 양을 측정함으로써 유전체 복제수의 변이형을 조사하게 된다(그림 20-3).

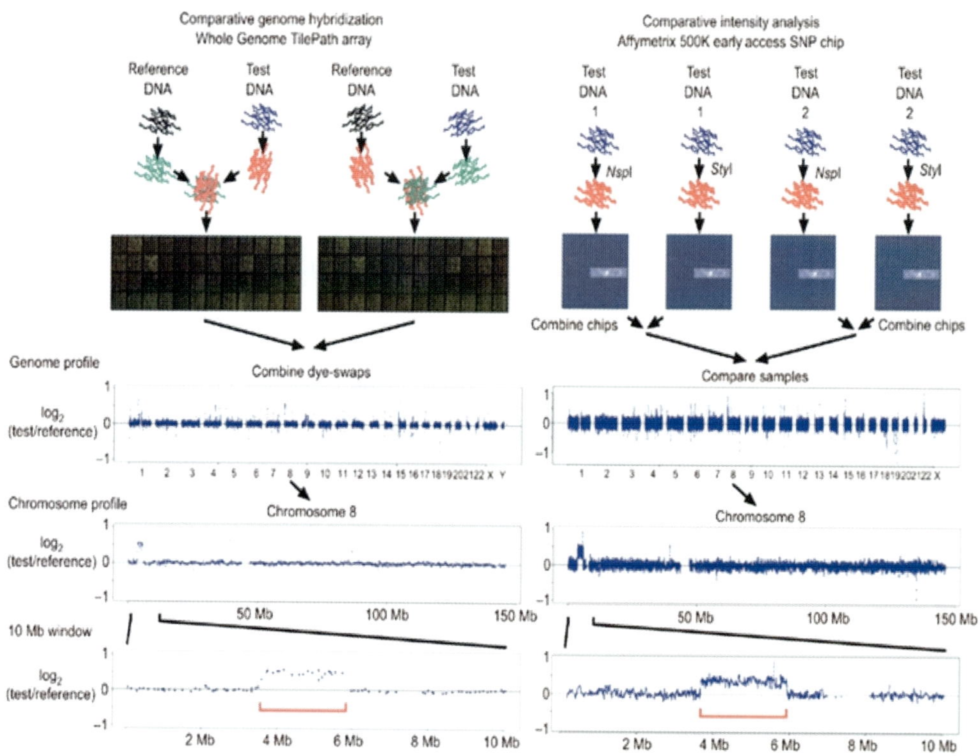

그림 20-3. 유전체의 구조적 변이형 탐색을 위한 **arrayCGH** 방법과 **500K SNP chip** 방법의 비교. 출처: Redon R et al., (2006). Nature 444:444-454.

Array CGH 방법과 SNP chip 방법을 이용하여 다양한 형태로 존재하는 복제수 변이형을 검색할 수 있는데, 예를 들면, deletion, duplication, deletion과 duplication의 혼합형, multi-allelic, complex 등의 형태로 유전체의 구조적 변이형들을 조사할 수 있다(그림 20-4).

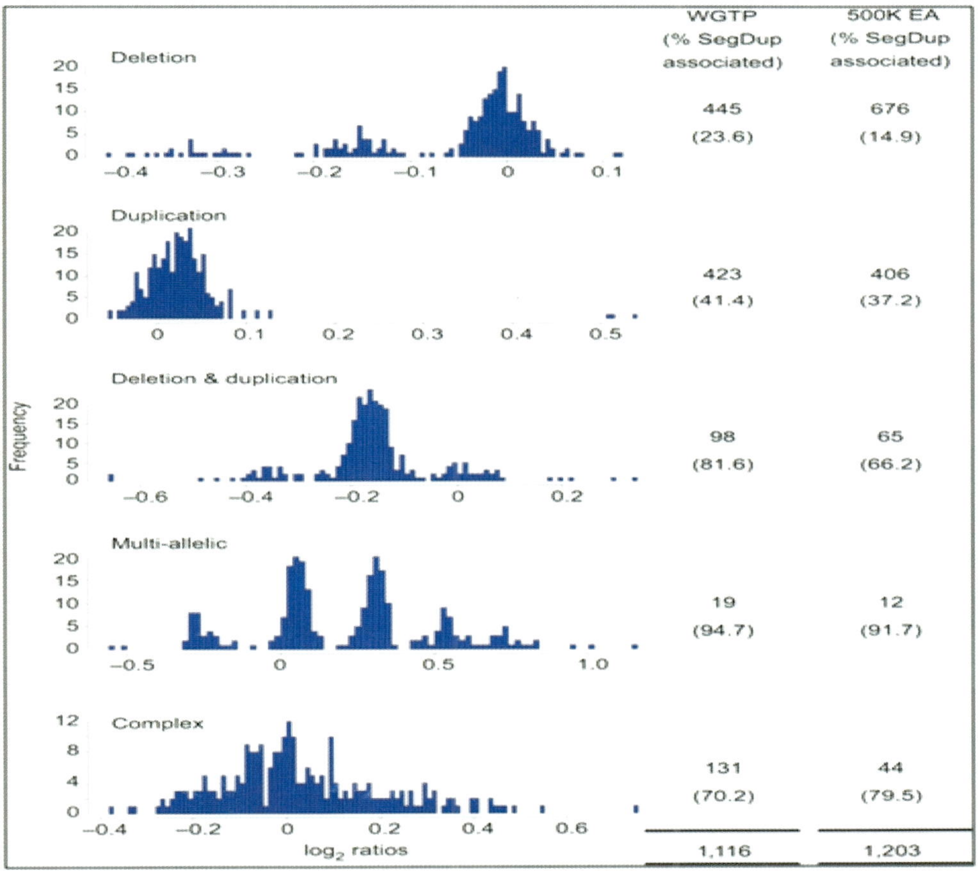

그림 20-4. **array CGH와 SNP chip에 의해 검색되는 복제수 변이형(CNV)의 유형.** 출처: Redon R et al., (2006). Nature 444:444-454.

일반적으로 array CGH와 SNP chip 방법으로 공통된 영역에서 동일한 CNV가 검색되지만 특정 CNV 들은 한 가지 방법에서만 검색되는 경우도 있다. 예를 들면, HapMap project에 사용된 총 270 명의 시료를 사용하여 array CGH 방법과 500K SNP chip 방법을 상호 비교해 본 결과에 의하면, 거의 유사한 숫자의 CNVR(copy number variation regions)이 검색되었지만 많은 부분이 한쪽 방법에 의해서만 검색이 되었다(표 20-3). 특히 array CGH 방법은 duplicated genomic region처럼 큰 CNV 영역이 주로 검색되고 SNP chip 방법은 보다 작은 CNV 영역과 deletion에 의한 CNV 검색에 매우 효과적이였다. 지금까지 검정된 결과에 따르면 array CGH 방법과 SNP chip 방법은 서로 상호 보완적인 역할을 가지고 있으며 한 방법에 의해서는 검색되지만 다른 방법에 의해서는 검색되지 않는 CNV도 많이 존재함을 확인하였다.

표 20-3. **Array CGH chip과 SNP chip의 CNV 검색 능력 비교**

Group	Array-CGH	500K SNP chip	Combined
No. of CNVR	913	980	1447
Better detection size	larger CNVs (duplicated genomic regions)	smaller CNVs	
Deletion:Duplication	~ 1 : 1	~ 2 : 1	
Homozygous deletion	0	33	

출처: Redon R et al., (2006). Nature 444:444-454.

한편 SNP chip을 이용한 CNV 검색 방법은 SNP genotype 정보와 더불어 CNV 정보도 동시에 함께 얻을 수 있는 장점을 가지고 있다. 그런데 CNV 영역의 SNP genotype은 deletion이 된 경우에는 집단 내에서 정상적인 SNP genotype 분포를 따르지 않게 된다. 따라서 CNV 영역의 SNP genotype 들은 하디-와인버그 평형(HWE)이 깨어져 genotyping 오류로 분류되는 경우가 자주 발생한다. 그래서 대부분의 상업적으로 판매되고 있는 SNP chip에 올려진 SNP들은 CNV 부위의 SNP 들이 chip을 구성하는 과정에서 빠지게 되었다. 일반적으로 SNP chip에서 관찰되는 CNV 부위는 1) 가계의 SNP genotyping data에서 멘델의 유전 형태를 따르지 않는 유전형이 자손의 세대에서 관측되고, 2) HWE에 벗어나는 SNP들이 일렬로 연속적으로 나타나며, 3) homozygote deletion이 일어난 부위에서는 null genotype(=missing genotype) 결과가 관측될 것이다.

다수의 SNP 마커를 이용하면 염색체 상에 존재하는 다양한 종류의 CNV를 검색할 수 있다. 예를 들면, Affymetrix 10K SNP chip을 이용하여 X 염색체의 복제수를 분석해 보면 정상의 여성(XX)에서는 정상적인 유전체 복제수를 보이지만 남성(XY)의 염색체에서는 deletion에 의한 LOH(loss of heterozygosty)가 관측됨을 확인할 수 있다. 또한 SNP chip을 이용하여 간암 세포에서 유전체 이상을 검색한 결과에 따르면 염색체 4번에서 deletion에 의한 LOH 현상을 확인할 수 있었다(그림 20-5). 따라서 SNP chip은 유전체에 존재하는 다양한 종류의 유전체 이상을 찾을 수 있는 장점을 가지고 있다.

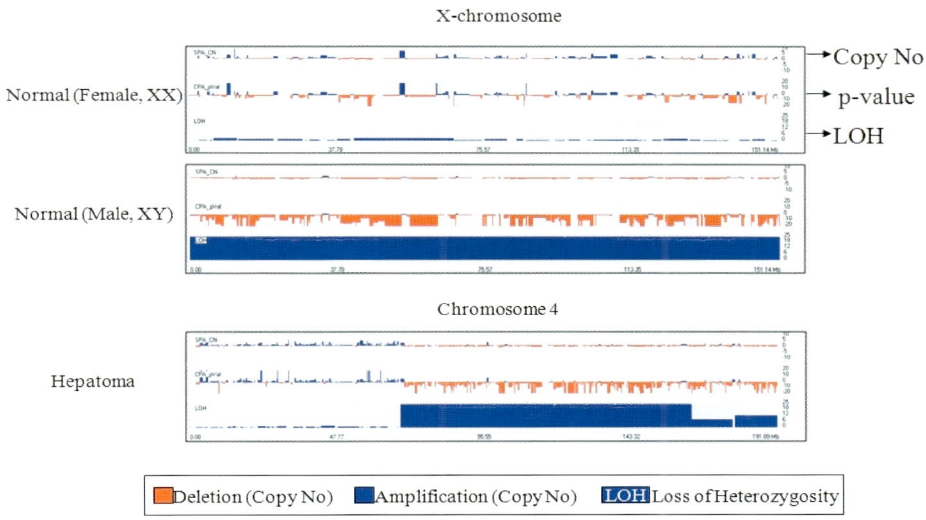

그림 20-5. **Affymetrix 10K SNP chip**을 이용한 간암 세포에서 염색체 **4**번의 **deletion**에 의한 **LOH** 현상 확인.

최근에는 SNP genotyping 기술을 이용하여 개별 SNP site에서 직접 DNA 복제수 상태를 검색할 수 있는 방법도 개발되었다. 예를 들면, Illumina SNP genotyping 방법을 이용하여 특정 SNP를 genotyping한 경우에 결손(deletion)이 존재하면 2 개를 가진 경우와 1 개만을 가진 경우의 genotype으로 구별된다(그림 20-6). 이러한 특정 SNP site의 genotyping을 통한 유전자 복제수 조사 방법은 다양한 방법으로 활용할 수 있다. 예를 들면, 간암 조직과 정상조직을 동시에 SNP genotyping을 조사하여 정상 조직에서 분리된 genomic DNA은 정상적으로 2 개의 유전자를 가지고 있지만 간암 조직에서는 다양한 개수의 유전자 증폭이 존재하는 경우에 매우 쉽게 검색이 가능하다(그림 20-7).

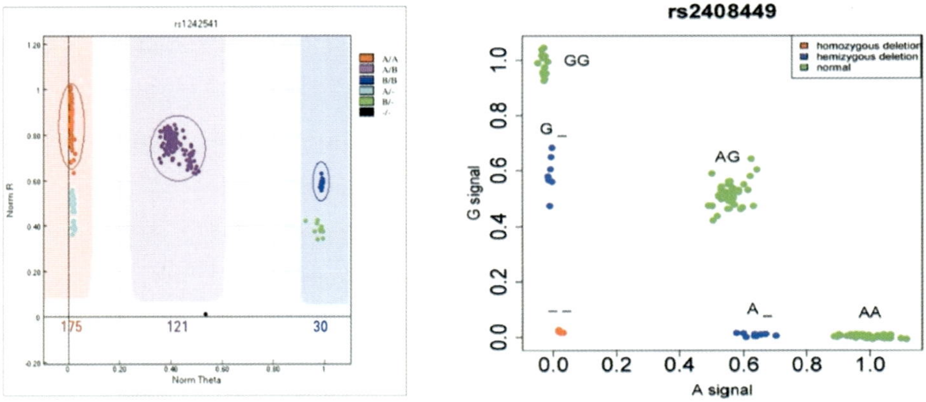

그림 20-6. **Illumina SNP genotyping** 분석을 통한 **deletion** 검색의 예**.** 출처: Bae JS et al., (2008). Biochem Biophys Res Commun 373:593-596 & LaFramboise T. (2009). Nucleic Acids Research 37:4181-4193.

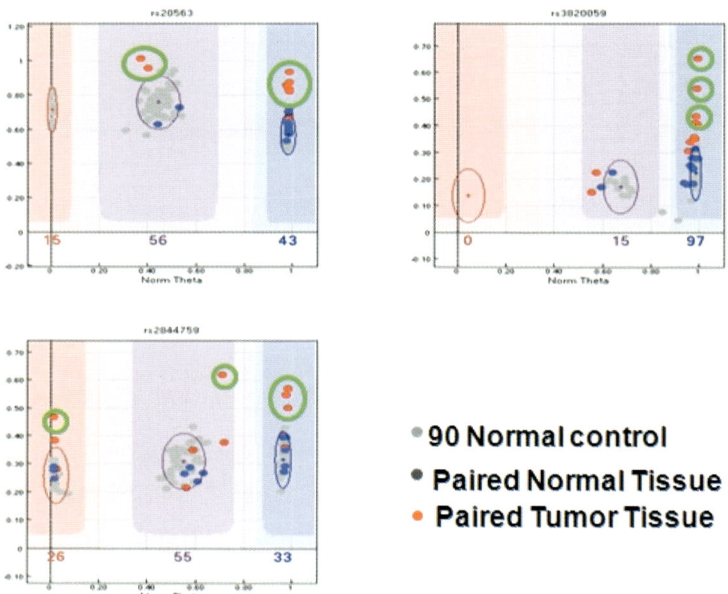

그림 20-7. **SNP chip**을 이용한 간암 조직에서의 검색된 유전자 복제수의 증폭**.** 암조직에서 복제수가 증가된 부위의 유전자형(붉은색 genotype)은 초록색 서클로 표시함. 정상적인 유전체 복제수를 가진 경우는 가운데 부분의 정상적인 유전자형 서클에 포함됨.

4. 인간 유전체에 존재하는 유전체 복제수 변이형(CNV)의 분포

지금까지 인간 유전체에서 약 14,478 개 정도의 CNV loci가 보고되어(database of genomic variants; 2010년 5월 기준) 있으며 많은 CNV가 약 40-100 kb 정도의 크기로 존재하는 것으로 알려져 있다(그림 20-8).

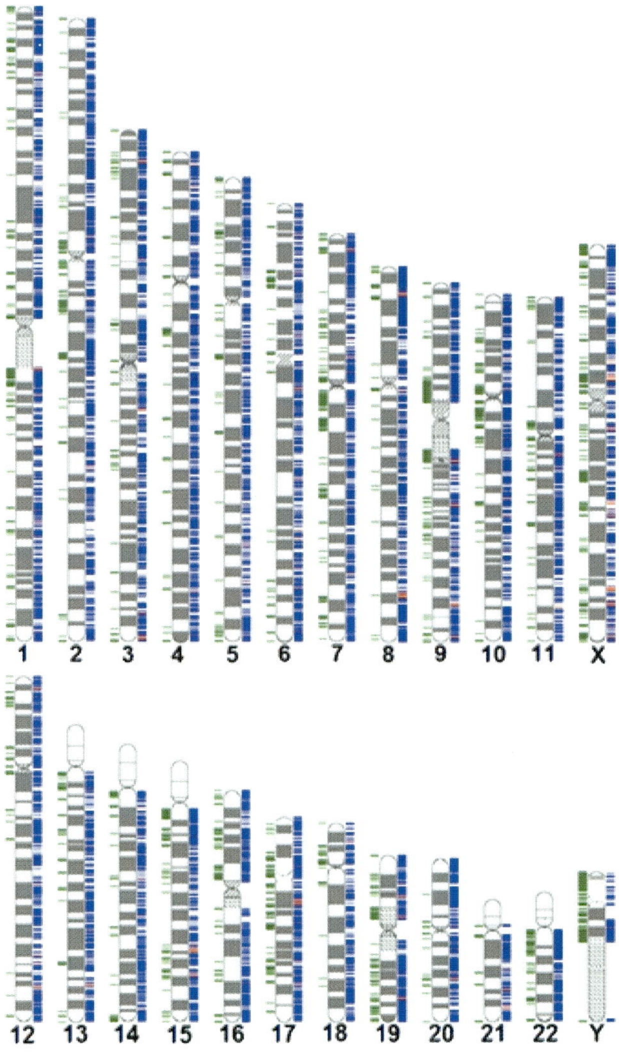

그림 20-8. 인간 유전체에 존재하는 구조 유전변이 **(structural variation)**의 분포도. 인간의 유전체에 존재하는 CNVs (blue), Inversion (red) 및 segmental duplication(green)을 염색체별로 표시하였으며 본 데이터는 Database of genomic variants (http://projects.tcag.ca/variation/)에서 확인이 가능함.

그리고 최근에는 Genome Structural Variation Consortium과 한국인 그룹에서 인간 유전체에 존재하는 인종별 CNV 분포도를 조사하여 보고하였다(그림 20-9). 특히 한국인을 포함한 아시아인에서 특이적으로 존재하는 3,5478 개의 아시아인 특이적으로 존재하는 CNV 정보는 질병 및 표현형 연관성 연구에 매우 유용하게 사용될 수 있을 것으로 예상된다.

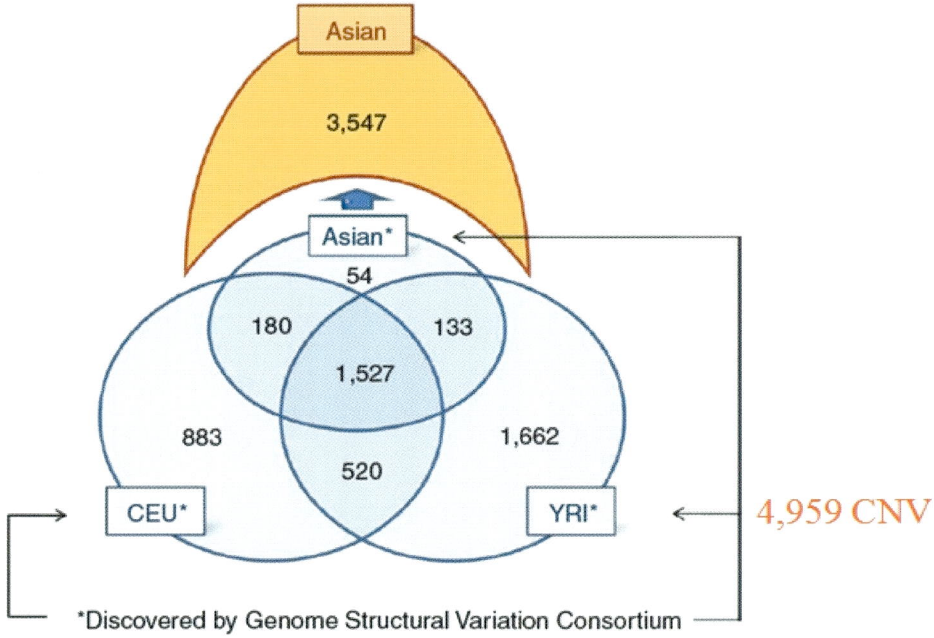

그림 20-9. 인간 집단 특이적으로 존재하는 **CNV**의 분포도. 출처: Park H et al. (2010) Nature Genetics 42:400-405.

그리고 CNV 영역은 인간 유전체에서 약 600 Mb (~2%) 정도를 차지하고 있는 것으로 추정되고 있다. 다양한 복제수 변이로 존재하는 경우에는 결손이나 증폭의 형태로 존재하며 대립 유전자의 수는 2 개의 대립 유전자(bi-allelic)를 가지거나 다수의 대립 유전자(multi-allelic)를 가질 수 있다. 그리고 결손(deletion)이 있는 경우에는 복제수가 0, 1, 또는 2를 가지게 되고 증폭(duplication)이 있는 경우에는 복제수가 2, 3, 4의 값을 가진다.

한편 인간의 유전체에 존재하는 CNV는 인간 집단 간에 매우 다양한 차이를 보이고 있다. UGT2B17 유전자는 아시아인에서는 정상적인 복제수를 가지고 있으나 서양인과 아프리카인에서는 유전자 수가 증폭되어 있다. 그리고 MAPT 유전자 부위는 아프리카인과 아시아인에서는 정상적인 2 개의 유전자를 가지고 있으나 서양인에서는 다양한 복제수 증폭이 관찰되었다(그림 20-10).

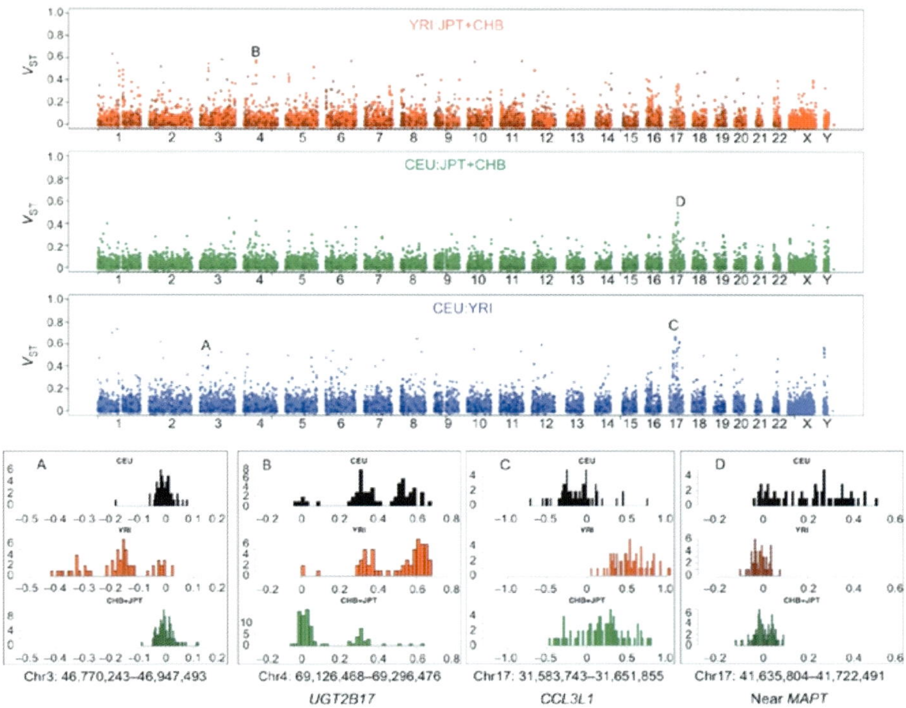

그림 20-10. 인종 집단간 차이를 보이는 **CNV**의 보기들. 출처: Redon R et al. (2006). Nature 444:444-454.

이처럼 인간 유전체에 존재하는 CNV의 분포를 인종 집단에서 조사하게 되면 특정 CNV들이 인종집단별로 하나의 그룹을 이루고 있음을 확인할 수 있다. 이러한 결과는 CNV 유전변이가 인종 집단 간에 특이적으로 분포하고 있음을 의미한다(그림 20-11).

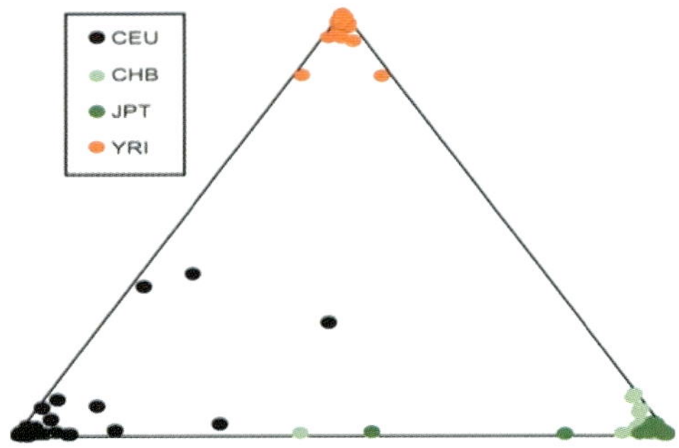

그림 20-11. **CNV genotyping**을 이용한 인종집단의 그룹화 **(clustering).** 출처: Redon R et al. (2006). Nature 444:444-454.

한편 발굴된 CNV 정보를 등록하고 있는 CNV 데이터베이스(DGV: 2010년 5월 기준)에는 총 14,478 개의 CNV loci에서 모두 57,829 개의 CNV들이 보고되어 있으며 그 외에도 다양한 수의 Inversions (850 개)와 InDels (100K- 1kb) (30,748 개)이 인간 유전체에서 관찰되고 있다(그림 20-12).

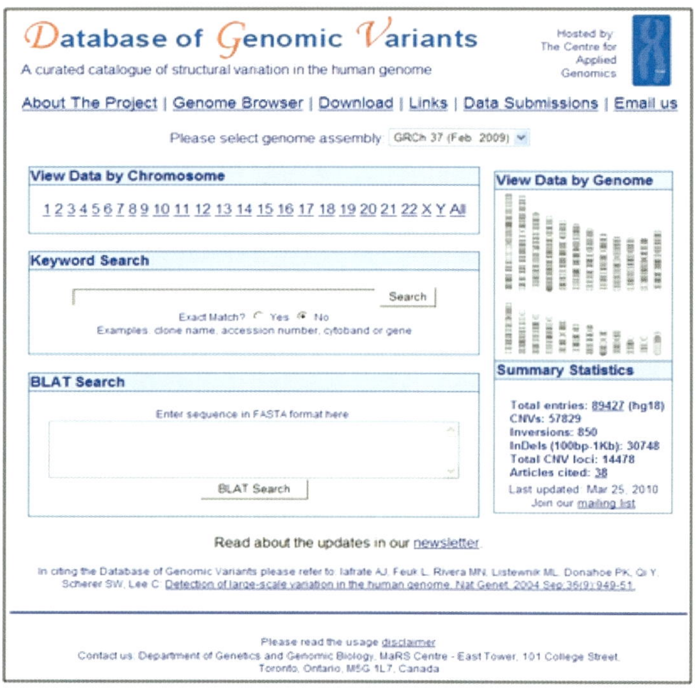

그림 20-12. 인간 유전체 **CNV database** (http://projects.tcag.ca/variation/)

5. 유전체 복제수 변이형(CNV)과 질병의 연관성

다운 증후군(Down syndrome)이나 디조오지 증후군(DiGeorge syndrome)과 같이 아주 큰 유전체 부위에 존재하는 유전체 결손이나 증폭에 의해 발생하는 다양한 희귀 유전질환들은 오래전부터 아주 잘 밝혀져 있다(표 20-4). 일반적으로 큰 부위의 유전체에 존재하는 결손이나 증폭은 복합적인 표현형의 이상을 초래하며 대부분의 경우에는 증후군이라는 복합적인 표현형 이상을 유발하고 있다.

표 20-4. 유전체의 복제수 이상에 의해 발생하는 희귀 유전 질병

유전체 이상	**DNA** 복제수 변이의 종류
Down syndrome	Duplication of chromosome 21 (Trisomy 21)
DiGeorge syndrome	a 1.5 to 3.0-Mb hemizygous deletion of 22q11.2 (TBX haploinsufficiency)
Prader-Willi or Angelman syndrome	Deletion of the paternal (Prader-Willi) or maternal (Angelman) segment 15q11.2-q12.
Williams-Beuren syndrome	Deletion of 7q11.23
X-linked DMD	Genomic deletion (~65%) or duplication (~9%) of DMD gene (2 Mb)
Dominant neuropathy Charcot-Marie Tooth Disease Type 1A (CMT1A)	Duplication of PMP 22
Recessive Anemia A-thalassemia	Deletions of the a-globulin gene cluster

출처: Sebat J. (2007). Nature Genetics Supplement 39: S3-S5.

한편 최근에는 기존의 대규모 유전체 이상에 의한 유전질병뿐만 아니라 1 kb 이상의 크기로 존재하는 CNV와 질병 간의 연관성을 규명하기 위한 연구가 많이 수행되어 아주 흥미로운 연구결과들이 보고되고 있다(표 20-5). 다양한 종류의 복제수의 차이에 따라 질병의 감수성에 영향을 미치고 있음을 확인할 수 있다.

표 20-5. 구조적 복제수 변이형과 질병의 연관성

유전자	종류	위치	크기(kb)	표현형	복제수
UGT2B17	Deletion	4q13	150	Variable testosterone levels, risk of prostate cancer	0-2
DEFB4	VNTR	8p23.1	20	Colonic Crohn's disease	2-10
FCGR3(CD16)	Deletion	1q23.3	>5	Glomerulonephritis, SLE	0-14
OPN1LW/ OPN1MW	VNTR	Xq28	13-15	Red/green color blindness	0-4/0-7
LPA	VNTR	6q25.3	5.5	Altered coromary heart disease risk	2-38
CCL3L1/ CCL4L1	VNTR	17q12	unknown	Reduced HIV infection; reduced AIDS susceptibility	0-14
RHD	Deletion	1p36.11	60	Rhesus blood group sensitivity	0-2
CYP2A6	Deletion	19q13.2	7	Altered nicotine metabolism	2-3

출처: Eichler EE et al., (2007). Nature 447:161-165.

CNV 변이형은 지금까지 14,478 개 이상의 CNV loci에서 57,829 개 이상의 CNV들이 보고되었지만 대부분은 빈도가 매우 낮으며 동시에 개별 CNV를 조사할 수 있는 정확한 genotyping 기술이 확보되어 있지 않다. 이러한 제한성 때문에 CNV와 다양한 표현형 간의 연관성 연구가 매우 제한적으로 이루어지고 있다. 그리고 CNV에 의한 유전자 복제수의 변화는 유전자 발현에 매우 심각한 이상을 초래하게 된다. 복제수 변이형이 표현형에 미치는 효과는 유전자 복제수의 양적 차이에 의한 효과(gene dosage effect)와 위치적 효과(position effect)에 의하여 영향을 받게 된다(그림 20-13). 예를 들면, 2 개의 유전자를 모두 가지고 있을 때는 정상적인 기능을 수행하지만 만약 deletion 등과 같이 한 유전자가 결여되어 있는 경우(haploinsufficiency)에는 비정상적인 표현형으로 나타날 수 있다. 특히 열성 유전을 따르는 질병의 원인 유전자와 같은 경우에는 열성 유전을 하는 돌연변이 유전자 한 개를 가지고 있고 다른 1 개의 유전자는 CNV의 형태로 유전자가 결여된 경우에는 매우 심각한 유전질병을 유발하게 될 것이다(그림 20-13 a). 그리고 CNV 영역이 유전자의 프로모터 부위에 존재하는 경우에는 유전자의 발현을 조절하는 부위의 결손으로 인하여 중요한 유전자의 발현이 억제되어 심각한 문제를 유발하게 된다(그림 20-13 b).

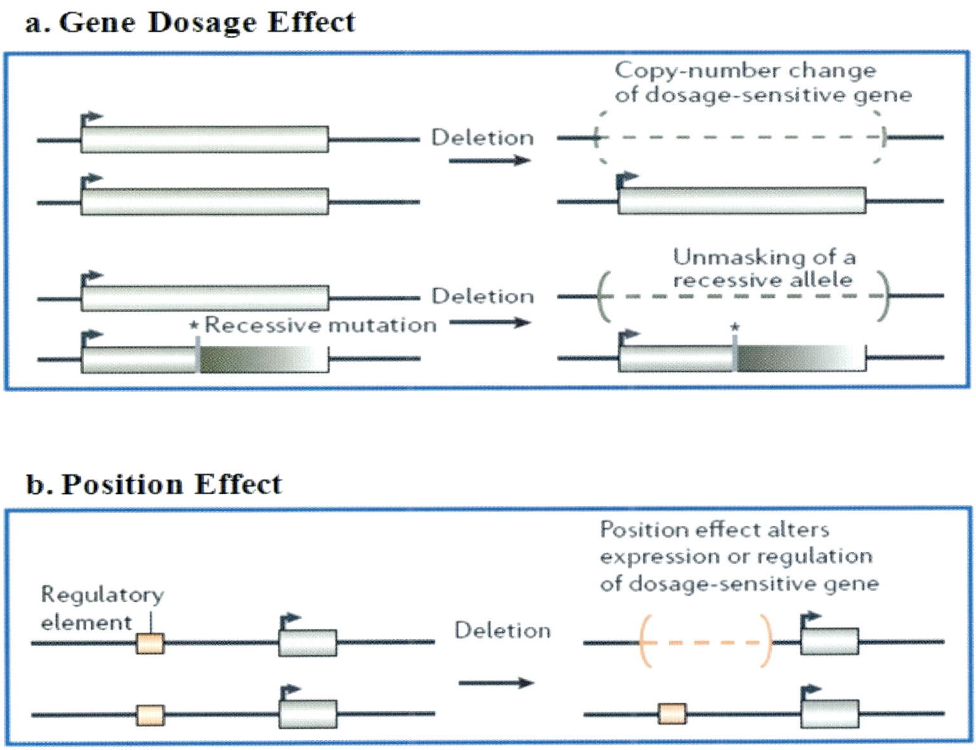

그림 20-13. 표현형에 미치는 **CNV의 효과.** 출처: Feuk L et al. (2006). Nature Reviews Genetics 7:85-97.

■ 참고문헌

- Feuk L, Carson AR, Scherer SW. (2006). Structural variation in the human genome. Nature Reviews Genetics 7:85-97.

- Redon R et al., (2006). Global variation in copy number in the human genome. Nature 444:444-454.

- Sebat J. (2007). Major changes in our DNA lead to major changes in our thinking. Nature Genetics Supplement 39: S3-S5.

- Human Genome Structural Variation Working Group, Eichler EE, et al. (2007). Completing the map of human genetic variation. Nature 447:161-165.

- Park H et al. (2010). Discovery of common Asian copy number variants using integrated high-resolution array CGH and massively parallel DNA sequencing. Nature Genetics 42:400-405.

- Bae JS et al., (2008). Identification of SNP markers for common CNV regions and association analysis of risk of subarachnoid aneurysmal hemorrhage in Japanese population. Biochem Biophys Res Commun. 373:593-596.

- Database of genomic variants: http://projects.tcag.ca/variation/

제 21장 개체식별용 유전검사법

1. 개체식별용 유전검사의 발전 과정

개체식별 유전검사는 매우 다양하게 이용될 수 있다. 예를 들면, 범인 식별용 유전검사, 친자 검사, 전사자 식별, 재난이나 테러시 개인식별용 유전검사, 그리고 가계도를 확인하고 조상의 기원을 추적하는데도 사용되고 있다. 우선 개체식별용 유전검사의 역사를 간략히 살펴보고자 한다(표 21-1). 초기에는 단순한 ABO blood group 마커나 혈액 단백질 마커 정도가 발굴되었으나 다양한 개체를 식별할 수 없어 거의 사용되지 못했다. 그러나 DNA 구조가 밝혀지고 DNA 염기서열을 인식할 수 있는 제한효소가 발견되면서 유전자 염기서열의 차이를 구별할 수 있는 Souther blotting 기술을 이용한 RFLP 방법 등이 개발되어 개체 식별에 사용되기 시작했다. 그리고 인간 유전체에 존재하는 다양한 종류의 염기서열 변이형 마커가 발굴되었으며 대표적인 것으로 VNTR의 형태로 존재하는 STR (short tandem repeat) 마커가 발굴되어 개체식별용 마커로 사용되었다. 특히 STR 마커는 인간 집단에서 다양한 종류의 대립 유전자형을 가지고 있어 개체 식별 능력이 매우 높아 지금도 많이 이용되고 있는 개체식별용 DNA 마커이다.

표 21-1. 개체식별용 유전검사 발전의 역사

년도	개체식별용 유전검사의 발전내용
1900:	ABO blood groups
1950's:	Red blood cell enzymes & serum proteins
1970:	Type II restriction enzymes
1975:	Southern blotting
1980:	VNTRs
1983:	PCR
1984:	Multilocus probes
1985:	First RFLP DNA Case
1986:	First PCR Case
1987:	Automated Sequencer
1988:	DNA working groups; FBI begins DNA Casework
1990's:	STRs & mtDNA Offender DNA Databases
1997:	Y STRs
2004:	Real-time PCR DNA quantification

출처: Bruce Budowle, Angela van Daal. (2008). Forensically relevant SNP classes. BioTechniques 44:603-610.

2. STR 마커를 이용한 개체식별 기술

개체식별용 DNA 마커로는 식별력이 매우 높은 STR 마커가 주로 사용되고 있다. STR 마커는 5 bp 이하의 DNA 염기서열이 반복적으로 배열되어 있고 이배체의 유전체를 가지고 있는 한 사람에서는 2 개의 변이형 조합을 가지고 있으나 전체 인간 집단에서는 매우 다양한 대립 유전자형을 가지고 있어 개체 식별에 매우 유용하게 사용될 수 있다(그림 21-1). STR 마커를 이용한 개체식별용 DNA 분석기술이 상업용 제품으로 출시되어 전 세계에서 사용되고 있다. 현재 Promega회사에서 출시한 PowerPlex 16과 ABI 회사에서 출시한 Identifiler라는 제품이 전 세계적으로 가장 많이 사용되고 있다(표 21-2).

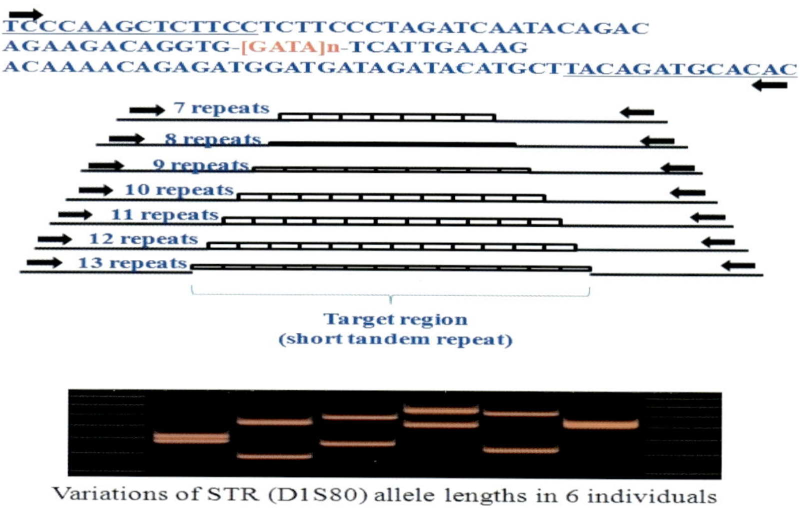

그림 21-1. 개체식별용 **STR DNA** 마커

STR 마커를 이용하여 개체식별용으로 사용되고 있는 PowerPlex와 Identifiler 제품은 모두 15 개의 autosomal STR 마커와 1 개의 성별 결정용 DNA 마커로 총 16 개의 DNA 마커 세트로 구성되어 있다(표 21-2). 특히 성별 결정용으로 사용되는 1 개의 DNA 마커는 X 염색체와 Y 염색체에 존재하는 Amelogenin 유전자의 염기서열에서 AMELX에는 존재하지 않지만 AMELY유전자의 intron 1에 삽입된 6-bp 염기서열의 차이를 이용하여 성별을 식별하고 있다.

표 21-2. **STR** 마커를 이용한 개체식별용 **DNA kit**의 구성 및 식별력

Kit (company)	STR loci included	Power of discrimination
PowerPlex 16 (Promega)	CSF1PO, FGA, TH01, TPOX, VWA, D3S1358, D5S818, D7S820, D8S1179, D13S317, D16S539, D18S51, D21S11, Penta D, Penta E, Amelogenin	1 in 3.4 x 10^{17}
Identifiler (ABI)	CSF1PO, FGA, TH01, TPOX, VWA, D3S1358, D5S818, D7S820, D8S1179, D13S317, D16S539, D18S51, D21S11, D2S1338, D19S433, Amelogenin	1 in 2.5 x 10^{17}

출처: John Butler. (2007). "Genetic variation- a laboratory manual". pp439

한편 PowerPlex16 제품과 Identifiler 제품에 공통적으로 사용하는 STR 마커는 표 21-3에 제시하였다. 그리고 개체식별에 사용되는 공통된 15 개의 STR 마커에 대한 한국인 집단의 유전자 빈도 정보도 보고되어 있다(Hong SB et al., 2006).

표 21-3. 개체식별용 상염색체 **STR** 마커의 특성

STR marker	Chr. location	Repeat motif	Allele range	PCR product size	Random match probability
SF1PO	5q33.1	TAGA	6-15	305-342 bp	0.112
FGA	4q31.3	CTTT	17-51.2	215-355 bp	0.036
TH01	11p15.5	TCAT	4-13.3	163-202 bp	0.081
TPOX	2p25.3	GAAT	6-13	222-250 bp	0.195
VWA	12p13.31	[TCTG][TCTA]	11-24	155-207 bp	0.062
D3S1358	3p21.31	[TCTG][TCTA]	12-19	112-140 bp	0.075
D5S818	5q23.2	AGAT	7-16	134-172 bp	0.158
D7S820	7q21.11	GATA	6-15	255-291 bp	0.065
D8S1179	8q24.13	[TCTA][TCTG]	8-19	123-170 bp	0.067
D13S317	13q31.1	TATC	8-15	217-245 bp	0.085
D16S539	16q24.1	GATA	5-15	252-292 bp	0.089

STR marker	Chr. location	Repeat motif	Allele range	PCR product size	Random match probability
D18S51	18q21.33	AGAA	7-27	262-345 bp	0.028
D21S11	21q21.1	[TCTA][TCTG]	24-38	185-239 bp	0.039
D2S1338	2q35	[TGCC][TTCC]	15-28	307-359 bp	0.027
D19S433	19q12	AAGG	9-17.2	102-135 bp	0.087
Penta D	21q22.3	AAAGA	2.2-17	376-449 bp	0.059
Penta E	15q26.2	AAAGA	5-24	379-474 bp	0.030
Amelogenin	Xp22.22	not applicable		X= 107 bp	
(sex-typing)	Yp11.2			Y= 113 bp	

출처: John Butler. (2007). "Genetic variation- a laboratory manual". pp439

3. SNP 마커를 이용한 개체식별 기술

기존에는 개체식별용 마커로 식별능력이 우수한 STR 마커가 주로 이용되었다. 그러나 최근에는 SNP 마커를 이용한 개체식별 기술이 개발되어 향후에 활용가치가 더욱 증대될 것으로 기대된다. 여기에서는 개체식별용으로 사용되고 있는 STR 마커와 SNP 마커의 장-단점을 비교해 보겠다. 지금 보편적으로 사용되고 있는 STR 마커는 한 유전좌위(locus)당 대립 유전자의 수가 집단 내에 다수가 있어 식별능력이 높아 많이 사용되고 있다. 그러나 STR 마커는 SNP 마커에 비교해 돌연변이율이 높고, 유전자형 조사방법이 복잡하고, 유전자형 분석을 위해 증폭해야 하는 유전자 부위가 상대적으로 크고, 다수의 마커를 동시에 genotyping하기 어려운 단점을 가지고 있다. 그래서 최근에는 STR 마커를 대체하기 위하여 SNP 마커를 이용한 개체식별 기술 개발이 활발히 추진되고 있다.

◆ SNP 마커의 장점 (STR 마커에 대한 비교):

- 낮은 돌연변이율: SNP (10^{-8}) vs. STR (10^{-3} ~ 10^{-5})
- 정확한 자동화 대립 유전자형 분석 가능
- 보다 작은 유전자 부위 증폭: 분해된 DNA 시료 분석에 적합
- 다수의 DNA 마커에 대하여 동시에 유전자형 분석(multiplexing)이 가능함

(1) SNP 마커를 이용한 성별 판별 기술

사람의 성별 판별은 X 염색체와 Y 염색체에 동시에 존재하는 유전자의 유전변이형 차이를 근거로 이루어진다. 가장 대표적으로는 Amelogenin 유전자와 ZF 유전자의 유전변이형을 이용한다.

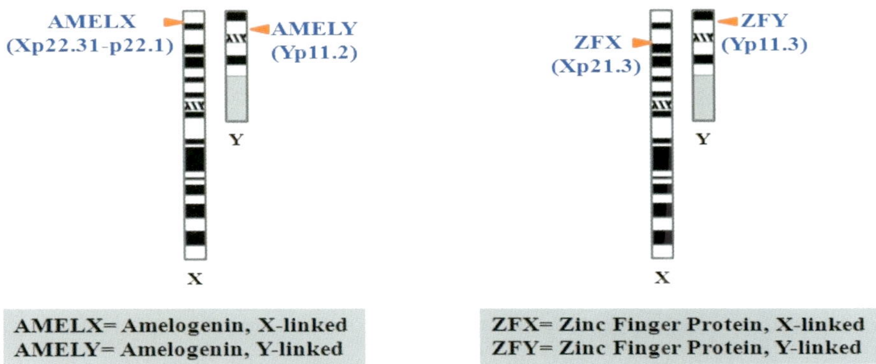

그림 21-2. 성별 판별에 사용되는 **Amelogenin** 유전자와 **ZF** 유전자의 염색체 위치

전통적인 방법으로는 X 염색체와 Y 염색체에 동시에 존재하는 Amelogenin 유전자의 PCR 증폭 산물의 크기 차이를 이용하여 성별을 판별하는 방법이 개발되어 사용되기도 했다(Sasaki S and Shimokawa H, 1995) (그림 21-3).

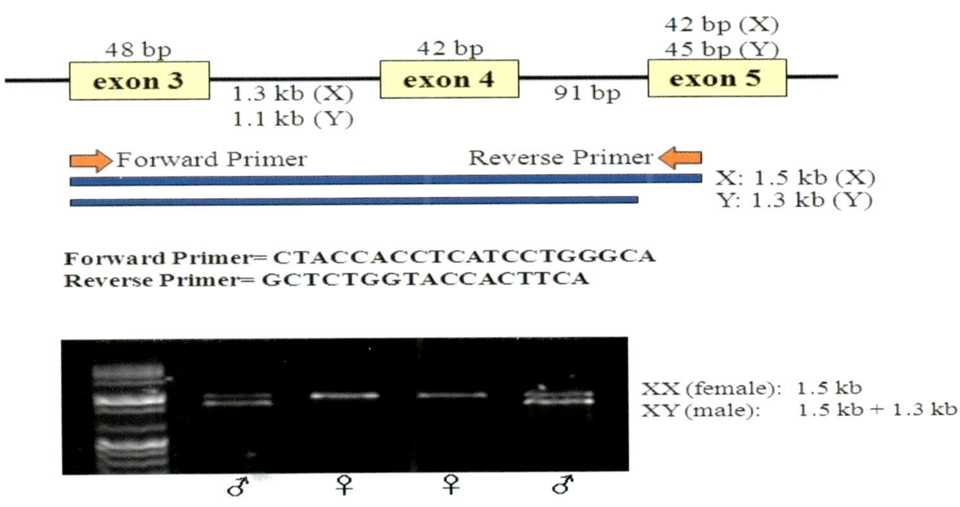

그림 21-3. **PCR** 증폭에 의한 성별 판별 기술의 예. 출처: Sasaki S and Shimokawa H. (1995). Int. J. Dev. Biol. 39: 127-133.

그러나 최근에는 SNP 정보를 이용한 성별 판별 기술들이 개발되고 있다. 이 방법은 성 염색체에 존재하는 2 개의 Amelogenin 또는 ZF 유전자에서 염기서열의 유사성이 매우 높은 부위를 선별하고 다수의 시료에서 염기서열을 분석하여 성별의 차이를 보이는 부위를 판별하여 성별 판별용 단일염기서열변이형 6 개(AMEL-1, AMEL-2, AMEL-3 & ZF-1, ZF-2, ZF-3)가 발굴되었다(Kim JJ et al, 2010) (그림 21-4).

a

```
AMELX     ACTGCTGCTTCTCTGGTTGGAGTCACCTGAGCCAATGGTAAACCTGCCTCTCTGTTTCTC
AMELY     ACTGCTGCTTCTCTGGTTGGAGTCACGTGAGCCAATGGTAAACCTGCATCTCTGTTTCTC
          ************************** ******************** ************

AMELX     ACCAGTACCCTTCCTATGGTTACGAGCCCATGGGTGGATGGCTGCACCACCAAATCATCC
AMELY     ACCAGTACTCTTCCTATGGTTACGAGCCCATGGGTGGATGGCTGCACCACCAAATCATCC
          ********_***************************************************
             AMEL-1
AMELX     CCGTGCTGTCCCAACAGCACCCCCCGACTCACACCCTGCAGCCTCATCACCACATCCCAG
AMELY     CCGTGGTGTCCCAACAGCACCCCCTGACTCACACCCTGCAGTCTCATCACCACATCCCAG
          *****_****************** ****************_******************
            AMEL-2                                 AMEL-3
AMELX     TGGTGCCAGCTCAGCAGCCC
AMELY     TGGTGCCAGCTCAGCAGCCC
          ********************
```

b

```
ZFX       ACCAACAAGAAGATAAGTTTACACAACCACCTGGAGAGCCACAAGCTGACCAGCAAGGCA
ZFY       ACCAATAAGAAGATAAGTTTACATAACCACCTGGAGAGCCACAAGCTGACCAGCAAGGCA
          ***** ***************** ************************************

ZFX       GAGAAGGCCATTGAATGCGATGAGTGTGGGAAGCATTTCTCTCATGCAGGGGCTTTGTTT
ZFY       GAGAAGGCCATTGAATGTGATGAGTGTGGGAAGCATTTTTCTCATGCAGGGGCTTTGTTT
          ***************** ********************_*********************
                                              ZF-1
ZFX       ACTCACAAAATGGTGCATAAGGAAAAAGGAGCCAACAAAATGCACAAGTGTAAATTCTGT
ZFY       ACTCACAAAATGGTGCATAAGGAAAAAGGGGCCAACAAAATGCACAAGTGTAAATTCTGT
          ***************************** ******************************

ZFX       GAATACGAGACAGCTGAACAAGGGTTATTGAATCGCCACCTCTTGGCAGTCCACAGCAAG
ZFY       GAATATGAGACAGCTGAACAGGGGTTATTGAATCGCCACCTCTTGGCAGTCCACAGCAAG
          *****_**************_***************************************
             ZF-2               ZF-3
ZFX       AACTTTCCTCATATTTGTGTGGAGTGTGGTAA
ZFY       AACTTTCCTCATATTTGTGTGGAGTGTGGTAA
          ********************************
```

그림 21-4. 성별 결정용 단일염기서열 변이형 위치 정보. 출처: Kim JJ et al. (2010). International Journal of Legal Medicine.

한편 Amelogenin 유전자와 ZF 유전자의 SNP 마커를 이용한 성별 결정용 SNP genotyping을 수행하게 되면 XX 염색체를 가진 여성은 모두 homozygote를 가지고 XY 염색체를 가지고 있는 남성은 모두 heterozygote의 유전자형을 가지게 된다(그림 21-5). 따라서 STR 마커 세트의 6-bp insertion 마커를 이용한 성별 결정보다 SNP 마커를 이용한 판별법이 보다 쉽게 이용 가능하다.

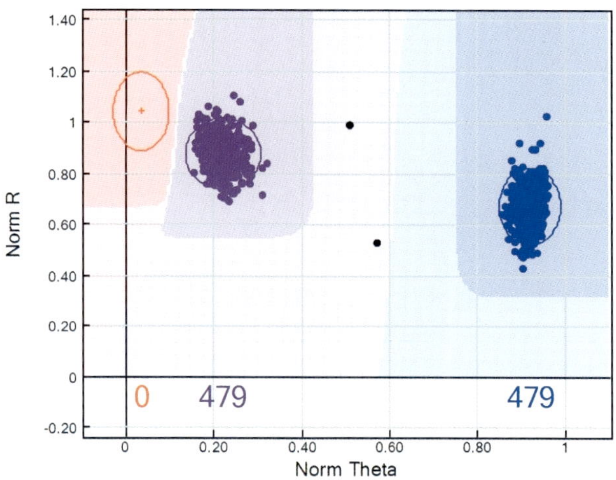

그림 21-5. **Amelogenin** 유전자에 존재하는 단일염기서열 변이형 **(Amel-2)** 정보를 이용한 성별 결정용 **SNP genotyping** 결과 이미지 **(n= 960).** 여성=CC 유전형 & 남성=CG 유전자형을 가짐.

(2) SNP 마커를 이용한 개체식별 기술

① 개체식별용 **SNP** 마커의 판별 능력 예측

개체식별 능력을 극대화하기 위해서는 사용하는 마커가 대립 유전자형의 숫자를 많이 가지고 있거나(STR 마커의 경우), 2 개의 대립 유전자형(biallelic)으로 구성된 SNP 마커와 같은 경우에는 3 개의 다른 유전자형의 빈도가 가장 잘 분산될 수 있는 대립 유전자형 빈도를 가진 마커를 사용하는 것이 바람직하다. 일반적으로 SNP 마커의 경우는 두 개의 다른 대립 유전자형 빈도가 각각 0.5 정도(이 경우에 heterozygosity는 50%로 최대값을 가짐)를 가지는 경우에 식별능력이 최대가 된다.

예를 들어 설명하면, 한 마커를 사용하여 집단을 식별할 경우의 일치할 확률(locus match probability)은 다음과 같이 계산된다.

Locus match probability (p= q= 0.5 인 경우)= $p^2 + 2pq + q^2 = (0.25)^2 + (0.5)^2 + (0.25)^2 =$ 0.375

Overall match probability (여러 개의 SNP 마커를 사용하는 경우)= 사용하는 SNP 마커의 모든 locus match probability값을 곱하면 됨.

만약에 사용하는 모든 SNP 마커의 대립 유전자형 빈도가 각각 0.5라면 N 개의 SNP 마커를 사용한 경우의 overall match probability=~ $(0.375)^N$이 될 것이다.

위의 식을 이용하여 SNP 개수별로 식별 가능한 최대의 match probability를 계산해 보면 다음과 같다.

N= 10 SNPs,	$(0.375)^{10} = 0.000054993$	→	1 in 1.818×10^4
N= 20 SNPs,	$(0.375)^{20} = 0.000000003$	→	1 in 3.3065×10^8
N= 30 SNPs,	$(0.375)^{30} = 1.663 \times 10^{-13}$	→	1 in 6.0126×10^{12}
N= 40 SNPs,	$\mathbf{(0.375)^{40} = 9.146 \times 10^{-18}}$	→	**1 in** $\mathbf{1.0933 \times 10^{17}}$
N= 50 SNPs,	$(0.375)^{50} = 5.030 \times 10^{-22}$	→	1 in 1.9881×10^{21}

위의 결과를 STR 마커의 식별능력과 비교하기 위해 STR 마커의 식별능력에 대한 내용을 살펴보면 다음과 같다.

<Promega회 사의 PowerPlex 16의 경우>

- 일치할 확률(the combined power of identity, CPI)
  = (개별 마커의 일치할 확률의 합)= $\mathbf{8.04457 \times 10^{-18}}$

- 식별능력 (the combined power of discrimination, CPD)
  = 1 - CPI = **1 in** $\mathbf{1.243074454 \times 10^{17}}$

<ABI회사의 Identifiler의 경우>

- 일치할 확률(the combined power of identity, CPI)
  = (개별 마커의 일치할 확률의 합)= **1.683983153** × **10^{-17}**

- 식별능력 (the combined power of discrimination, CPD)
  = 1 - CPI = **1 in 5.938301689** × **10^{16}**

두 제품 모두 매우 유사한 식별 능력을 보유하고 있다. 그런데 SNP 마커를 이용한 개체식별 능력의 경우에는 만약 2 개의 대립 유전자형 빈도가 각각 0.5 정도인 SNP 마커 40 개 정도를 사용하면 기존 사용되고 있는 16 개의 STR 마커와 거의 동일한 식별능력을 가지게 된다. 따라서 약 40 개의 SNP 마커를 사용하면 기존 사용하고 있는 STR 마커를 이용한 개체식별 기술을 대체할 수 있을 것이다.

② 개체식별용 **SNP** 마커의 선별 기준

개체식별용 SNP 마커는 다음과 같은 기준을 충족하는 것이 바람직하다.

- 대립유전자형의 빈도 (minor allele frequency, MAF): > 0.45
- Heterozygosity (H): > 0.45
- Hardy-Weinberg Equilibrium (HWE) Test (*p*-value): > 0.1
- Genotype call rate: >0.999
- Physical distance between markers: >50 Mb (50 cM)
- Inclusion of sex-determining SNP markers (ie., SNPs in Amelogenin or ZF genes)

다시 설명하면, 가능하면 모든 인종 집단에서 매우 고도의 유전적 다형성을 보이고(MAF >0.45) 집단 내 대립 유전자형의 분리가 정상적으로 이루어지며(*P*-value of HWE >0.1) 선별된 마커는 genotyping call rate가 높아야 한다. 그리고 유전마커 간의 거리는 임의의 조합으로 이루어질 수 있는 약 50 cM (또는 50 Mb) 이상 떨어진 거리를 가진 마커를 선별하고 성별 결정을 위한 SNP 마커도 추가되어야 한다. 이러한 조건을 모두 충족한다면 매우 좋은 개체식별용 SNP 마커 세트로 사용될 것이다.

③ **SNP** 마커를 이용한 개체식별 능력 검정

여러 인종 집단에서 공통적으로 고도의 다형성을 보이는 SNP 마커를 이용한 개체식별 기술 개발이 여러 차례 시도되었다. 특히 한국인 집단의 SNP 마커 정보를 이용한 개체식별 기술이 개발되어 있다. 예를 들면, 한국인 집단에서 고도로 다형성을 보이는 SNP 마커 30 개를 선정하여 실제 개체식별 능력을 검정해 본 결과에 의하면 선별된 30 개의 결합 평균 일치확률(combined power of identity)은 1.77×10^{-13} 이며, 이는 결합 식별력(combined power of discrimination) 0.99999999999982300000에 해당된다(표 21-4). 그리고 30 개 SNP 마커로 개체 식별 능력을 비교해 보니 SNP 마커의 개수가 5 개 증가할 때마다 개체식별 능력이 10배 정도 증가함을 알게 되었다. 즉, 10 개와 15 개 SNP 마커를 사용하면 각각 100 명과 1,000 명의 개체를 식별할 수 있었다. 그리고 총 20 개의 SNP 마커를 사용한 경우에는 시험에 사용한 총 8,842 명의 개체 모두를 완벽하게 식별할 수 있었다(Kim JJ et al., 2010). 그리고 40 개의 SNP 마커를 사용하면 한국인 집단에서 STR 마커 16 개를 사용하는 표준 개체식별용 마커 세트와 동일한 개체식별 능력을 가질 것으로 예상된다.

표 21-4. 개체식별에 사용된 30 개의 SNP 마커

SNP (rs#)	Chr.	Position	Allele_1/2	Korean (n=2,000)			
				Freq_1	Hetero-zygosity	HWE_P	Match Probability
rs7532151	1	89161532	A/C	0.492	0.500	0.868	0.375
rs4846468	1	216462550	C/T	0.502	0.500	0.857	0.375
rs6751657	2	33258655	C/T	0.508	0.500	0.377	0.375
rs10185531	2	106105267	C/T	0.479	0.499	0.678	0.375
rs7652776	3	2716024	C/G	0.467	0.498	0.800	0.376
rs6443222	3	9138267	A/G	0.481	0.499	0.704	0.375
rs17497475	4	18851337	A/C	0.455	0.496	0.932	0.377
rs1350191	4	155026774	A/G	0.486	0.500	0.991	0.375
rs2565007	5	53856024	A/C	0.458	0.496	0.557	0.377
rs4607417	6	42086252	C/T	0.531	0.498	0.412	0.376
rs1790006	6	162297818	A/G	0.470	0.498	0.204	0.376
rs2813838	7	24115817	C/G	0.457	0.496	0.514	0.377
rs2267708	7	124179748	C/T	0.511	0.500	0.607	0.375
rs1293288	8	11755937	A/G	0.482	0.499	0.611	0.375
rs7849782	9	103467085	C/G	0.466	0.498	0.803	0.376
rs7907658	10	92782368	A/C	0.524	0.499	0.552	0.376
rs550840	11	63958215	C/T	0.473	0.499	0.999	0.376
rs543840	11	115269696	C/T	0.525	0.499	0.271	0.376

SNP (rs#)	Chr.	Position	Allele_1/2	Korean (n=2,000)			
				Freq_1	Hetero-zygosity	HWE_P	Match Probability
rs734075	12	4367308	A/C	0.469	0.498	0.585	0.376
rs1151849	12	119824982	A/G	0.454	0.496	0.352	0.377
rs7328030	13	111067445	A/C	0.517	0.499	0.248	0.375
rs978511	14	61773670	C/G	0.455	0.496	0.463	0.377
rs7164801	15	22608408	G/T	0.503	0.500	0.324	0.375
rs955665	15	77603212	C/T	0.535	0.498	0.303	0.376
rs4791495	17	12130882	A/G	0.502	0.500	0.532	0.375
rs4647887	17	72070401	A/G	0.532	0.498	0.245	0.376
rs1785745	18	21671131	A/G	0.486	0.500	0.993	0.375
rs7230112	18	71610565	C/T	0.535	0.498	0.467	0.376
rs8113496	19	34512369	A/G	0.482	0.499	0.919	0.375
rs2327088	20	8714882	A/G	0.491	0.500	0.940	0.375
CPI (combined power of identity)				1.76828E-13			
CPD (combined power of discrimination)				0.99999999999982300000 (1 in 5.65522E+12)			

출처: Kim JJ et al. (2010). International Journal of Legal Medicine.

다수의 SNP 마커를 이용한 개체식별 분석법은 여러 개의 SNP 마커를 동시에 genotyping (multiplexing)할 수 있는 SNPlex 시스템(45 개 SNP multiplexing 가능) 또는 MassArray 기술을 이용한 iPLEX 시스템(40 개 SNP multiplexing 가능)을 이용하면 용이하게 분석이 가능할 것이다. 물론 범죄 식별 등과 같은 목적으로 사용하기 위해서는 총 40 개의 SNP 마커가 필요하지만 많은 양의 생물자원을 다루는 자원은행(biobank)과 같은 곳에서는 유전자원 관리를 위한 개체식별을 위해 보다 적은 수의 SNP 마커로도 원하는 목적을 충분히 성취할 수 있다. 따라서 SNP 마커를 이용한 생물자원 관리는 SNP 마커를 이용한 개체식별 기술을 활용할 수 있는 여러 분야 중의 하나가 될 것이다.

4. 미래의 개체식별 검사법의 발전 방향

법의학 분야에서 개체식별용으로 사용되는 DNA 마커는 주로 크게 4 가지 목적으로 사용할 수 있다. 첫 번째는 개인 식별용으로 사용되는 것으로 이 경우에는 여러 인종 집단에서 고도의 다형성을 보이는 마커가 사용된다. 그리고 두 번째는 알 수 없는 사람의 계통 관계를 확인하기 위한 목적으로 사용되며 친족 간에 공통으로 가지고 있는 mtDNA 또는 Y 염색체의 DNA 마커가 주로 사용된다. 그리고 세 번째는 자신의 조상을 알아내기 위한 목적으로 쓰일 수 있으며 이 경우에는 집단 간의 다형성의 차이가 많이 나는 DNA 마커가 주로 사용된다. 마지막으로는 개인의 다양한 표현형을 식별할 수 있는 DNA 마커가 사용될 수 있다. 이 경우에는 개인의 피부색, 머리 색깔, 눈동자 색깔 등과 같은 것을 구별할 수 있는 DNA 마커가 이용될 수 있다. 그리고 앞으로의 개체식별 기술은 단순 개체식별뿐만 아니라 다양한 종류의 표현형과 유전적으로 결정되는 개인적 성향까지도 검색이 가능할 것이다. 또한 개인의 유전체 염기서열 분석 기술의 발전과 더불어 다수의 DNA 마커를 동시에 판별할 수 있는 기술의 개발은 DNA 마커를 이용한 개체식별 기술을 더욱 발전시킬 것이다.

■ 참고문헌

- John Butler. (2007). Forensic DNA testing. In "Genetic variation- a laboratory manual". pp439

- Bruce Budowle, Angela van Daal. (2008). Forensically relevant SNP classes. BioTechniques 44: 603-610.

- Hong SB et al., (2006). Genetic population data on 15 autosomal STR(PowerPlex 16) loci for forensic DNA profiling in Korean. Korean Journal of Forensic Science 7:1-4.

- Kim JJ et al. (2010). Development of SNP-based Human Identification System. International Journal of Legal Medicine 124:125-131.

- Sasaki S and Shimokawa H. (1995). The amelogenin gene. Int. J. Dev. Biol. 39: 127-133.

제 22장 유전체 바이오마커 발굴과 미래 맞춤의학

1. 유전체 바이오마커 발굴

개인의 다양한 표현형뿐만 아니라 질병의 감수성, 치료 반응성 및 예후 진단을 위한 유용한 유전체 바이오마커의 개발은 많은 경제적 이익과 국민 보건의료의 질적 향상을 위해 아주 유용하게 사용될 것이다. 특히 유전체 분석 기술의 발전으로 개인의 모든 유전적 차이를 결정할 수 있는 유전정보가 밝혀질 것이므로 유전체 바이오마커에 대한 유용성 및 활용 영역은 점차 확대될 것이다. 그리고 맞춤의학의 시대를 맞이하여 개인의 유전적 차이 정보를 이용한 유전체 바이오마커를 활용한 질병의 진단, 치료 및 예방 기술의 개발은 더욱 향상될 예정이다. 일반적으로 **유전체 바이오마커(genomic biomarker)는 정상적인 생물학적 반응 과정, 질병의 발생 과정 또는 치료 반응성을 알려줄 수 있는 측정 가능한 DNA 또는 RNA 정보**를 의미한다. 따라서 각 개인의 유전적 차이를 식별해 줄 수 있는 DNA와 RNA 마커는 매우 많은 수가 존재하며 이 중에서 특정 질병의 발생, 진행 및 치료 예후에 대한 경과를 식별해 줄 수 있는 유전체 바이오마커는 경제적 가치가 매우 클 것이다.

유전체 바이오 마커의 개발 과정도 일반 바이오마커의 개발 순서(target identification → target validation → lead development → preclinical → clinical → market)와 유사한 과정을 거치게 된다. 가장 우선적으로 이루어지는 바이오마커 발굴은 유전 연관성 연구를 통해 질병 특이적인 DNA 또는 RNA 마커 정보를 찾아내어 임상 적용 가능성을 검정하고 유용성을 확인한 이후에 실제 임상에 적용 가능한 형태로 시장에 판매된다. 이러한 바이오마커는 또한 새로운 약물의 개발 과정에 유전체 바이오마커로 약물 반응성을 결정하거나 부작용을 최소화할 수 있는 환자를 선별하는데 이용될 수 있을 것이다.

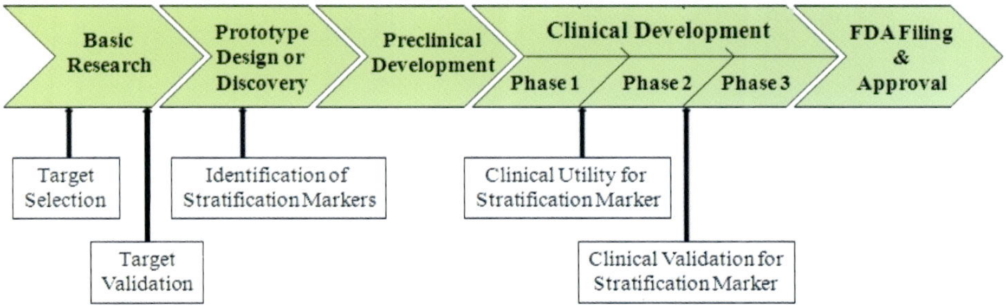

그림 22-1. 바이오마커 개발 과정

유전체 바이오마커의 대표적인 예로 유방암에서 Her-2 발현과 Herceptin 약물의 반응성이 있다. 일반적으로 Her-2를 발현하지 않는 유방암에서는 Herceptin의 반응율이 10%이지만 Her-2를 발현하는 유방암에서 Herceptin의 반응율이 50%로 높아진다. 일반 항암제의 반응율이 20%에 그치는 수준에서 Her-2 바이오마커의 사용으로 반응율을 50% 까지 크게 향상시킴으로써 경제적 이익뿐만 아니라 보다 많은 환자에게 더 효과적인 약물을 치료함으로써 생존율을 개선할 수 있게 된 것이다. 유전체 바이오마커의 유용성에 대한 다른 예로는 항암제인 Irinotecan의 반응성을 결정하는 UGT1A1 유전변이형 정보, 그리고 EGFR를 타겟으로 하는 항암제 치료에서 EGFR의 발현 마커가 있다. 한편 유전체 바이오마커는 크게 3 가지 목적으로 사용되고 있다(표 22-1). 첫 번째는 질병의 진단과 치료를 더 효과적으로 하기 위한 질병 바이오마커로 사용하는 것이다. 급성 백혈병(acute myeloid leukemia; AML)에서 관측되는 BCR-ABL translocation 마커는 Gleevec 항암제 사용을 위한 매우 중요한 질병 마커로 사용되고 유방암에서 estrogen receptor 유전자의 발현은 유방암 치료제인 Tamoxifen 약물 사용을 위한 중요한 질병 진단 및 치료를 위한 유용한 바이오마커로 사용되고 있다. 두 번째 경우는 약물 치료에 대한 효율성을 예측하기 위하여 환자를 선별하거나 적정 용량을 결정하기 위한 유전체 바이오마커이다. 이 목적으로 사용되는 예로는 Herceptin 사용을 위한 Her-2 발현, Erbitux 사용을 위한 EGFR 발현, 그리고 Irinotecan 사용을 위한 UGT1A1 유전자의 다형성 마커가 있다. 그리고 세 번째로는 특정 환자에서 발견되는 심각한 부작용을 제거하기 위한 안정성 예측 바이오마커로 사용하는 경우이다.

표 22-1. 유전체 바이오마커의 사용 목적

분류	목적	보기
질병 바이오마커	보다 효과적인 질병의 진단 및 치료	BCR-ABL in AML (Gleevec=Imatinib) ER/PR (Tamoxifen) 5q deletion (Revlimid)
환자 및 용량 선별 바이오마커	임상적 효과 및 반응 예측	Her-2 expression (Herceptin=Trastuzmab) EGFR expression (Erbitux=Cetuxima) UGT1A1 polymorphism (Camptosar=Irinotecan) CYP450 polymorphism (multiple)
안정성 예측 바이오마커	부작용(독성) 배제	EGFR mutation (Tarceva=Erlotinib, Iressa) BCR-ABL mutation(Gleevec=Imatinib)

2. 유전검사의 원리와 발전 방향

표현형(질병)에 영향을 미치는 각 개인의 모든 유전정보를 수집하여 임상에 활용하기 위해서는 특정 바이오마커에 대한 유전검사(genetic testing)를 수행하게 된다. 유전검사의 목적은 각 개인의 질병에 대한 유전적 감수성 및 저항성에 대한 정보를 수집하거나 유전 질병의 진단을 확인하기 위한 것이다. 따라서 환자의 질병 위험도와 치료에 대한 반응성을 예측하기 위해서는 유전검사가 필요하다. 특히 유전검사를 통하여 특정 질환의 원인이 되는 돌연변이 유전자를 조사함으로써 질병을 진단하고 예후를 예측할 수 있다. 실제로 유전검사는 현재에도 다양한 형태로 이루어지고 있다. 예를 들면, 가장 많이 알려진 유전검사는 신생아 선별검사(neonatal screening)로, 매년 수십만 명의 신생아들에게서 유전적 대사이상 및 선천성 기형에 대한 검사가 시행되고 있다. 최근에는 유전변이형 분석 기술의 발전으로 대량의 유전변이형을 아주 저렴한 비용으로 신속히 처리할 수 있게 되었다. 이러한 기술의 발달로 질병에 대한 유전적 원인 규명이 한층 더 가속화되었으며 이렇게 밝혀진 질병에 대한 새로운 유전정보는 질병의 진단, 치료 및 예방법 개발에 활용되고 있다. 미래에는 유전검사를 통하여 각 개인이 특정 질병에 걸릴 가능성을 예측하게 될 것이며 특정 환경에 노출되었을 때의 질병 발생에 미치는 상대적 위험성의 정도를 예측하게 될 것이다. 따라서 질병의 발생 이전에 이미 발병 가능성을 예측할 수 있어 운동과 식습관을 조절함으로써 질병의 발생 위험성을 현격히 줄일 수 있을 것이다. 질병의 발생 이후에는 각 개인의 유전적 특성에 맞추어 적합한 약물을 선택하여 치료하거나 유전자 치료를 통해 문제를 일으키는 유전자를 고치거나 치환해 줄 수도 있을 것이다. 따라서 미래에는 개인별 유전적 특성에 따라 질병의 예방, 진단, 치료가 이루어지는 "맞춤의료"의 시대가 가능할 전망이다.

다양한 유전체 바이오마커가 실제로 임상에 적용되어 질병의 진단, 치료, 예후 판정 및 약물 반응성을 결정하는데 사용되기 위해서는 이러한 유전체 바이오마커를 판정할 수 있는 유전검사 과정이 필요하다. 유전검사는 유전적 원인에 의하여 발생하는 다양한 표현형(질병 포함)을 결정하는 유전적 원인이 되는 DNA, RNA 및 단백질 마커를 조사하는 것이다. 여기서는 주로 DNA 수준에서 이루어지는 유전자 검사(gene test= DNA-based test) 부분을 기술하고자 한다. 유전자 검사는 연구용 검사(research test) → 조사용 검사(investigational test) → 임상용 검사(clinical test)의 단계를 거치며 친자 감별과 법의학에서 사용되는 개체식별용 DNA profiling, 단일 유전자에 의해 발생하는 유전질병의 조기 질병 진단용(diagnostic test), 그리고 다수의 유전자에 의해 결정되는 질병 감수성 및 저항성에 대한 질병 예측용(risk assessment test) 등의 목적으로 수행되고 있다.

우선 가장 먼저 유전검사의 기본 용어 몇 가지를 설명하고자 한다.

- 민감도**(sensitivity)**: 주어진 유전변이가 존재할 때 검사에서 양성일 확률 (probability that the test result will be positive when a give genetic mutation is present)
- 특이도**(specificity)**: 주어진 유전변이가 없을 때 검사에서 음성일 확률 (probability that the test result will be negative when a given genetic mutation is absent)

유전 검사의 목적은 1) 유전질병의 진단 및 예측, 2) 개인의 유전적 차이에 근거한 약물의 처방 및 용량 결정과 같은 치료방법 결정, 3) 다수의 유전자에 의해 결정되는 만성질병의 발병 예측용 등으로 사용되고 있다. 그리고 유전검사의 목적이나 사용되는 시기에 따라 다음과 같은 다양한 검사가 가능하다.

- **보인자 검사(carrier screening)**: 2 개의 유전자에 문제가 생겨 발생하는 질병에서 1 개의 유전자에 이상을 가진 사람(carrier)을 찾아내는 검사.
- **착상전 유전 진단(preimplantation genetic test)**: 시험관 인공수정(in vitro fertilization)이후 수행.
- **태아 유전 진단 검사 (prenatal diagnostic testing):** 다운 증후군과 같은 유전질병 검사로 사용.
- **신생아 검사 (newborn screening)**: PKU, cystic fibrosis, hereditary cancer 등에 대한 검사 수행.
- **유전질병의 증상전 검사**: 헌팅턴 병처럼 성인이 되어서 발병하는 질병의 발생 예측 검사.
- **만성질병의 증상전 검사**: 암이나 치매처럼 성인이 되어서 발병하는 만성 질병의 위험도 검사.
- **증상이 있는 개인의 확진 진단**: 질병의 증상을 보이는 환자의 유전 확진 검사.
- **법의학 검사**: 범인 확인 및 친자 검사 등의 개체식별 검사.

(1) 단일 유전자 질병에 대한 유전검사

단일 유전자의 이상에 의하여 발생하는 유전 질병들은 희귀하게 발생하므로 치료약은 매우 고가로 판매되고 제한적으로 이용이 가능한 경우가 많다. 그러나 관련된 원인 유전자 정보와 유전자 검사 방법에 대한 연구는 많이 알려져 있다. 그리고 다양한 유전질병의 원인 유전자에 대한 돌연변이 정보는 database화되어 있어 유전검사에 이용할 수 있다. 가장 대표적인 단일 유전자 질병에 대한 유전변이형 정보를 database화하여 가지고 있는 Human Gene Mutation Database (HGMD)의 자료에 의하면 2009년을 기준으로 하여 약 3,337 개 원인 유전자에서 총 88,317 개의 돌연변이 정보가 보고되어 있다(표 22-2). 앞으로 더욱 많은 질병 원인 유전변이형들이 보고되어 더 많은 정보들이 다양한 사람들에게 제공될 것이다. 이러한 정보는 질병 원인 유전자 진단 및 치료를 위한 최적의 환자 선별을 위한 맞춤 치료법 기술 개발에 유용하게 이용될 수 있을 것이다.

표 22-2. 유전 질병의 원인 돌연변이의 종류와 발생 빈도

돌연변이의 종류	숫자 (n)	비율(%)
Micro lesions:	**(80,922)**	**(91.6%)**
missense/nonsense	49,806	56.4%
splicing	8,548	9.7%
regulatory	1,459	1.7%
small deletions	14,063	15.9%
small insertions	5,751	6.5%
small indels	1,295	1.5%
Gross lesions:	**(7,395)**	**(8.4%)**
repeat variations	267	0.3%
gross insertions/duplication	1,053	1.2%
complex rearrangements	772	0.9%
gross deletions	5,303	6.0%
합계	**88,317**	**100%**

* **Statistics for the 2009.1 release of HGMD (human gene mutation database)**: HGMD professional release 2009.1 contains 88,317 mutations and disease-associated/ functional polymorphisms in 3,337 genes taken from 26,769 journal articles and provides 3,078 reference cDNA sequences.

한편 유전질병의 원인 중에서 가장 우선적으로 쉽게 식별 가능한 것이 염색체의 수적 이상이나 구조적 이상에 의한 유전질병이다. 염색체 이상에 의한 유전질병은 1,000 명당 약 2 명 정도로 발생하는 것으로 알려져 있다. 염색체 수의 이상에 의하여 발생하는 대표적인 유전질병으로는 다운 증후군(Down syndrome; trisomy 21), Klinefelter syndrome(47, XXY), Turner syndrome(45, X; monosomy X) 등이 있다. 그리고 염색체의 특정 부위의 미세결손(microdeletions)에 의하여 발생하는 것으로는 22q11.2 미세결손에 의한 velo-cardio-facial syndrome(또는 CATCH22 혹은 DiGeorge syndrome 이라고 불림), 15q11-13 부위의 미세결손에 의한 Prader-Willi syndrome, 그리고 7q11.23 부위의 미세결손에 의한 Williums syndrome 등이 있다.

표 22-3. 염색체 이상에 의한 유전질병의 종류와 원인

분류	질병명	유전적 원인
염색체의 수적 이상	• Down syndrome	trisomy 21
	• Klinefelter syndrome	47, XXY
	• Turner syndrome	45, X; monosomy X
염색체의 미세결손	• velo-cardio-facial syndrome (=CATCH22 or DiGeorge syndrome)	22q11.2 부위의 미세결손
	• Prader-Willi syndrome (genomic imprinting disorders)	15q11-13 부위의 미세결손
	• Williums syndrome (=Idiopathic hypercalcemia)	7q11.23 부위의 미세결손

그리고 현재 약 1,000 개 이상의 다양한 유전검사가 유전검사실에서 시행되고 있으며 단일 유전자 질병에 대한 유전검사가 이루어지는 대표적인 경우를 나열해 보면 다음과 같은 것이 있다(출처: http://www.ornl.gov/sci/techresources/Human_Genome/medicine/genetest.shtml).

- **Alpha-1-antitrypsin deficiency** (AAT; emphysema and liver disease)
- **Amyotrophic lateral sclerosis** (ALS; Lou Gehrig's Disease; progressive motor function loss leading to paralysis and death)
- **Alzheimer's disease*** (APOE; late-onset variety of senile dementia)
- **Ataxia telangiectasia** (AT; progressive brain disorder resulting in loss of muscle control and cancers)
- **Gaucher disease** (GD; enlarged liver and spleen, bone degeneration)
- **Inherited breast and ovarian cancer*** (BRCA 1 and 2; early-onset tumors of breasts and ovaries)
- **Hereditary nonpolyposis colon cancer*** (CA; early-onset tumors of colon

and sometimes other organs)

- **Central Core Disease** (CCD; mild to severe muscle weakness)
- **Charcot-Marie-Tooth** (CMT; loss of feeling in ends of limbs)
- **Congenital adrenal hyperplasia** (CAH; hormone deficiency; ambiguous genitalia and male pseudohermaphroditism)
- **Cystic fibrosis** (CF; disease of lung and pancreas resulting in thick mucous accumulations and chronic infections)
- **Duchenne muscular dystrophy/Becker muscular dystrophy** (DMD; severe to mild muscle wasting, deterioration, weakness)
- **Dystonia** (DYT; muscle rigidity, repetitive twisting movements)
- **Emanuel Syndrome** (severe mental retardation, abnormal development of the head, heart and kidney problems)
- **Fanconi anemia, group C** (FA; anemia, leukemia, skeletal deformities)
- **Factor V-Leiden** (FVL; blood-clotting disorder)
- **Fragile X syndrome** (FRAX; leading cause of inherited mental retardation)
- **Galactosemia** (GALT; metabolic disorder affects ability to metabolize galactose)
- **Hemophilia A and B** (HEMA and HEMB; bleeding disorders)
- **Hereditary Hemochromatosis** (HFE; excess iron storage disorder)
- **Huntington's disease** (HD; usually midlife onset; progressive, lethal, degenerative neurological disease)
- **Marfan Syndrome** (FBN1; connective tissue disorder; tissues of ligaments, blood vessel walls, cartilage, heart valves and other structures abnormally weak)
- **Mucopolysaccharidosis** (MPS; deficiency of enzymes needed to break down long chain sugars called glycosaminoglycans; corneal clouding, joint stiffness, heart disease, mental retardation)
- **Myotonic dystrophy** (MD; progressive muscle weakness; most common form of adult muscular dystrophy)
- **Neurofibromatosis type 1** (NF1; multiple benign nervous system tumors that can be disfiguring; cancers)
- **Phenylketonuria** (PKU; progressive mental retardation due to missing enzyme; correctable by diet)

- **Polycystic Kidney Disease** (PKD1, PKD2; cysts in the kidneys and other organs)
- **Adult Polycystic Kidney Disease** (APKD; kidney failure and liver disease)
- **Prader Willi/Angelman syndromes** (PW/A; decreased motor skills, cognitive impairment, early death)
- **Sickle cell disease** (SS; blood cell disorder; chronic pain and infections)
- **Spinocerebellar ataxia, type 1** (SCA1; involuntary muscle movements, reflex disorders, explosive speech)
- **Spinal muscular atrophy** (SMA; severe, usually lethal progressive muscle-wasting disorder in children)
- **Tay-Sachs Disease** (TS; fatal neurological disease of early childhood; seizures, paralysis)
- **Thalassemias** (THAL; anemias - reduced red blood cell levels)
- **Timothy Syndrome** (CACNA1C; characterized by severe cardiac arrhythmia, webbing of the fingers and toes called syndactyly, autism)

그리고 유전검사에 대한 보다 상세한 추가적인 내용은 GeneTest website (http://www.ncbi.nlm.nih.gov/sites/GeneTests/?db=GeneTests)를 참고하면 유용한 정보를 많이 얻을 수 있다.

(2) 다유전자 질병에 대한 유전검사

여러 유전자가 관여하는 암, 당뇨, 고혈압 등과 같은 질병은 주로 성인이 되어 나중에 발병하고 아울러 정상인을 대상으로 질병이 일어날 가능성을 예측하는 것이라서 실제로 질병의 감수성이 있는 유전변이형을 가지고 있다고 하더라고 질병이 발생하지 않을 수 있기 때문에 정확도가 일반적으로 매우 낮은 편이다. 이러한 만성 질병은 과거에는 정확성이 낮아서 유전검사에서는 거의 취급하지 않던 부분이나 최근에는 여러 유전자가 관여하는 만성 질병의 위험도를 결정하는 유전변이 정보가 많이 밝혀지면서 유전검사의 새로운 영역으로 발전하고 있다. 특히 저 위험도를 가진 유전변이형에 대한 유전검사가 중요하게 취급되는 이유는 개인이 자신의 질병 위험도를 알면 일반적으로 질병의 다른 위험요인을 극소화하기 위하여 나쁜 식습관과 생활양식을 변경하여 질병을 예방하기 위한 유용한 수단으로 활용될 수 있기 때문이다. 이러한 저 위험도에 대한 일반인의 인식은 전체적으로 보다 많은 사람들이 건강한 삶을 영위하고 국민건강과 보건의료의 질적인 개선에 기여할 수 있을 것으로 기대된다. 향후에는 다양한 질병에 대한 보다 많은 위험요인에 대한 이해와 질병에 영향을 미치는 환경과 생활 습관에 대한 바른 이해가 이루어진다면 질병을 예방하기 위한 새로운 방법의 개발도 가능할 것이다.

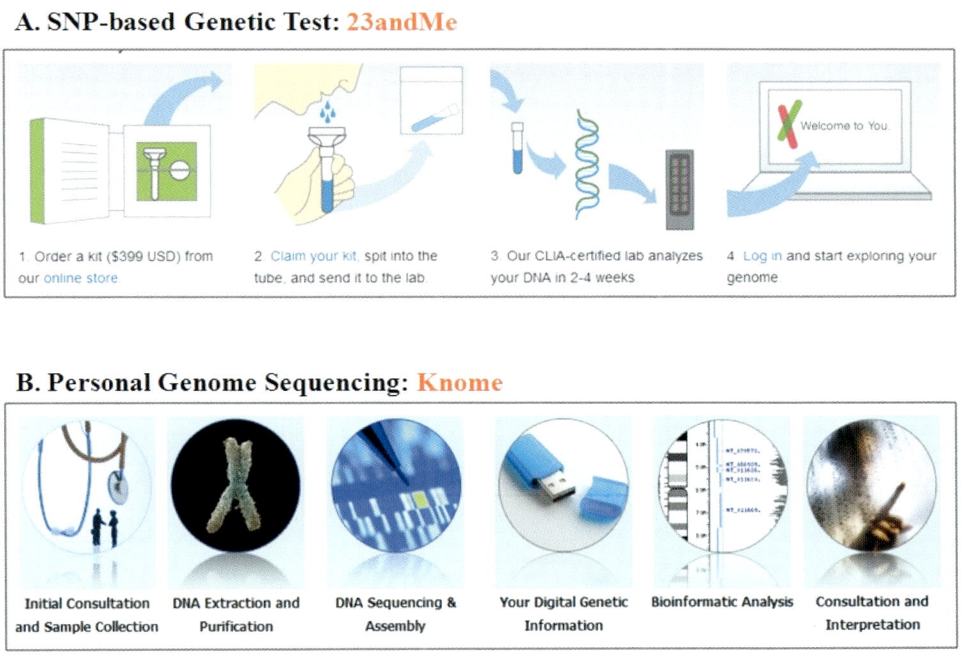

그림 22-2. 새로운 유전검사 방식 (Direct-to-Consumer Genetic Test): 23andMe 회사와 Knome 회사에서 이루어지는 유전검사의 형태

과거에는 고위험 유전변이형에 대한 유전검사만이 의료 기관에서 제한된 범위에서 이루어졌으나 최근에는 저위험 유전변이형에 대한 유전검사까지 일반인을 상대로 직접 이루어지고 있는 실정이다. 예를 들면, 미국의 23andMe라는 회사에서는 인터넷을 통해서 399 달러를 지불하고 유전검사를 신청하면 시료 채취를 위한 간단한 도구가 배달되고 본인의 시료를 보내면 유전검사 결과를 인터넷으로 확인 가능한 시스템을 갖추고 있어 누구나 쉽게 유전검사를 받을 수 있다(그림 22-2). 그리고 개인의 유전체 염기서열

분석(personal genome sequencing)도 비용을 지불하면 분석이 가능한 상황이라 누구나 희망하는 다양한 종류의 유전검사를 받을 수 있게 되었다. 현재 유전검사를 수행하는 회사가 직접 개인 소비자를 상대로 하는 유전검사가 많이 생겼으며 주로 저 위험도를 가진 만성 질병에 대한 감수성 유전 분석, 개인 유전체 염기서열 분석, 조상 확인 유전검사, 개인의 유전적 차이를 이용한 식품 섭취의 패턴을 결정하는 영양 유전체 검사(nutrigenomics) 등이 많이 시행되고 있다(표 22-4).

표 22-4. 소비자를 직접 상대하는 유전검사들**(Direct-to-Consumer Genetic Tests)**

회사명	유전검사의 종류	웹사이트 주소
Navigenics	1.8M SNPs for common diseases	www.navigenics.com
23andMe	580K SNPs for common diseases	www.23andme.com
deCode genetics	1M SNPs for common diseases	www.decodeme.com
Knome	personal whole genome sequencing	www.knome.com
Illumina	personal wole genome sequencing	www.illumina.com
DNA direct	personal whole genome sequencing	www.dnadirect.com
Genetrack Biolabs	ancestry test	www.dnaancestryproject.co
DNA Print Genomics	ancestry test	www.dnaprint.com
Mycellf	Nutrigenomics	mycellf-fitness.com/Home.aspx
Salugen	Nutrigenomics	www.salugen.com
G-nostics	Individual responses to nicotine	www.nicotest.com
ScientificMatch.com	dataing services based on genes	www.scientificmatch.com
DNATraits	common diseases	www.dnatraits.com

미국에서는 소비자를 대상으로 하는 다양한 유전검사가 실제 사회생활에 많은 영향을 미치고 있으며 소비자를 대상으로 하는 유전검사가 사회-경제적으로 미치는 효

과에 대한 보다 많은 연구가 진행되고 있다. 그리고 이러한 다양한 유전검사에 의한 피해를 최소화하기 위하여 2008년에는 개인의 유전 정보로 인하여 건강보험과 고용에서 차별을 금지하는 법안이 만들어졌으며 이러한 조치는 개인의 유전정보를 이용한 맞춤의학 실현을 위한 다양한 유전검사 시도를 쉽게 할 수 있는 제도적인 장치로 활용될 전망이다. 한편 유전검사는 질병 진단을 위한 검사뿐만 아니라 개인의 유전적 정보를 바탕으로 질병 예방, 특정 치료에 가장 적합한 환자의 식별 및 치료후 반응에 대한 예측 등을 위한 다양한 검사가 행하여 질 수 있다(그림 22-3). 예를 들면, 질병 유발 위험 유전변이형을 가진 사람을 식별하고 고 위험군에 속하는 사람을 대상으로 조기 검진을 수행하여 질병을 조기에 찾아낼 수 있을 것이다. 그리고 가장 적합한 치료법 및 환자를 찾아 치료하고 치료에 대한 예후를 판정할 수 있는 유전검사도 가능할 것이다. 이러한 질병 진단, 질병 예방을 위한 조기 진단 및 최적의 치료를 위한 유전검사는 맞춤의학을 구현하기 위한 가장 기본적인 밑거름이 될 것이다.

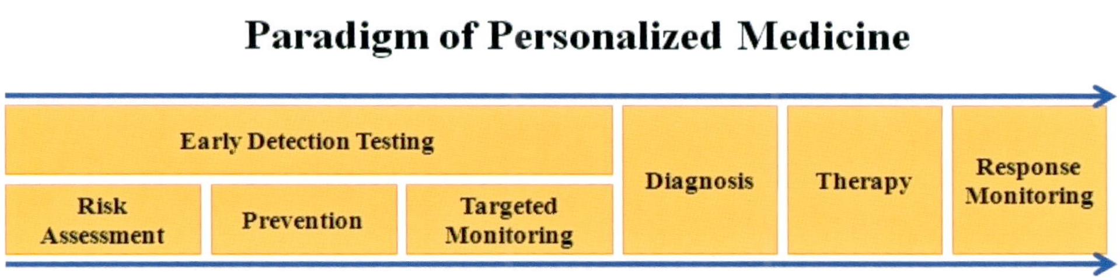

그림 22-3. 맞춤의학 시대를 위한 유전검사

한편 유전검사는 동시에 다양한 사회적 문제를 유발할 수 있다. 예를 들면, 전통적으로 희귀 유전질병의 경우처럼 한 유전자의 이상이 심각한 질병을 유발하는 경우에는 개인의 건강보험 가입과 고용 과정에 남용될 수 있는 가능성이 매우 높아 이에 대한 사회적 안전장치 마련이 필요한 실정이다. 그리고 개인의 조상에 대한 기원을 알고자 하는 유전검사는 인종 차별을 유발할 수 있으며 특히 다문화 사회로 변하고 있는 현실에서는 개인의 유전정보가 개인을 차별할 수 있는 도구로 사회적 문제를 초래할 수 있다. 또한 친자 확인 등의 유전검사도 개인의 인권을 침해할 수 있고 최근에 다수의 유전자가 관여하는 저 위험 감수성 유전자에 대한 만성 질병의 유전검사는 정확도가 낮고 예측력이 부족함에도 이에 대한 이해 부족에서 오는 과장된 해석이 우려되는 실정이다. 그래서 개인의 유전정보 공개에 따르는 문제점을 해결하기 위한 방법으로는 유전정보 생산에 사용된 개체 또는 시료에 대한 익명화 작업을 거치고 잘못 사용할 가능성이 있는 경우에는 유전정보 비공개 서약서를 작성하도록 하며 관련 연구자 또는 검사자에 대한 교육을 강화하는 프로그램이 필요할 것이다. 그리고 유전검사로 인해 야기될 수 있는 다양한 피해를 예방하고 개인의 유전적 차이에 따른 차별을 받지 않도록 하는 법적 장치 마련도 준비되어야 할 부분이다.

3. 미래 맞춤의학

미래의 사회에서는 인간의 건강한 삶을 영위하기 위하여 질병으로부터 자유롭기 위한 다양한 방법들이 모색될 것이다. 질병의 발생은 유전적 요인과 환경적 요인으로 결정된다. 그리고 과거에는 특정 유전 요인에 의한 질병의 위험성은 없었으나 최근에는 주변 환경의 변화로 새로운 유전적 요인에 의한 질병의 발생을 유발할 수도 있다. 예를 들면, Pima Indian의 경우에는 1901년경의 생활 환경은 당뇨병을 유발하지 않았지만 최근에는 풍부한 음식으로 세계에서 제 2 형 당뇨병이 가장 많이 발생하는 집단으로 발전하게 되었다(그림 22-4).

그림 22-4. **Pima Indian에서 환경 변화에 따른 제2형 당뇨병 발생 변화**

Pima Indian의 경우와 같이 어떤 질병의 발생은 항상 환경적 요인과 유전적 요인이 동시에 작용하며 두 요인을 동시에 고려할 때에 보다 정확한 예측이 가능하다. 예를 들면, 영양 상태가 매우 불량한 조건에서서는 제 2 형 당뇨병이 거의 발생하지 않으며 유전적 요인의 차이도 의미가 없게 된다. 그러나 과다한 영양 공급은 비만에 기인된 제 2 형 당뇨병의 발생을 급격히 증대시킬 것이며 이러한 환경조건에서는 당뇨병을 유발하는 유전적 요인의 효과가 크게 증대될 것이다. 따라서 미래의 새로운 환경에서는 또 다른 유전적 변이형이 아주 다른 영향을 미칠 수 있을 것이다.

미래의학에서는 각 개인이 가지고 있는 유전적 요인과 환경적 요인에 대한 보다 정확한 정보의 수집으로 각 개인에 대한 질병의 발생 위험도 예측이 가능할 것이다. 그림 22-5에 제시한 바와 같이 각 개인의 질병에 대한 위험도는 모든 환경적 위험 요인과 모든 유전적 위험 요인을 알고 또 환경에 따라 유전적 요인의 효과가 달라지기 때문에 환경과 유전의 상호작용의 효과를 보정해 줌으로써 특정 질병의 발생 위험도를 정확히 예측할 수 있을 것이다.

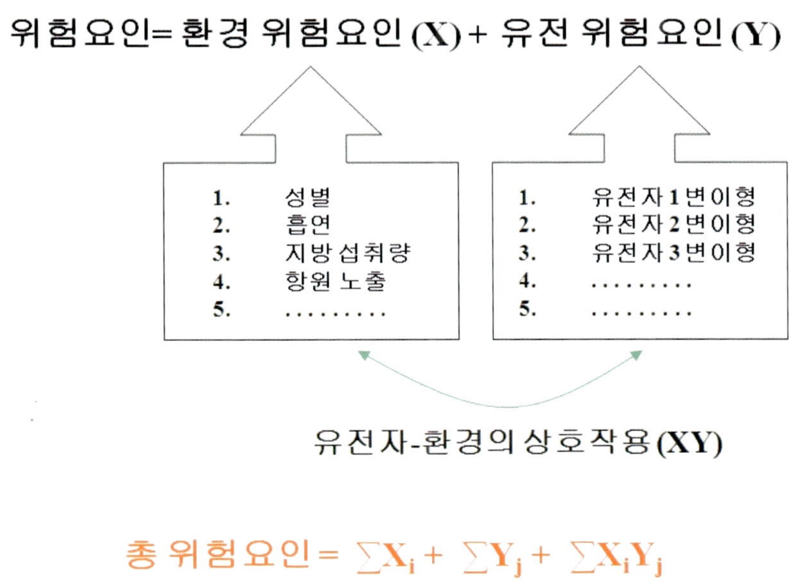

그림 22-5. 미래의학 - 예측 가능한 유전체 의학

또한 예측 유전체 의학의 도래는 실제적으로 각 개인의 기본 정보(성별, 나이 등)와 더불어 다양한 환경 위험요인 정보 및 다수의 유전적 위험요인 정보를 입력하면 전체 집단의 발병 위험도에 대한 각 개인의 상대적 발병 위험도를 예측하는 프로그램으로 개발이 가능할 것이다(그림 22-6). 이러한 각 개인의 위험도 예측 정보는 개인의 질병 발생을 최소화할 수 있는 예방법 (생활 습관 변화 등)을 제시해 줌으로써 질병의 진단과 치료뿐만 아니라 질병 예방을 위한 다양한 방법들이 실제 생활에 적용될 수 있을 것이다.

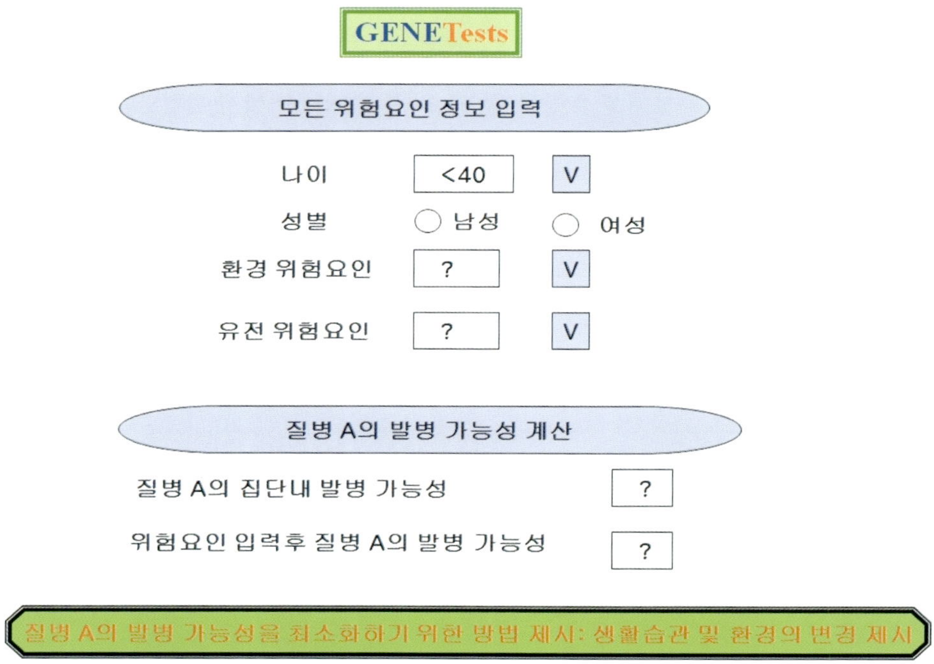

그림 22-6. 미래의 질병 예측용 유전검사의 예

한편 유전체학 분야의 발전은 질병의 진단, 치료 및 예방법 개발에 큰 영향을 미칠 것으로 예상된다. 그리고 최근에는 유전체 지식과 유전체 분석기법이 다양한 분야에 활용되어 새로운 학문영역을 개척해 나가고 있다. 또한 다양한 표현형과 질병에 관여하는 많은 종류의 유전정보가 새로이 밝혀지면서 이를 이용한 유전검사가 보편화되고 있다. 특히 개인의 모든 유전체에 대한 완전한 염기서열 정보는 향후에 엄청난 파급효과를 유발할 것이며 이미 개인의 완전한 유전체 정보를 이해하고 활용하기 위한 노력이 활발히 진행되고 있다. 앞으로 개인 유전체 염기서열 분석 기술은 다양한 단일유전자 질환을 유발하는 환자의 원인 돌연변이를 규명하고, 다수의 유전자가 관련하는 만성 복합질병의 후보 유전자 부위 전체에 대한 염기서열 분석이 가능할 것이다. 또한 다수의 돌연변이가 누적되어 나타나는 암 세포 클론들에 대한 대량의 유전체 염기서열 정보 분석은 아주 작은 유전체 변화까지도 검색이 가능하도록 할 것이다. 또한 지금까지 잘 밝혀지지 않은 구조적 유전변이형에 대한 연구가 진행되고 이러한 분야의 새로운 정보가 임상 분야의 유전검사에 활용되면 아주 강력한 유전검사 방법의 하나로 발전할 것이다. 따라서 인간 유전체 분야에 대한 연구는 앞으로 더욱 많은 발전이 예상되고 인간 유전체와 질병에 대한 상관성에 대한 이해는 보다 건강한 삶을 살아가려는 인간의 노력에 값진 선물을 안겨줄 것이다.

■ 참고문헌

- Tate SK and Goldstein DB. (2004). Will tomorrow's medicines work for everyone? Nature Genetics Supplement 36:S34-S42.

- Bell J. (2004). Predicting disease using genomics. Nature 429:453-456.

- Botstein D and Risch N. (2003). Discovering genotypes underlying human phenotypes: past successes for medelian disease, future approaches for complex disease. Nature Genetics Supplement 33:228-237.

[부록] 유전체 연구 관련 선진기술의 동향 및 신기술 소개

(국내 유전체 관련 회사 소개)

1. SNP Genotyping Technology with Affymetrix Microarrays (신정아)

2. Agilent Microarray를 이용한 Genome Structural Variation & Genetic Disease 연구 (김유리·이숙)

3. 미래를 여는 유전자 분석 기술 454 Sequencing (최영덕)

4. Illumina 대용량 Sequencer를 이용한 Genomics 연구 (김경아·신우정)

5. SNP Genetics 회사의 유전체 분석 서비스 (신형두)

1. SNP Genotyping Technology with Affymetrix Microarrays

㈜서린바이오사이언스　신정아

(1) Molecular Inversion Probe (MIP)

ParAllele (now part of Affymetrix)이 개발한 Molecular Inversion Probe (MIP) 기술은 oligonucleotide ligation 방법의 장점을 활용하면서 ligase와 polymerase 효소의 특이성을 결합시킨 방법을 이용하여 multiplexing (약 10,000 SNPs)이 가능하다. MIP는 그림 1에서 제시된 바와 같이, 6 단계를 거쳐 SNP을 genotyping할 수 있는 probe를 만들게 된다. 간략히 살펴보면, single oligonucleotide probe는 말단에 인식 염기서열이 존재하여 표적 염기서열에 결합하여 원형구조를 형성하며(A), SNP이 있는 곳에 1 base가 빠진 부분을 DNA polymerase로 allele-specific gap-filling으로 채운(B) 다음에 ligase로 완전히 연결하게 된다(C). 반응에 사용되지 못한 linear probe들은 exonuclease에 의해 제거되고(D), 완전한 probe는 유전체에서 분리된(E) 후에 universal PCR primer를 이용하여 증폭과정(F)을 거치게 된다. 증폭된 산물은 4 가지 염기 특이적인 별개의 형광물질로 표지(labeling)된 후에 Affymetrix 회사의 single universal tag DNA chip array에 hybridization된다. Affymetrix Fluidics에 의하여 wash & staining이 이루어진 array는 Affymetrix Scanner에서 각 nucleotide에 특정한 파장의 빛을 쏘여서 scan이 이루어진다.

1) Standard Targeted Genotyping Assay workflow

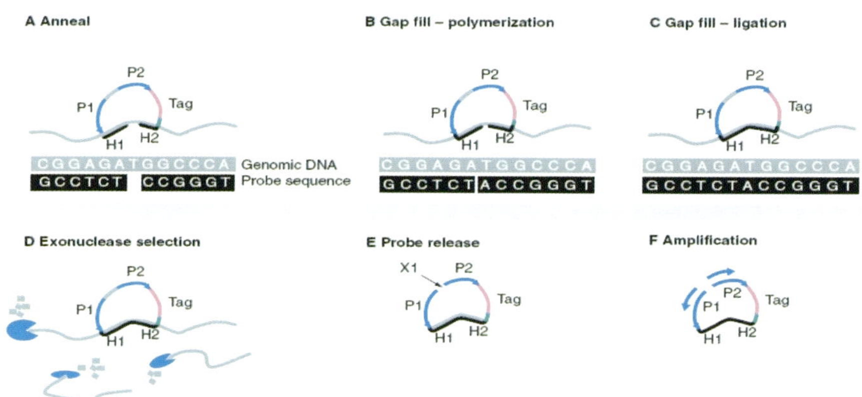

2) Molecular inversion probe before (A) and after (B) inversion

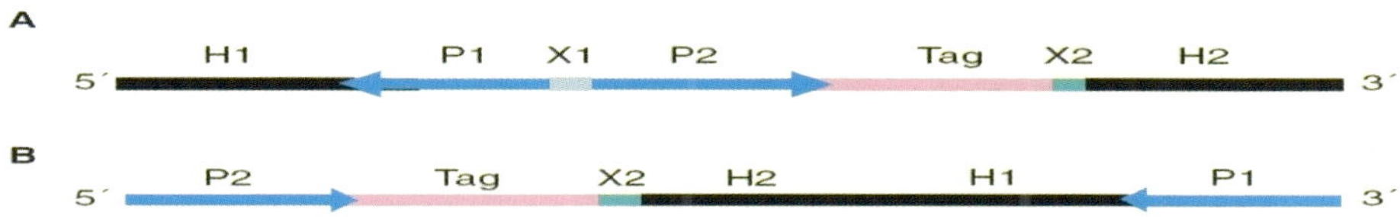

그림 1. **Molecular Inversion Probe 방법의 개요.** H1 and H2 are regions of genomic homology. P1 and P2 represent primer binding sites. X1 and X2 indicate probe cleavage sites. The Tag is a probe-specific barcode, which hybridizes to a complementary sequence on an Affymetrix Taq Array.

현재 Affymetrix에서는 MIP 기술을 이용하여 Targeted Genotyping과 DMET(Drug Metabolizing Enzymes and Transporters) Plus array가 제공되고 있다. Targeted Genotyping System은 연구자가 특정하게 원하는 SNP을 3K에서 70K 단위로 한 array이다. 이는 MIP 방법으로 연구자가 원하는 SNP을 검색할 수 있을 뿐만 아니라 유전자의 기능에 직접적으로 영향을 끼칠 수 있는 coding region에 분포한 SNP (cSNP)을 10K 또는 20K 단위에서 선택적으로 검색할 수 있는 human panel을 제공하고 있다. DMET (Drug Metabolizing Enzymes and Transporters) Plus Panel은 약물대사 관련 contents 위주로 구성된 최초의 array로서 약리유전학, 약물유전체학, 임상시험 등에 폭넓게 적용이 가능하다. DMET Plus Panel은 미국 식약청에서 승인된 모든 유전자 마커와 PharmaADME group에서 지정한 ADME core marker를 90% 이상 포함하고 있으며 총 225개 유전자, 1,936개 약물대사 관련 마커들로 구성되어 있다(표 1). 그래서 이 Microarray를 이용하여 새로운 바이오마커의 연관성 발견 연구 및 약물에 대한 반응자와 비반응자를 구분하여 적정 약물 투입량을 결정하는데 도움을 준다.

표 1. **Well known markers for common drugs in DMET Plus Panel**

Drug	Treatment Class	Major PK genes*	Total Markers
Aromatase inhibitors	Breast cancer	CYP19A1, SULT1A1, SULT1A2	25
Tamoxifen	Breast cancer	CYP2D6, CYP2C9, CYP3A4, CYP3A5, CYP2C19	140
Codeine	Pain control	CYP2D6, CYP2C9, CYP3A4, CYP3A5, UGT1A1, UGT2B7	158
Phenytoin	Antiepileptic	CYP2C8, CYP2C9, CYP1A2, CYP3A4, CYP3A5, UGT1A1, UGT1A7	144
Statins	Elevated cholesterol	CYP3A4, CYP3A5, SLOC1B1, CYP2C8, CYP2C9, UGT1A1, ABCB1	176
Thiopurines	Chemotherapeutic	TPMT, XDH, PRPP	74
Warfarin	Cardiovascular disease	VKORC1, CYP2C19, CYP4F2, CYP3A4, CYP1A2, CYP2C8, CYP2C9, ABCB1	195

(2) Axiom Genome-Wide Human Array Plates (Asian-Optimized Panel)

Axiom Genotyping Solution은 Affymetrix의 전유전체 연관성 분석(GWAS)과 후보 유전자 연관성 연구 (candidate gene association study)를 위한 제품으로 single Affymetrix system을 이용하여 일주일에 750 개 이상의 샘플을 진행할 수 있는 자동화 실험 과정이다. 이는 1000 Genomes Project, HapMap project, dbSNP database의 8백만 개 SNP 중 검증된 598,375 개의 SNP contents를 수록하고 있다. 이 중 281,298 개의 Asian specific SNPs을 포함하여 Asian에 대한 genome coverage를 극대화한 genotyping array 이다. 또한 SNP는 대표적인 chromosome X, Y와 recombination hotspot의 SNP, mitochondrial SNPs, cSNPs, ADME SNPs, miRNA SNPs, 그리고 disease-associated SNP을 이용하였다 (표 2). Indels는 SNP에 의해 제공되는 genomic coverage를 충족하기 위해서 선택되었다.

표 2. **Total number of SNPs of each class on the Axiom Genome-Wide Human Array**

Chromosome X SNPs	15,790
Chromosome Y SNPs	2,025
Mitochondrial genome and miRNA SNPs	287
Disease associated	809
Total cSNPs	13,049
UTRs and splicing SNPs	9,311
MHC	7,391
ADME	4,193
Conserved regions	28,254
Genic regions	227,312
Total markers	567,096

Axiom Genotyping assay 방법은 기존의 hybridization-based assay가 아닌 ligation-based assay로 background noise를 최소화하였으며, full automation 장비를 이용하여 분석 소요시간을 획기적으로 단축하였다(그림 2).

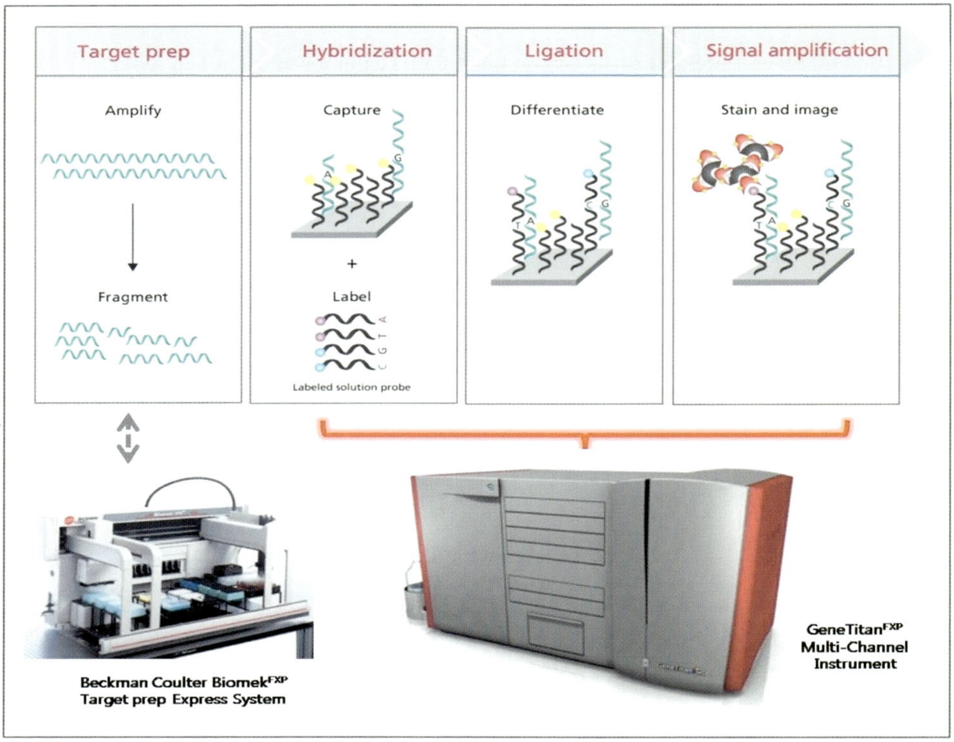

그림 2. **Axiom™ biochemistry overview**

2. Agilent Microarray를 이용한 Genome Structural Variation & Genetic Disease 연구

㈜엘앤씨바이오 김유리 · 이숙

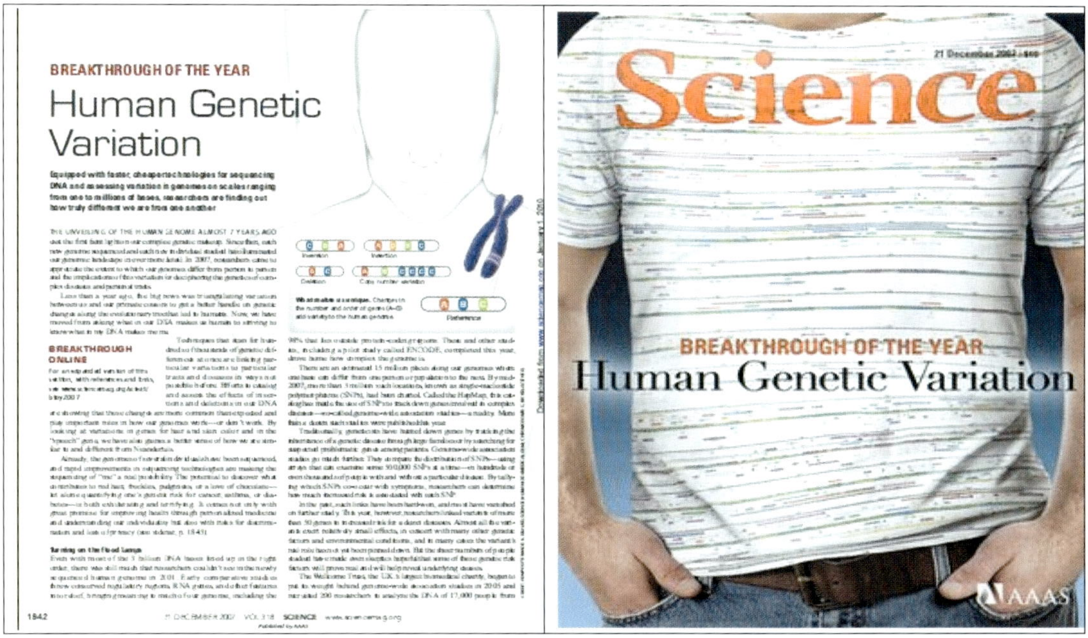

Microarray가 유전체 분석에 광범위하게 이용되고 있는 지금, 1 million probes/array 이상의 high density microarray를 제작할 수 있는 기술의 발전과 함께 연구목적에 맞춘 다양한 array contents가 개발되어 사용되고 있다. Agilent Technologies에서는 파악하고자 하는 유전정보의 특성에 따라 probe 디자인 방법을 달리하여 유전체 변이의 정도를 정확하게 검출할 수 있는 array를 개발하여 왔다.

(1) Agilent CNV Microarray-Human Genome Variation study

CNV (copy number variation)는 유전체상의 중요한 구조적 변이의 하나로, 개인간의 gene copy 수의 차이를 보이는 DNA 상의 위치를 말한다. CNV는 최소 1 kb 이상의 size를 가지며, 전체 genome 중 4-24 MB에서 나타난다. 질병관련 유전체 연구에서 CNV 연구의 목적은 human genome에 존재하는 common CNV 또는 rare CNV들이 질병의 발생 및 진행과 어떠한 연관성을 갖고 있는지를 밝혀 질병관련 지표로 활용하고자 하는 것이다(표 1).

표 1. Summary of common disorders for which associations to CNVs have been reported

Disorder	CNV	SD	SNPs[a]	Gene	Effect	Risk Associated	Study Type	Significance	Reference
HIV-1/AIDS susceptibility	Common	Yes	No	*CCL3L1*	Dosage	Low CNV	Case control	Varies in populations	[63]
Rheumatoid arthritis and Type 1 diabetes	Common	Yes	No	*CCL3L1*	Dosage	High CNV	Case control	OR = 1.34; $p = 0.009$	[64]
SLE, microscopic Polyangiitis, and Wegener granulomatosis	Common	Yes	No	*FCGR3B*	Dosage	Low CNV	Case control	$p < 0.001$	[65,66]
SLE	Common	Yes	No	*C4A/C4B*	Dosage	Low CNV	Case control	OR = 6.5; $p < 0.00002$	[67]
Crohn disease	Common	Yes	No	*DEFB4*	Dosage	Low CNV	Case control	OR = 3.6 $p < 0.008$	[71]
Bipolar disorder	Common	No	Poor	*GSK3B*	Positional	High copy number	Case control	$p = 0.002$	[72]
Early-onset Parkinson disease	Rare	No	Yes	*SNCA*	Dosage	Duplication/triplication	Familial	NA	[55,56,57]
Hereditary early-onset Alzheimer disease	Rare	No	Yes	*APP*	Dosage	Duplication	Familial	NA	[59,60]
Hereditary pancreatitis	Rare	Yes	Poor	*PRSS1*	Dosage	Triplication	Familial	NA	[61]
Autism spectrum disorders	Common	NA	Vary	Multiple	Unknown	Higher "de novo" CNVs; multiple CNVs	Familial	NA	[78,79]
Familial breast cancer	Common	No	Yes	*MTUS1* (exon 4)	Positional	Exon deletion confers lower risk	Familial	OR = 0.41; $p < 0.003$	[73]

(Estivill, X. PLOS Genetics 2007)

Agilent Technologies의 CNV microarray는 밝혀진 CNV loci를 기초로 하여 새로운 CNV 발굴 및 기존 CNV를 중심으로 한 detection이 가능하도록 제품화되어 있다(그림 1 & 그림 2).

1) **Human High-Resolution Discovery, 1x1M**: whole genome tiling array로 963,000+개의 probe로 구성되어 새로운 CNV 발굴에 적합한 array.
2) **Human Copy Number Variation, 2x400K**: Database of Genomic Variants에 기록된 4,902 previously identified CNVs, 16,110 in-dels, 8,061 segmental duplication region에서 제작된 array.
3) **Human CNV Association Microarray, 2x105K**: 11,000개의 common CNV region에서 probe를 디자인. Welcome Trust Case Control Consortium(WTCCC)에서 개발하여 20,000 sample 이상을 대상으로 disease association study에 사용.

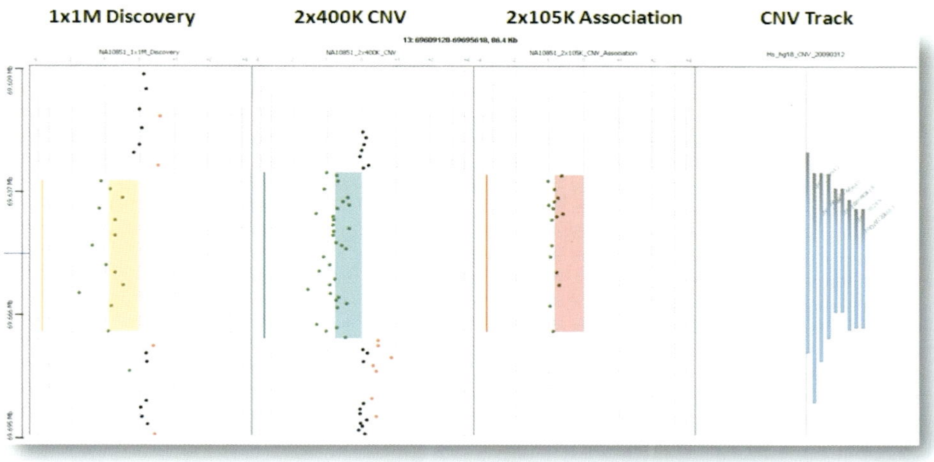

그림 1. **Confirmation of a Known CNV on Chromosome 13 in NA10851 vs. NA15510.**

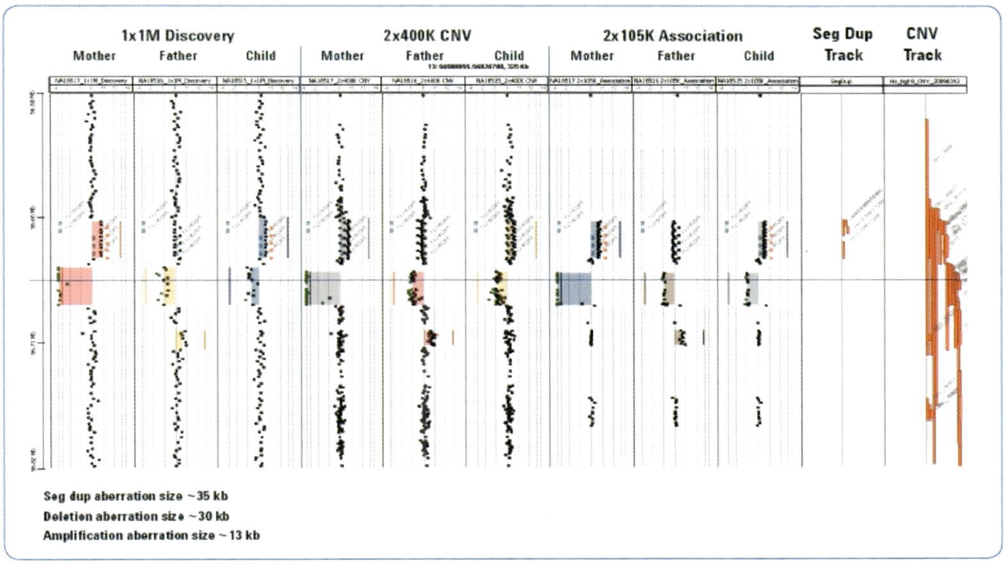

그림 2. **CNVs are Commonly Found Near Segmental Duplications.** Two tracks are displayed in the far right, presenting segmental duplications and CNVs in DGV.

(2) Agilent Array CGH Microarray-Molecular Cytogenetics

Array CGH는 Cancer, 선천성 유전질환에서 관찰되는 genome의 양적 변화의 양상을 파악하기 위한 방법으로 high-resolution/high throughput microarray를 적용하면서 기존의 Karyotyping, FISH의 한계점을 극복하게 되었다. High resolution microarray를 이용함으로써 질병의 발병 및 진행에 관여하는 유전자의 양적 변화에 대한 분자적 수준에서의 이해가 가능하게 되었고, 관련된 gene만을 대상으로 만들어진 진단용 array를 제작하여 임상시료에 적용하고자 하는 노력이 cytogenetics 연구기관에서 활발히 진행되고 있다(표 2). 진단용 array 개발은 산전 산후 진단, cancer screening, cancer sub-classification 등에 활용하는 것을 목적으로 지속적인 probe contents의 개발 및 업데이트가 진행되고 있다.

표 2. **Array based cytogenetics products**

Lab	Product	Coverage	Array Format
Emory	EmArray Cyto6000	Known micordeletion, microduplication syndrome	Agilent custom array: (4×44K, 8×60K, 2×105K, 4×180K)
BlueGnome	CytoChip Oligo	Congenital genetics disorder	Agilent custom array: (2×105K)
Oxford Gene Technology	CytoSure™ Syndrome Plus v2	200+ syndromes	Agilent custom array: (2×105K)

이 중, 미국 Emory 대학의 Dr. David Ledbetter 연구 그룹을 중심으로 2007년 구성된 ISCA Consortium (International Standard Cytogenomic Array Consortium)의 활동이 주목할 만하다. ISCA consortium에는 현재 85 개 이상의 연구실 (GeneDx, Cornell University, Alberta Children's Hospital, Oxford University 등)이 참여하고 있으며, 각 실험실에서 디자인되어 검증을 거친 probe contents들을 수정 보완하여 ISCA array를 제작하였다. ISCA array는 telomere, centromere, microdeletion/duplication region, X-linked mental retardation에 관여하는 것으로 알려진 gene 및 whole genome을 cover 하는 probe들로 구성되어 있다(그림 3). 사용된 probe의 selection은 Agilent

Technologies의 probe database를 기반으로 하였으며 Agilent 사의 웹기반의 custom array 제작 tool인 e ARRAY (e Array, https://earray.chem.agilent.com/earray/)를 통해 제작되었다.

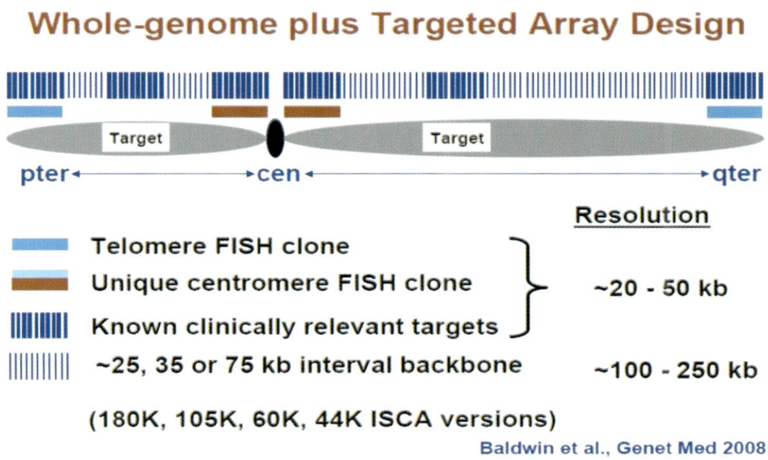

그림 3. **ISCA Array Design.**

이 ISCA array는 현재까지 25,000개 이상의 clinical sample을 분석하는데 사용되었으며, 적용 sample을 확장하여 총 200,000개의 sample 분석에 사용될 예정이다. 이러한 공동작업의 목표는 clinical sample의 genotype, phenotype data의 임상적 해석의 기준을 마련하고 이를 public data로 활용하는 것이다. Consortium을 통해 분석된 결과에 의하면 약 18%의 neurodevelopmental, congenital disorder 환자에서 pathogenic CNV가 관련이 있는 것으로 보여진다. Database가 완성되면 기존의 normal, healthy individual에서의 CNV database (Database of Genomic Variants, http://projects.tcag.ca/variation)와 함께 질병관련 CNV 정보로 활용함으로써 앞으로의 연구에 많은 도움이 될 것으로 기대된다.

많은 임상 조직 시료들은 FFPE (Formalin Fixed Paraffin Embedded) 상태로 보관이 되고 있으나, FFPE block 제작 과정, 보관기간 중 발생하는 DNA degradation으로 인해 intact DNA를 필요로 하는 array용 시료로 사용하는데 어려움이 있었다. Agilent

에서는 degradation된 DNA를 labeling하여 array에 적용할 수 있는 ULS labeling 방법을 개발하여, 임상적으로 중요한 시료들에 대한 선택범위를 넓힐 수 있게 되었다(그림 4).

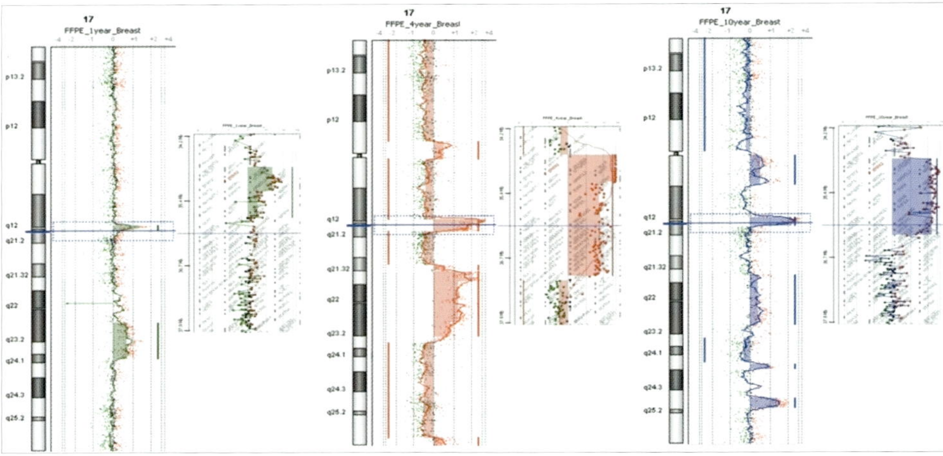

그림 4. HER-2 gene amplification detection in 1- to 10-year-old FFPE breast cancer samples.

Agilent Human Catalog array CGH microarray products:

Agilent array CGH microarray는 well known gene을 우선으로 probe를 디자인하고 그 외 promoters, miRNAs, disease, pseudoautosomal, telomeric region을 포함하는 coding region과 non-coding region에도 probe를 배치하여 whole genome에 대한 coverage를 높였다.

High resolution for CGH/ CNV

Good balance of resolution and Running cost CGH/CNV

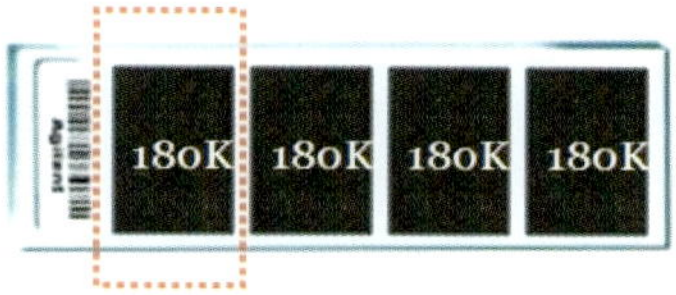

Low cost and high throughput For custom CGH

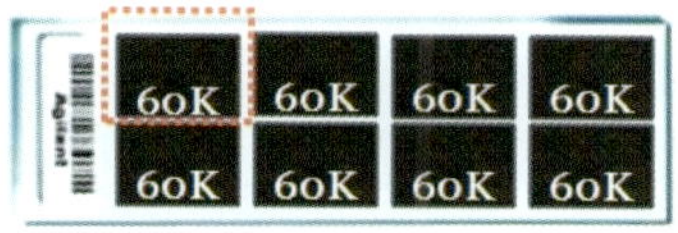

Lower cost and higher throughput on your custom array

(3) Agilent CGH/CNV microarray 실험 서비스-(주)엘앤씨바이오

Array	Microarray Description
CNV	SurePrint G3 human CNV array 1x1M
	SurePrint G3 human CNV array 2x400K
	Human CNV Association Microarray 2x105K
CGH	SurePrint G3 human CGH array 1x1M
	SurePrint G3 human CGH array 2x400K
	SurePrint G3 human CGH array 4x180K
	SurePrint G3 human CGH array 8x60K
	HD aCGH array 244K (Human, Mouse, Rat)
	SurePrint G3 Custom CGH Microarray
Emory ISCA Array	Agilent custom array 4x44K
	Agilent custom array 8x60K
	Agilent custom array 2x105K
	Agilent custom array 4x180K

3. 미래를 여는 유전자 분석 기술 454 Sequencing

Roche Diagnostics Korea **최영덕**

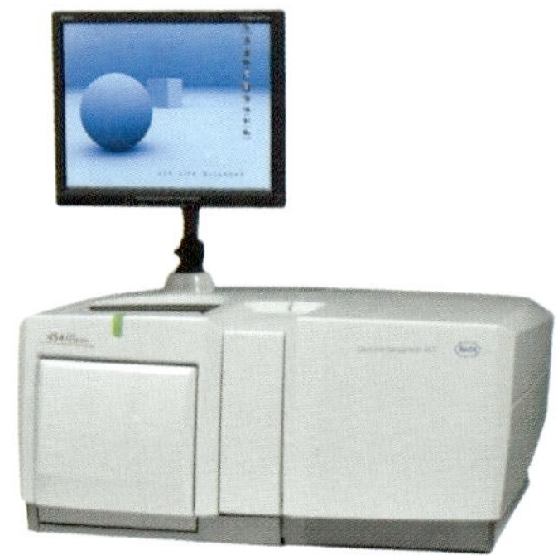

과학 기술과 산업은 유럽과 미국을 중심으로 시작된 산업혁명 이후 급격한 발전을 거듭해 왔다. 그리고 현대 사회는 공업(Industries)과 IT(Information Technology), BT(Bio Technology) 등 각 분야에서 이전에 상상할 수 없었던 첨단 기술들이 등장하고 있으며, 특히 인류의 삶의 질 향상과 밀접한 연관을 지닌 BT의 발전이 두드러졌다. 인간유전체학 (Human Genetics)에 있어서 혁명과도 같았던 "International Human Genome Project"가 10 여년 간의 긴 여정을 마치고 2003년 인간 유전체 지도를 완성하였다. 이는 '인간의 생명현상과 질병이 유전체와 깊은 관련이 있다' 라는 가설에 대한 연구를 가속화하는 계기가 되었지만 한 사람의 유전체를 통해 전반적인 생명현상을 이해하기에는 역부족임을 확인하게 되었다. 이로써 노력과 비용에 비해 의미있는 결과를 얻기에는 시간과 기술에 많은 한계를 느끼게 되었다. 이후 2005년 Roche사에서 High Throughput Pyrosequencing System (454 Sequencing)을 소개하면서, 유전체 해석 속도를 증가시켰으며, IT의 발전에 힘입어 기존에 10년이라는 세월에 걸쳐 이루어졌던 업적이 불과 수개월 내에 가능하게 되었다. 이러한 혁명적인 유전체 분석 기술은 비단 인간 뿐 아니라, 환경, 미생물, 농업분야의 연구에 널리 활용되면서 유전체학(Genomics)에 있어 제 2의 혁명기를 맞이할 수 있게 하였다.

454 Sequencing은 전통적인 방법인 Sanger법과 달리, Pyrosequencing에 기반을 두어 실시간으로 DNA를 합성하는 과정에서 염기서열 정보를 획득하게 되었다. 특히 분석량(Throughput)을 증가시키기 위해 반응계(reactor)의 범위를 최소화시켜, 1 회의 실험으로 무려 100만 개의 독립적인 염기서열(read sequence) 생산이 가능하였고, 이러한 대용량의 정보들은 기본적으로는 미생물 유전체의 완벽한 해독에서 시작하여, 동물, 식물의 유전체 더 나아가 특정 환경 내에 존재하고 있는 다양한 생물정보를 제공할 수 있

게 되었다. Roche사의 454 Sequencing의 대표적인 활용 예는 인간 지놈(human genome) 연구에 있어서 DNA의 3차 구조를 처음으로 밝혔던 James Watson 박사의 전체 유전체를 해석하는 James Watson Genome Project 였다. 이 프로젝트는 미국 Bayler 의과대학의 연구진들에 의해 수행되었고 이를 통해 수많은 유전적 이질성을 확인할 수 있었으며, 이는 같은 종의 생물이라 하더라도 개체간의 유전적 차이가 매우 크다는 것을 확인할 수 있었다. 결국 James Watson Genome Project를 통해 인간의 유전체 비교를 통해 개인 맞춤의학(Personalized Medicine)의 개념을 세울 수 있게 되었다. 또 하나의 활용 예로는 멸종 생명체의 유전자 분석이다. 현생 인류가 아닌 이미 멸종된 네안데르탈인과 맘모스 DNA까지도 유전자 분석을 가능케 하여 세상을 놀라게 하였다. 특히 맘모스 DNA의 경우 당시 주위 환경을 대변해 줄 수 있는 다양한 종류의 유전체 단편들을 확인 가능하게 하였고 이들에 대한 염기서열이 함께 확인됨으로써, 메타지놈(Metagenome) 연구에 대한 454 Sequencing의 역할을 가늠해 볼 수 있게 하였다. 농업에서 활용 예로 말레이시아에서 발표한 야자수 지놈 프로젝트(Oil Palm Genome Project)가 있다. 이 프로젝트 역시 Roche의 454 Sequencing이 중추적인 역할을 수행하였으며, 프로젝트 관계자는 이 프로젝트를 통해 경제적으로 중요한 의미를 지니는 야자의 생산성을 높이는데 있어 해답을 찾고자 한다고 밝혔다.

454 Sequencing의 특징과 주요 응용 분야

Sequencing을 수행하는데 있어 반응 단위당 염기서열 길이(read length)는 그 무엇 보다 중요한 요소라고 할 수 있다. 유전자가 지닌 변이 양상을 정확한 위치에서 미세하게 확인하고자 할 경우 충분한 read length는 많은 도움을 제공한다. 또한 전사체(transcriptome)로부터 얻은 유전자 정보를 해독하거나 미생물 다양성을 연구하기 위해서 Sanger 방법을 많이 사용되었다. 현재에는 454 sequencing 역시 또는 Sanger 법을 통해서 가능하다고 평가되고 있다. 이와 같이 454 sequencing은 충분한 read length를 가지고 있어, 가장 다양한 연구에 활용이 가능하다.

1. *De novo* sequencing (plant BACs, microbes, viruses)

454 sequencing은 400 bp 정도의 긴 read sequence를 이용하여 염기서열을 조합하기 때문에, 짧은 read sequence들을 지닌 분석 기술들에 비하여 훨씬 적은 수의 gap을 발생시키며, 따라서 이어지는 작업에 있어 훨씬 적은 노력이 필요하다. 또한 short read 들에 비해 전체적으로 적은 coverage로도 보다 나은 결과를 얻을 수 있다.

2. Whole genome re-sequencing (targeted human genomic regions, structural variations)

400 bp라는 긴 read는 re-sequencing에 있어서도 repeat region을 확인하는데 매우 유용하게 쓰일 수 있을 것으로 평가되고 있으며, 높은 정확도로 인해 reference sequence에 대비하여 버려지는 정보의 양이 크지 않을 것으로 평가한다. 더욱이 이러한 긴 read를 이용하며, 기존에 알려지지 않은 Unknown Variation 들에 대한 발견의 기회를 현저하게 많이 제공할 것으로 생각된다.

3. Amplicon sequencing

Amplicon염기서열 분석의 기본적인 원리는 유전체 전체가 아닌 특정 영역만을 선별하여 높은 감도로 결과를 보기 위해 특정 primer를 디자인하고 amplicon의 양 끝에 adaptor 염기서열을 덧붙이는 것이다. PCR 과정을 통해 만들어진 amplicon들을 선별하여 다양한 형태의 툴을 이용하여 결과를 분석할 수 있다. 현재 amplicon 분석은 암 연구와 의학적 연구 및 인류 유전학 등에 활발히 응용되고 있다.

4. Metagenomics and microbial diversity

Metagenomics와 microbial diversity를 연구하는 많은 학자들은, 이러한 분석을 위한 도구로 454 sequencing을 선택한다. Metagenomics 연구는 환경으로부터 얻어진 염기서열을 mapping 또는 assembly하여 얻어진 결과를 이용해 존재하고 있는 생물체의 종류와 양 그리고 더 나아가 이들의 대사 과정까지 밝히는데, 이 때 454 sequencing의 long read가 결정적인 역할을 하며, 이로 인해 대부분의 연구자들이 454 Sequencing을 주도구로 활용한다.

이 외에도 454 sequencing을 이용한 연구는 gene regulation study, gene expression, ancient DNA sequencing, viral sequencing 그리고 epigenetic study 등 유전학과 관련이 있는 거의 모든 분야에서 유용하게 활용이 되어 오고 있다. 특히 Nature, Cell, Science 등 수준 높은 학술지에 350편 이상 등재가 되고 있으며, 이는 454 sequencing의 안정성과 우수성이 이미 입증된 것으로 해석된다. 따라서 이러한 우수한 기술을 통해 얻어진 대량의 정보는 생명공학의 발전과 새로운 진리의 발견에 핵심적인 역할을 할 것으로 기대된다.

■ NimbleGen Sequence Capture Technology

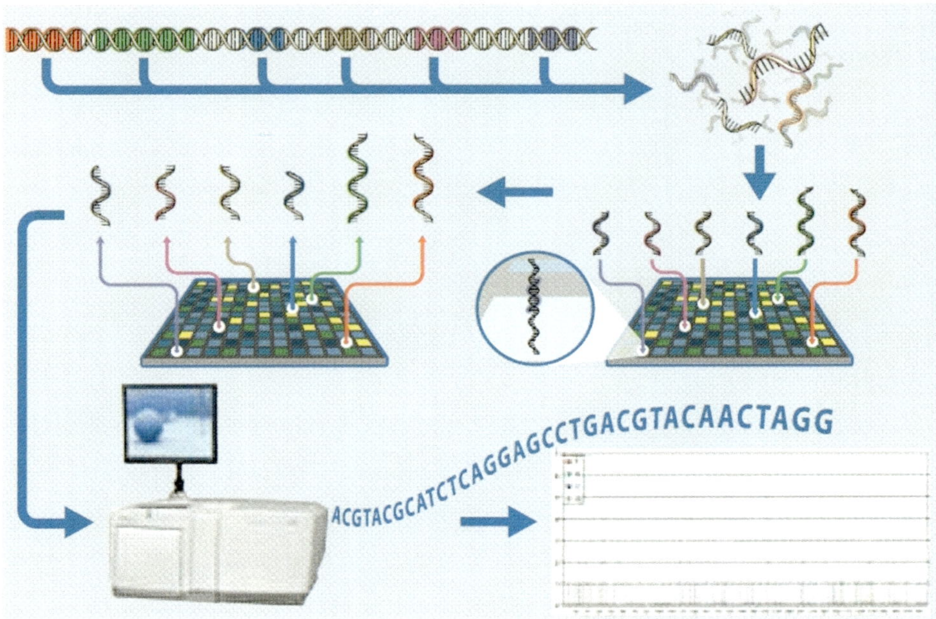

그림 1. **NimbleGen Sequence Capture in combination with the Genome Sequencer FLX System.** Genetic material is fragmented and targeted sequences are captured by hybridization to the sequence capture microarray. Captured DNA fragments are eluted from the array and sequenced on the GS FLX System.

- Enrich and sequence all human exons stored in the CCDS database with NimbleGen's Sequence Capture arrays(그림 1)
- Benefit from long reads, enabling haplotyping of >400 bp and straight forward identification of insertions and deletions
- Use the GS Reference Mapper software for comprehensive variant detection and visualization

■ GS Junior System

Genome Sequencer FLX System의 장점을 그대로 이어 받은 소규모 연구를 위한 454 Sequencing 기반의 유전자 분석 시스템으로, 보다 많은 연구자에게 활용 기회를 제공할 것입니다.

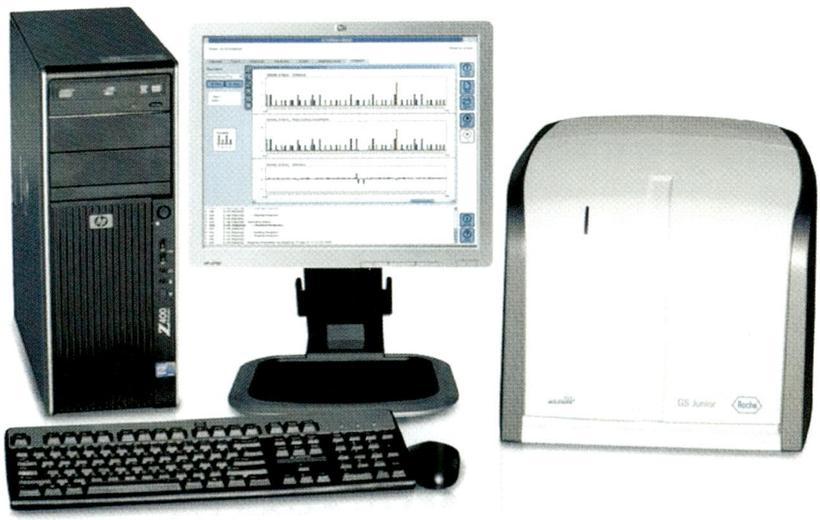

- Drug targeting by HIV genotyping
- Multiple gene sequencing
- HLA sequencing
- VDJ sequencing for vaccine response

4. Illumina 대용량 Sequencer를 이용한 Genomics 연구

㈜ 비엠에스　김경아 · 신우정

Illumina의 high-throughput NGS system HiSeq2000은 소규모 실험실에서도 대규모 genome 센터의 sequencing 역량을 가능하게 한다. HiSeq2000 system은 현재 (2010년 2월),한번의 run에 두 명의 human genome sample을 ~30X coverage로 sequencing (total 200G/run)할 수 있는 유일한 NGS system이다. 또한, 어떠한 sequencing에 있어서도 매우 빠르게 쉬운 workflow를 통하여 genomics, epigenomics, whole transcriptome, methylation 분석 및protein-nucleic acid interaction과 같은 연구 결과를 일주일 안에 산출 할 수 있다.

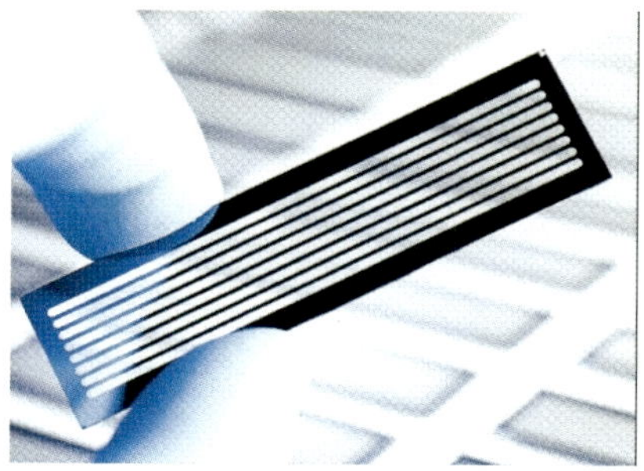

Illumine Sequencing Technology

Illumina의 sequencing technology는 library preparation, cluster generation, sequencing 단계로 구성되어 있다.

■ Cluster generation

Illumina sequencing 기술은 우선 무작위로 절편화된 genomic DNA의 양 끝에 adapter를 붙이는 library preparation 과정으로 시작된다. 이렇게 준비된 sample은 투명한 flow cell (FC) 바닥의 adaptor에 부착된다. 전 과정은 자동화되어 있으며, 이렇게 부착된 DNA fragment는 cluster station 내에서 bridge amplification 단계를 거치며 증폭

되어, 고밀도의 sequencing flow cell로 만들어 진다(그림 1 참조). 이렇게 만들어진 FC은 수행하고자 하는 실험에 맞게 고안된 sequencing primer를 붙이며 완성되고, 이 sequencing primer의 종류에 따라 36 bp 부터 100 bp까지 한 방향 또는 양쪽 방향(2X100bp)으로 sequencing을 수행할 수 있다.

■ Sequencing

Illumina의 Sequencing by Synthesis(SBS). Cluster generation 과정에서 binding된 sequencing primer로부터 template와 상보적인 형광 dye가 붙어있는 nucleotide는 한 base씩 연장된다. 이렇게 연장된 nucleotide의 dye는 레이저에 의해 검출되며, 검출된 dye는 제거된다. Base연장-dye reading-제거의 과정을 반복하여, 원하는 길이(~100bp 까지)를 sequencing한다. 읽혀진 sequence는 reference genome에 align되고, genetic difference는 특별히 개발된 데이터 분석 파이프라인 및 CASAVA와 GenomeStudio 소프트웨어를 사용하여 손쉽게 분석할 수 있다. 다양한 application에 적용할 수 있는 sample prep kit을 사용하여 re-sequencing, de novo sequencing, mRNA, small RNA, methylation sequencing 및 protein-nucleic acid interaction을 포함하여 넓은 범위의 sequencing에 사용 가능하다.

■ Paired End Sequencing

Single read 후, Paired-end module을 통하여, template는 다른 쪽 끝의 두 번째 염기서열 분석이 가능하게끔amplification 과정을 거처 역 방향의 cluster로 다시 생성된다. 이렇게 만든 cluster에 read 2 sequencing primer를 붙여 single read와 동일한 SBS 과정을 수행하여 하나의 template의 양끝 100 bp까지 sequencing을 할 수 있다.

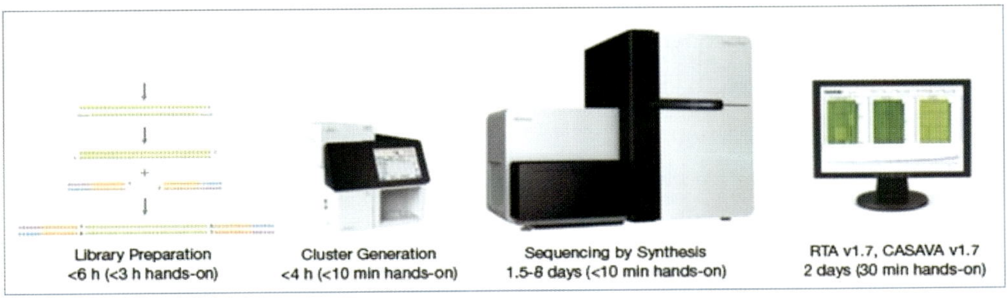

그림 1. **HiSeq2000 Automated Workflow**

■ Multiplexing

Illumina HiSeq2000의 multiplex sequencing은 한번의 run에 192 개의 sample까지 sequencing이 가능하다.

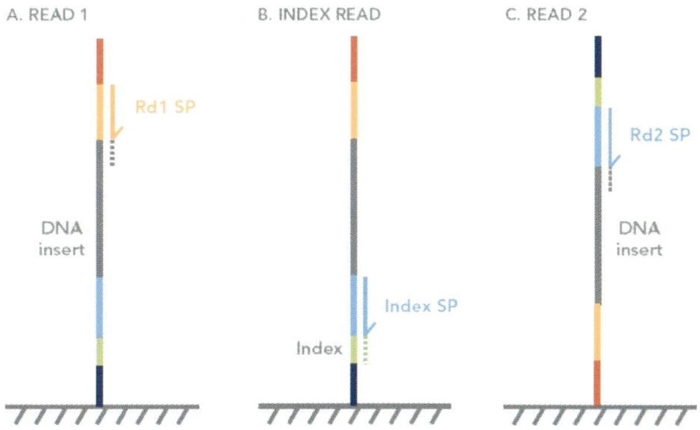

그림 2. **Multiplexed Sequencing Process**

위의 그림에서 보는 것과 같이, Single read(R1)후 index를 sequencing하고 기존 PE sequencing 방법을 동일하게 사용함으로써 하나의 template의 양 끝 100 bp까지 sequencing을 할 수 있다.

■ Broadest Range of Applications

HiSeq2000은 샘플 준비과정과 downstream data 분석의 차이만으로 넓은 범위의 genome-scale 지원이 가능하다.

- **Whole-genome Sequencing & Re-sequencing:** 전체 genome을 모두 분석하거나 하나의 chromosome이나 여러 유전자를 포함하는 큰 DNA 조각을 분석할 때 가장 빠르고 경제적인 sequencing tool. 그림 3에서 볼 수 있는 것과 같이 GenomeStudio를 사용하여 손쉽게 reference에 align시켜 SNP 및 mutation을 볼 수 있다.

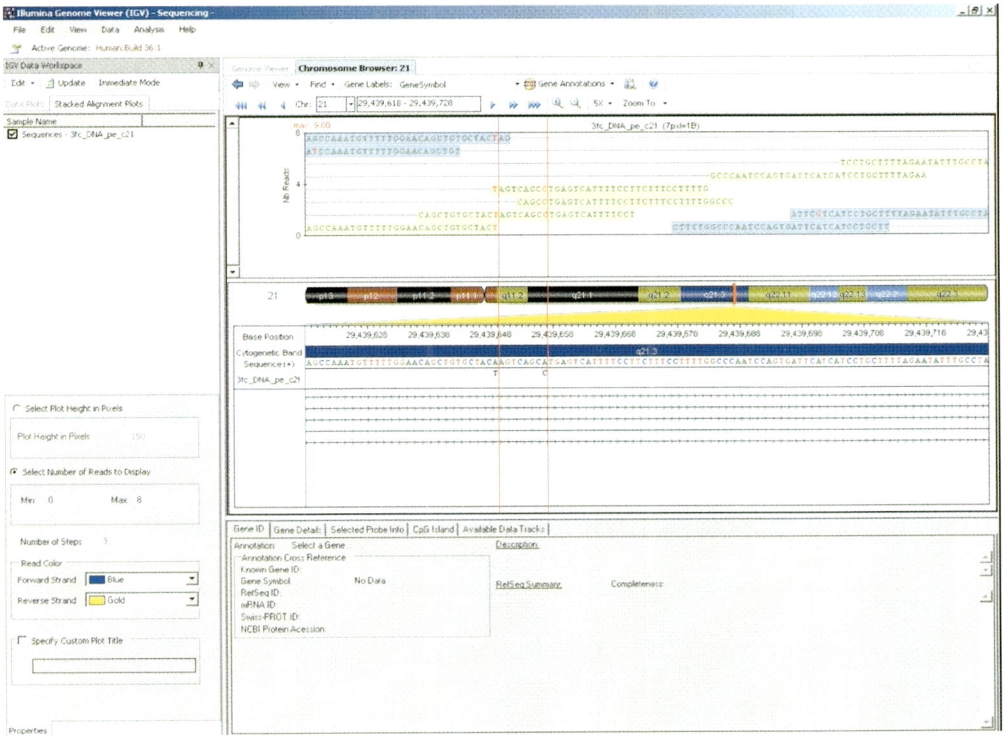

그림 3. **SNPs Identified from Aligned reads Displayed in GenomeStudio Software**

- **Immunoprecipitate Sequencing - protein-nucleic acid interaction analysis**: Chromatin immunoprecipitation을 수행한 후 회수된 모든 DNA 조각을 한꺼번에 sequencing하는 ChIP-Seq 방법은 epigenetic modification을 분석하는 획기적인 방법이다.

- **Small RNA Discovery**: HiSeq200 sequencing technology는 분석할 종의 sequence 정보 없이도 small RNAs를 분석할 수 있으며, 하루 안에 one billion tags data를 산출한다.

- **mRNA-Seq**: mRNA 전체의 sequencing data를 이용하여, whole genome gene expression profiling을 할 수 있다. 특히 각 유전자의 발현 정도나, novel transcripts, splice isoforms, transcript structures 및 질병과 관련된 coding SNPs 연구 분야까지 매우 신속하고 편리하게 데이터를 얻을 수 있다.

그림 4. **Tissue-specific Expression Detected with mRNA-seq**. 각각의 발현된 exon들은 reference에 align되어 peak로 나타나며 발현의 정량적 분석 및 alternative splicing, quantifying cSNPs, entirely new transcriptome의 complete annotation data를 얻을 수 있다.

- ***De novo* Sequencing**: 2X100 bp 이상의 long reads sequencing 및 200 bp에서 5 kb까지 insert size의 조절이 가능한 Illumina의 sequencing technology는 sample에 관계없이 *de novo* sequencing을 가능하게 한다. 최근 BGI에서 Illumina technology를 이용하여 인간의 지놈 사이즈와 비슷한 ~3 Gb panda *de novo* sequencing을 수행함으로서 다시 한번 data의 신뢰도와 정확도가 입증되었다.

이처럼 Illumina의 technology는 genomics 연구 전반에 적용이 가능하며 누구나 손쉽게 사용할 수 있는 workflow를 통하여 high throughput data를 산출할 수 있으며, ㈜BMS에서 미국 Illumina사의 한국 내 독점 distributor로서 Illumina 제품의 판매 및 제품을 이용하는데 필요한 기술지원을 제공하고 있다.

5. SNP Genetics 회사의 유전체 분석 서비스

㈜에스엔피 제네틱스　신형두

(주)에스엔피제네틱스는 Illumina platform을 이용한 SNP Genotyping, CNV analysis, Gene Expression Analysis, DNA Methylation Assay 등의 다양한 서비스를 제공하여 인체유전역학 연구를 선도합니다.

(1) SNP Genotyping & CNV Analysis

International HapMap Project와 1000 Genome Project를 통해 인간 유전체의 다양한 genetic variation들이 체계화되었고, 이와 같은 대규모의 정보를 이용한 질병관련 유전자 분석 및 맞춤의학을 위한 약물유전체 연구 또한 가속화되고 있습니다. 이러한 추세에 발맞춰 많은 연구자들은 결과의 정확성, 비용대비 효과 등을 고려한 SNP genotyping 방법을 찾고 있으며 Illumina platform을 이용한 SNP & CNV analysis solution은 연구자들에게 최상의 선택임을 증명해 주고 있습니다. Illumina의 SNP genotyping platform은 크게 GoldenGate assay를 이용한 focused SNP genotyping과 Infinium assay를 이용한 genome-wide SNP genotyping service를 제공하고 있습니다.

1. GoldenGate Assay

GoldenGate assay는 48 개에서 1,536 개의 SNP를 동시에 실험할 수 있으며 focused SNP genotyping 또는 GWAS 이후의 검증실험을 위한 방법으로 가장 적절합니다. Allele specific primer extension 방법으로 증폭된 oligo들을 VeraCode 또는 Sentrix Array Matrix에 hybridization시키고 BeadArray Reader를 통해 읽어진 SNP 각각의 Intensity Data는 BeadStudio software를 이용하여 자동으로 genotype이 결정됩니다(그림 1). GoldenGate Assay는 single base extension이나 TaqMan 방법으로 실험 가능한 규모 (<50개 SNP) 이상의 SNP를 대상으로 한 연구에 최적의 기법입니다.

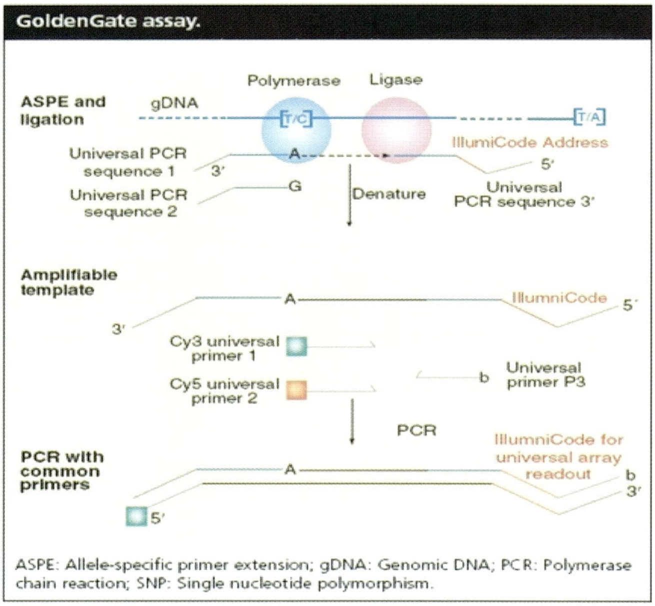

그림 1. **GoldenGate Assay**의 원리.

2. Infinium Assay (Whole Genome Genotyping)

Infinium Assay는 haplotype tagging SNP와 ADME 유전자 등의 focused SNP로 구성된 whole genome genotyping 방법입니다. 200-400 ng의 genomic DNA를 amplification한 후 random fragmentation하여 chip에 hybridization시키며 single base extension 반응을 통해 SNP 각각의 genotype을 빠른 시간 안에 대량으로 분석합니다. Illumina의 Infinium assay platform은 인간 유전체뿐만 아니라 bovine, equine 등의 다양한 종에 특화된 chip을 제공하고 있으며 실험법을 다양하게 응용하여 gene expression, DNA methylation assay에 이용하고 있습니다. 이 밖에 BovineSNP50, EquineSNP50, CanineSNP50 등의 동물유전체 연구용 chip service를 제공합니다.

Infinium BeadChips:

- HumanOmni1-Quad (1M markers)
- Human1M-Duo (1M markers)
- Human660W-Quad (660K markers)
- HumanHap550-Quad (550K markers)
- HumanCytoSNP12 (300K markers)
- iSelect (user selected SNPs)

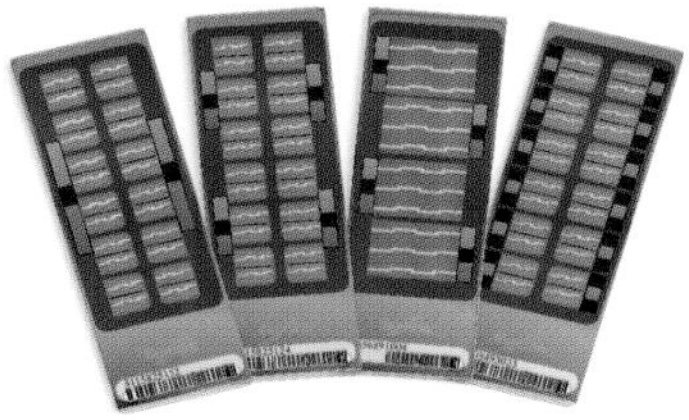

HumanOmni1-Quad 등의 SNP chip은 GWAS 연구에 널리 전세계적으로 가장 많이 이용되고 있으며 당뇨, 비만, Lupus 등 다양한 질환의 원인 유전자 발굴에 최적의 방법으로 제시되고 있습니다. 특히 Illumina chip은 haplotype tagging SNP를 선발하여 제작되었기 때문에 질환 원인 유전자 발굴의 가능성이 매우 높으며 아시아 인종의 genome coverage가 매우 높기 때문에 한국인 유전체 연구에 적합한 것으로 보고되고 있습니다. Infinium chip은 SNP 연구와 CNV 분석을 동시에 수행할 수 있는 장점이 있습니다. Chip 분석을 통해 생산된 intensity data를 이용하여 copy number 분석이 가능합니다. B allele frequency와 LogR ratio data를 이용하여 copy number 증가/감소를 분석할 수 있으며 loss of heterozygosity (LOH) 분석이 가능합니다. 특히 copy neutral LOH를 정확히 찾아낼 수 있기 때문에 cancer의 염색체 구조이상 분석에 효과적이며, HumanCytoSNP12 chip과 같은 염색체 구조이상 분석 전용 chip service도 제공하고 있습니다. Chip 실험으로 확보된 genotype 정보는 연구자가 필요로 하는 형식으로 변환하여 report하며 자체적인 분석 tool을 확보하고 있기 때문에 publication을 위한 total solution을 제공합니다. GWAS 분석을 위해서 HelixTree software를 이용하고 있으며 minor allele frequency, HWE P-value 등의 기본 정보뿐만 아니라 logistic regression, Manhattan plot 등을 제공하고 있습니다.

3. Gene Expression Analysis & DNA Methylation Assay

(주)에스엔피제네틱스는 Illumina의 Infinium assay를 이용하여 gene expression analysis 및 DNA methylation assay service를 제공합니다(그림 2). Gene expression assay chip은 HumanHT-12 (48K probes)을 이용하여 1장의 chip에 12개의 RNA 시료를 분석할 수 있습니다. 그리고 DNA methylation assay는 Methylation27 chip

(27K CpG sites)을 이용하며 1장의 chip에 12개의 DNA sample을 동시에 분석할 수 있습니다. 각 probe의 intensity data는 normalization 단계를 거쳐 probe 특이 expression/methylation level을 보여주며 이러한 intensity data는 gene ontology, pathway 분석에 이용되어 세포 수준의 functional study가 가능합니다. DNA methylation은 gene expression level을 조절하는 인자로서 세포 간에 DNA methylation 패턴이 서로 다르며 이로 인해 동일한 DNA sequence에서 서로 다른 유전자 발현 패턴을 보이게 됩니다. 이러한 후성유전체 분석에 DNA methylation chip이 이용되고 있으며 combined analysis tool을 이용하면 DNA methylation과 gene expression을 동시에 비교 분석할 수 있습니다. Cancer, stem cell 등의 연구 분야에서 이용 가치가 크며 SNP 연구에서 발굴할 수 없는 후성 유전체적 질환관련 유전자 발굴 서비스를 제공하고 있습니다.

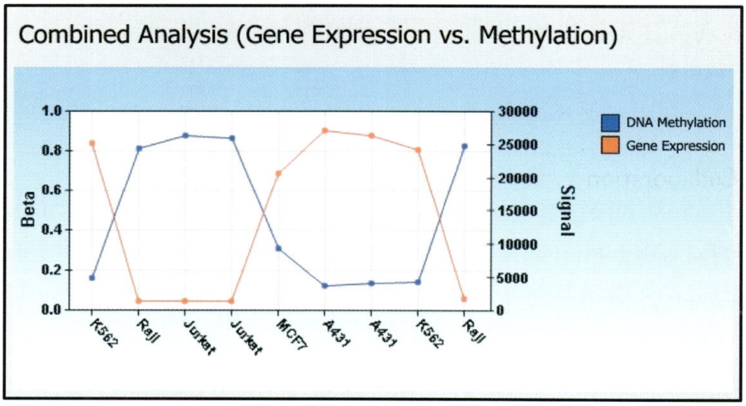

그림 2. 유전자 발현과 **DNA methylation**의 **combined analysis.**

4. SNP discovery & small scale SNP genotyping service

예비연구가 필요한 여타의 방법에 비해 SNP discovery가 빠르고 용이하며 가장 정확한 결과를 얻을 수 있는 direct & comparative sequencing 기법을 이용합니다. 연구를 보다 고효율화하기 위해 96/384 well microplate system을 이용하고, sequencing data를 DNASTAR-SeqMan software를 이용하여 원하는 유전자내 존재하는 SNP를 정확하고 효율적으로 분석 · 발굴합니다. 그리고 소량의 SNP genotyping에는 TaqMan assay 또는 Single base extension assay 중 상황에 따라 적절하게 선택 · 운용함으로써 단기간에 대량의 시료에서 다수의 SNP를 효율적으로 genotyping 할 수 있습니다. TaqMan probe system을 우선적으로 이용하며(그림 3), TaqMan assay 적용이 적절하지 못한

SNP들은 최종적으로 Single base extension assay를 위한 extension primer를 자체적으로 design함으로써 실험여건에 따른 최적의 기법을 선택하고, 비용대비 최고의 효율로 SNP genotyping을 할 수 있습니다.

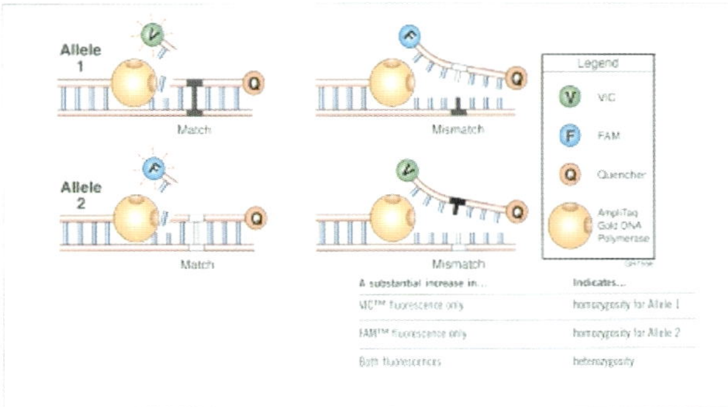

그림 3. **TaqMan Genotyping Assay.**

(2) Publications in Collaboration with SNP Genetics

(주)에스엔피제네티스는 질병관련 SNP를 분석, 연구하여 지난 5년간 170여 편의 논문을 국내외 연구자들과 같이 발표하여 명실상부한 국내 제일의 유전역학 연구 전문 벤처기업입니다.

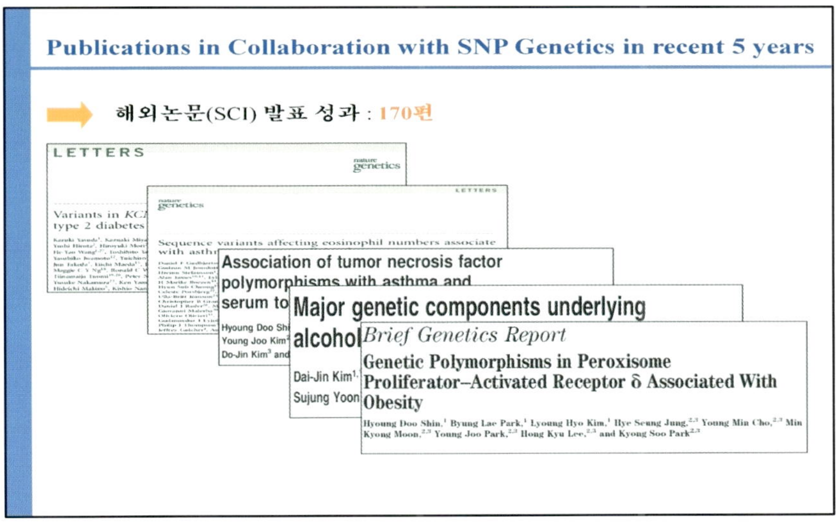

(3) Future & Mission

(주)에스엔피제네틱스는 질병관련 SNP를 분석, 연구하는 본격적인 genome venture 기업입니다. 첨단의 유전역학 연구기법과 장비를 확보하고 total DNA service를 제공하여 질병에 대한SNP 연구가 보다 쉽고 빠르게 이루어 질 수 있도록 하며 질병에 관련된 SNP를 발굴하고, 인체 유전역학 연구를 통해 얻은 유전자정보를 국내외 유전역학 연구자, 임상의, 제약회사에 제공하여 의학 및 제약 산업 발전에 기여하고 국민 건강 증진에 이바지하고자 합니다.